전략론

온창일

지문당

머리말

『전략론』(戰略論: A STUDY ON STRATEGY)은, 전쟁에서의 승리 쟁취를 목표로 하든 평시의 평화 보장을 목표로 하든, 전략과 연관된 모든 문제를 다루었다. 전략의 어원, 개념, 주체, 유형, 형태는 물론 전통적 의미에서 본 전략의 전개와 핵전쟁과 재래식 전쟁으로 전쟁이 이원화된 현대전략의 특징, 핵심, 실제와 전개, 적정한 군사력의 규모, 군비통제 및 새로운 형태의 위협과 이에 대한 전략문제도 광범위하게 논의하였다. 그리하여 전략론은 전략적인 안정을 통한 현실적인 의미의 평화를 유지하는 지혜와 방책이 무엇인가를 제시하고 있다.

동서고금을 통하여 이론적으로 규정되고 실천적으로 전개된 전략의 개념과 실제를 분석·정리한 전략론은 주제에 관심이 있는 일반 독자는 물론 전쟁을 억제하여 평화를 유지하고 전쟁을 강요당했을 때 이를 신속하게 종결하여 유리한 평화를 다시 정립시키는 역할을 수행해야 하는 직업군인과 이 집단의 기간이 되려는 사관생도, 평화를 유지하거나 다시 정립시키기 위하여 군사 외적인 노력을 기울여야 하는 정치가와 전문관료, 또한 이들에게 지혜와 대책을 제공해야 하는 학자와 연구자들이 참조할 수 있도록 구성하였다. 『전략론』은 특히 개인의 존엄성, 자유 및 권리를 보장해 주는 전략주체인 국가를 왜 지켜야 하며 이를 위해서 우리 모두는 무엇을 어떻게 해야 하는가를 일깨워 주고 있다. 전쟁에서의 승리가 승리에 대한 막연한 어림과 추산만으로 쟁취되지 않는 것과 마찬가지로 평화 역시 평화에 대한 기대나 염원만으로 주어지는 것이 아니기 때문이다.

전략론을 발간해 주신 지문당 임경환 사장님과 이의 제작 및 발간에 참여하신 모든 분들에게 진심으로 깊은 감사의 말씀을 드린다. 내일의 평화를 평화스럽게 유지해야 할 오늘과 내일의 여러분들에게 이 책을 바친다.

2004년 7월

온창일(溫暢一)

목 차

1. 전쟁과 전략: 승리와 전략

인류는 수많은 전쟁을 역사에 기록해 왔다. 종족의 생존권을 확보·보장한다는 이유에서부터 부족 또는 사회집단의 정치적 목적을 달성한다는 명분을 앞세워 전쟁을 수행하여 이를 보편화된 사회현상으로 정착시켜 놓았다. 그도 그럴 것이, 인류는 생존만을 위한 집합체가 아닌 종교·이념·정치적 색채가 독특한 집단을 형성하고 이들이 내세운 다양한 목표를 달성하는 수단으로 평시에 무력을 조직화하여 유지하면서 필요 시 이를 사용하여 유혈적인 충돌을 집단간 관계상황의 자연스런 부분요소로 만들어 왔던 것이다.[1] 실로 인류는 그들이 엮어 온 자취를 수많은 전쟁으로 점철시켜 놓았다.

인류가 행동으로 기록해 온 전쟁은 개인에게는 죽음과 고통을 안겨 주었고, 집단에게는 생사소멸(生死消滅)의 소이연(所以然)을 제공하였다. 무기를 손에 들고 일선에서 싸워야 하는 개인은 자신이 죽지 않기 위해서 그를 죽이려 하는 다른 사람을 죽여야 했으며, 그러다가 자신도 죽는 경우가 허다(許多)하였다. 그러나 그가 죽을 때까지 견뎌 내야 했던 개인적 고통이나 그가 죽음으로써 그와 연관된 다른 개

1 소련의 한 군사이론가는 인류가 지난 5550년 동안 각종 규모의 전쟁을 1만 4,500여 회를 치러 왔다고 주장하고 있다. Nikolai Tabunov, "Sources and Causes of Wars," *Soviet Military Review* (May 1986), pp. 11-12.

인들이 감내해야 할 슬픔과 고통의 정도는 결코 가벼운 성질의 것이 아니었다. 전쟁을 치른 집단 역시 전쟁으로 인한 피해와 피로를 극복하지 못하고 자체가 사라지거나 그 색채를 바꾸어야 하는 운명을 감수하는 경우가 흔히 있었으며, 전쟁을 통하여 위세를 확장한 집단도 또 다른 문제에 봉착하는 것이 통례가 되어 왔다. 전쟁으로 인한 인명손실과 재화의 파괴는 실로 엄청난 수준이어서 전쟁을 목적달성의 수단으로 동원했거나 이를 강요당한 사회집단들도 사라지거나 다른 운명을 감수하게 되었으며, 이러한 과정에서 개인이 감당해야 할 슬픔과 고통은 개개인이 감내할 수 있는 수준을 넘어서는 것이 통례였다.[2]

따라서 개인과 이에 딸린 가족들의 생사는 물론 그들이 형성한 집단의 생사소멸을 주관하는 전쟁을 수행한 집단들은 개인적이거나 집단적인 차원에서 이를 승리로 마감하기 위하여 모든 노력과 지혜를 동원하였다. 새로운 무기를 고안하여 만들고 새로운 전술대형을 구상하기도 하였으며, 성동격서(聲東擊西)나 근동원공(近動遠攻)과 같은 기만책을 구사하기도 하고 비장의 무기를 선보이기도 하였다. 다시 말하여, 작전수행에 있어서 시간과 장소는 물론 수단적 기습까지 달성하여 전쟁을 승리로 마감하려 하였다. 이에 따라 전시에 총과 칼을 손에 들고 일선에서 싸워야 했던 전사(戰士)들은 평시에도 필요한 전기(戰技)를 부지런히 연마하였고, 전장에서 이들을 집합적으로 지휘하여 전투를 수행하는 지휘관들은 전투대형과 이의 운용술을 끊임없이 연구하였다. 전쟁은 유희적인 놀이나 운동경기가 아니라 개인이나 집단의 생사여부를 결정지어 주는 갈림길이었기 때문이었다.

전쟁을 승리로 마감하기 위하여 전기(戰技)를 연마하고 용병

2 인류가 역사상 치러 온 전쟁에서 36억 이상의 인간이 사망하였고, 1986년 당시 세계 전 인구가 수천 년 동안 사용할 수 있는 일용품과 맞먹는 재화가 파괴되었다는 통계가 제시되고 있는 정도이다. Nikolai Tabunov, “Sources and Causes of Wars,” *ibid.*

술(用兵術)을 연구할 필요성은 하나의 전투결과가 전쟁의 승패를 결정지어 주었던 고대에서부터 수개의 전역(Theatre: 戰域)에서 수개의 전역(Campaign: 戰役)으로 나뉘어 치러진 전투의 종합적인 결과가 전쟁의 승패로 귀결되는 근대에 이르기까지 지속되었다. 고대에는 길고 짧은 칼과 창, 그리고 방패로 무장한 전사들로 어떠한 전투대형을 형성하여 상대를 제압할 것인가를 연구하여 이를 전장에서 운용하였으며, 전쟁에 동원되는 수단이 기동화되고 더욱 파괴적으로 되어 전장이 확대된 근대에 이르러서는 기동을 통한 집중으로 상대의 약점을 공격하거나 기습을 달성함으로써 전투를 승리로 이끌고, 이의 전과를 확대하여 전쟁을 승리로 마감하려 하였다. 전투대형을 유지·변형하여 전투에서 승리를 확보하려 했거나, 분산과 기동 및 집중을 통한 기습공격으로 상대를 제압하여 전투에서 승리하고 이를 확대하여 전쟁을 승리로 마감하려 했거나 간에, 전쟁수행 단위체의 지도자들이나 군지휘관들은 어떻게 하면 전쟁에서 승리를 쟁취할 것인가를 끊임없이 연구해 왔다. 이로부터 전략(戰略: strategy)이라는 용어가 출현하였고, 이것은 전쟁에서 승리를 쟁취하기 위한 총체적 노력과 연관되어 정의되었으며, 전쟁의 성격과 규모가 변함에 따라 그 개념규정이 시대·상황적 조건과 요구를 투사(投射)해 오고 있다.

전쟁에서 승리를 쟁취하기 위한 노력과 연관되어 출현·정의되어 온 전략이라는 용어는 전쟁과 불가분의 태생적 인연을 맺고 있다. 전쟁이 국가라고 불리는 정치집단의 큰 일(國之大事)이요, 이 집단을 구성하고 있는 개인과 집단 자체의 생사조건 및 존폐의 갈림길(死生之地 存亡之道)이었기 때문이다. 그리하여 전투장에서의 개인은 물론 이들을 지휘하는 지휘관은 전쟁을 승리로 끝맺기 위하여 온갖 노력과 지혜를 동원하였다. 특히 전쟁에 동원된 인원과 자원을 직접 운용하여 승리를 확보해야 하는 최고지휘관은 전투대형을 변형시키거나 투입된 전투력의 경중과 방향을 예상과 달리하여 상대를 유인 혹은 기만함으로써 전장에서 상대를 제압하고, 이를 토대로 전쟁에서 이기기 위하여 예지(叡智)를 발휘해 왔다. 이러한 현상은 전쟁의 규모가 확대됨에 따라 집단적 차원으로까지 확대되었고, 전쟁에서 승리하기 위하여 기울인 이와 같은 개인적, 집단적 노력은 전략(戰略)이라는 용어로 표현되었으며, 효과적인 전쟁수행과 승리확보를 목적으로 설정한 실천개념으로 정착되었다.

전쟁 및 승리와 본래적 연관을 맺고 나타난 전략(戰略)이란 용어는, 전쟁에 동원되어 직접 운용될 수 있는 수단의 하나로 개발된 핵무기체계가 이를 동원한 전쟁에서의 승패(勝敗)를 거의 무의미하게 변화시킨 오늘의 상황적 변화에도 불구하고, 궁극적으로 전쟁에서의 승리확보라는 핵심적 명제를 내포하고 있다. 승패를 가르기가 어려운 전쟁을 상정하고 있는 오늘도 재래식 무기체계를 동원한 전쟁이 정치·이념적 수단으로 심심찮게 운용되기 때문이다. 그러나 오늘의 전략은 재래식전쟁의 발발과 이의 확대를 막아 '승패(勝敗)보다는 공멸(共滅)'을 결과로 가져다 줄 수 있는 핵전(核戰)을 억제하여 인류를 보존해야 한다는 새로운 명제를 개념적으로나 실천적으로 보장해야 할 과제를 안고 있다.

2. 전략의 개념

1) 어원(語源)

전쟁이라는 사회현상이 동서고금(東西古今)을 망라하여 존재했듯이 전략이라는 용어 역시 양(洋)의 동서와 시간의 고금(古今)에 걸쳐 존재해 왔다. 서양에서는 전투에서의 승리쟁취라는 보다 구체적이고 직접적인 사안과 연관되어 나타났고, 동양에서는 정치단위체의 상호관계에서 표출된 전쟁의 방지와 대비 및 수행에 필요한 책략(策略)의 일부분으로 나타났다. 이에 따라 서양에서 표출된 전략은 가용 병력을 직접 운용하는 지휘관의 지휘능력 및 방식과 연관되어 개념화되었고, 동양에서 구체화된 용어는 전투를 수행하는 데 필요한 지침과 방식뿐만 아니라 전쟁을 예방하고 대비하며 이를 직접 수행하는 데 요구되는 일반적 사항까지를 포함한 포괄적 의미로 정의되었다. 그러나 전투수행에 필요한 직접적인 사항을 염두에 두고 직선적으로 정의되었건, 전쟁의 예방, 대비, 수행을 포괄하여 복선적으로 정의되었건 간에 전략이라는 용어는 전쟁에서의 승리를 궁극적 목표로 상정하고 입에 오르내리기 시작하였다.

서양에서 전략(strategy)이란 용어는 고대 그리스시대에서 그 어원을 찾을 수 있다. 고대 그리스 도시국가들은 방진(方陣: phalanx)이라는 단위부대로 구성된 군대를 보유하고 있었다. 이 군대는 '스트레

테구스'(strategus or strategos)라는 사령관에 의해 통솔되고 있었다. 이 지휘관은 전투에 임할 시 상대의 전력 및 전투대형과 지형조건에 따라서 방진의 두께와 형태 그리고 배치를 달리하여 전투를 승리로 마감하려 하였고, 이를 위하여 모든 지혜를 동원할 목적으로 '스트레테지아'(strategia)라는 사령관실을 운영하였다. 이와 같이 고대 그리스 군사령관은 전투에서 승리하기 위하여 온갖 지혜를 동원하였으며, 군사령관(strategos)이 발휘한 지휘술(generalship)이 전략의 어원이 되었다. 다른 말로 표현하여, 고대 그리스 장군(strategos)이 지니고 보여 준 전투 지휘술(strategia)이 전략(strategy)의 어원이 되었다는 뜻이다.[1]

동양에서도 서양에서 비롯된 전략이라는 단어와 유사한 의미를 가진 용어를 찾아볼 수 있다. 동양, 특히 중국에서 나타난 전쟁과 전쟁지도 및 전투수행에 관한 용어는 그 의미가 매우 포괄적이면서 함축적이다. 그리고 단편적이고 직선적인 서양의 것과 달리, 동양의 용어는 매우 복합적이고 은유적인 비유를 통하여 의미를 표현하고 있어서 깊숙한 사고를 바탕으로 이를 이해해야 되는 경우가 대부분이다. 병력의 운용이나 전투대형에 관한 용어도 단순한 전술적 차원의 의미만을 지칭하지 않고 전쟁수행 단위체의 정치, 경제, 사회, 심리적 요인까지를 포괄하기 때문에 용어 자체의 해석 역시 이러한 군사적, 군사 외적 의미까지 숙고(熟考)해야 하는 지적인 노력을 요구하고 있다. 이와 같이 전쟁을 다룬 동양의 고전은 전쟁이 단순한 전투장에서의 대결만이 아니라는 점을 충분히 고려한 용어를 사용하고 있다.

서양의 전략과 의미상 공통부분이 많다고 느껴지는 동양의 용어는 용병술(用兵術)이나 용병법(用兵法)이다. 주어진 병력과 동원된

---

1 陸軍士官學校 戰史學科, *世界戰爭史* (서울: 日新社, 1993), p. 5; *Encyclopaedia Britannica, 19* (1980), p. 558; *International Encyclopaedia of the Social Sciences, 15* (The Macmillan Co., & The Free Press, 1974), p. 281; *Webster's Third New International Dictionary* (G. & C. Merriam Co., 1966), p. 2256.

인력을 특정한 시기와 장소에서 슬기롭게 운용하여 전투에서 승리하기 위한 원칙이나 술책을 용병법 또는 용병술이라고 일컬었다. 다른 말로 바꾸어, 주어진 규모와 성격의 병력으로 상대전력과 전투가 벌어진 시간 및 장소에 걸맞는 대형(隊形)이나 진형(陣形)을 편성하여 전투를 승리로 이끌고자 하는 원칙과 술책을 용병법, 용병술이라고 보았다. 이러한 의미에서 동양, 특히 중국에서 통용되었던 용병법이나 용병술은 서양의 고대 그리스시대에 쓰였던 전략과 용어의 해석상 비슷한 것으로 볼 수 있다.

병력의 운용을 초월한 개념으로 동양에서는 전쟁의 수행 여부, 준비, 방법 등을 포괄하는 병법(兵法)이나 병도(兵道)라는 용어도 사용하였다. 여기에서 쓰인 병(兵)은 의미상 전쟁, 전투, 병력 및 군대, 그리고 군사(軍事)의 의미까지를 내포하고 있다. 따라서 병법이나 병도는 전쟁의 개념, 준비, 수행, 그리고 평시의 군사문제나 군사력의 보유 및 관리에 관한 모든 사항을 망라하여 지칭하고 있다. 전쟁은 가급적 피하고, 이를 위해서는 가상 적국이 전쟁을 도모하지 못하도록 하는 것이 최선의 방책이라는 논리에서부터 지형의 활용과 상대의 의도 및 기도를 파악, 왜곡, 또는 좌절시키기 위하여 첩자를 광범위하게 운용하는 책략까지를 포괄하고 있다. 특히 전쟁은 정법(正法)으로 대비하고 전장에서의 승리는 기법(奇法)으로 쟁취해야 한다는 손무(孫武, BC 6-5세기)의 견해와 논리는 시대와 장소를 초월한 타당성을 내보이기도 한다. 서양에서 공식화되다시피 한 전투대형에 관해서도 손무는 병형상수(兵形象水)라 하여 전투대형의 지선(至善)은 무형(無形)이라는 점을 강조함으로써 전술대형의 구축에 있어서 지고(至高)의 융통성(融通性)을 강조하기도 하였다.[2] 병법이나 병도라고 지칭되는 범주에는 지휘도(指揮道)의 기본이 되는 장수(將帥)의 덕목, 자질 및 금기사항은 물론 능

2 *武經七書* (臺北: 慧豊學會, 中華 六十七年), 孫子十家註 始計, 謀攻篇.

률적 지휘를 보장해 주는 병졸(兵卒)의 훈련에 관한 일반논리도 지적되고 있다. 이와 같이 동양에서는 병법이나 병도라는 포괄적인 개념하에 장수의 지휘술이나 전투장에서의 병력운용기술뿐만 아니라 전쟁 전(前), 중(中), 후(後)에 관한 도리(道理)와 술책(術策)을 총칭하는 용어를 사용하였다.

고대 중국에서 사용된 단어 중의 하나로 군략(軍略)이라는 용어도 있다. 강태공(姜太公) 또는 태공망(太公望)으로 알려진 여상(呂尙, BC 12세기경)과 주(周) 무왕(武王)과의 문답(問答)형식으로 편찬된 『육도(六韜)』에서 호도(虎韜)의 하나로 논의된 군략은 병력을 이동시키는데 필요한 계획과 계략을 의미했다. 특히 군략이라는 소절에서 무왕과 태공망은 적지에서 병력이 험난한 지형과 험악한 기상조건하에 놓이게 될 경우에 이를 극복하는 방법을 논하고 있다. 여기에서 두 사람은 평시에 필요한 장비를 구비하여 병졸로 하여금 이를 능숙하게 사용하는 방법을 익혀 두게 하고, 장수와 지휘관들은 주간에는 깃발, 야간에는 불빛으로 병사들을 지휘하면서 험악한 지형과 기상조건을 오히려 역이용하여 상대를 제압해야 한다는 점을 지적하였다.[3] 이와 같이 동양병법의 고전으로 알려진 『육도』에서 열악한 기상조건하에서 험지에 처한 병력을 어떻게 운용할 것인가를 논함에 있어서 군략이라는 용어를 사용하였다.

오늘날 흔히 사용되고 있는 전략(戰略)이라는 용어의 동·서양 어원(語源)은 대략 기원전 5, 6세기경까지 거슬러 올라가 그 흔적을 찾아볼 수 있다. 다만 동양에서는 기원전 12세기경 주 무왕과 태공망 간 대화록에서 병력의 운용과 관련된 군략(軍略)이라는 용어가 등장하였다. 어쨌든 전략이라는 용어는 전투장에서 병력을 운용하는 장수나 최고지휘관의 지휘도(指揮道)와 용병술(用兵術)이라는 고전적 의미를 담

---

3 *武經七書*, 六韜直解卷二, 虎韜, 軍略第三十五.

은 용어로 나타났다.

2) 전쟁의 성격 변화와 전략의 의미 변화

전투장에서 병력을 직접 운용하는 장수나 장군의 지휘도 및 용병술이라는 고전적 의미를 가진 전략은 시대·상황적 조건이 변화됨에 따라 그 의미가 보다 포괄적으로 변질되었다. 전쟁의 성격과 규모가 다양해지고, 전쟁에서 마주 대하게 된 상대의 전력이 다양한 채로 강화되는 추세에 맞추어 전략의 개념, 주체, 형태도 다양하게 변화되어 왔다. 이와 같이 전략은 전쟁사에서 구체화된 시대·상황적 조건변화를 수용하는 방향으로 개념적인 내용과 해석이 확대되면서 오늘에 이르고 있다.

전쟁사에서 나타난 가장 두드러진 변화는 전쟁의 규모가 계속 확대되어 왔다는 점이다. 고대 그리스시대에서 한 전투의 결과가 전쟁의 승패를 결정지어 주거나, 고대 중국에서와 같이 양측의 장수가 펼친 일합(一合)의 접전 결과가 전쟁의 승패로 직결되었던 전쟁이 수개의 전투, 그것도 여러 지역에서 동시에 펼쳐진 여러 전투 결과의 유기체적(有機體的) 조합으로 승패가 가름나는 전쟁으로 규모가 확대되어 왔다. 이에 따라 전투(또는 전쟁 자체)를 승리로 마감하기 위한 장수나 지휘관의 용병술로 규정된 전략의 개념도 수정이 불가피하게 되었다. 병력과 동원자원의 한계 속에서 동시다발(同時多發)적으로 수행된 많은 수의 전투를 수행함에 있어서 전쟁 주체는 모든 전투를 이기기 위하여 모든 전투에서 지는 과오를 피해야 했기 때문이다. 따라서 전쟁수행 주체는 결정적인 시간과 장소에서 펼쳐지는 결정적인 전투에 역량을 집중하기 위하여 병력과 자원을 절약하면서 집중하는 새로운 개념의 전략을 모색해야만 했다. 이와 같이 전쟁의 규모 확대는 전쟁수행 당사자에게 부분적인 승리와 전체적인 승패를 구분할 수 있는 분별력과 이를 구체화할 수 있는 전략의 구비를 요구하게 되었다.

면모가 다양해진 채 단편적인 한두 번의 전투만으로 구성되지 않은 이와 같은 전쟁은 내용과 형식이 변한 것에 걸맞은 새로운 전략개념과 이의 구체화를 요구하였다. 어느 한 전투의 승리에 집착한 나머지 전체적인 전력의 손실을 자초하여 전쟁에서 패배할 수 있는 가능성이 현실로 나타났기 때문이다. 그리하여 전쟁 지도자들은 상비 및 동원 가능한 전력의 한계 속에서 어떠한 전투 및 전역이 전쟁의 승패를 가름할 결정적인 것인가를 면밀하게 분석하여 제한적인 전력을 집중 투입하는 새로운 지혜의 도출을 요구받게 되었으며, 이들이 구사하는 전략도 같은 관점에서 수립·수행되어야만 하는 상황이 전개되었다. 전략은 전투에서 승리하기 위하여 병력을 운용하는 방법과 기술이라는 고전적 의미를 초월하여 어떤 전투는 승리로 결말 짓고, 어떤 전투에서 수세를 취하며, 어떤 전투는 회피하면서 지연시키고, 어떤 전투는 포기할 것인가까지를 그 개념에 포괄해야만 할 상황이 펼쳐지게 되었다. 그리하여 전략은 개념상 종적인 분화를 강요받게 되었으며, 한 전투에서 승리하기 위하여 병력을 운용하는 기술을 지칭하는 용어로서 과거 그리스시대에 배열과 진지투입 기술(the art of arranging, of putting into position)로 정의된 전술(戰術: tactics, 語源: taktika)이라는 용어가 다시 등장하게 되었다.[4] 전쟁의 규모가 확대되고 그 차원이 종적으로 분화됨에 따라 고전적 의미의 전략개념이 분화되어 이의 하위개념으로 전술이라는 용어가 등장하게 되었고, 이에 따라 전술적 승리·전략적 패배, 전술적 패배·전략적 승리라는 개념이 낯설지 않게 되었다.

---

4 André Corvisier, *A Dictionary of Military History and the Art of War,* trans., by Chris Turner, revised, expanded and edited by John Childs (Oxford, UK; Cambridge, Mass: Blackwell Publishers, 1994), p. 768.

전쟁의 횡적·종적 규모가 확대되고 다양해지면서 분화된 전략개념은 전쟁의 성격과 본질이 변화함에 따라 이러한 변화까지 수용해야 하는 새로운 요구를 외면할 수 없게 되었다. 약간의 기교와 전술대형의 변형으로 전투를 치르던 전쟁에서 수개의 전투가 수행된 수개의 전역을 가진 전쟁을 치르기까지 전략의 실천적 효용성은 그런대로 보장되었다. 그러나 전쟁의 규모가 확대되고 한둘이 아닌 다수의 정치집단이 전쟁수행 주체로 등장하게 되자 전략의 효용성보다는 전쟁을 수행하는 양측의 전력상 다소(多少)가 궁극적으로 전쟁의 결과를 좌우하는 요인으로 등장하였다. 더구나 그 규모가 거의 전 지구적으로 확산된 전쟁이 등장함에 따라 전쟁수행 주체들이 전 역량을 투입하여 쟁취한 승리 자체가 현실적으로 커다란 의미를 부여받지 못하고, 전쟁의 결과로 나타난 승자와 패자의 의미는 퇴색되며, 전쟁 후까지 여력(餘力)을 유지한 정치집단이 전후 주도권을 행사하는 '어부지리'(漁父之利)의 현상이 나타나기도 하였다. 특히 유럽 국가들이 거의 동원되어 치러진 제1차 세계대전에서는 이 전쟁에서 이겼다고 자처한 유럽 국가들도 이 전쟁에서 큰 피해를 입지 않은 미국이 주도하는 세계질서에 객체(客體)로서 참여할 수밖에 없는 피동적인 위치를 자초한 결과를 승리의 대가로 부여받았다. 달리 말하면, 1차 세계대전은 승패와 무관하게 유럽 중심의 국제질서를 마감하고 미국 중심의 세계질서에 유럽 국가들이 참여해야 하는 결과를 빚어냈다는 뜻이다. 유럽대륙 전체가 전쟁터로 변한 채, 수천 킬로미터에 이르는 전선에서 십수 킬로미터를 전진하기 위하여 수십 만 명의 인명손실을 감수해야 했던 유럽 국가들은 이러한 전쟁에서 이기기 위하여 자신들의 국가적 역량을 소진하였으며, 승자와 패자 모두 피해 정도만 다른 패자가 되어 스스로가 상대적으로 열등한 위치를 자초한 전쟁결과를 감수해야만 했다. 따라서 전략은 승패를 가름하기가 힘들거나 아예 승패와 무관한 전쟁의 결과도 개념상 수용해야 할 필요성에 직면하게 되었다.

전쟁에서 승리를 쟁취하기 위한 책략과 술책으로 정의될 수 있는 전략의 실천적 효용성은 2차 세계대전을 치르면서 또 다른 적응을 강요받게 되었다. 유럽과 태평양 지역 두 곳에서 동시에 발발한 2차 세계대전은 1차대전보다 더 확산된 전쟁이었다. 무기체계면에서도 1차대전에서 부차적인 역할을 수행하던 항공기와 전차가 더욱 정교하고 위력적인 화력으로 보강되어 전장의 주역으로 등장하였으며, 기존의 무기들도 더욱 파괴적으로 개량되어 전쟁에 동원되었다. 유럽과 태평양 지역에서 동시에 수행된 2차대전은 전쟁 자체의 전면성(全面性)과 과거 팽창적인 제국주의정책의 결과로 빚어진 식민지의 세계적인 확대로 거의 전 지구의 인적·물적 자원이 전쟁에 동원되기에 이르렀다. 전쟁을 실제로 일으킨 일본과 독일의 전쟁목표 또한 전면적이었다. 아리안족의 생활권(生活圈: Lebensraum)을 넓혀야 한다는 히틀러(Adolf Hitler, 1889-1945) 통치하의 독일이나 대동아공영권(大東亞公榮圈)을 구축해야 된다는 군국주의하 일본의 전쟁목표는 극한으로 치달은 배타적 민족주의를 근간으로 한 것이었으며, 이들과 대적한 미국 및 영국을 주축으로 한 자유진영의 목표 역시 무조건항복(無條件降伏)을 강요함으로써 타협을 부인한 전면성을 띠고 있었다. 이와 같이 2차 세계대전은 전쟁의 규모와 양측이 추구한 목표, 전쟁으로 인한 결과적인 피해 등 모든 면에서, 정치적·이념적 또는 다른 군사 외적 목표를 달성하기 위한 수단으로서 간주되어 온 전쟁의 본질을 변질시키기에 충분할 만큼, 총체적이고 전면적이었다. 2차 세계대전은 현실적으로 의미가 있는 목표를 달성하기 위한 수단인 전쟁을 승리로 이끌기 위한 술책과 방책으로서 규정될 수 있었던 전략의 개념상 파산선고나 다름없는 결과를 안겨 주었다. 따라서 전쟁과 연관되어 정의된 전략은 그 개념면에서 2차대전의 결과를 수용해야 할 또 다른 적응을 강요받게 되었다.

특히 기존의 무기체계에 속하지 않으면서 태평양전쟁을 신속하게 종결시키기 위하여 실제로 사용된 원자탄은 수단으로서 정의된 전쟁의 본질론에 의문을 제기하면서 이와 연관해서 의미가 부여되어 왔던 전략의 개념상 거의 '혁명적'인 변화를 요구하기에 이르렀다. 실로, 태평양전쟁 말기에 사용된 원자탄은 전쟁에서 사용될 수 있는 무기로 개발된 하나의 무기체계가 이를 전면적으로 동원한 전쟁의 군사외적인 목적을 달성하기 위한 수단으로 동원될 수 없다는 점을 명백하게 보여 주었다. 다시 말하여, 전쟁에 동원하기 위하여 개발된 핵무기체계가 전쟁의 본질을 변질시켜 이를 동원한 전쟁은 이미 현실적인 전쟁이 될 수 없다는 점을 직설적으로 보여 주었다는 뜻이다. 전쟁에 동원될 수 있다는 전제하에 개발된 핵무기체계는 전쟁에서의 승패를 초월하여 인류의 생존 여부와 직결된 문제를 현재화시켰기 때문이다. 재래식 전면전으로 볼 수 있는 태평양 지역에서의 2차 세계대전을 종결시켜 승리를 조기에 확보한다는 의도하에서 사용된 원자탄은, 이와 같이 전쟁의 승패와 연관되어 정의되어 온 전략의 개념규정상 혁명적인 적응을 강요하기에 이르렀다.

전쟁에 동원될 수 있는 무기체계의 하나로 개발된 핵무기체계는, 이를 전면적으로 동원한 전쟁을 현실적인 목적으로 달성하기 위한 수단으로 동원할 수 있는 가능성을 현실적으로 부인하고, 이를 동원하지 않은 기존의 전쟁은 재래식전쟁으로, 기존 전쟁에서 승패와 연관하여 정의된 전략을 전통적 개념의 전략으로 일괄하면서, 보다 새로운 차원에서 정의된 전략과 이의 개념규정을 요구하였다. 핵무기체계는 이와 같이 전쟁사에서 고대, 중세, 근대에 이어 현대라는 시대구분을 의미 있게 해주면서 현대에 걸맞는 전략의 모색과 이에 필요한 개념규정을 요구하게 되었으며, 현실적인 목적을 달성하기 위하여 동원할 수 있는 수단으로 본 전쟁에서 승패와 연관하여 정의된 전통적 개념의 전략과, 인간이 이성적인 한, 현실적인 목적달성의 수단으로 동원하기가 거의 불가능하고 승패의 구분이 불명확한 핵전쟁까지 포괄하는 현대 전략을 구분해 주는 분수령을 이루게 하였다. 따라서 현대 전략은 아직도 군사 외적인 목적을 달성하기 위한 수단으로 동원되는 재래식전쟁에서의 승리확보와, 이의 확대를 저지하고 인류생존을 위협하는 핵전쟁의 수행 자체를 거부하는 대책 및 술책과 연관된 내용을 동시에 포괄하는 개념으로 승화되어 규정될 필요성을 제기하였다.

3) 전통적 개념

전쟁에서 승리의 쟁취와 연관을 맺고 정의된 전략의 개념은 비교적 명쾌하게 규정되어 왔다. 이러한 측면에서 정의된 전략은 어떻게 하면 승리를 쉽게 그리고 신속하게 확보하는가에 개념 및 실천적 주의가 집중되었기 때문이다. 하나의 전투가 전쟁의 전부를 대변하고 있던 고대에서는 주어진 전투에서 어떠한 전투대형을 취하여 상대의 대형상 약점을 활용하고 자신은 어떤 시간과 장소에 병력을 집중하여 승리를 쟁취할 것인가에 전략의 중점이 주어졌다. 그리하여 사선(斜線)대형, 강익약중(强翼弱中)대형, 학익진(鶴翼陣)과 같은 전익후본(前翼後本)대형 등의 전술대형과 측방돌파, 포위, 그리고 중앙돌파 및 우회기동 등의 전법이 운용되었다.

그러나 전술대형을 구성하여 병력을 집중적으로 운용하던 그리스·로마시대가 마감되고, 분권화된 정치구조하에서 기병(騎兵)이 전장의 주역으로 등장한 중세에서는 보병의 집단적 운용과 전술대형의 변형에 의한 전투수행보다는 기병의 분산적 운용과 기사들이 보유한 전기(戰技)의 우열(優劣)이 전투결과를 결정짓는 요소가 되었다. 그리하여 중세에는 능수능란한 전기를 보유한 기사(騎士)들의 확보 및 배치가 다양한 전술대형을 운용하는 데 필요한 지략(智略)을 대신하였고, 말탄 기사들의 공격을 저지하기 위한 성곽(城郭)의 구축이 상대를 공격함으로써 자신을 방어하는 식의 적극적인 방어를 가름하게 되었다. 그나

마도 기마(騎馬)와 기사의 안전을 고려한 중무장은 기병이 보유한 기동성을 크게 훼손하여 기병 운용의 이점을 보장하지 못한 채 기사 개인의 기교마저 발휘할 수 없는 상태에 이르렀다. 말가죽, 말뼈 등을 활용한 경장비로 기동성이 보장된 기병을 앞세워 세계제국을 건설한 몽고군의 탁월한 전투수행에서 나타난 전략·전술적인 예외가 있었으나, 1000년이 넘게 지속된 중세는 고전적인 의미에서 정의된 전략이 설 자리를 마련해 주지 않았다. 집중적인 병력의 운용과 전투대형의 융통성 있는 변형을 기사 개인의 기마술(騎馬術)과 창검술(槍劍術)이 대신하였기 때문이다.

중세를 대변하던 중기병(重騎兵)이 보병인 장궁병(長弓兵)에 의해서 참패를 당함으로써 전투에서 기병의 효용성이 무력화되자 창과 칼 및 활, 그리고 방패로 경무장된 보병집단이 다시 전장의 주역으로 등장하게 되었다. 경보병이 전장의 주역으로 등장함에 따라 이를 집단적으로 운용하여 전투를 승리로 마감하려는 고전적 의미에서 정의된 전략의 필요성이 다시 대두되었고, 상대의 약점을 공격하는 데 필요한 기동과 병력의 절약 및 집중을 위한 전투대형의 융통성 있는 변형과 운용이 전장에서 다시 구체화되었으며 사선대형, 종대대형, 포위 및 우회기동 등의 실질적인 의미가 새로워지게 되었다. 특히 흑색화약의 발명(1249)과 화포(火砲)의 등장은 기병의 공격을 막기 위하여 쌓아 놓은 성곽의 방어적 효용성을 박탈하였고, 이어서 개발된 머스켓(musket)소총은 보병화기의 화력과 사정거리를 증가시켜 전투양상을 결투(決鬪)대신 접전(接戰)으로 바꾸어 놓았으며, 화력이 증강된 병력의 절약과 집중운용을 요구하였다. 이에 따라 전략적 식견을 보유한 왕이나 군 최고시휘관들은 예비내를 확보하여 위기에 내처하면서 결정적인 시간과 장소에 이를 투입하여 승리를 쟁취하려 하였고, 보병 및 기병과 포병을 적절하게 운용하여 통합작전을 수행하기도 하였다. 이들은 또한 고도한 기동을 통하여 상대의 약점이나 의표를 찌르는 공격을 감행하고 상대의 조직적인 저항력을 박탈함으로써 승리를 쉽게 쟁취하기도 하였다. 실로, 전략의 부흥이 현실화되어 병력의 절약과 절약된 병력의 집중적인 운용으로 전장에서 승리가 쟁취되었던 것이다.

다시 부활된 전략은 명장(名將)들이 수행한 전쟁에서 그 진가(眞價)가 드러났다. 1611년 스웨덴 왕이 된 구스타부스 아돌푸스(Gustavus II Adolphus, 1594-1632)는 덴마크와의 전쟁(1613), 러시아와의 전쟁(1617), 폴란드와의 전쟁(1621-1629), 그리고 독일과의 전쟁(1630)을 통하여 '전장에서 승리를 쟁취하기 위한 용병술'로 정의될 수 있는 전략의 중요성을 충분히 입증하였다. 그는 보병, 포병, 기병을 통합하여 단일 전투집단을 편성하면서 보병의 소총과 포병의 화포 중량을 가볍게 하여 화력집중과 기동성을 증가시키고, 기병은 정찰과 상대의 정찰활동을 방해하는 반정찰 임무를 수행하도록 하였으며, 2개의 전방 전투전열과 1개의 예비전열을 구성하여 돌파를 저지하거나 역습 및 추격에 예비대를 투입하는 융통성 있는 작전을 구사하였다.[5] 병력을 집단적으로 운용함으로써 전략의 중요성을 일깨워 준 구스타부스 아돌푸스의 업적은 여기저기서 모방・발전되었고, 1740년 프러시아의 왕으로 등장한 프레데릭 대왕(Frederick II the Great, 1712-1786)에 의해서 더욱 그 빛이 드러나게 되었다. 수적인 열세에도 불구하고 실레지엔 지역에 침공하여 이를 점령한(1740-1745) 프레데릭 대왕은 그 후 불안한 평화기간(1746-1756) 동안 군비를 강화하면서 오스트리아, 러시아, 스웨덴 등이 프러시아 타도를 도모하고 있을 때(1752) 프랑스와 적대관계에 있던 영국과 화의(和議)를 성립시킨 후 오스트리아와의 일전(一戰)을 대비하였다. 훈련을 통하여 보병의 사격속도를 증진시키고, 말이 끄는 기마포(騎馬砲)를 상비하여 화력의 기동화를 도모하였으며, 병력의 신속한 이동과 변형이 동시에 가능한 종대대형을 택하고 전투 시

---

5 陸軍士官學校 戰史學科, *世界戰爭史* (서울: 日新社, 1993), pp. 70-73; *Encyclopaedia Britannica, Micropaedia, IV* (1980), pp. 808-809.

에는 사선대형 등으로 전투대형을 바꾸어 상대의 약점을 공격하는 전법을 구사하였다. 그리고 그는 오스트리아군의 완만(緩慢)함과 기동성의 결핍에 주의를 기울이면서 오스트리아와의 7년전쟁(The Seven Years War, 1756-1763)을 치름으로써 실레지엔의 소유권을 확보하였다. 프레데릭은 프러시아를 상대로 연합군이 형성되기 전에 과감한 선제행동과 신속한 기동으로 오스트리아군을 로이텐전투(1757)에서 격파함으로써 유리한 입장에서 전쟁을 마무리할 수 있게 되었다.[6] 그리하여 구스타부스 아돌푸스와 프레데릭 대왕은 과거 그리스·로마시대에 적용되었고 중세에서 칭기즈칸이 채택했던 전략과 전법의 효용성을 실제 전투를 통하여 다시 입증함으로써 '전장에서 병력을 운용하여 승리를 쟁취하는 비법과 술책'인 전략 혹은 용병술의 가치와 중요성을 다시 일깨워 주었다.

구스타부스 아돌푸스와 프레데릭이 입증한 전략의 가치와 효용성은 프랑스혁명 후에 출현한 나폴레옹(Napoleon Bonaparte, 1769-1821)에 의해서 더욱 철저하게 검증되었다. 군 최고지휘관으로서 나폴레옹은 프랑스혁명의 확산을 저지할 목적으로 결성된 연합국들의 군대가 연합전선을 형성하기 전에 신속한 기동으로 시간 및 장소면에서 기습을 달성하여 이들 병력을 각개격파하고 연전연승(連戰連勝)을 기록함으로써 전쟁의 역사에 큰 획을 긋는 자취를 남겼다. 나폴레옹은 군사작전상 카르타고의 한니발(Hannibal, 247-183 BC) 이후 누구도 감히 엄두를 내지 못했던 알프스산맥을 대병력을 이끌고 넘어 이탈리아 북부에 진을 치고 있던 오스트리아군의 배후를 공격했는가 하면, 우회기동으로 후퇴하는 이들 병력의 작전선을 위협하여 면전(面前)의 저항력을 박탈하기도 하였다. 나폴레옹은 오스트리아와 러시아 군대가 연합전선을 형성하기 전에 대우회작전으로 이들의 연합전선 형성 자체를 불가

6 *世界戰爭史*, pp. 74-84.

능하게 하였음은 물론 양국 군대마저 각개격파하는 커다란 전과를 거두기도 하였으며, 신속한 기동으로 회의 중에 있던 프러시아군을 격파하여 굴욕적인 조약체결을 강요함으로써 프러시아를 대프랑스 연합전선에서 이탈시키기도 하였다. 나폴레옹은 이와 같이 그 당시까지 간헐적으로 적용되어 왔던 '용병술' 개념에 근거한 전략의 효용성을 실제 전장(戰場)에서 입증해 준 군 최고지휘관이 되었다.[7]

나폴레옹은 또한 군 최고지휘관의 전유물(專有物)이 되다시피 한 전략의 실천적 한계를 기록으로 남겨 놓은 지휘관이기도 했다. 프러시아까지 장악한 나폴레옹은 대륙봉쇄령을 하달하고 프랑스에 대항하는 영국을 고립시키려 하였다. 그러나 스페인과 러시아는 나폴레옹의 명령에 순순히 응하지 않았다. 이에 나폴레옹은 먼저 스페인에 프랑스 정규군을 파견하고, 스페인 왕가의 분란을 활용하면서 자신의 형을 스페인 왕으로 봉하여 스페인 점령을 기정사실화하였다. 이에 영국과 포르투갈의 지원을 확보한 스페인은 저항을 조직화하였으나 스페인 정규군은 나폴레옹군의 상대가 되지 못했다. 정규작전에 패한 스페인군과 국민은 다른 방법으로 프랑스군과 싸웠다. 지형적인 이점을 이용한 스페인군과 국민은 원시적인 형태의 저항방법인 '게릴라전'으로 프랑스군을 괴롭혔다. 정규전에 강한 프랑스군도 '치고 빠지는' 방식으로 프랑스 병사를 살해하고, 주둔 막사를 소각하며, 보급로와 치중대를 습격하는 유격전에 효과적으로 대응할 전략을 모색하기란 매우 어려웠다. 결국 나폴레옹은 스페인에서 철수하고 말았다. 이번에는 러시아가 대륙봉쇄령을 거부하고 영국과 동맹을 맺는(1812년 6월) 사태가 발생하였다. 이에 격분한 나폴레옹은 프랑스, 오스트리아, 프러시아, 이탈리아, 폴란드군 등 45만 명에 이르는 연합군을 편성하여 400km의 전선에서 사선진대형으로 러시아를 침공하였다. 1812년 6월 22일 니멘강을

---

7 *世界戰爭史*, pp. 85-119.

도하한 연합군은 러시아의 모스크바로 진격하였으나 러시아의 초토(焦土)작전으로 러시아군의 주력을 조기에 섬멸하지 못한 채, 프랑스군의 보급사정만 악화되고 전력만 소진되기에 이르렀다. 모스크바에는 진격하였으나 러시아의 혹한이 나폴레옹과 침공군을 괴롭혔다. 진퇴양난(進退兩難)에 빠진 나폴레옹은 철수를 결심하였다. 그러나 나폴레옹군을 추격하는 러시아군은 이들의 철수를 더욱 고통스럽게 만들었다. 누더기를 걸친 패장(敗將) 나폴레옹은 1812년 12월 18일 파리로 돌아왔고, 45만 명의 러시아 침공군은 소멸되고 말았다.[8] 나폴레옹과 그의 전략이 한계를 드러냈던 것이다.

나폴레옹이 수행한 전쟁의 기록은 장수(將帥)의 '지휘도'(指揮道)나 '용병술'(用兵術)로 정의된 전략의 효용성(效用性)과 한계(限界)를 동시에 보여 주었다.

프랑스인으로 구성된 병력으로 비교적 단순한 전투를 수행하는 데는 나폴레옹의 상황판단과 이에 근거한 전략의 효용성이 전장에서의 승리로 직결되는 것이 통례였다. 프랑스에 대항해서 연합군을 형성한 주위 국가들의 군대가 각기 다른 약점을 가지고 있다는 사실을 간파한 나폴레옹은 이들의 병참선을 동시에 위협할 수 있는 곳에서 이들을 분리시키고, 약한 군대를 먼저 격파한 다음에 강한 병력을 후에 격멸하는 전략을 채택하여 승리를 쟁취하였다. 그리고 연합작전을 수행하기 위하여 이들 국가들의 병력이 기동 중일 경우에, 나폴레옹은 신속한 기동으로 이들의 합류를 저지하면서 이동 중인 병력을 먼저 격파하고, 합류를 기대하고 있던 병력을 후방에서 기습하여 이들 모두를 격퇴하는 전략을 구사하였다. 어느 일국(一國)의 군대와 접전할 경우에도 전·후방 병력을 분리시키고, 먼저 전방 병력을 격멸하여 상대의 전력을 약화시킨 다음에 나머지를 굴복시키는 전략을 채택했다. 나폴

---

8 *世界戰爭史*, pp. 120-139.

레옹은 이와 같이 한 국가나 연합국들의 병력을 일단 분리시킨 다음에 그 일부를 먼저 섬멸하고 후에 다른 일부를 굴복시키는 전략을 구사하여 항상 수적인 열세하에서도 국지적(局地的)으로는 수적인 우세를 확보해 놓고 전투를 수행하였으며, 신속한 기동으로 이를 보장하였다. 실로, 나폴레옹은 그 당시까지 정의되어 온 전략의 정수를 그대로 전장에 적용하여 눈부신 승리를 거둔 장수였다.

그러나 정상적인 상황에서 전개된 정규적인 접전에서 거의 완전한 승리를 쟁취한 나폴레옹의 전략도 비정상적인 상황하에서 펼쳐진 비정규적인 전역(戰役)에서는 그 효용성을 보장받지 못했다. 정규적인 접전에서 프랑스군에게 대패한 스페인군과 프랑스인 왕을 받아들이지 않았던 스페인 국민들은 비정규적인 방법으로 프랑스군과 싸웠다. 프랑스군의 낙오병이나 전령 및 초병을 살해하거나 프랑스군 주둔지를 교란하여 이들의 휴식을 방해하기도 하였으며, 보급시설을 습격, 파괴하여 프랑스군 급양을 불가능하게 만들거나 프랑스군 병참선상 요충지를 확보하여 이를 차단하는 등의 게릴라전을 수행하였다. 결국 이러한 스페인군과 국민의 전투방식에 대해서는 나폴레옹도 효과적인 대응전략을 발견하지 못한 채 프랑스군을 철수시켜야만 했다. 또한 대규모의 연합군을 형성하여 러시아를 침공한 나폴레옹은 원정군의 약점인 보급의 곤란을 최대한 악화시키기 위한 러시아군의 회피(回避)전략과 초토(焦土)전술, 접전을 피하고 병력을 보존하기 위한 철퇴작전에 효과적으로 대응할 전략을 가지고 있지 못했다. 모스크바를 점령하고 러시아의 항복을 기다리고 있던 나폴레옹은 러시아의 항복 접수는 고사하고 러시아의 혹한을 극복하지 못한 채 철수를 서둘러야 하는 최악의 전략을 택해야만 했다. 한 줌의 병력을 이끌고 러시아군의 추격에 쫓겨 철수하던 나폴레옹은 철저한 양동작전(陽動作戰)으로 러시아군을 기만하여 1812년 11월 28일에는 베레지나강을 도하하여 러시아군의 포위망을 빠져나가는 데 성공하기도 하였으나 러시아 전역에서의 참패를 면할 수는 없었다.[9] 실로, 나폴레옹이 있는 곳에서는 기적이 일어났다. 그러나 나폴레옹이 여러 명 있을 수는 없었다. 천재적인 한 장수가 지휘하기에는 러시아 전역이 너무 넓었고, 예하 장수들은 나폴레옹이 될 수 없었던 것이다. 이와 같이 위대한 전략을 구사하던 나폴레옹은 그 위대한 전략의 한계 속에서 군 최고지휘관으로서의 위치를 마감해야만 하였다.

그 효용성과 한계에도 불구하고 나폴레옹이 수행한 전쟁과 그가 전장에서 구사한 전략은 전쟁의 본질, 원칙에 대한 논리전개와 전략, 전술의 개념규정에 없어서는 안 될 실증적 자료를 제공해 주었다. 나폴레옹전쟁에 직접 참여한 군사이론가인 클라우제비츠(Carl von Clausewitz, 1780-1831)와 조미니(Antoine Henri Jomini, 1779-1869)는 나폴레옹전쟁을 소재로 전쟁, 전략, 전술에 대한 분석과 작전수행원칙의 도출을 시도하였다. 이들 군사이론가의 업적은 바로 전쟁의 본질 및 원칙, 그리고 전략, 전술에 관한 체계적 연구의 효시(嚆矢)가 되었다. 이러한 측면에서 볼 때, 전쟁과 전략의 연구에 있어서 나폴레옹의 행적은 귀중한 보고(寶庫)의 위치를 차지하고 있다.

특히 전쟁을 다른 수단에 의한 정치라고 규정한 클라우제비츠는 전략과 전술에 대해서도 명쾌한 개념규정을 내리고 있다. 그는 전쟁수행은 전투계획과 실시로 구성되어 있다는 점을 밝히면서 전투를 계획하고 실시하는 것과 이들 전투를 상호 조정하는 것은 구별되어야 한다고 보았다. 그리하여 클라우제비츠는 전투를 계획하고 이를 실시하는 것을 전술(戰術: tactics)이라고 말하고, 이들 전투를 전쟁의 목적에 부합되게 상호 조정하여 운용하는 것을 전략(戰略: strategy)이라고 정의하였다. 그는 전술이 전투에서 군대를 어떻게 사용할 것인가 하는 것을 일깨워 준다면, 전략은 전쟁의 목적달성을 위해서 전투를 어떻게

9 *世界戰爭史*, pp. 124-131.

운용할 것인가를 가르쳐 준다고 말하고 있다.[10] 그리하여 클라우제비츠는 직접적인 전쟁수행술(the art of war)은 전술과 전략으로 구분되며, 전술은 각개 전투의 형태와 연관되고 전략은 전투의 운용에 관한 것이라는 점을 분명히 하였다.[11] 한마디로 표현하여, 클라우제비츠는 "전술은 전투에서 이기기 위하여 병력을 사용하는 기술"이고, "전략은 전쟁의 목적을 달성하기 위하여 전투를 운용하는 기술"이라고 개념적으로 규정하였다.

전략은 전쟁의 목적을 달성하기 위하여 전투를 조정·운용하는 기술이라고 정의한 클라우제비츠의 개념규정은 전략에 관한 전통적 개념규정의 근간(根幹)이 되었다. 정치집단 간에 수행된 한두 개의 전투가 전쟁 전부를 대변하던 고대전쟁으로부터 수개의 전역에서 수개의 전투로 구성된 근대전쟁으로 전쟁의 규모가 확대된 것을 반영하여 클라우제비츠는 고대의 전략개념을 전술이라는 범주로 일괄하면서 전쟁의 목적달성에 부합하여 전투를 조정·운용하는 기술을 전략으로 규정하였다. 그리고 그는 전쟁이라는 행위 자체가 수단만을 달리한 정치행위라는 점을 지적하여 전쟁의 목적은 정치적 판단에 따라 전면적일 수도 있고 제한적일 수도 있으나, 폭력의 행사인 전쟁은 폭력의 사용이 마찰 없이 보장된 절대전의 형태를 띠는 것이 효과적이라는 점도 지적하였다. 클라우제비츠는 이와 같이 전쟁 자체를 수단으로서 정치에 연관시키고, 전쟁수행을 전투실시와 전투운용으로 구분하고 이에 필요한 기술과 책략을 전술과 전략으로 구분하여 전쟁의 본질과 전술, 전략의 개념을 규정함으로써 전쟁과 연관된 중요한 개념의 도출과 규정을 통하여 전쟁연구에 관한 이론적 초석(礎石)을 다졌던 것이다. 이러한 클라우제비츠의 개념규정은, 전쟁에 동원될 수 있는 무기체계의 하나가

---

10 Carl von Clausewitz, *On War*, ed. and trans., by Michael Howard and Peter Paret (Princeton, NJ: Princeton University Press, 1976), p. 128.

11 Clausewitz, *On War*, p. 132.

전쟁의 본질을 변질시킨 현대에 이르기까지 여러 군사전문가들이 이를 수정·보완하여 다른 견해를 개진한 점은 사실이나, 지속적인 타당성을 유지해 왔다.

그러나 "전략은 전쟁목적을 달성하기 위하여 전투를 운용하는 기술"이라고 규정한 클라우제비츠는 전쟁의 목적은 군사적인 영역에서만의 문제가 아니며 이를 달성하기 위한 수단이 반드시 전장에서의 전투일 필요는 없다는 점을 지적한 한 영국 군사이론가 리델 하트(B. H. Liddell Hart, 1895-1970)의 이론적 도전에 직면하게 되었다.[12] 그는 "전략이란 제시된 목표를 달성하도록 장군에게 주어진 수단을 실천적으로 운용하는 것"(the practical adaptation of the means placed at a general's disposal to the attainment of the object in view)이라고 정의한 몰트케(Helmuth von Moltke, 1800-1891)의 견해가 더 명쾌하고 현명하다고 보았다. 그는 프레데릭 대왕과 나폴레옹과 같이 군(軍)·정(政)을 동시에 장악하여 정치와 전략의 구분이 명확하지 않은 경우에는 클라우제비츠의 정의가 타당성을 부여받을 수 있으나, 정부가 정책적 목표를 설정하고 군사력을 운용하는 군이 이에 합당한 전략을 수행해야 하는 상황에서는 군지휘관은 정부가 설정한 목표달성에 부합하는 전략을 수립해야 한다는 입장을 취하고 있다. 그 실례로서 정부가 제한적인 전쟁목적을 상정하고 '회피 및 지연전략'(Fabian Strategy)에 입각한 전쟁목표를 정했다면 군지휘관은 전투에서의 승리 쟁취보다는 상대전투력의 마모(磨耗)를 위한 작전을 수행해야 마땅하다고 말하고 있다. 그리하여 리델 하트는 전략이란 "정책목표를 달성하기 위하여 군사적 수단을 배분하고 운용하는 기술"(the art of distributing and applying military means to fulfill the ends of policy)이라는 정의를 내놓았다.[13] 전쟁의 목적이 곧 승리의 쟁취는 아닐 수 있으며, 전쟁의 목적을 달성

---

12 B. H. Liddell Hart, *Strategy* (New York: Frederick A. Praeger, 1967), p. 333.
13 Liddell Hart, *Strategy*, pp. 333-335.

하는 수단이 반드시 전투수행일 필요는 없다는 입장을 감안한 전략의 개념규정이 나타났다.

리델 하트의 전략개념은 여러 가지 차원의 전략이 있을 수 있다는 전제를 두고 있다. 그는 전술이 하위 차원에서 본 전략의 적용이라고 볼 수 있는 만큼 전략은 이른바 '대전략'(grand strategy)의 하위 개념이라고 자리매김을 하였다. 그리고 그는 대전략은 실천적 의미에서 본 정책이라고 규정하고, 이는 전쟁에 있어서 정치적 목적을 달성하기 위하여 한 국가 혹은 국가군(國家群)의 가용자원을 분배·조정하는 역할을 수행한다고 보았다. 전략의 상위 차원에 대전략이라는 새로운 개념을 설정한 리델 하트는 전략을 고전적 의미, 즉 '장수의 기술'(the art of the general)이라는 수준에서 다시 정립할 필요가 있다는 점을 지적하기도 했다. 그리하여 그는 전략이란 군사적으로 쟁취해야 할 목표와 가용한 군사력을 계산·조정하면서 군사력을 절약하고 유사시에 이를 집중하여 주어진 목표를 달성하는 데 필요한 방향과 방법의 모색에 중점을 두어야 한다고 보았다.[14] 리델 하트는, 전쟁의 목표가 군사적 차원에서만 설정되기보다는 정치적 차원의 정책에 의해서 설정되기 때문에, 이것의 달성을 위한 하나의 방법으로서의 전략은 '전쟁의 목표를 달성하기 위한 전장에서의 전투의 운용'만이 아닌 군사력의 계산, 조정, 절약, 집중 및 사용을 포괄하는 '장수의 용병술'로 그 개념을 정립하는 것이 마땅하다고 주장하였다. 이와 같이 리델 하트는 전략을 대전략에 근거하여 동원될 군사적인 수단을 준비하고 이를 사용하는 군사지도자들의 지혜와 기술이라고 정의하였다.

전략이 정치보다 하위 차원의 실천개념이라는 점을 인정하면서도, 특히 전시에 모든 정치적 결정은 전략을 고려한 것이어야 한다는 입장을 개진한 소련의 군사이론가 스베친(Aleksandr A. Svechin)은

14 *Strategy*, pp. 336-338.

전략을 정책적 차원의 영역으로 확대하면서, 전장에서의 작전준비 및 수행과 연관된 문제를 작전술(operational art)이라는 범주에 포괄하고 이를 전술보다 상위 차원의 개념으로 제시하였다. 스베친은 전략을 "군이 전쟁을 위한 준비를 취합하고 전쟁으로 결정될 목표를 달성하기 위하여 작전들을 조합시키는 기술"(the art of combining preparations for war and the grouping of operations for achieving the goal set by the war for the armed forces)이라고 정의하면서 전략이 궁극적인 전쟁목표를 달성하기 위하여 국가의 군사력 및 모든 자원의 동원과 연관된 문제를 결정한다고 보았다. 그리하여 그는 작전술이 직후방의 지원능력을 고려하여 설정된다면, 전략은 자국과 적국이 보유한 경제, 정치력을 고려해야 한다는 점을 지적하였다.[15] 소련의 군사이론가인 스베친은 전쟁에서 리델하트가 주장하는 대전략 차원에서 본 국가 자원동원과 이에 근거하여 결정된 작전의 형태, 규모, 빈도 등을 조합하는 것까지를 전략이라는 범주에 포괄시키고, 실제 작전을 계획·준비·수행하는 것을 일괄하는 작전술(作戰術)이라는 새로운 개념을 제시하여 전술의 상위개념으로 삼았다. 이러한 스베친의 전략개념은 군사적인 행동에 의해서 혁명을 달성하고 전쟁을 통하여 이를 현실적으로 정착시킨 소련의 전쟁관과, 새로운 이념을 내세운 볼셰비키의 사활(死活)을 건 러시아 내전에서 국가 전 분야의 총력이 경주될 수밖에 없었던 소련의 경험에 기초하여 정립된 것으로 볼 수 있다.

전투에서 승리하기 위하여 병력이나 전투대형을 운용하는 장수의 지휘도와 기술이라는 어원(語源)에서 출발하여 전쟁의 목표를 달성하기 위하여 전투를 운용하는 기술, 그리고 정책적 차원에서 수립된 대전략의 하위개념으로 군사적인 수단을 준비하고 이를 사용하는 군사지도층의 지혜와 기술, 또는 전쟁을 준비하고 필요한 작전을 조합하는

15 Aleksandr A. Svechin, *Strategy*, ed., by Kent D. Lee (Minneapolis, Minnesota, East View Publications, 1992), pp. 7, 68-71.

기술 등으로 정의되면서 변화를 거듭해 온 전통적 전략(戰略)개념은 군사력을 포함한 군사적 수단의 사용을 전제로 하고 있다. 정책적 목표를 달성하기 위한 수단으로 동원된 전쟁에서 직접적인 승리를 쟁취하거나, 상대의 전력을 마모시켜 자신의 정책의지를 강요하거나, 필요한 형태와 규모의 작전을 택하거나 간에 전통적 개념의 전략은 군사적인 수단과 방법의 사용과 운용을 상정하여 정의되었다. 군사력 사용을 전제로 하여 정의된 전통적인 전략개념은, 무기체계의 하나로 개발된 핵무기의 출현으로 전쟁의 본질이 변질된 2차 세계대전 이후에도, 지속적인 설득력을 유지해 왔다. 국제관계의 이론적 분석에 기초를 두고, 한 프랑스 정치학자 아롱(Raymond Aron)은 외교가 군사력을 사용하지 않고 상대를 설득하는 기술이라면 전략은 "최소한의 비용으로 상대를 정복하는 기술"이라고 정의하였다.[16] 아롱은 외교와 전략은 국가이익을 증진시키기 위하여 다른 나라와의 관계를 유지·전개시키는 정치기술상 상호 보완적인 두 개의 요소라고 보았다. 그리고 이 두 요소는 전시이건 평시이건 상호 유기적인 연관을 맺고 있어서 평시에도 무력시위와 같이 군사적인 수단이 동원될 수 있고, 이것이 상대를 설득하는 외교를 뒷받침할 수도 있다고 보았다.[17] 이와 같이 아롱은 클라우제비츠가 제시한 대로 군사력의 직접사용과 연관하여 전략을 정의하면서도 군사적인 수단이 외교의 방편으로 동원될 수 있는 점도 지적하였으나, 상대를 굴복시키기 위하여 군사력을 직접 사용하는 것과 연관하여 정의된 전통적인 전략개념을 크게 훼손하지는 않았다. 그리하여 전쟁이 상위 차원에서 정의된 목표를 달성하기 위한 수단으로 동원될 가능성이 남아 있는 한 정치적 목적 달성을 위한 군사력의 운용을 전제로 정의된 전통적 전략개념은 실천적 효용성이 보장되고 있다.

---

16 Raymond Aron, *Peace and War: A Theory of International Relations, An Abridged Version* (Garden City, New York: Anchor Books, 1973), p. 23.

17 *Ibid.*

4) 전략과 군사전략

간략하게 정의하여, 전투장에서 장수가 행사하는 지휘도와 용병술이라는 어원적 의미를 가졌던 전략은 전쟁규모와 전쟁과 연관된 영역 등이 확장되고 전쟁수행에 필요한 수단, 동원 수준이 확대됨에 따라 그 개념이 종적인 분화를 거듭해 왔다.

전쟁이 한두 개 전투의 결과로 마감되지 않고 한 전투의 승패가 곧 전쟁의 승패로 귀결되지 않음에 따라 전략은 전쟁을 승리로 마감하기 위하여 한 전투의 승리만을 고려할 수 없게 되었으며, 이러한 상황변화의 결과 그 하위개념으로 전술이 등장함으로써 개념상 종적인 분화를 시작하였다. 그리하여 전투를 승리로 마감하기 위한 기술을 전술, 전쟁의 목적을 달성하기 위하여 전투를 운용하는 기술을 전략으로 규정하기에 이르렀다. 그러나 전쟁의 목적은 그것보다 상위 차원의 영역, 즉 정치에 의해서 결정된다는 입장을 고려하여 전쟁을 수행하는 데 필요한 전략의 상위 차원의 목적, 즉 정책수행을 위한 실천개념의 필요성을 인정함으로써 대전략이라는 개념이 등장하였다. 이에 따라 정치적 차원에서 볼 때, 전쟁수행의 목표는 군사적 승리만이 아닐 수 있다는 실행상 가정을 받아들이게 되었다. 이와는 대조적으로, 전쟁은 이의 주체, 흔히 국가가 수행하는 최고의 정치적 행위이기 때문에, 전쟁에 대비하고 이를 수행하는 데에는 그 수행주체가 지니고 있는 총체적인 역량이 동원되어야 하고, 이와 관련된 사항들을 전략이 결정해야 한다는 입장도 대두되었다. 전략에 관한 이러한 견해는 정치적 차원의 실천개념으로 상정된 대전략까지를 전략이라는 개념에 포괄하면서, 오히려 작전을 수행하는 문제와 연관해서는 작전술이라는 개념을 제시하고 이를 전술보다 상위에 정치(定置)시켰다. 이와 같이 전략과 전술로 분화된 원래의 전략개념은 전쟁을 어떠한 차원의 행위로 간주하느냐에 따라 그 상위 차원에 대전략 또는 그 하위 차원에 작전술이라는 새로운 개념을 두어 연관을 맺게 되었고, 이 개념들과 상대적으로 규정되면서 종적인 분화를 거듭해 왔다.

전략은 이러한 종적인 분화와 더불어 그 개념이 보편화되는 변화를 겪고 있다. 병력이나 군사력의 운용을 전제로 군지휘관의 지휘도나 용병술과 연관하여 정의된 전략이라는 용어는 전쟁의 빈도가 늘어나고 이의 영향범위가 확대됨에 따라 평상인들 사이에서도 흔히 회자(膾炙)되기에 이르렀으며, 전쟁으로 주어진 목표를 달성하기 위한 수단으로서 군사력을 준비하고, 동원된 군사력을 운용하는 군사지도층의 지혜와 기술로 규정된 전략이라는 용어가 다른 분야에서도 큰 거부감 없이 사용될 정도가 되었다. 좀더 구체적으로 말하여, 군사적인 차원에서 정의된 특수한 용어인 전략이 '주어진 목표를 달성하기 위한 방법'을 의미하는 보편적인 용어로서의 성격을 띠게 된 것이다. 그리하여 전략이라는 용어 앞에 특정한 분야나 사안을 대변하는 명사를 삽입하여도 그 분야 혹은 사안과 연관된 목적을 달성하기 위한 방법을 자연스럽게 지칭(指稱)할 수 있게 되었다. 예로써, 집합적인 행위를 염두에 둔 외교전략, 협상전략, 무역전략, 경영전략 등의 복합용어도 등장하였고, 개인의 행위와 연관되어 입시전략, 취업전략, 출세전략 등의 조합용어도 큰 스스럼없이 사용할 수 있게 되었다. 다시 말하여, 전략이라는 용어가 어느 분야에서 설정한 목표를 달성하기 위한 방법론 또는 어떤 사안과 연관된 접근방법 등의 일반적인 의미까지 포괄할 정도로 보편화되어 가고 있는 것이다. 이와 같이 다분히 전투나 전쟁과 연관을 맺으면서 정의되어 온 전략이라는 용어는 그 개념이 보편적으로 통용될 수 있는 정도까지 큰 변화를 겪었다.

정치집단의 단위체로 자리를 굳힌 국가의 목표 및 행위와 연관하여 정의된 전략도 총체적 혹은 분야별 특성을 명시할 필요성이 대두되었고, 이러한 필요성은 전략개념의 횡적 분화와 주로 군사적인 범주에서 정립된 전략개념의 명확성을 요구하기에 이르렀다. 이러한 요구에 따라, 한 국가의 목표(예로써 생존보장·평화유지·번영추구 등)를 달성하기 위하여 그 국가는 어떠한 국력요소를 어떻게 운용해야 하는가를 포괄하는 국가전략(national strategy)이 의미를 갖게 되었고, 어떠한 구성, 어떠한 무기체계를 갖춘 어느 수준과 어느 정도의 군사력을 어떠한 상태로 어떻게 유지·사용할 것인가를 규정하는 군사전략(軍事戰略: military strategy)의 개념이 등장하였으며, 군사적 분야와 더불어 그 국가의 정치·외교·사회·문화·경제·무역 등의 분야에서 목표는 어떠해야 하며 이를 달성하기 위한 방법론은 어떠해야 하는가를 뜻하는 각 분야의 전략을 상정해 볼 수 있게 되었다. 그리하여 평시에 어떠한 군사력을 준비하고, 전시에 이를 어떻게 운용할 것인가를 주로 염두에 두고 이를 좀더 명확하게 규정하기 위하여 군사전략이라는 개념이 구체화되었고, 전략은 보다 다양한 국력요소를 운용하여 국가간 대결관계에서 상대적 우위를 점유하려는 포괄적인 의미와 차원이 격상된 개념으로 규정되는 현상이 나타나기도 하였으며, 전략연구가의 관점과 전략수립 주체인 개별 국가의 성격과 상대적 위상에 따라 그 개념이 다양하게 제시되기도 하였다.

시대·상황적 변화와 전략주체들의 독특한 성격과 위상에 맞추어 정의·규정된 전략에 대한 개념은, 그것이 포괄하는 범위·수준 및 수단면에서, 다르게 나타나 있다.

프랑스의 군사이론가 앙드레 보프르(André Beaufre)는 클라우제비츠, 리델 하트 및 레이몽 아롱이 규정한 전략개념은, 정치적 정책에 의해서 정해진 목표를 달성하는 수단으로 군사력만을 상정하고 있기 때문에, 매우 한정적이라고 평가하면서, "정책에 의해서 결정된 목표를 달성하는 데 가장 효과적으로 기여할 수 있도록 힘을 사용하는 기술"이라고 전략을 정의하는 편이 낫다고 보았다. 그러나 그는 이 같은 개념규정도 전략·전술 및 군수지원으로 구성된 전쟁의 전 영역에 적용한다는 것이 어색하다는 점을 지적하고, 전쟁을 물질적인 요소와

의지(wills)를 포함한 영감(divine sparks)의 영역으로 나누면서, 전략을 의지 및 영감의 영역과 연관하여 그 개념을 정립하였다. 그리하여 보프르는 전략의 핵심을 대립하고 있는 두 의지 간의 충돌에서 비롯되는 '관념적인 상호작용'(abstract interplay)으로 보고, 전략은 '분쟁을 해결하기 위하여 힘을 사용하는 대립적인 두 의지 간 변증법의 기술'(the art of the dialectic of two opposing wills using force to resolve their dispute)이라는, 다분히 일반적이고 추상적인, 개념을 제시하였다. 그리고 "가용자원을 최대한 활용하여 정책이 결정한 목표를 달성하는 것"이 전략의 목표라고 말했다.[18] 이와 같이 보프르는 전략의 개념규정에 있어서 분쟁해결을 전제한 두 의지 간 변증법적 상대성과 여기에 동원되는 힘의 포괄성을 강조하였다.

보프르의 관념적인 개념규정과는 달리, 마르크스-레닌주의의 혁명관에 입각하여 군사쿠데타와 내전(內戰)으로 정권을 장악하고, 수립한 국가적 경험을 가진 소련과 중국의 군사이론가들은 전쟁을 하나의 고도한 정치행위로 규정하고, 이의 준비 및 수행과 연관하여 전략의 개념을 규정하였다. 특히 소련의 군사이론가들은 전쟁을 고도한 정치적 행위로 보기 때문에 거의 동일한 수준에서 전략과 군사전략을 정의하고 있다. 전쟁의 준비와 수행이 정치, 경제, 사회 등 다른 분야의 요소들을 고려하거나 동원하지 않고 이루어질 성질의 것이 아니라는 입장을 취하고 있다. 그리하여 이들은 전략(군사전략)이란 계급 이익을 증진시키는 수단으로 동원할 수 있는 전쟁에 관한 법칙을 다루는 이론적 지식체계라고 그 개념을 규정하고, 전략은 과거 전쟁경험, 자국과 가상적국의 군사 및 군사 외적인 상황과 미래 전쟁의 성격, 전쟁수행에 필요한 물적, 기술적 요소들을 연구함으로써 전쟁에서 군사적, 정치적 목적을 달성하는 군사술(military arts)의 주요부분이라고 보았다. 따

---

18 André Beaufre, *An Introduction to Strategy*, trans., by R. H. Barry (New York: Frederick A. Praeger, 1965), pp. 21-23.

라서 전략은 전시에 국가의 군사력과 자원을 동원하는 문제를 다루며, 전쟁수행에 영향을 미치는 자연적, 물적, 기술적 요소를 고려하여 작전술 및 전술에서 달성해야 할 목표를 제시해야 하고, 동원된 자원을 운용하여 수행하는 전쟁과 작전을 위한 지휘도의 기본이 되어야 한다고 보았다.[19] 군사적 봉기와 내전을 통하여 공산정권을 수립한 중국의 군사이론도 전쟁을 정책의 연속으로 간주하여 전개되었다. 중국군은 공산당의 도구라는 모택동(毛澤東)의 기본 개념을 바탕으로 전개된 중국의 군사이론은 공산당의 이념과 노선을 반영한 전쟁의 본질과 미래 전쟁에 대한 견해로서 군사교리(軍事敎理), 그 하위 차원으로 전쟁수행에 필요한 수단과 조건이 제기하는 모든 문제를 다루는 군사과학(軍事科學)을 상정하고, 군사과학 예하에 군사학술(軍事學術)이라는 영역을 설정하였다. 이 영역에서 전쟁을 준비하고 수행하는 제반 문제를 다루는 전략(戰略), 실제 작전을 조합·운영하는 전역(戰役), 그리고 전투수행에 필요한 전술(戰術)을 연구하는 분야를 두고 있다.[20] 이러한 중국의 군사이론도 전략은 전쟁을 준비·수행하는 문제를 다루는 영역으로 정의하고, 전역과 전술이 지향하거나 달성해야 할 방향과 목표를 명확하게 제시하는 상위개념으로 규정하였다. 이와 같이 정치·이념적 목적을 달성하는 데 군사적 수단의 부분 사용이나 전면 사용이 필수적이라는 사실을 태생적으로 체험한 소련과 중국의 군사이론은 분석된 전쟁

---

19 V. D. Sokolovsky, ed., *Military Strategy: Soviet Doctrine and Concepts* (New York: Frederick A. Praeger, Publisher, 1963), pp. 7-14; *Soviet Military Strategy*, ed., by Harriet Fast Scott (New York: Crane, Russak & Company, Inc., 1980), pp. 5-25; *Dictionary of Basic Military Terms: A Soviet View* (Washington, D. C.: GPO, 1976), p. 215.

20 黃炳茂, *新中國軍事論* (서울: 法文社, 1992), pp. 19-25; Georges Tan Eng Bok, "Strategic Doctrine" in Gerald Segal and William T. Tow, ed., *Chinese Defense Policy* (London: Macmillan Press Ltd., 1984), pp. 3-17; Samuel B. Griffith, Jr., *The Chinese People's Army* (New York: McGraw Hill Book Company, 1967), pp. 1-7, 214-215.

의 본질과 미래전의 성격을 토대로 이를 준비·수행하는 전반적인 문제와 연관하여 전략의 개념을 규정하고, 그 하위 차원에 작전술(전역)·전술 등을 상정하고 있다.

전략에 대한 미국군의 개념규정은 포괄적이면서 구체성을 띠고 있다. 미국 합참본부와 국방부(US Joint Chiefs of Staff and Department of Defense)는 전략을 "정책을 최대한 지원하고, 승리의 공산(公算)과 이의 현실화(現實化)를 증대시키며 패배의 가능성을 감소시키기 위하여 전시나 평시에 필요한 정치, 경제, 심리 및 군사력을 개발하고 사용하는 과학과 기술"(The art and sciences of developing and using political, economic, psychological, and military forces as necessary during peace and war, to afford the maximum support to policies, in order to increase the probabilities and favorable consequences of victory and to lesson the chances of defeat)이라고 규정하였다.[21] 그리고 미군은 국가전략(national strategy)을 상정하고, 이를 "국가 목표를 달성하기 위하여 전시나 평시에 군사력을 포함한 정치, 경제, 심리적 차원의 국력을 개발하고 사용하는 기술과 과학"(The art and science of developing and using the political, economic, and psychological powers of a nation, together with its armed forces, during peace and war, to secure national objectives)이라고 정의하였다.[22] 미군 지휘부는 또한 군사전략을 "무력을 사용하거나 이의 사용을 위협함으로써 국가 정책목표를 달성하기 위하여 한 국가의 군대를 운용하는 기술과 과학"(The art and science of employing the armed forces of a nation to secure the objectives of national policy by the application of force or the threat of force)이라고 정의내렸다.[23] 이와 같이 미군은 전략을 "국가의 요소별 구체적인 역

---

21 The US Joint Chiefs of Staff and Department of Defense, *Dictionary of Military and Associated Terms* (1984), p. 351.

22 *Ibid.*, p. 244.

량을 개발하고 사용하는 기술과 과학"으로, 그 상위 차원의 국가전략은 "국가의 요소별 종합적인 국력을 개발하고 사용하는 기술과 과학"으로, 그 하위개념으로 상정된 군사전략은 "국가의 무력을 사용하거나 이의 사용을 위협하기 위하여 군대를 실제 운용하는 기술과 과학"으로 개념을 정립하였다.

전략의 개념규정에 관한 미국의 다른 견해들도 전략과 군사전략에 대한 미군 지도부의 개념정립과 크게 다르지 않은 입장을 취하고 있다. 전략이란 "국가정책을 최대한 지원하고 이들 정책의 유리한 결과의 확보 가능성을 높이기 위하여 전시나 평시에 필요한 정치, 경제, 심리, 군사력을 개발하고 사용하는 기술과 과학"(The art and science of developing and using political, economic, psychological, and military forces as necessary during peace and war, to afford the maximum support to national policies, in order to increase the possibility of their favorable outcome)이라는 유사한 개념규정과 함께, "전략은 주요한 장기목표를 달성하기 위하여 국력의 전반적 사용을 관리하는 과학"(Strategy is the science of directing the overall use of a nation's power to achieve major long-term ends)이라는 상이한 개념도 나타나 있다.[24] 좀더 함축적으로, 전략을 "국제사회의 적대세력들과 대적하고 국가목표를 달성하기 위하여 전시와 평시에 군사력을 포함한 국력을 체계적으로 개발하고 운용하는 것"(Systematic development and employment of national power, including military power in peace and war, to secure national aims against antagonists in the international environment)이라 정의한 개념도 나타나 있다.[25] 군사전략에 대해서도 "무력을 사용하거나 이의 사용을

23 *Ibid.*, p. 232.

24 Jay M. Shafritz, Todd J. A. Shafritz, David B. Robertson, *The Facts On File Dictionary of Military Science* (New York, Oxford: Facts on File, 1989), pp. 440-441.

25 Urs Schwarz, Laszlo Hadik, *Strategic Terminology* (New York: Praeger; London:

위협함으로써 국가정책의 목표를 달성하기 위하여 국가의 군대를 운용하는 기술과 과학"으로 규정하였다.[26] 웹스터 사전에서는 전략을 "전시나 평시에 채택된 정책을 최대한 지원하기 위하여 한 국가 또는 국가군(國家群)의 정치, 경제, 심리, 군사력을 운용하는 기술과 과학"(the science and art of employing the political, economic, psychological, and military forces of a nation or group of nations to afford the maximum support to the adopted policies in peace and war)이라고 규정하여 전략을 요소별 국력의 개발보다 이를 운용하는 데 중점을 두고 정의하면서 전략수행 주체가 국가뿐만 아니라 국가연합(國家聯合)이나 동맹체(同盟體)도 될 수 있다는 점을 지적하고 있다.[27] 이와 같이 전략 및 군사전략 개념에 관한 미국과 미군 및 기타 견해들은, 수행주체와 범위에 대한 약간의 입장차이에도 불구하고, 많은 유사성을 지니고 있다.

결국, 상호보완과정을 거쳐 자신들의 개념을 정립하였다고는 볼 수 있으나, 미국의 군사이론은 전략을 전시나 평시에 정책적 목적을 달성하기 위하여 군사력과 군사 외적인 역량을 준비하고 사용하는 과학과 기술로 규정하였으며, 군사전략은 사용을 전제로 하거나 사용을 위협하거나 간에 미군을 실제로 운용하는 과학과 기술로 정의하였다. 그리고 영국 리델 하트가 제시한 대전략(grand strategy)이라는 관념적인 개념을 국가전략(national strategy)이라는 개념으로 대치하고 있음을 알 수 있다.[28]

여러 가지 견해차를 정리하여 개념설정에 필요한 몇 가지 요소에 대한 입장을 정리하면, 현 상황여건에서 전략과 군사전략의 개념

Pall Mall Press, 1966), pp. 94-95.

26 *The Facts On File Dictionary of Military Science*, p. 290.

27 *Webster's Third New International Dictionary*, p. 2256.

28 Daniel J. Kaufman, Jeffrey S. McKitrick, Thomas J. Leney, ed., *U.S. National Security: A Framework of Analysis* (Lexington, Mass.: Lexington Books, 1985), pp. 3-26.

은 큰 어려움 없이 도출될 수 있다.

먼저, 전략은 동적(動的)인 개념이다. 하나의 예로, 전략수행 주체(국가 등)가 부국강병(富國强兵)이라는 정책적 목표를 설정하였다면 이는 그 주체가 지향하는 양상(樣相)과 위상(位相)을 제시한 셈이다. 이에 비해서 전략은 주체가 설정한 목표인 부국강병을 달성하기 위하여 어떠한 분야의 역량을 어떻게 배양해야 할 것인가를 계획하고 이를 실천에 옮기는 데 필요한 청사진이다. 또한 어떤 국가가 생존·번영·평화라는 가치에 근거한 정책목표를 설정하고 이를 현실적으로 보장하려 한다면 그 국가는 이러한 가치를 보장하기 위한 실천개념으로서 국가전략을 수립해야 하고, 수립된 국가전략에 근거하여 분야별 목표와 이 목표를 달성하기 위한 분야별 전략을 수립해야 한다는 사실을 쉽게 알 수 있다. 이와 같이 전략의 목표를 설정하는 정책은 전략수행 주체가 지향하는 양상과 위상을 제시하는 정적인 개념인 반면에, 제시된 목표를 달성하기 위하여 구상되어야 하는 전략은 다분히 동적인 실천개념이다. 그런데 의지적인 요소와 물질적인 요소를 동원하여 목표를 달성해야 하는 실천적인 개념으로서의 전략은 개별성을 위주로 한 기술(技術 혹은 技藝: art)만으로 규정할 수 없고, 규칙성을 강조한 과학(科學: science)만으로도 규정할 수 없다. 따라서 전략을 우선 무엇인가를 이루기 위한 '기술과 과학'으로 규정하는 것이 타당하리라 본다.

두 번째로 논의될 수 있는 주제는 전략의 수행주체에 관한 것이다. 고전적 의미에서 보면 전략의 수행주체는 전투장의 장수였다고 볼 수 있다. 그러나 전쟁의 규모가 확대되고 한두 번 치른 전투결과가 전쟁의 승패로 직결되지 않는 상황이 전개됨에 따라 전략의 수행주체는 개인적 차원을 초월하게 되었다. 다른 말로 표현하여, 전략이 장수나 군 최고지휘관이 수행하는 전유(專有) 기능이 아니고, 한 정치집단의 집단적 리더십이 행사하는 공유(公有) 역할로 되었다는 뜻이다. 특히 전략의 수행주체로 등장한 정치집단으로 국가 및 국가 내에서 생성될 수 있는 교전단체, 국가연합 및 동맹체, 그리고 국제기구까지 들 수 있는 오늘의 상황에서, 이들 주체들의 상대적 성격과 특성에 따라서 다양한 수준의 전략이 구사될 수 있기 때문에, 전략의 개념규정에 전략수행 주체까지 명시하기에는 약간 번거로운 감이 없지 않음을 볼 수 있다. 따라서 보편적으로 통용될 수 있는 차원에서 전략의 개념을 규정하는 경우에는 특정한 정치집단을 전략수행 주체로 지칭하지 않고, 특정한 정치집단의 전략을 논하고자 할 경우에만 일반적으로 정의된 전략이라는 용어 앞에 특정한 정치집단의 명칭을 붙이는 것이 바람직할 것 같다.

세 번째 주제는 전략이 적용되는 시간과 공간의 성격이다. 고대의 전략은 주로 전투장(戰鬪場)에서 적용되었다. 전략이 전투장에서 장수가 행사하는 용병술로 정의되었기 때문이다. 그리고 전통적인 전략 역시 현상적으로 넓게는 지역, 좁게는 지형이라는 물리적 공간을 상정하고 그 개념이 규정되었다. 전략이 주어진 목표달성 수단으로서의 군사력 사용을 전제로 정의되었기 때문이다. 그러나 전략수행 주체간 상호 영향을 미칠 수 있는 요인이 현상적인 것만이 아니고 심리적 요인까지 있다는 사실을 고려한다면, 전략이 적용되는 영역은 물리적이고 현상적인 공간뿐만 아니라 의지적이고 관념적인 영역까지도 고려해야 한다는 점도 간과할 수 없게 되었다. 시간 역시 마찬가지 논리에서 검토할 수 있다. 과거의 전략은 수행주체 간 전쟁상황이나 위기 시를 상정하고 정의되었다. 그러나 평시와 전시가 상호 단절적인 기간이 아니고, '전쟁은 총칼을 동원한 외교' '외교는 펜으로 수행하는 전쟁'으로까지 묘사되는 오늘의 현실에서는 전략이 적용되는 시기를 전시(戰時)로 국한할 수 없게 되었다. 따라서 전략의 개념 규정에 있어서 시간과 공간의 구획(區劃)이나 구분(區分)은 그 의미를 크게 부여받지 못하게 되었다.

네 번째로, 전략의 개념 규정이나 수행에 있어서 실제 운용되는 수단의 성격에 관한 문제를 검토할 수 있다. 전투와 연관하여 정의된 고대 전략에서 사용된 수단은 병력이었다. 규모가 확대된 전쟁이지만 정책수단으로 동원될 수 있었던 근대에도 전략의 수단으로 군대가 운용되었다. 전쟁이 총력전의 양상을 띠게 되자, 전쟁수행 자체가 양성된 군대만으로 수행될 수 없다는 현실을 파악하기에 이르렀다. 이러한 과정을 거치면서 전쟁과 연관하여 정의된 전략의 수단은 병력, 군대라는 한정적인 개념에서 군사력이라는 포괄적인 개념의 수단으로 바뀌게 되었다. 그러나 양차 세계대전의 결과 군사력의 직접 사용만이 전략의 수단일 필요가 없고, 오히려 군사력의 전면사용이 전략을 파산시킨 결과를 빚어냈다는 인식이 확산됨에 따라 전략의 수단을 '힘'이라는 범주로 확장시켰고, 이의 운용방식도 사용만을 전제로 삼지 않게 되었다. 전략수행 단위체의 요소별 능력이 강화되고 이들 능력의 실용적 가치가 증진된 오늘날, 전략수단으로 동원될 수 있는 수단으로서 상정한 힘(force)도 다양해져 군사력은 물론 정치, 경제 및 기타 분야의 역량도 고려하게 되었다. 한마디로, 전략은 이제 군사력뿐만 아니라 수행주체가 보유한 거의 모든 분야의 역량을 수단으로 동원할 수 있게 되었다는 뜻이다.

현실적으로 전략의 개념규정에 있어서 고려해야 할 또 하나의 사항은 전략의 적용에 의해서 결과되는 기대효과가 범위와 수준면에서 다양해질 수밖에 없는 상황이 이미 정착되었다는 사실이다. 전투장에서 병력을 운용하는 기술로 정의된 고대 전략에서는 전투에서의 승리가 전략수행의 목표요 기대효과였다. 전쟁의 규모가 확대된 후에도, 정치적으로 주어진 목적이 무력대결에서 패배의 위험성 없이 어떠한 요구나 조건만을 상대가 수용하도록 할 경우의 전략은 상대 전력을 마모시켜 조직적인 대항능력만을 박탈하는 방향으로 설정될 수도 있었으나, 궁극적으로 전략은 전쟁의 승리를 목표로 삼고 있었다. 그러나 양차 세계대전의 재앙을 경험한 후에는 전쟁에서의 승리보다 전쟁의 거부가 더욱 바람직하다는 인식이 확산되었고, 특히 태평양전쟁(1941-1945) 말기 일본에 투하된 2개의 원자탄은 전쟁수행 수단의 하나로 개발된 핵무기체계를 동원한 전쟁이 정치나 정책수단으로 본 전통적인 전쟁의 본질론을 전면적으로 부정하게 만들었다. 따라서 최소한 핵무기를 동원한 핵전쟁에 관해서는 이를 반드시 억제해야 하고, 양차 세계대전과 같이 재래식 무기를 동원한 전면전도 거부해야 하며, 정치수단으로 동원될 수 있는 재래식 국지제한전(局地制限戰)은 더욱 제한해야 한다는 새로운 요구가 대두되었다. 전쟁의 승리는 물론 전쟁의 억제 또한 전략의 기대효과로 등장하였다. 이에 따라 전략수행을 통하여 달성하고자 하는 정책목표도 현상을 유지한다거나, 변경된 현상을 회복시키는 것으로 국한하여 설정되고, 상대의 저러한 행동을 중지시킨다거나 이러한 행동을 유도하는 것으로 제한되는 것이 자연스럽게 되었다. 오늘의 전략개념은 이러한 상황전개와 기대효과의 변화를 수용할 필요성에 직면하였다.

편의상 다섯 가지 범주로 구분하여 검토한 바를 참조하여 현재 보편적으로 수용될 수 있는 전략의 개념을 규정할 수 있다. 즉, 전략은 그 개념이 동적이고 수행주체가 다양하다는 점, 전략이 적용되는 장(場)은 현상적, 관념적 영역을 망라하고 시간도 전시와 평시를 포괄한다는 점, 전략에서 동원되는 수단은 군사력을 포함하여 수행단위체의 요소별 전 역량일 수 있으며, 전략수행의 결과 기대되는 효과는 전쟁의 억제와 승리는 물론 현상유지, 변경된 현상의 원상복귀, 어떠한 행동의 중지 또는 유도 등으로 다양할 수 있다는 점을 고려하여 그 개념을 규정할 수 있다. 따라서 전략은 '전략수행 주체가 설정한 목표를 달성하기 위하여 군사력을 포함한 정치·경제 및 다른 부문의 역량을 개발·보유·운용하는 기술과 과학'으로 규정할 수 있고, 군사전략은 '군사부문에 부여된 목표를 달성하기 위하여 요소별 군사력을 개발·보유·운용하는 기술과 과학'으로 그 개념들을 정립할 수 있다. 여기에서 전략수행 주체는 국가 및 교전단체, 국가연합 및 동맹체, 그리고 국제기구까지 망라할 수 있으나, 현실적으로는 국가가 이를 대변하고 있다. 또한 국가가 설정한 목표는 철학적이거나 정치적인 성격일 수도 있고, 군사적이거나 경제적인 특성을 지니고 있을 수도 있으며, 이러한 목표를 달성하기 위한 수단으로서 군사력을 포함한 국가의 부문별 역량이나 요소별 군사력의 개발·보유·운용은 평시와 전시를 구분하지 않고 구체화되는 행위로 보아도 큰 무리가 없다.

3. 전략의 주체

1) 부족국가

전략의 행위주체로 역사상 먼저 등장한 단위체는 부족집단이다. 부족집단은 종족의 보존이나 생존을 위한 씨족집단이 본능적인 생존이나 보존을 초월한 목적을 내세워 유사한 집단과 공동체를 구성함으로써 출현한 정치집단이다. 이러한 부족집단이 확대되어 내부적인 권력구조까지 갖추게 됨에 따라 원시적인 국가형태인 부족국가가 형성되었고 고대국가의 모습이 가시화되었다. 한반도의 고조선(古朝鮮)이나 중국 춘추전국시대의 패권국(覇權國)과 서양 고대 그리스시대의 도시국가(city-state: polis) 및 로마의 공화국(commonwealth: les publica) 등이 이러한 범주에 속하는 국가들이었다. 이들 부족국가들은 종족보존의 차원을 넘어 종교, 문화활동은 물론 통치·권력구조를 갖추고 있어서 자국의 영토확장이나 영향력 확대 등을 도모하기 위하여 전쟁에 돌입하는 경우가 있었으며, 시민군 성격의 병력을 동원하여 이를 수행하였다.

전투를 수행함에 있어서는 군 최고지휘관을 겸한 왕이나 패자(覇者)들이 병력을 지휘하였다. 이들 지휘관들은 병사 개개인의 전투기술보다는 병사들을 집단적으로 운용하여 국지적(局地的)인 병력의 우세를 확보하고 상대의 전투대형을 무력화시켜 승리를 쟁취하려 하였다. 이들 지휘관들은 제한된 병력으로 일익을 강화하면서 국지적인 우세를 확보하여 상대를 제압하고, 대치하고 있던 상대와 대치거리를 이격(離隔)시킴으로써 다른 부분에서의 상대적 약세를 보완하려는 의도하에 사선(斜線)대형을 취하기도 하였고, 상대의 양 측익(側翼)을 강타하여 승리를 쟁취하기 위하여 양익(兩翼)을 강화하면서 전투대형의 중앙 전열을 의도적으로 약화시켜 상대를 유인하기 위한 변형된 전투대형을 택하기도 하였다. 특히 중국에서는 서양보다 더 복잡한 진법(陣法)을 구사하고 진형(陣形)을 구축하여 전투에 임하였으며, 요소요소에 병력을 분산 배치해 놓고 상대를 유인 혹은 추격함으로써 이를 제압하려 하였다. 그리하여 이들 지휘관들은 용병술이라는 차원에서 정의된 전략의 어원(語源)을 제공하기도 하였다.

2) 국가 및 교전단체

전략의 행위주체로서 일찍이 정형화된 정치집단은 국가이다. 로마 제국(帝國)이 붕괴되고 부족이 확장되어 형성된, 이른바 민족중심으로 분화된 정치집단은 집단 내 권력구조를 강화하여 국가라는 모습을 갖추었다. 중세에서도 교권(敎權)이 속권(俗權)의 상위 차원에서 통치력을 행사하기는 하였으나, 일상적인 지배구조는 분화된 정치집단의 왕이나 영주(領主)들을 정점으로 구축되었다. 시간이 지남에 따라 교권이 약화되고 왕권이 강화되자 왕가(王家) 중심으로 제국이 형성되어 왕조(王朝)국가가 자리를 잡았다. 그러나 프랑스혁명 이후에 민족주의사상이 형성·확산되자, 다민족(多民族)으로 구성된 왕조국가는 민족간 이해관계의 상충으로 여러 민족국가로 분열되고, 공국(公國)형태로 분열되어 있던 같은 계열의 민족은 하나의 민족국가로 통합되는 대변환이 일어났다. 이러한 과정을 거쳐, 19세기에는, 다민족으로 구성된 제국 형태의 왕조국가, 같은 민족으로 분열·통합되어 민족중심으로 형성된 민족국가 등이 국가의 형태로서 자리를 잡았으며, 새로운 대륙에 수립된 미국은 주정부의 독립적인 권한을 인정하면서 중앙정부를 구성한 공화국 형태를 보여 주었다. 이와 같이 정치집단으로 정착된 국가는 제국, 민족국가, 그리고 공화국 형태의 연방국가 등으로 현실화되었다.

국가로서 모습을 갖추는 과정에서나 갖춘 후 이들 국가는 여러 가지 형태와 차원의 전쟁과 내분을 치르고 극복하면서 그들이 보유한 군사력과 정치력을 포함한 국력을 활용함으로써 그들이 설정한 목표를 달성하기 위하여 나름대로의 전략을 구사하는 행위주체가 되었다.

그러나 19세기에 걸쳐 급속하게 진행된 산업 및 기술혁명에 따른 사회구조적, 국내정치적, 외교적 갈등을 당시에 존재하고 있던 국가형태나 권력구조가 승화시킬 능력이 없었다. 산업혁명을 통하여 자본을 축적한 자본가들은 그들의 경제적 역량에 걸맞는 정치적 영향력의 확대를 요구하였고, 산업화과정에서 숫자가 증가된 노동자들의 상대적 박탈감은 현실적인 욕구불만으로 표출되었으며, 여러 민족으로 구성된 제국 형태의 국가들은 자국 내 민족간 갈등이 고조되었으나, 당시 지도층은 이러한 환경변화를 적극적으로 수용하거나 해소시킬 의지와 능력이 부족한 상태에서 자신들에게 유리한 현상을 유지하려 하였고, 대내적인 문제를 해결하는 방편으로나 대외적인 식민지 쟁탈을 위해서도 전쟁을 하나의 정책수단으로 활용하는 데 별로 주저하지 않았다. 그리하여 변화를 요구하던 일반 대중들이나 변화를 수용할 의사와 자신이 없던 지도자들 모두는 자신들이 추구하는 바를 전쟁이 가져다 줄 수 있고 그 전쟁은 단기전이 될 것이며 거기에서 자신들이 승리할 수 있다는 기대감을 버리지 않았으며, 이에 따라 유럽 각국은 전쟁계획을 수립해 놓고 유력한 동맹국 확보에 외교적 노력을 기울였다. 그 결과 유럽에는 프러시아를 중심으로 형성된 독일제국, 오스트리아·헝가리 제국, 그리고 이탈리아 사이에 구축된 삼국동맹(The Triple

Alliance)과 이에 맞서 영국, 프랑스, 그리고 러시아 제국이 느슨하게 형성한 삼국협상(The Triple Entente)이 대립하게 되었다. 이러한 시대상황의 전개는 오스트리아·헝가리 제국 내에서 발사된 한 발의 총성이 최초의 총력전인 1차 세계대전으로 급속하게 확산된 배경적 요인이 되었다.[1]

다른 분야에서와 마찬가지로 1차 세계대전은 국가형태의 변천과정에 지대한 영향을 미쳤다.

1차 세계대전 후에 주창된 민족자결주의 원칙에 따라 여러 민족국가로 구성되었던 제국이 붕괴되었다. 독일, 오스트리아·헝가리 제국은 축소되거나 분할되었고, 붕괴과정에 있던 오스만투르크 제국도 터키로 축소되었으며, 러시아제국에서 발틱연안 국가들이 탄생하였고 러시아는 전혀 다른 노선의 국가로 변해 버렸다. 이와 같이 총력전으로 치러진 1차 세계대전 후 국가 내 민족간 갈등을 극복할 수 없었던 제국(帝國)이라는 국가형태는 여러 개의 민족국가로 분할되거나 그 노선이 변하였다.

또한 1차 세계대전의 결과 당시까지 존재하지 않았던 새로운 국가형태가 출현하기도 하였다. 유럽에서는, 시간적인 차이는 있으나, 18세기 말부터 진행된 산업화과정을 거치면서 자본과 생산수단을 제공한 자본가들과 이들에게 고용되어 노동력을 제공한 노동자들이 출현하여 이른바 계급이라는 용어가 현실적인 의미를 갖게 되었다. 이들 두 계층 간 빈부의 격차는 심화되었고, 이로 인한 사회적 갈등은 뚜렷하게 나타났으며, 자본주의체제의 모순이 드러나기 시작하였다. 상황이 이렇게 전개되자 이러한 사회적 갈등과 체제의 모순을 제거하겠다는 이론도 등장하기에 이르렀다. 여러 이론가들의 뒤를 이어서 마르크스

---

1 R. R. Palmer, Joel Colton, *A History of the Modern World* (New York: Alfred A. Knopf, 1978), pp. 654-665; Robert O. Paxton, *Europe in the Twentieth Century* (New York: Harcourt Brace Jovanovich, Inc., 1975), pp. 49-74.

(Carl Marx, 1818-1883)와 엥겔스(Friedrich Engels, 1820-1895)는 1848년 『공산당 선언(Communist Manifesto)』을 발표하여 경제적 차별과 이에 따른 사회적 모순이 없는 공산사회 건설을 주장하였다. 유럽 여러 나라에서 공산사회주의자들이 결집되었으며, 특히 러시아에서는 레닌(Nikolai Lenin, 1870-1924)을 중심으로 이른바 볼셰비키(the Bolsheviki)가 결성되어 1917년 로마노프왕조를 멸망시키고 소비에트공화국을 수립하였다. 자본주의 발전단계가 미숙한 러시아에서 자본주의의 모순을 제거한다는 기치 아래 노동자·농민들로 구성된 공산당에 의한 독재체제가 먼저 구축되었다. 이들은 사회모순을 제거하고 경제적인 평등을 실현하는 데 국가라는 체제는 방해가 되기 때문에 궁극적으로 이를 없애야 된다는 전제하에 '국가를 없애기 위한 사회주의국가'인 소련을 탄생시켰다. 이와 같이 1차 세계대전에 참전한 러시아제국은 사회적인 갈등을 극복하지 못한 채 발틱연안 국가들과 노동자·농민 계급의 권익을 앞세운 계급국가 형태인 소련으로 분해되고 말았다. 새로운 형태의 국가가 탄생된 셈이다.

이로써 1차 세계대전 후 국가형태는 민족국가, 연방국가, 그리고 개념적으로 계급국가 등으로 구체화되었다. 이 중에서 공산주의 이념을 앞세운 계급국가의 형태는 과거부터 국가간에 존재해 온 '권력정치'(power politics)적 속성 위에 '이념적 대립'(ideological rivalry)을 추가하여 국가간 관계를 더욱 복잡하게 만든 요인이 되기도 하였으며, 특히 2차 세계대전 후에는 세계를 이념상 동서진영으로 분리시켜 '냉전'(冷戰: Cold War)이라는 국제질서를 빚어내기도 했다.

민족국가이건 연방국가이건 아니면 계급을 앞세운 사회주의 국가이건 간에 국가는 국가이익, 이념적 목표 등의 확보 및 달성을 위하여 군사력을 포함한 국가적 역량을 준비하고 이를 운용하는 전략수행 주체로서 자리를 잡아 왔다.

국가와 더불어 또 하나의 전략수행 주체는 교전단체(交戰團

體)이다. 한 국가 내에서 새로운 정치집단이 형성되어 무장까지 갖추고 정부의 권위에 도전할 때 그 정부는 자체의 치안유지능력만으로 이 집단을 통제할 수 없게 되는 경우가 발생한다. 이럴 경우에 현존하는 정부는 군사력을 동원하여 도전세력을 통제하려 하고, 새로운 정치집단은 그들과 동조하거나 그들을 지원하는 세력과 연대하여 이에 맞서게 됨으로써 그 국가는 내전(內戰)상태에 돌입하게 된다. 한 국가 내에서 기존의 정부와 새롭게 등장한 정치집단 사이에 군사적인 대결의 결과만이 이들의 현실적인 존립 타당성을 입증할 유일한 방법일 수밖에 없는 경우에 도전세력을 교전단체로 규정하여 국가에 준하는 정치집단으로 간주한다. 미국 남북전쟁(the American Civil War, 1861-1865) 당시 연방정부의 권위를 인정하지 않은 미국의 남부연방(the Confederacy: the Confederate States of America)이나 스페인 내전(1936-1939)에서 프랑코(Francisco Franco, 1892-1975)가 지휘하던 국민당군과 국민당정부(the Nationalist Government), 그리고 월맹의 지휘하에 결성된 월남의 베트콩(the Vietcong) 등이 이러한 범주에 속하는 정치집단들이다.

이들 집단들은 내전(內戰)이라는 과정을 거치면서 국가와 마찬가지로 전략수행 주체의 기능을 수행하고, 스페인의 프랑코와 같이 새로운 정부를 구성하거나 베트콩과 같이 월맹을 도와 월남전복을 완성시키는 등의 결과를 달성하기도 하고, 내전에서 패배한 미국의 남부연방과 같이 이름만 남겨 놓고 역사 속으로 사라지기도 한다. 이와 같이 한 국가 내에서 수립된 정부의 권위를 인정하지 않고 반란(叛亂)을 일으켜 내전상태까지 빚어내는 교전단체는 국가와 마찬가지로 전략수행의 주체가 된다.

3) 동맹 및 국제기구

전략수립 및 수행 단위체로서 일찍 자리를 잡아 온 국가는 자국의 안전을 더욱 보장하기 위하여 타국과 동맹관계를 수립하였고, 이 결과 형성된 동맹(同盟: alliance) 역시 전략의 주체가 되어 왔다. 이러한 동맹은 강대국 중심으로 구체화되기도 하고 세력균형을 유지하기 위하여 군소(群小)국가들이 형성하기도 하였으며, 고대 동양의 부족국가와 고대 그리스시대의 도시국가들은 물론 중세, 근대 및 오늘의 국가에 이르기까지 동맹관계를 유지하는 것이 통례로 되어 왔다. 동맹의 성격도 이를 구성한 국가들의 이해관계와 필요성에 따라 잠정적일 수도 있었고 다분히 지속적이기도 했다. 동맹결속(結束)의 수준도 다양하여 동맹을 결성한 국가들이 상정한 위협에 대하여 일정한 대응방식과 정도를 미리 정해 놓음으로써 이들 국가들의 행동을 구속하는 경우도 있으며, 외부의 위협이 가시화될 경우에 구성국가들의 판단에 따라 대응방식과 강도를 결정하는 경우도 있었다. 이와 같이 국가간에 형성된 동맹은 군사력을 포함한 동맹체의 국력을 운용하는 전략의 주체로서 등장하였다.

국가들 사이에 결성된 동맹은 그것이 지향하는 목적을 달성하기 위하여 그와 대치되는 동맹체와의 직접적인 무력충돌도 감수하면서 현대에까지 존재해 오고 있다. 중국 고대에 구체화된 합종연횡(合從連橫) 개념에 의한 제후국들의 동맹결성이나 고대 그리스에서 스파르타와 아테네 중심으로 결성된 동맹체의 대결(the Great Peloponnesian War, 431-404 BC) 등이 고대 동맹체 구성과 이들간 대결형태를 대변해 주고 있다. 로마가 제국을 건설하여 유럽 전역을 지배하고 있을 때는 종적인 종속관계의 설정이 국가간 동맹을 대신하기도 하였으나, 유럽이 다시 왕국이나 제후국으로 분할되었을 때는 이들 국가들의 이해관계에 따른 이합집산(離合集散)으로 동맹이 조성·소멸되기도 하였다.

특히 해양국가인 영국은 유럽대륙이 한 대륙강국의 영향권하에 결속되는 것을 막기 위하여 이른바 세력균형(Balance of Power)정책을 채택하였고, 이에 따라 나폴레옹의 프랑스와 싸우던 프러시아, 러시아, 오스트리아·헝가리 제국과 연합전선을 형성하기도 하였으며, 1차 세계대전 전에는 독일제국이 구축한 3국동맹(the Triple Alliance)에 대항하여 프랑스, 러시아 등과 3국협상(the Triple Entente)을 결성하기도 하였다. 2차 세계대전 후에 초강대국으로 등장한 미국과 소련은 이념대립을 곁들인 세력권을 형성하여 세계를 동서진영으로 분할하면서 이른바 냉전(冷戰)이라는 국제질서를 빚어내기도 하였다. 소련은 동구권을 장악하고 독일과 일본의 패망으로 권력의 공백이 발생한 지역과 과거 식민지배하에 있던 지역에서 자생된 공산·사회주의 세력을 지원하면서 이른바 '인민해방전쟁'을 통한 세력권 확장을 도모하였다. 이에 맞서 미국도 유럽에서 NATO를 조직하였고, 소련의 주변에 CENTO, SEATO 등과 같은 지역동맹체를 구축하고 조약관계를 수립하였다. 특히 6·25전쟁(한국전쟁) 후에는 한국과도 상호방위조약을 체결하여 더 이상의 출혈을 방지하려 하였다. 이와 같이 국가간 조약관계로 구축된 개별적, 집단적 동맹체는 고대에서 현재까지 다양한 모습으로 현실화되어 전략의 주체로서 역할을 해 오고 있다.

물론 동맹은 이를 구성한 국가들의 개별적인 이해관계에 따라 결속의 정도가 다양하여 한 국가와는 달리 전략주체로서 동질성이 결여되는 경우가 있으나, 동맹은 구성국가 간 이해와 이견을 조정하는 기구를 설치·운용하여 합의된 전략의 구상과 이의 실천을 보장하려 해 오고 있다. 1차 세계대전 시 연합군은 프랑스군을 중심으로 작전지역과 형태를 협의·조정하면서 영국군과 미군은 독자적인 작전지휘권을 행사하는 식으로 전쟁을 수행하였고, 2차대전 시에도 영국과 미국이 중심이 되어 합동참보본부(CCS)를 형성하여 작전을 지도·실시하고, '선독후일본'(先獨後日本)과 같은 정책 및 전략지침은 양국의 정상이 참여하는 정책회담에서 결정하였다. 전후에 서유럽 방위를 위하여 결성된 북대서양조약기구(NATO)는 조약국 국방장관들로 구성된 각료회의를 설치하여 정책과 전략을 결정하고, NATO군 최고사령관이 군사작전을 지휘하는 체제를 유지하고 있다. 한국과 미국 간에 수립된 동맹에서 한・미 양국은 정상회담, 안보협의회(Security Consultative Meeting), 군사협의회(Military Committee Meeting) 등을 통하여 정책과 전략을 결정하고, 이에 근거하여 한・미 연합사령관이 실제 군사작전과 연습을 실시하는 체계를 유지하고 있다. 이와 같이 개별적, 집단적 동맹(alliance)은 그 속성에 맞는 협의기구를 설치하여 정책과 전략을 수립하고 이를 집행하는 체제를 갖추고 있다.

국가간에 형성된 동맹과 더불어 국가들이 참여하는 국제기구 역시 전략의 주체로 간주될 수 있다. 국제기구는 동맹보다 구속력이 약한 행위주체로서 전략개념의 설정이나 설정된 개념에 입각한 집행기능은 미약한 점이 없지 않으나, 국제적인 제재의 성격을 지닌 무력행사나 집단행동에 대한 정치적 명분을 부여하는 측면에서의 역할은 결코 무시할 수 없다. 1차 세계대전 후에 결성된 국제연맹(the League of Nations)은 이의 주창국인 미국이 가입하지 못한 상태에서 독일의 군사행동과 군국주의 일본의 만주침공을 저지하기 못한 채 무기력한 상태에서 2차 세계대전을 맞이하였으나, 2차 세계대전 후에 결성된 국제연합(the United Nations)은 한국전쟁(6・25전쟁)에서 미군 주도로 유엔군을 결성하여 무력을 사용함으로써 공산진영의 지원을 받은 북한의 무력남침 효과를 무력화시키는 데 결정적인 역할을 수행하였다. 그리고 유엔은 이라크의 쿠웨이트 침공으로 빚어진 현상을 원상태로 회복시키기 위한 단계별 조치로 결의안을 통과시켜 이를 제안함으로써 미국을 주축으로 구성된 다국적군(多國籍軍)의 군사적 개입에 대한 정치적 명분을 제공하기도 하였으며, 이라크가 대량살상무기를 개발하지 못하도록 하는 조치의 하나로 경제적인 제재를 부가하기도 하였다. 물론 유엔의 이러한 행동은 강대국인 미국의 주도적인 선도하에 이루어지기는 하였으나, 유엔은 파괴적 수단으로 현상을 변경하려는 시도를 봉쇄하려는 국제적인 여론을 대변하여 미국 주도의 군사적 대응에 대한 실천적 명분을 제공하는 역할을 수행하였다. 국제적 평화와 안전을 유지하기 위한 목적으로 설립된 국제기구인 유엔은 동·서독의 통합과 같은 평화적인 현상변경이 아닌, 폭력적인 현상변경 시도를 차단하는 데 필요한 집단적인 군사행동에 대해서 정치적, 실천적 명분을 제공함으로써 전략의 주체로 자리를 잡아 가고 있다.

4. 전략의 유형

1) 수직적 유형

전략을 전략주체가 보유한 역량의 일부 또는 전부를 운용하여 그가 설정한 정치·이념적 목표를 달성하는 것이라고 정의한다면, 전략의 수직적 유형분류에 있어서 그 주체가 보유한 전 역량을 동원하여 설정된 목표를 달성하려는 전략을 총체전략(總體戰略: total strategy)이라고 이름하여 이를 정점에 위치시킬 수 있다.[1] 총체전략은 한 전략주체가 보유한 군사력은 물론 정치, 외교, 경제 등 전 분야의 역량을 동원, 운용하여 결정된 목표를 달성하려는 전면적인 책략이다. 결정된

---

1 전략의 수직적 유형분류는 프랑스의 군사이론가인 André Beaufre의 견해를 주로 참조하였다. André Beaufre, *An Introduction to Strategy*, pp. 30-31. 여기에서 저자는 군사력의 사용을 전제로 하여 총력전(total war)을 어떻게 수행할 것인가에 중점을 두고 총체전략을 규정하였으나, 전략주체가 전시는 물론 평시에도 설정된 목표를 달성하기 위하여 실제로 군사력을 사용하지 않은 채 이의 사용을 위협하는 방식을 포함한 그의 전 역량을 운용할 수 있기 때문에 총력전의 수행보다는 전시와 평시를 포괄하여 총체전략을 상정하는 것이 바람직할 것으로 판단된다. 이러한 수준의 전략으로 리델 하트가 제시한 대전략(grand strategy)이나 미국에서 사용되고 있는 국가전략(national strategy)이라는 용어를 사용할 수 있으나, 대전략이나 소전략의 구분보다는 전략이 포괄하는 수준과 범위를 좀더 세분화하여 이를 기준으로 수직적 유형을 구분하는 것이 보다 명확할 것으로 보이며, 전략의 주체가 반드시 국가라고만 한정할 수 없는 상황에서 전략의 유형분류상 정점에 국가전략을 위치시키는 것이 형식상 다소 문제가 있다는 점을 고려하여 포괄적인 의미에서 총체전략이라는 용어를 사용하였다.

목표를 달성하기 위하여 전략주체는 전 분야의 역량을 동시에 운용하거나 개별적으로 또는 병행하여 운용하기도 한다. 그리고 모든 군사 외적인 수단운용의 효용성이 거부되었을 경우에는 군사력을 직접적으로 사용하여 설정된 목표를 달성하는 방법을 채택하기도 한다. 따라서 총체전략은 전략수행 주체가 보유한 모든 분야의 역량을 동원·운용하여 정책적 목표를 구체화시키기 위한 전면적인 책략과 술책인 셈이다.

전략의 수직적 유형분류를 위한 피라미드(pyramid) 형태의 도식(圖式)에서 그 정점에 총체전략을 위치시킬 수 있다면, 그 다음 단계에는 부문전략(部門戰略: overall strategy)을 정치(定置)시킬 수 있다.[2] 총체전략이 전략의 주체가 보유한 모든 역량을 동원·운용하는 전략이라고 본다면, 그가 보유한 부문별 역량을 운용하는 전략을 부문전략이라고 이름하여 이를 총체전략의 하위개념으로 규정할 수 있다. 부문전략은 군사적인 분야를 비롯하여 정치, 외교, 경제, 심리 등의 분야별로 총체전략에서 지향하는 목표를 달성하는데 그 분야에서 동원 가능한 역량을 운용하는 전략을 말한다. 전략주체가 원하는 대내지원의 확보를 위한 정치적인 방책, 대외적인 여론의 지지를 확산시키기 위한 외교적인 대책, 경제적인 이해득실을 이용한 전략주체 간 협조 및 압박관계의 설정과 활용방안, 상대에게 심리적인 영향을 가하여 기대되는 효과를 확보할 수 있는 수단의 모색과 운용 등이 분야별 전략이라고 볼 수 있다. 특히 군사적인 분야에서 군사력을 사용하거나 사용을 위협할 경우에 전략주체는 육상, 해상, 공중에서 어떠한 형태의 작전을 수행할 것인가 또는 어떻게 이들 요소별 군사력을 조화롭게 운용할 것인가를 결정하게 되며, 이것이 군사분야에서 그 주체의 부문전략이 되는 셈이다. 이와 같이 전략주체는 그가 설정한 총체전략을 구현(具現)하기 위하여 군사부문을 비롯하여 정치, 외교, 경제, 심리 등의 분야에

---

2 *Ibid.*

서 개별전략을 수립해야 하며 이를 부문전략이라고 지칭할 수 있다.

총체전략(總體戰略)의 아래에 정치된 부문전략(部門戰略)의 하위개념 전략으로는 작전전략(作戰戰略: oprerational strategy)을 상정할 수 있다. 작전전략은 각 분야에서 설정한 목표와 전략개념을 기초로 주어진 상황여건하에서 동원된 수단을 실제 활용하여 기대하는 결과를 달성하는 실천개념이다. 대내적인 호응도와 결집의 정도를 높이기 위하여 어떠한 정치적 노력을 어떻게 기울일 것인가, 경제적인 비용의 부담은 어느 정도로 감수하고 상대에게 어떠한 형태와 정도의 경제적 제재 혹은 유인책을 강구할 것인가, 전략주체가 채택한 조치에 대한 대외적인 지지를 확보하기 위하여 어떠한 외교적 노력을 어떠한 수단으로 어떠한 경로를 통하여 수행할 것인가, 그리고 이러한 군사 외적인 노력들이 현실적으로 효용성을 보장받지 못할 경우에 얼마만큼의 군사력을 어떻게 동원하여 어떻게 사용할 것인가를 규정한 개념 및 계획과 이의 실제 집행을 작전전략이라고 볼 수 있다. 이러한 작전전략은 각 부문에서 채택할 전술(戰術: tactics)의 목표와 형태 및 기법(技法)의 수준과 범주를 규제하는 기능을 수행한다. 한마디로 각 분야에서 가용한 수단을 동원·운용하여 기대되는 결과를 획득하는 데 필요한 구체적 계획과 지침, 그리고 이의 집행이 바로 작전전략이다.

전략의 종적 유형분류에서 정점에 위치시킨 총체전략(總體戰略: total strategy)을 그 주체가 보유한 전 분야의 역량을 운용하여 정치·이념적 목표를 달성하려는 실천책략이라고 정의한다면, 그 다음에 정치된 부문전략(部門戰略: overall strategy)은 어느 한 부문에서의 여러 가지 역량을 운용하여 총체전략에서 제시한 그 분야의 목표를 달성하기 위한 방책이라고 규정할 수 있다. 작전전략(作戰戰略: operational strategy)은 정해진 책략과 방책에 근거하여 분야별로 채택할 전술적 목표와 형태 및 기교의 범주와 수준을 규정하여 그 분야에서 달성해야 할 결과를 거두는 데 필요한 실행계획과 지침이라고 할 수 있다. 이와 같이 전략은 수직적으로 총체전략, 부문전략, 그리고 작전전략 등으로 그 유형이 분류될 수 있으며, 이러한 분류에 따라 어느 전략주체의 실제 전략을 분석하는 것이 바람직할 것으로 보인다.

중동지역에서 수행된 걸프전쟁(The Gulf War, 1991)에 참여한 주요 전략주체인 이라크, 미국 및 유엔의 전략은 수직적으로 분류된 전략유형이 어떠한 것인가를 명확하게 보여 주고 있다. 이들 주체들이 어떠한 정책목표를 설정했고, 이를 달성하기 위하여 어떠한 총체전략, 부문전략, 그리고 작전전략을 수립하여 이를 어떻게 구체화시키려 하였는가를 분석할 수 있는 실증적 자료를 걸프전쟁 전·중·후의 과정이 담고 있기 때문이다.

걸프전의 원인을 제공한 이라크의 전략은 이란·이라크 전쟁(1980-1988)과 깊은 연관을 맺으면서 전개되었다. 1980년 9월 22일, 인접국 이란이 혁명의 소용돌이에 휘말려 있을 때 사담 후세인(Saddam Hussein, 1979년 대통령 취임)이 이끄는 이라크는 유프라테스, 티그리스강 하구의 수로(水路: Shat Al-Arab)의 이란 쪽 대안(對岸)을 신속하게 점령하여 이의 영유권을 확보하기 위한 목적으로 이란을 공격하였다. 내부의 혼란 속에 붕괴 직전의 군사력을 보유한 이란에 대한 이라크의 공격은 이라크가 승리를 거두면서 단기간에 종결될 것이라는 많은 군사전문가들의 예상과는 달리 이란·이라크 전쟁은 1988년 8월 20일 양측이 막대한 손실(死傷者: 100만, 捕虜: 8만, 戰費: 4,000억 달러) 외에는 얻은 것 없이 정전(停戰)에 합의함으로써 역사상 '가장 실패한 전쟁'으로 막을 내리게 되었다.[3] '가장 실패한 전쟁'을 개시한 이라크의 후세인은 정치적인 곤혹스러움과 더불어 경제적인 어려움을 동시에 해결해야만 할 처지에 놓이게 되었다. 정치적인 위상을 높이고 경제적인 이득을 확보하기 위하여 사담 후세인은 OPEC 회원국들에게

3 陸軍士官學校 戰史學科, *世界戰爭史* (서울: 鳳鳴, 2001), pp. 615-657.

석유값을 올리도록 압력을 가하는 한편, 쿠웨이트에 눈독을 들이고 있었다. 쿠웨이트가 이라크의 일부라고 생각해 오던 후세인은 쿠웨이트에 시비를 걸기 시작했다. 후세인은 쿠웨이트가 이라크 변경에 위치한 유정(油井)에서 훔쳐 간 석유와 증산을 통해서 얻은 이익 140억 달러를 배상해야 하고, 이라크 항구로 들어가는 해로(海路) 중간에 위치한 두 섬(Warbah, Bubiyan Islands)을 이라크에게 넘겨주어야 한다고 주장하였다. 이에 쿠웨이트는 90억 달러의 무상지원은 약속하였으나 두 섬의 영유권은 양보하지 않았다. 구실을 찾은 이라크의 후세인은 1990년 8월 2일 눈독을 들이던 쿠웨이트를 침공하여 이틀 만에 이를 점령하고, 8월 6일까지 이라크군 6개 사단을 포진시켜 사우디아라비아까지 노렸다.[4] 쿠웨이트를 점령하여 이를 이라크의 19번째 주로 편입했다고 주장한 후세인은 국내에서의 정치적 위상을 확립하고 경제적 이익까지 확보했다고 판단하면서 '현실화될지도 모를' 외부의 개입에 대처하기 위한 전략을 수립하였다.

이라크는 먼저 쿠웨이트가 이라크의 한 주가 됨으로써 변경된 현상을 기정사실화한다는 총체전략목표를 세웠다. 이를 달성하기 위하여 이라크는 모든 가용수단을 동원하기로 하였다. 이라크는 우선 가해질 수 있는 보복에 대비하기 위하여 미국을 비롯한 다국적군에 가담한 서방국가들의 국민들을 인질로 붙잡아 이들을 인간방패(human shield)로 활용하면서 쿠웨이트를 철저하게 파괴하였다. 그리고 이라크에 무기를 공급해 준 소련의 지원을 요청하면서 이스라엘에 대한 비난을 강화하여 이라크의 항전(抗戰)이 성전(聖戰)의 성격을 띠고 있음을 강조함으로써 아랍국가들의 지원을 확보하려 하였다. 이러한 노력에도 불구하고 국제적인 여론은 이라크에 불리한 방향으로 전개되고, 미국과의 충돌을 원치 않는 소련은 원상을 회복시키는 것이 바람직하다는

---

4 US Department of Defense, *Final Report to Congress: Conduct of the Persian Gulf War* (Washington, D. C.: US Government Printing Office, 1992), pp. 2-29.

의사를 표시하였다. 그러나 쿠웨이트를 점령하여 한껏 고조된 이라크 국민들의 열정은 더욱 열광적으로 격화되어 이를 조장했던 후세인도 어쩔 수 없는 상황이 전개되고 있었다. 이러는 가운데 유엔에서의 제재결의안 강도는 더욱 거세지고, 다국적군에 이집트와 시리아까지 가담하는 사태가 발생함으로써 미국 및 서방국가와 이라크의 대결을 성전(聖戰)으로 변환시키려는 이라크의 시도는 허사가 되고 말았다. 변경된 현상을 고정시키려는 이라크의 군사 외적 노력과 전략은 효용성이 없었다.

쿠웨이트를 병합하여 이를 기정사실화한다는 목표달성은 이제 군사적인 수단에 의해서만 보장될 수밖에 없었다. 이를 위해서 후세인은 지구전(持久戰) 전략(戰略)을 수립하였다. 미국을 주축으로 형성된 다국적군의 공격을 막으면서 이를 견뎌 내면 원정군의 약점인 보급지원의 한계 속에서 작전을 수행하는 다국적군의 기세가 누그러질 것이고, 그렇게 되면 이라크군도 다국적군에 대해서 공세를 취하여 변경된 현상을 고정시킬 수 있지 않겠는가 하는 기대 속에 수립된 전략이었다. 이에 따라 이라크군은 공군기들을 엄폐시킬 콘크리트 구조물을 지었고, 지상군의 기지와 진지도 지하에 구축하고 이를 요새화하였다. 특히 이라크는 다국적군에 포함되지 않은 이스라엘을 공격하여 이스라엘의 참전을 유도하여 다국적군에 가담한 아랍권 국가들의 이탈을 촉진시킴으로써 다국적군의 전열(戰列)을 와해시키거나 약화시키는 '정치적 군사작전'도 수행할 차비를 갖추었다. 그러나 이러한 이라크의 군사부문 전략도 효과를 거둘 수 없었다. 다국적군의 공중공격은 이라크군의 지휘·통신망을 완전히 파괴하여 이라크군의 눈과 귀는 물론 신경조직까지 무력화시켰으며, 이스라엘에 스커드 미사일을 쏘아 대도 이스라엘은 참전하지 않아 다국적군의 전열은 흐트러지지 않았고, 더구나 이라크군의 보급망은 거의 완전히 차단되었으며, 이로 인해 이라크군의 사기는 급전직하(急轉直下)로 하락하여 지구전(持久戰)의 수행 자체가 불가능하게 되었기 때문이다. 지구전략(持久戰略)도 효용성이 없었다.

다국적군의 공격을 견뎌 내면서 공격기세를 무디게 하고, 이스라엘을 전쟁에 끌어들여 다국적군의 전열을 와해 또는 약화시켜 공세로 전환한다는 이라크의 작전전략(作戰戰略)도 현실적이지 못했다. 다국적군의 공격은 이라크군이 견뎌 낼 수준을 훨씬 넘었다. 쿠웨이트에 위치한 600여 개의 유정에 방화(放火)하여 공중공격을 피하려 해보고, 쿠웨이트 해안선 밖에 위치한 유류저장소의 막대한 원유를 유출시켜 다국적군의 상륙작전 수행을 거부하는 '원시적인 작전'도 수행하였으나 이라크에 대한 국제적 여론을 악화시키는 결과만을 자초(自招)하였다. 이라크군의 지휘·통제망은 완전하게 무력화되었고, 콘크리트 구조물 속에 엄폐되었던 이라크 공군기와 조종사들은 다국적군의 공격을 견디다 못해 이란으로 도망하였으며, 콘크리트 엄체호 속에 숨어 있던 이라크 전차들은 철저하게 파괴되었고, 지하 벙커에 숨어 있던 이라크군은 보급의 차단으로 기아와 질병에 허덕이고 있었다. 다국적군의 공습이 진행되던 때인 1991년 1월 30일, 몇 개 대대병력으로 사우디아라비아와 국경지역에 위치한 마을(Al-Khafji)을 향해 실시한 이라크 지상군의 유일한 공격작전은 이라크군의 약점만 노출시킨 결과를 기록하였다. 그리하여 다국적군이 지상작전을 개시하였을 때, 이라크가 수립한 작전전략 개념과는 달리, 이라크군은 반격이나 공세작전 대신 손을 들고 '투항하는 작전'을 수행하였고, 최강을 자랑하던 '공화국수비대'도 어이없이 무너지고 말았다.[5] 지구전을 수행한 후에 공세작전을 수행한다는 이라크의 작전전략도 아무 소용이 없었다.

쿠웨이트를 점령하고 이를 기정사실화하여 이라크의 정치적, 경제적 목적을 달성하기 위하여 이라크는 '나름대로' 타당하다고 판단

5 *世界戰爭史*, pp. 658-679; *Conduct of the Persian Gulf War*, pp. 30-279.

되는 전략을 수립하였으나, 이라크는 쿠웨이트 합병의 명분과 당위성을 인정받지 못했고, 총체적 국력과 군사적 능력조차 이를 보장할 수가 없었다. 이라크는 쿠웨이트를 점령하고 이를 지키기 위하여 지구전략(持久戰略)을 택했다. 그러나 이라크는 세계여론의 지지는커녕 그가 우방으로 기대했던 소련의 지원도 확보하지 못했으며, 미국과 유엔의 단호한 외교, 경제 제재를 면할 수 없었다. 그리고 이라크가 견뎌 낸 기간마저도 자체의 외교적 능력과 수완에 의해서 확보된 결과가 아니었고, 미국을 위주로 편성된 다국적군의 전력이 공세를 취할 정도로 증강될 때까지의 준비기간에 불과하였다. 다국적군의 공격이 개시된 후에 이라크군이 택한 부문전략도 지구전략에 입각한 지구전(持久戰) 수행 이후 공세(攻勢)였다. 그러나 다국적군의 군사력은 이것마저 허용하지 않았다. 이라크 지휘·통제망은 무력화되었으며, 공군기는 이란으로 빼소니쳤고, 지상군은 공세준비는커녕 기아 및 질병과 싸워야만 했다. 사우디아라비아의 국경지역에 대한 이라크의 지상공격은 이라크군의 약점만 노출시켜 다국적군의 지상작전 수행에 필요한 참고자료만 제공하고 막을 내렸으며, 다국적군이 지상공격을 개시했을 때 이라크군은 오히려 자신들이 구조되었다는 점에 안도감을 나타내기도 하였다. 따라서 어떠한 형태의 군사작전도 수행할 수 없었던 이라크군의 작전전략(作戰戰略)은 아예 없는 것과 같았다. 이와 같이 이라크는 총체적인 지구전략에 의해서 변경된 현상을 고정시키려 하였으나 그것은 하나의 소망사항으로 끝나고 말았다.

이와는 대조적으로 미국과 유엔의 전략은 구체적인 조치로 뒷받침되었다. 미국과 유엔은 이라크에 의해서 변경된 현상을 원상으로 되돌려 놓는다는 정치적 목표를 수립하였다. 이 목표를 현실화시키기 위하여 미국과 유엔은 모든 가능한 영역의 역량을 운용하기로 결정하였다. 유엔은 변경된 현상의 원상복귀를 권고하는 결의안과 외교·경제적 제재결의안을 통과시키고, 이라크에 무기를 공급해 온 바 있던 소련을 통하여 원상복귀를 종용하도록 하면서, 미국으로 하여금 다국적군을 형성하여 중동지역에서의 군사적 대비태세를 강화하도록 하였다. 미국은 인간을 방패로까지 이용하고 잔혹한 행위를 서슴지 않는 이라크의 행위를 미국과 유엔의 이라크 제재에 대한 정당성을 입증하는 실증자료로 활용하여 국내적·국제적 여론을 환기시키고 지지를 획득하였으며, 이라크가 중동에서의 대결을 성전(聖戰)으로 승화시키려는 의도를 감추지 않음에 따라 페르시아만 지역의 아랍국가들은 물론 시리아와 이집트까지 다국적군에 가담하도록 유도한 외교적 성과를 거두기도 하였다. 군사 외적인 조치가 아무런 효과를 거두지 못하자 미국과 유엔은 1991년 1월 15일까지 쿠웨이트를 점령한 이라크군을 철수시키라는 '최후통첩'을 유엔결의안에 담았다. 그러나 이라크는 여러 가지 조건을 제시하면서 사실상 이 요구를 무시하였다. 결국, 미국을 위시한 다국적군은 1991년 1월 17일 새벽 어둠을 틈타 바그다드를 폭격하였고, 이로써 걸프전은 시작되었다.

정치, 외교, 경제 등 모든 군사 외적인 시도가 효과를 거두지 못하게 됨에 따라 미국과 유엔은 군사력을 직접 사용하여 원상을 회복시키기로 작정하였던 것이다. 군사력을 사용함에 있어서 미국과 유엔의 군사전략은 첫째, 되도록 많은 국가의 병력을 동원한다. 둘째, 군사력을 집중적으로 사용하여 단기전을 실시한다. 셋째, 다국적군이 보유한 기술적 우위를 최대한 활용하며 전투손실을 최소화한다. 넷째, 이라크의 정복이 아닌 쿠웨이트 해방에 군사력 사용의 목표를 둔다는 것에 중점을 두고 수립되었다. 이에 따라 미국과 유엔은 미국, 영국, 프랑스와 지역 내 아랍국가들의 병력을 주축으로 다국적군을 편성하고 일본, 독일과 기타 국가들로부터는 전비(戰費)지원과 지원병력을 확보하였다. 미국은 월남전에서와 같이 군사력을 축차적으로 투입하지 않고 월등하게 우세한 군사력을 집중적으로 운용하기 위하여 충분한 준비기간을 가지면서 군사 외적인 모든 노력을 경주하였다. 다국적군은 첨단장비로 무장된 자신들의 이점을 충분하게 활용하기 위하여 주로 야간에 군사작전을 실시하였다. 다국적군은 이라크의 침공이 아닌 쿠웨이트 해방이라는 제한적인 작전목표를 수립하였고, 이의 달성을 위한 작전계획을 수립하여 시행하였다. 이와 같이 미국과 유엔의 군사전략은 정치적 명분에 합당하게 다국적군을 편성하고, 충분한 군사력이 준비되는 동안 온갖 군사 외적인 조치를 취하며, 첨단장비로 무장된 다국적군의 이점을 극대화시키는 야간작전을 위주로 수행하고 이라크군의 전력을 최대한 약화시킨 후에 지상작전을 수행하며, 제한목표 달성을 위하여 우세한 병력을 집중적으로 투입함으로써 제2의 월남화를 방지하여 이라크의 지구전(持久戰) 전략(戰略)을 무력화시킨다는 방향으로 설정되었다.

제한목표 달성을 위하여 단기 속결전을 수행한다는 군사전략 개념하에 실제 작전을 실시할 임무를 부여받은 다국적군(미 중부사령부 사령관 H. Norman Schwarzkopf 대장이 실제 작전 지휘)은 군사작전을 공중과 지상공격으로 크게 나누고 공중전은 전략폭격, 제공권 확보, 전장고립 및 지상군 무력화 등 3단계로, 지상전은 이동 및 준비, 돌파 및 공격, 전과확대 및 종결 등 3단계로 구분, 실시하였다. 특히 다국적군은 지상전에서의 손실을 최소화하기 위하여 충분한 전략폭격과 집중적인 공중공격에 의해서 이라크 지상군을 충분히 무력화시킨 다음에 지상작전을 실시하였으며, 쿠웨이트 해안으로 상륙할 것으로 판단하고 있던 이라크군을 기만하기 위하여 쿠웨이트 해안에서 양동(陽動)을 실시하고, 쿠웨이트 진격부대인 해병과 아랍군은 해안을 따라 쿠웨이트로 진격하도록 하였다. 그리고 쿠웨이트에 주둔하고 있던 이라크군의 증원을 차단하기 위하여 주공인 7군단은 이라크의 공화국수비대를 공격하도록 하고, 그 좌측의 18공정군단은 7군단의 좌익을 보호하면서 이라크의 증원을 봉쇄하고 공화국수비대의 퇴로를 차단하도록 하였다. 단기전을 수행함에 있어서 최소한의 손실로 제한된 목표를 신속하게 달성한다는 작전전략(作戰戰略)개념하에 실시된 걸프전은 38일간의 공중공격과 5일간의 지상공격 등 43일간의 군사작전으로 끝나게 되었다. 이로써 쿠웨이트는 해방되었고 전쟁목표는 달성되었다.[6]

쿠웨이트를 점령하여 변경된 현상을 지구전략으로 고정시킨다는 이라크의 전략과 변경된 현상을 원상으로 회복시킨다는 미국과 유엔의 전략은 이들 전략주체들이 보유한 모든 분야의 역량이 뒷받침할 수 있느냐에 따라 그 실천적 효용성이 입증될 수밖에 없는 성질의 것이었다. 이라크는 자국이 택한 전략을 현실화시키기 위하여 주로 부정적(否定的: negative), 소극적(消極的: passive)인 조치를 취했다. 외국인들을 인질로 붙잡아 자국의 주요 전략목표를 방어하는 수단(human shield)으로 이용하였고, 미국과 유엔에 동조하는 아랍국가들에게는 외교적 공갈을 서슴지 않았으며, 이와 병행하여 무력시위도 실시하였다. 그리하여 이라크를 제재하고 공격하는 것보다는 이라크의 위상을 인정하는 것이 '골치가 덜 아플 것'이라는 판단을 미국과 유엔 등이 스스로 내리도록 유도하려는 조치를 취했다. 그러나 미국과 유엔은 이러한 이라크의 몸짓(gesture)을 이라크에 대한 제재의 정당성과 필요성을 입증하는 자료로 활용하였다. 이라크가 설정한 정책목표와 이를 달성하기 위하여 수립한 전략이 인본주의(人本主義: humanism)에 근본적으로 위배된다는 사실을 주지시켜 반이라크 여론을 환기시켰으며, 이라크를 지원할 수 있는 위치에 있던 소련까지 이라크 편을 들 수 없도록 하였고, 중동지역에서 이라크의 패자(覇者)적 위치를 원하지 않던 아랍국가들까지 유인(誘引)하여 다국적군(多國籍軍)을 편성하는 쾌거(快擧)를 이루었다. 특히 미국과 유엔은 이라크와의 군사적 대결이 중동지역에서의 '월남'(越南)이 되지 않도록 충분한 군사력을 동원하였으며, 이를 위한 준비기간 동안 가능한 모든 군사 외적(軍事外的) 조치를 강구하여

6 *前揭書.*

다국적군이 취할 군사적 행동의 도덕적, 정치적 명분을 축적하였다. 미국이 주도한 다국적군의 작전전략 역시 기민하고 정교하였다. 쿠웨이트의 해방을 목표로 그 지역에 주둔하고 있던 이라크군을 명실공히 고립시키기 위하여 공중화력으로 전장을 고립시키고, 지상작전의 주공은 쿠웨이트 점령군 직후방에서 이를 증원할 수 있는 공화국수비대로 지향하고, 이의 지원을 차단하는 대규모의 조공부대를 활용하였으며, 쿠웨이트 점령군을 현지에 고착시키기 위하여 해안에 상륙하는 것처럼 양동작전(陽動作戰)을 수행하기도 하였다. 그리고 다국적군은 모든 작전에서 기술적 기습을 달성하여 전장의 주도권을 장악하면서 작전을 수행하였다. 미국과 유엔의 정책과 전략은 실천적인 수단과 능력의 뒷받침을 받으면서 현실화되었다. 결국 변경된 현상을 고정하기 위하여 이라크가 택한 지구전략(持久戰略)은 이를 원상으로 회복시키려는 미국과 유엔의 속결전략(速決戰略)에 의해서 실천적 효용성이 거부되었던 것이다.

전략의 유형분류로 제시한 총체전략(總體戰略: total strategy), 부문전략(部門戰略: overall strategy), 그리고 작전전략(作戰戰略: operational strategy)은 이들의 현실화를 위하여 동원, 운용되는 전략주체 역량의 범위와 수준에 근거하여 수직적으로 분류된 개념들이다. 걸프전 전·중·후에 펼쳐진 이라크와 미국 및 유엔의 행위와 조치들은 이렇게 분류된 전략개념이 어떻게 구체화되는가를 말해 주었다. 현상 고정과 원상회복이라는 목표를 달성하기 위하여 양측이 수립한 지구전략과 속결전략, 지구전 수행과 단기전 수행, 지역방어작전과 포위·우회기동작전 실시 등은 걸프전에서 양측의 총체전략, 부문전략, 그리고 작전전략이 어떠했던가를 실례로써 보여 주고 있으며, 여기에 제시된 전략의 수직적 유형분류의 실천적 타당성을 엿볼 수 있게 하고 있다.

2) 수평적 유형

전략의 수평적 유형분류는 기본적으로 수직적 분류를 기초로 이루어질 수 있다. 한 전략주체의 총체전략(總體戰略)에서 군사적, 군사 외적 역량을 어떠한 방식과 수준으로 어떻게 동원, 운용하느냐에 따라 군사적, 또는 군사 외적 전략으로 크게 분류할 수 있다. 정치, 외교, 경제, 심리 등의 군사 외적 전략은 어떠해야 하며, 특히 심리적인 영향력을 행사하기 위하여 필요한 군사적인 행동은 어떤 수준이 적합한가를 책정할 수 있다. 이러한 측면에서 총체전략은 수평적으로 군사적, 군사 외적 전략으로 분류할 수 있다. 총체전략 하위개념으로 제시된 부문전략(部門戰略)은 그 영역이 비교적 뚜렷하게 구분될 수 있기 때문에 정치, 외교, 경제, 심리, 군사 등 각 부문별 전략을 어렵지 않게 상정할 수 있다. 부문전략에서 제시한 방향과 지침에 근거하여 수립될 작전전략(作戰戰略)도 각 부문별로 다양하게 구성된 어떠한 역량을 어떠한 수준에서 어떻게 운용할 것인가에 따라 수평적으로 분류가 가능하다. 예를 들면, 전략주체가 채택할 외교적 조치로서 외교관계를 개설 또는 단절할 것인가에서부터 어떠한 외교적 유인 혹은 봉쇄책을 어떻게 채택할 것인가를 정할 수 있으며, 군사분야에서도 육·해·공군전략은 어떠한 개념에서 어떻게 구체화할 것인가를 규정할 수 있다. 이와 같이 전략의 수평적 유형은 이를 수직적으로 분류하여 정립한 단계별로 분화시켜 분류가 가능하다.

먼저 총체전략의 차원에서의 수평적 분류는 전략의 기본 성격과 골격이 군사적인가 아니면 군사 외적인가로 구분될 수 있다. 물론 한 전략주체가 택할 총체전략은 그가 보유한 모든 군사적, 군사 외적 역량이 동원·운용되고, 전략의 성격이 군사적이어야 하느냐 아니냐를 결정짓게 하는 문제는 전개되는 상황변화에 따라 다분히 유동적일 수 있으나, 처음부터 군사적인 행동을 합리화하기 위하여 군사 외적인 조치들이 취해지기도 하며, 군사 외적인 조치의 비중을 강화하기 위하여 군사적인 행동이 가시화되기도 한다. 따라서 전략수행 주체가 군사적인 행동을 합리화하기 위하여 군사 외적인 조치들을 취한다면 이 전략주체가 택한 총체전략은 군사적인 전략이라고 분류할 수 있으며, 군사 외적인 조치의 실천적 효용성을 높이기 위하여 군사행동을 가미할 경우에 이는 군사 외적인 성격의 전략이라고 보여진다. 이와 같이 총체전략은 그 성격상 군사적인 전략과 군사 외적인 전략으로 분류할 수 있다.

부문전략의 수평적 분류는 분야별 전략을 내세울 수 있다. 총체전략에서 책정한 목표를 달성하기 위한 정치, 외교, 경제, 군사 분야의 전략과 상대에게 심리적인 영향을 미칠 수 있는 기타 분야의 전략을 부문전략의 수평적 분류로 간주할 수 있다. 전략주체가 내세운 총체적 목표의 달성을 위해서 내부적 결속을 다지고 대외적인 지지를 획득하기 위한 내부적 기반을 조성하는 데 필요한 정치전략, 대외적인 지지와 호의적인 여론을 조성하기 위한 외교전략, 호혜적인 이익을 보장하기 위한 경제전략, 그리고 군사 외적인 부문전략의 비중과 효용성을 확고하게 보장하기 위한 군사전략 등을 열거할 수 있으며, 이들을 포함하여 전략상대에게 심리적인 영향을 줄 수 있는 모든 분야의 전략도 여기에 포함된다. 특히 군사전략은 전략주체가 직면하고 있거나 가상적인 위협에 대처하고 이를 무력화시키기 위하여 전력의 구성은 어떠해야 하며, 이들의 운용개념은 어떠해야 하고, 부족한 전력의 보완을 위해서 어떠한 전략주체와 어떠한 동맹관계를 유지해야 하고, 필요시 어떠한 형태와 배열로 연합전력을 형성해야 하는가를 고려할 수 있다. 부문전략은 이와 같이 각 분야별로 구분되어 수립된 전략을 수평적인 유형분류로 볼 수 있다.

작전전략의 수평적 분류도 분야별로 가능하다. 전략주체 내부의 결의와 결집도를 강화하기 위한 상징조성(象徵造成: symbol-making),

대외적인 공신력을 높이기 위한 발전적인 정치체제 및 제도의 개선, 수립된 대외정책과 전략의 신뢰도를 확보하거나 대내적인 공감(共感)의 형성을 위한 정략(政略) 등을 정치분야에서 상정 가능한 작전전략으로 볼 수 있다. 외교적인 분야에서 전략주체의 총체적 역량에 합당한 협상·교섭·회유책의 모색과 설정, 경제분야에서도 상대적인 차원에서 경제적인 유인·제재책을 모색하고 수립하는 대책, 그리고 모든 분야의 역량에 기초한 수단을 활용하여 상대에게 심리적인 영향을 주려는 강압이나 회유책 등을 이들 각 분야에서의 작전전략으로 규정할 수 있다. 특히 군사분야에서는 현존하거나 예상되는 위협의 종류와 형태에 따라서 육·해·공 및 전략군 전력을 어떻게 편성하고 이들 요소별 전력의 비중을 어떻게 할 것인가를 결정하여 필요한 군사력을 구비하며, 이들 요소별 전력을 어떻게 사용할 것인가를 계획하고 그에 걸맞는 전력을 유지하는 것에서부터 실제 발현(發現)했거나 발현이 예상되는 잠재위협을 제거하거나 무력화시키기 위하여 어떠한 전력요소를 어떠한 방식으로 동원·사용할 것인가를 규정하고 이들을 포괄하는 작전전략을 수평적으로 제시할 수 있다. 이에 따라 고유편성과 기능에 따라 수립된 육·해·공 및 전략군 등의 개별전략(個別戰略)과, 현재화(現在化) 되었거나 현재화가 예상되는 위협의 제거 및 무력화를 위하여 구비된 전력을 통합적으로 운용하는 데 필요한 통합전략(統合戰略)을 군사분야에서의 작전전략으로 분류할 수 있다. 이와 같이 전략주체의 요소별 역량에서 개별적 역량을 어떠한 수준으로 준비하고 준비된 역량을 어떻게 운용할 것인가를 규정한 개별 및 통합전략을 수평적으로 분류된 작전전략으로 규정할 수 있다.

전략의 수평적 유형분류는 이를 수직적으로 분류한 단계별로 가능하다. 그리하여 총체전략은 달성해야 할 목표의 성격에 따라 군사적, 군사 외적 전략으로 크게 분류할 수 있으며, 그 하위 차원의 부문전략은 동원되는 역량의 분야에 따라 정치, 외교, 경제, 심리, 그리고 군사전략 등으로 분류될 수 있다. 작전전략 역시 전략주체가 보유한 역량의 부문별 요소에 따라 수평적으로 분류가 가능하다. 정치분야에서는 상징조성, 대내외 신뢰확보를 위한 조치 및 정략, 외교분야에서는 협상・교섭・회유책 등의 모색과 운용, 경제분야에서는 경제적 유인책과 제재책의 수립과 집행, 군사분야에서는 육・해・공 및 전략군의 개별전략과 이들 요소별 전력운용을 위한 통합전략, 그리고 전략상대에게 심리적인 영향력을 미치게 하기 위한 모든 역량 요소별 운용계획과 운용 등을 각 부문별 작전전략으로 볼 수 있다. 전략의 수평적 분류는 이와 같이 총체전략, 부문전략, 그리고 작전전략 등에서 동원・운용되는 역량의 성격과 운용방식에 따라 이루어질 수 있다.

3) 복합적 유형

수직적, 수평적 유형분류에 추가하여 전략의 복합적 유형도 상정할 수 있다. 물론 전략수립과 수립된 전략의 구체화과정은 매우 복합적이고 유동적이다. 작전전략 차원에서 드러난 문제점 등으로 총체전략에서 설정한 목적이나 내용이 변경되거나 변질될 소지가 얼마든지 있을 수 있고, 총체전략의 개념이 바뀜에 따라 실질적인 작전전략의 방식이 수정될 수 있다. 그리고 전략은 수직적 차원이나 수평적 분류를 초월하여 고도의 융통성(融通性)과 즉응성(卽應性)을 보유해야 하고, 여러 차원에서 상호 유기체(有機體)적인 연관을 맺고 있기 때문에 전략의 수립이나 집행 자체가 매우 복합적이고 유동적일 수밖에 없다. 전략의 이러한 본래적인 특성에도 불구하고 그 분류에 있어서 복합적 유형을 구태여 거론하게 된 이유는 전략의 정상적 복합성을 초월한 전략이 구체화된 실례가 기록되고 있다는 사실이 이를 요구하고 있기 때문이다. 이러한 차원에서 관찰될 수 있는 전략은 차원이나 부문별 역량의 구별 없이 가용한 모든 수단과 조치가, 조건과 시간에 구애를 받지 않고, 동시 또는 간헐적으로 동원·운용되어 사실상 수직적이거나 수평적인 분류는 물론 전략의 유형분류 자체를 거의 거부하고 있다.

복합적 유형으로 분류될 수밖에 없는 전략은 동시적으로 동원되는 수단도 가장 폭력적인 것에서부터 평화적인 것까지 망라하고 있으며, 운용되는 방법도 가장 비정상적인 차원에서부터 정상적인 것까지를 가리지 않고, 전략주체 간의 관계도 가장 적대적인 성격의 것에서부터 협조적인 양상을 유지하기도 한다. 이러한 개념의 전략에서는 모든 조치나 행동이 총체전략 차원에서 고려되기 때문에 수직적이거나 수평적인 차원에서 전략을 분류한다는 것 자체가 큰 의미를 부여받지 못한다. 협상을 진행시키면서 테러를 감행한다든가, 합의 자체의 가치보다는 그것을 다른 목적을 달성하기 위한 수단으로 활용한다든가, 같은 사안(事案)에 대해서도 시간과 장소 그리고 상대에 따라서 입장을 달리한다든가 하는 등 복합적인 전략을 구사하는 전략주체의 행태(行態)는 정상적인 예측과 판단을 허용하지 않는 경우가 통상이다. 설정한 목표를 달성하기 위하여 이러한 전략을 구사하는 주체는 시간적으로도 큰 구애(拘碍)를 받지 않는다. 따라서 복합적인 전략은 가장 폭력적인 수단과 방법에서부터 가장 평화적이고 협조적인 것까지를 간헐적 혹은 동시적으로 동원하며, 목표를 달성할 때까지를 이러한 전략의 유효기간으로 간주하는 것이 특징이다. 복합적 유형의 전략은 이와 같이 정상적인 분석이나 분류를 불가능하게 만들면서 구체화되는 전략이다.

동·서 이념대립의 결과로 빚어진 특이한 전쟁, 즉 전복전(顚覆戰)을 수행하는 전략주체가 채택한 전략이 바로 복합적인 전략이다. 전복전은 한 국가가 이념체계를 달리하는 두 개의 국가로 분립될 경우에 나타나는 유형으로서 상대의 체제를 전복시킬 때까지 지속되며, 상정이 가능한 모든 수단과 방법이 동원되는 '이상한' 전쟁이다. 이 전쟁은 먼저 이념적으로 확고한 '본기지'가 형성됨으로써 시작된다. 그리고 이 전략주체는 전복시키고자 하는 체제를 가진 상대 내에 '보조기지'를 구축하고 이것과 '통일전선'을 형성한다. 그리고 온갖 폭력적 혹은 비폭력적 수단과 방법을 동원하여 보조기지는 강화하고 전복시킬 체제와 정부는 약화시키며, 전복대상이 충분하게 약화되었다고 판단되면 군사력을 집중적으로 사용하여 이를 전복시킴으로써 전복전을 마무리 한다. 전복전을 수행하는 전략주체는 이러한 일련의 과정을 연속적으로 진행시킬 수도 있고, 동시에 진행시킬 수도 있으며, 어느 단계에서 조건이 악화될 경우에는 진행시킬 수 있는 조건이 형성될 때까지 전복시킬 대상과 평화적 또는 협조적인 관계까지 유지하면서 때를 기다리기도 한다. 그리하여 전복의 대상이 된 전략주체는 자신이 전복전을 치르고 있다는 사실조차도 느끼지 못하고, 따라서 효과적인 대응전략조차 모색해 보지 못한 채 전복되는 경우가 있다. 이상한 '전복전'을 수행하는 전략주체가 채택한 '괴상한' 전략이 바로 복합적인 전략이다.

시간과 장소에 구애를 받지 않고 주어진 상황에 맞추어 모든 수단과 방법을 동원하는 복합적인 전략은 여기저기에 그 행적(行蹟)을 남기고 있다. 중국의 모택동(毛澤東)은 이른바 유격전략(遊擊戰略)을 구사하여 장개석(蔣介石)군을 본토에서 몰아내고 중국대륙을 석권하였다. 이러한 과정에서 모택동은 강한 장개석군과 대적하면서 지형적인 이점을 이용한 유격전(遊擊戰)을 수행하여 장개석군의 예봉을 둔화시키기도 하고, 일반 중국인들을 포섭하여 이들의 지지를 획득하기도 하였으며, 일본의 대륙침공에 직면하여 국공합작(國共合作)으로 장개석군과 연합전선까지 형성하여 일본군에 대적하면서 내부적으로는 장개석군을 와해시키기도 하였다. 전복전(顚覆戰)을 수행하여 월남을 공산화시키려던 월맹(越盟)도 복합적인 전략을 구사하였다. 월맹은 프랑스군을 몰아낸 다음에 월맹이 장악한 북부지역을 본기지로 강화하여 병영국가(兵營國家)로 만들고, 월남 내에 베트콩(Vietcong)이라고 불리는 반체제세력을 결집하여 보조기지를 결성한 다음에 원기지와 본기지 사이에 통일전선을 구축하고 본격적인 전복전을 전개하였다. 월맹은 대상에 따라 매우 다양한 전략개념을 적용하였다. 월남인과 월남정부를 이간시키기 위하여 지방민의 존경을 받는 교사나 촌장(村長)들을 제거하였다. 이들이 월남인들과 정부 사이를 이간시키는 데 방해가 되기 때문이었다. 할 수 없이 월남정부는 군인들을 지방행정관으로 임명하였으나, 이들은 미군의 보호하에 주간에만 행정력을 행사하였기 때문에, 곧 '미군의 앞잡이'라는 낙인이 찍히게 되었다. 월남인들은 포섭의 대상이 되었다. 회유와 협박을 통하여 회유하고, 회유가 불가능한 사람은 무자비한 테러를 통하여 이를 제거하면서 어정쩡한 사람들에 대해서는 공포의 분위기를 조성하여 협조를 하지 않을 경우에 그들이 어떻게 되리라는 점을 실제로 보여 주었다.[7] 미군과 월남군은 타도의 대상이었다. 그러나 현대무기로 무장된 미군을 상대하기가 쉽지 않았다. 그리하여 월맹군과 베트콩군은 정규작전 대신 정글이라는 작전지역의 특성을 이용하여 유격전(遊擊戰)을 전개하여 미군과 월남군의 전력(戰力)을 마모시키고 전의(戰意)를 분쇄하려 하였으며, 우세가 확보되었다고 판단될 경우에는 전면적인 공세도 서슴지 않았다. 구정(舊正)기간 동안 휴전에 합의한 후에도 이를 무시하고 전면적인 공세를 취함으로써 미군과 월남군, 특히 미군을 '지겹도록' 만들어 이들의 전의를 박탈하려 하였다. 월맹은 또한 미국민을 상대로 한 심리전도 전개하였다. 서방기자들을 초청하여 참혹할 수밖에 없는 폭격 후의 모습과 전투상황을 필름에 담아 전송하도록 하여 미국과 전 세계의 반전(反戰) 분위기를 고조시켰으며, 월남정부의 부패상을 과장·공개하면서 어린아이들을 돌보고 있는 호지명(胡志明)의 사진에 "호지명 아저씨"(Uncle Ho)라는 제목을 달아 배포함으로써 미국이 쓸모없는 전쟁을 수행하고 있다는 점을 부각시키기

7 Stanley Karnow, *Vietnam: A History* (New York: Penguin Books, 1984), pp. 124-238.

도 하였다. 월맹은 또한 중국 및 소련과의 이념적 연대를 강화하고 이들로부터의 군사지원은 확보하면서 미국민의 반전감정을 자극하고 월남정부의 저조한 대민지지도를 강조하여 미국과 월남의 우호적 연대를 차단하려 하였다. 이와 같이 중국과 월맹은 차원과 수준을 초월한 복합적인 전략을 복합적으로 사용하여 정치·이념적 목표를 달성하였다.[8]

정치·이념적 분단을 극복하지 못하고 있는 한반도에서도 이러한 복합적인 전략이 구체화되어 왔다. 7·4남북공동성명이 발표되면서 휴전선 지하에 땅굴이 파였으며, "서울불바다" 발언과 함께 원조가 '강요'되었고, 남북간 비핵화합의선언이 발표되면서 미사일 발사시험이 실시되었으며, 남북간 기본합의서의 채택은 북한과 미국과의 대화개시 수단으로 이용되기도 하였다. 서해상에서 비료를 실은 화물선이 북쪽으로 향하고 있을 때 동해안에서는 북한의 잠수정이 나타나기도 하였다. 현상을 인정하는 듯하면서도 이를 거부하고, 회담을 진행시키면서도 때때로 만남을 거부하고, 원조를 수용하면서도 공갈을 서슴지 않아온 북한의 대외 및 대남 전략은 실로 정상적인 이해의 수준을 초월하고 있다. 핵보유 의혹과 미사일을 제외하고는 탈냉전적인 국제질서에 적응하는 데 필요한 적절한 대외교섭 수단을 보유하고 있지 않은 북한의 처지를 십분 고려한다 하더라도, 어제와 오늘 북한이 취한 정책과 전략은 정상적인 분석이나 분류를 사실상 거부하고 있다. 미국과의 대화개시 및 진행을 위하여 남한을 충분하게 활용하고 미국을 통하여 남한을 봉쇄하려 한다는 '통미봉남'(通美封南)의 용어까지 등장시킨 북한은 미국과의 교섭이 신통치 않자 미국을 선제공격할 의사와 능력을 보유하고 있지 않다는 점을 부각시켜 미국과의 교섭의사를 표시하면서도, 이제는 남북한이 연대하여 '통일을 방해하는 미 제국주의자'를 남

8 Richard M. Nixon, *No More Vietnams* (New York: Avon Books, 1985), pp. 163-164.

한에서 몰아내자는 제안까지 발표하고 있다.[9] 필요에 따라 어떤 상대와 어떠한 형태의 연대라도 구축하며, 사안에 따라서 어떠한 제안이라도 내놓고, 장기적인 목표달성을 위하여 단기적인 목표의 설정과 수단의 동원은 얼마든지 가변적일 수 있으며, 회담진행방식 역시 '대화하면서 때리고 때리면서 대화하거나(談談打打, 打打談談)' 때릴 입장과 여건이 아니고 수단이 마땅하지 않을 경우에는 '대화를 하다가 중단하고 중단하다가 다시 대화하는(談談止止, 止止談談)' 식으로 접촉방식을 마음대로 선택하거나, 이것마저도 다른 '대화를 유도하기 위한 대화'(用談誘談)도 서슴지 않는, 이른바 복합전략의 전형(典型)이 한반도에서도 현재화되어 온 셈이다. 이와 같이 수직적, 수평적 유형분류를 사실상 거부하는 복합전략의 전형이 냉전적 잔재를 극복하지 못하고 이념과 체제를 달리한 두 전략주체가 존재하는 한반도에서 두드러지게 구체화되어 왔다.

9 "Pyongyang says two Koreas should drive U.S. troops of peninsula," *The Korea Herald*, March 22, 2001.

5. 전략의 형태

1) 직접전략

전략수행 주체가 보유한 힘(power)을 직접 사용함으로써 정책적 목표를 달성하고자 하는 실천적 개념의 전략형태를 직접전략(direct strategy)으로 구분할 수 있다. 한 행위주체가 보유한 힘으로 먼저 군사력을 꼽을 수 있다. 군사력은 현상을 변경하거나 상대의 대항의지를 박탈하기 위하여 고래(古來)로부터 사용되어 온 힘의 전형이다. 이외에도 전략상대에게 심리적인 영향을 미쳐 설정된 목표를 달성하기 위하여 외교적 압력, 경제적 제재, 정치적 고립 등의 조치를 동원하기도 한다. 그러나 정치·경제·외교적 조치 등은 흔히 군사력을 사용하기 위한 명분을 축적하는 데 활용되기 때문에 결국 직접전략에서 상정한 힘은 군사력으로 귀착되는 것이 통상이다. 따라서 전략의 형태로 분류된 직접전략은 한 전략수행 주체가 보유한 군사력을 직접 사용하여 주어진 전략목표를 달성하는 실천개념으로도 정의될 수 있다.

군사력을 위주로 한 힘을 직접 사용하여 주어진 목표를 달성하는 직접전략은 주로 이를 사용하는 측이 힘의 우세를 확보하고 있으며, 단시간에 사용효과가 가시화될 수 있다고 판단할 경우 채택되는 전략형태로서 신속한 목표달성을 기대하고 운영된다. 이러한 직접전략은 동서고금(東西古今)을 통하여 흔히 운용된 전략의 형태로 그 운용결과가 인류의 역사에서 전쟁과 위기로 기록되어 왔다. 서양에서 고대 그리스 도시국가 간 패권(覇權)탈취전, 패권국가들 중 한 도시국가와 페르시아 같은 다른 권역 국가와의 주도권(主導權) 쟁탈전, 그리고 로마의 영토(領土) 및 세력권(勢力圈) 확장전 등과 고대 중국에서 지방 제후국(諸侯國)들 간의 패권쟁탈전이나 인접국과의 충돌과정에서 보여준 크고 작은 접전(接戰)과 전쟁들이 당시에 존재하던 전략수행 주체 간 운용된 직접전략의 결과로 기록되고 있다. 프랑스혁명 과정에서 나폴레옹은 혁명사상의 확장을 저지할 목적으로 주변 왕조국가들이 형성한 연합전선을 붕괴하기 위하여 여기저기에서 전투와 전쟁을 수행하고 이를 기록으로 남겨 놓았다. 군사력을 직접 사용하여 달성할 수 있는 목표가 과연 무엇이었던가 하는 문제에 대한 기본적인 회의(懷疑)를 제기한 양차 세계대전을 거친 후 오늘에 이르기까지도 전략수행 주체들은 이들이 설정한 목표를 달성하기 위하여 군사력을 위주로 한 힘을 직접 사용하는 직접전략을 구사해 오고 있으며, 그에 대한 매력과 미련을 버릴 수 없을 만큼의 효과를 거두어 오고 있다. 그리하여 군사력을 위주로 한 힘을 사용하는 직접전략은 그 의미와 실천적 효과가 퇴색되지 않은 채 오늘에 이르러 내일도 맞이하고 있다.

직접전략은 힘을 운용하는 형태에 따라 직접접근(direct approach)과 간접접근(indirect approach)으로 분류될 수 있고, 힘을 사용하는 방식에 따라 점진적 방식과 기습적 방식으로 구분하여 분석될 수 있다. 군사력을 포함하여 월등한 힘을 보유한 전략주체는 이를 집중적으로 사용하여 상대를 무력화시킴으로써 단기간 내에 주어진 목적을 달성하고자 한다. 이럴 경우에 이 주체는 정면공격이나 전면적 사용, 그리고 돌파나 강요 및 봉쇄 등과 같은 직접접근 형태로 군사력이나 힘을 운용한다. 이러한 형태의 직접접근은 단시간에 확실한 효과달성을 노리면서 군사력이나 힘이 집중적으로 동원된다. 이와 대조적으로, 간접접근은 상대의 강점을 피하고 약점에 대해서 힘을 집중함으로써 힘이나 군사력 사용의 효과를 확실하게 보장할 수 있다는 판단하에 택하는 형태이다. 간접접근은 전략수행 주체가 힘의 우세를 확보하고 있거나 아니거나 간에 택할 수 있는 힘의 사용형태로서 전장(戰場)에서는 포위(包圍)나 우회(迂廻)의 방식을 취하여 상대의 약점을 공격하며 군사 외적인 분야에서도, 미국과 영국이 태평양전쟁 전에 일본이 중일전쟁을 포기하도록 압력을 가하기 위하여 경제적인 봉쇄망을 구축한 것과 같이, 상대가 지닌 약점을 극대화하는 방향의 수단과 조치를 동원한다. 힘을 사용하는 방식도 이를 기습적으로 사용하거나 단계적으로 사용하는 것으로 나눌 수 있다. 군사력을 직접 사용할 경우에 사용효과를 극대화하기 위하여 전쟁선포나 사전 통보 없이 이를 기습적으로 사용함으로써 전쟁에 돌입하는 경우가 많았다. 독일의 폴란드 공격(1939)이나 일본의 진주만 기습(1941), 그리고 이라크의 이란 공격(1980)과 쿠웨이트 침공(1990)을 예로 들 수 있다. 그러나 쿠웨이트의 원상회복을 목적으로 미국은 다국적군을 형성한 후 군사력 사용을 위한 명분을 축적하고, 우세한 군사력을 집중하기 위한 시간을 확보하기 위하여 정치·외교적 조치는 물론 경제적 봉쇄조치를 취하고, 이들 조치의 효용성이 거부된 후에야 군사력을 집중적으로 사용하는 단계적 방식을 택하였다. 군사력 사용과정에서도 미국은 다국적군의 손실을 최소화하기 위하여 공중화력을 먼저 사용하여 이라크군의 전력을 최대한 약화시킨 후에야 지상공격을 감행하는 방식을 사용하였다. 이와 같이 전략의 주체들은 상황여건과 자체 역량에 따라 힘이나 군사력을 직접 또는 간접접근 형태로 운용하거나 이를 기습적 혹은 단계적으로 사용하여 주어진 목표를 달성하려 한다.

특히 군사 외적 제재조치나 군사력 사용을 단계적으로 운용할 경우에는 상대가 이에 어떻게 대응하느냐에 따라 전쟁으로 치닫기도 하고 위기상황으로 마감되기도 한다. 걸프전(1991) 발발 전, 만약 이라크가 유엔이 설정한 시한(1991. 1. 15) 내에 쿠웨이트에서 점령군을 철수시켰다면, 걸프전은 전쟁사에 기록되지 않고 걸프 지역에서 발생한 하나의 위기(危機)로 기록될 수도 있었다. 그러나 이라크는 유엔의 최후통첩을 거부하였고, 미군을 비롯한 다국적군의 공격을 감수하는 지구전략을 택하여 전쟁이 현실화되었다. 이와는 대조적으로, 쿠바 위기(1962. 10) 시에, 만약 소련이 미국이 구축한 해안봉쇄망을 무시하고 쿠바에 설치한 미사일을 철수시키지 않았다면, 쿠바 위기가 위기가 아닌 미국과 소련 간의 직접적 무력충돌로 기록될 수도 있었다. 그러나 소련은 터키에 배치된 낡은 미국 미사일을 철수시킨다는 명분상의 조건을 수용하고 쿠바에서 미사일을 철수시킴으로써 쿠바사태를 미·소 간 직접적인 무력충돌이나 전쟁이 아닌 위기로 기록되게 만들었다.[1] 이와 같이 군사력이나 군사 외적 제재를 단계적으로 사용할 경우에는 이에 대응하는 전략수행 주체들의 대응방식과 정도에 따라 그 결과가 전쟁 또는 위기로 확대 혹은 마감되기도 한다.

직접전략에서 궁극적으로 동원되는 군사력도 사용방식과 규모에 따라 집중적 사용과 축차적 사용으로 구별되며, 특히 직접전략과 연관된 군사력사용 위협은 실제 이를 사용하기 위한 잠정적인 성격과 군사력을 실제 사용하지 않고 위협만으로 어떠한 결과를 획득하기 위한 결론적인 성격을 띠고 있다. 쿠웨이트에서 이라크군을 몰아내기 위하여 미국은 군사력을 집중적으로 사용하는 방식을 택했다. 과거 월남전을 치루는 과정에서 많은 병력을 투입하였음에도 불구하고 결국 월남에서 철수해야만 했던 쓰린 경험을 가진 미국은 대규모 병력을 집중적으로 투입하여 이라크와의 전쟁을 단기간 내에 종결함으로써 중동에서 또 다른 '월남전'을 피하고, 사막이라는 전장(戰場)의 특성을 이용하여 첨단장비와 무기의 효용성을 극대화하여 일방적인 승리를 확고하게 보장하였다. 그리하여 미국은 먼저 야간공중공격으로 이라크군의 지휘

1 Graham T. Allison, *Essence of Decision: Explaining the Cuban Missile Crisis* (Boston: Little, Brown and Company, 1971), pp. 39-66, 101-143, 185-244.

체계를 완전하게 마비시키고, 상황파악과 보급지원을 불가능하게 만든 후에야 지상작전을 실시함으로써 이라크군이 아예 저항조차 못하도록 만들어 미국이 원하는 시간에 전쟁을 마무리지어 버리고 말았다. 월남에서 군사력을 축차적으로 운용하고 월맹이 원하는 방식의 전쟁을 치를 수밖에 없었던 미국은, 미군이 지닌 기술적 우위를 전장에서의 승리로 확실하게 연결시켜 주는 사막이라는 전장의 특성을 활용하여, 걸프전을 단기간에 승리로 마감할 수 있었다. 직접전략을 구사하는 전략주체는 군사력을 직접 사용하기 전에 이의 사용을 위협하는 단계를 밟을 수도 있고, 군사력사용 위협만으로 주어진 목표를 달성하려 할 수도 있다. 이럴 경우에 전략주체는 군사력을 축차적으로 운용하는 잠정적인 단계를 설정할 수도 있으나, 상대의 대응형태와 수준에 따라 전쟁으로 치닫거나 위기로 마감되기도 한다. 이와 같이 군사력을 직접 운용하는 정도와 방식, 그리고 사용위협의 성격에 따라 직접전략도 세분되거나 미시적으로 분석될 수 있다.

2) 간접전략

전략수행 주체가 보유한 힘(power)을 간접적으로 사용함으로써 설정된 목표를 달성하고자 하는 전략을 간접전략(indirect strategy)이라고 규정할 수 있다. 간접전략은 군사적 혹은 비군사적 힘을 직접 사용하는 직접전략과는 달리 전략수행 주체가 다양한 형태와 수준의 힘을 다양한 방식으로 운용하여 목적을 달성하는 개념의 전략이다. 이는 전략주체가 상대를 자극하지 않는 수준의 힘을 점진적으로 사용하거나, 기동과 회피 등의 방식을 이용하여 상대의 힘을 약화시킴으로써 자신이 힘을 사용한 것과 같은 효과를 거두려 하거나, 상대의 모습을 그대로 놓아둔 채 색깔만 바꾸기 위하여 그 내부에서 회유 및 위협 그리고 테러 등 신체적, 심리적 폭력을 구사하는 방식으로 현재화(現在化)되는 전략이다. 좀더 구체적으로 말하여, 간접전략은 군사력을 직접 사용하여 군사적인 승리를 쟁취함으로써 주어진 목적을 달성하는 직접 전략과는 대조적으로 군사력을 포함한 다양한 힘을 기간이나 방식면에서 제한을 받지 않고 주어진 상황여건에 걸맞게 사용하여 목적을 달성하는 개념의 전략이다. 따라서 간접전략은 힘을 사용함에 있어서 상대의 약점을 직접 공격하는 방식인 직접전략의 간접접근과는 그 개념을 달리하며, 단기간 내에 확보한 결정적인 승리에 의한 목표달성보다는 장기간에 걸쳐서 운용된 힘의 누적효과로 주어진 목표를 달성하고자 할 경우에 구체화되는 전략이다.[2]

다양한 힘을 간접적인 방식으로 사용하는 간접전략은 한 전략수행 주체의 역량이 절대적으로 열세하거나 가용한 힘이 상대적으로 부족할 경우에 채택되는 전략으로서 군사력을 위주로 한 모든 폭력적 수단의 운용은 물론 비폭력적 행위와, 경우에 따라서는 평화적인 몸짓까지도 스스럼없이 동원한다. 중국을 공산화시킨다는 목표를 달성하기 위하여 모택동(毛澤東)이 주도하던 중국 공산당은 간접전략을 택하였다. 중국 공산군은 미국의 지원을 받고 있던 장개석(蔣介石)군과 상대가 되지 않을 정도로 열세하였다. 따라서 중국 공산군은 국부군과의 직접적인 대결을 피하면서 중국 대륙을 배회하다가, 국부군이 피로하거나 방심했다고 판단될 경우에는 야음(夜陰)을 틈타 주둔기지를 습격하여 이들 국부군을 더욱 지치게 만들고, 주간에는 일반인들의 농사일을 돕는 등의 방법으로 이들 앞에서 거드름을 피우면서 위세를 부리는 국부군들로부터 민심을 이탈시키는 군사 외적 노력도 기울이면서 국부군 내부조직에 침투하여 정보의 획득은 물론 무기까지 획득하면서 국부군 지휘조직을 와해시키는 공작까지 실시하였다. 이러한 방법으로

---

2 직접전략의 간접접근과 간접전략의 개념적 차이에 관한 설명은 *Introduction to Strategy*, pp. 107-110 참조.

중국 공산군은 국부군 전력을 마모(磨耗)시키면서 중국인들의 민심을 얻어 나갔다. 일본군이 중국을 침공했을 때 중국 공산군은 일본과의 전쟁에 공동 대처하자는 명분을 내세워 국부군과 이른바 '국공합작'(國共合作)을 실시하여 대일본 연합전선을 구축하고, 일본군과 싸우는 동안에도 국부군 내부와해 공작을 지속적으로 실시하여 무기와 장비를 획득하면서 국부군 내 공산조직을 형성함으로써 태평양전쟁의 패전으로 일본이 물러간 후에 전개된 중국내전에서 국부군과 맞대결할 수 있는 기반까지 구축하였다. 그리하여 모택동이 이끌던 중국 공산당은 1949년 10월 1일 중국 공산정부를 수립하고, 그해 말까지 장개석군을 대만으로 축출하여 중국 대륙의 공산화를 완결하였다. 모택동은 이와 같이 막강한 장개석군에 맞서 회피 및 도피전술을 택하여 그 전력을 약화시키고, 궁극적으로 제거해야 할 국부군과 국공합작(國共合作)이라는 연합전선까지 형성하여 장개석군 조직을 거의 와해시킴으로써 중국내전을 성공적으로 마감하는 간접전략을 구사하였다. 이와 같이 간접전략은 힘이 열세한 전략주체가 상대의 힘을 약화시키는 전술을 택하고, 명분이 주어질 경우에는, 타도해야 할 상대와 연합전선 형성이라는 평화적인 몸짓까지 취하여 상대의 전력과 전의(戰意)를 와해시켜 목적을 달성하는 '총체전략'(total strategy) 수준의 전략으로서, 이 전략이 현실화되는 과정에서 제한적 혹은 집중적으로 힘을 사용하거나 '민심을 얻는 등의 공작을 통하여' 전략 환경의 색과 분위기를 바꾸는 총체적인 노력도 동원한다.

군사력을 위주로 한 힘을 간접적으로 운용하여 주어진 목표를 달성하는 간접전략은 그것이 구체화되는 과정에서 채택되는 방법과 형태에 따라 잠식(蠶食: piecemeal), 마모(磨耗: erosion), 변색(變色: recoloration) 전술 등으로 구분하여 분석될 수 있다.

잠식전술(蠶食戰術: piecemeal tactics)은 누에가 뽕잎을 갉아먹는 방식으로 현상을 변경시켜 이를 기정사실화시켜 나가는 하나의 간접전략으로서 2차 세계대전을 일으키는 과정에서 히틀러 통치하의 독일, 무솔리니의 이탈리아, 그리고 군국주의 일본 등이 채택한 전략의 한 형태이다. 잠식이라는 방법을 빌어 진행된 이 전략은 '야금야금' 조금씩 있어 온 현상을 변경시키는 전술을 운용하고 이렇게 변경된 현상을 누적되게 고정시켜 이를 기정사실로 만들기 때문에 상대의 전면적 군사대응을 불러일으키지 않고 이를 교묘하게 회피하면서 새로워진 현상을 정착시키는 방법이다. 예를 들면, 1933년 선거를 통하여 정권을 잡은 히틀러는 1차 세계대전의 결과 결성된 국제기구인 국제연맹(國際聯盟)을 탈퇴하고, 그해 자르(Saar) 지방에서 국민투표를 실시하여 이를 다시 병합한 다음 베르사유조약의 군비제한조항을 폐기한 후, 1936년에는 라인랜드(Rhineland)를 점령하였다. 당시 염전(厭戰)사상과 평화주의(平和主義)에 집착하고 있던 영국과 프랑스 국민과 정부는 이러한 히틀러의 '도전'에 강력하게 대응할 준비와 태세를 갖출 수 없었고, 참전의 상처를 치유하지 못한 채 고립주의(孤立主義)를 택하고 있던 미국도 이에 관여할 입장이 아니었다. 이러한 여건과 분위기를 감지한 히틀러는 1938년 오스트리아를 병합해 버린 후에, 독일인이 거주하고 있던 체코의 수데텐(Sudeten) 지역까지 합병하려 하였다. 이러한 사태의 진전에도 불구하고 평화주의에 젖어 있던 영국이나 프랑스가 단호한 군사적 대응이나 조치를 취할 수 없다고 판단한 영국 수상(Neville Chamberlain)은 히틀러의 욕구를 어느 수준까지 충족시켜 줌으로써 '평화'를 확보한다는, 이른바, '유화정책'(宥和政策: appeasement policy)을 채택하였고, '뮌헨협정'(the Munich Agreement, 1938. 9. 30)으로 이를 가시화시켰다. 히틀러의 요구를 수용함으로써 히틀러와 협정까지 체결한 영국 수상은 "현명한 양보를 통하여 전쟁 대신 평화를 확보하였다"는 '자화자찬'(自畵自讚)과 더불어 노벨평화상 후보까지 됨으로써 '타화타찬'(他畵他讚)의 대상이 되기도 했다. 염전사상과 패배주의(敗北主義)를 떨치지 못하고 있던 국민을 거느린 프랑스 수상(Édouard Daladier)

도 히틀러의 요구조건을 수용하고 협정을 환영하였다. 체코를 포기하면서까지 '평화'를 유지시키려 했던 양국 수반들은 히틀러가 체코의 나머지 지역까지 점령해 버리자(1939. 3. 10-16) 유화정책의 무력함을 인정하고 군비를 강화하려 하였으나, 기정사실화된 새로운 현상을 원상(原狀)으로 회복시킬 수 없다는 사실 역시 인정하지 않을 수 없었다.[3] 파시즘(Fascism)의 원조로 자처하면서 과거 로마의 영광을 다시 회복해야 한다는 '원대한' 꿈과 구상을 가진 무솔리니(Benito Mussolini, 1883-1945)도 1935년 에티오피아를 점령하고 이를 항의하는 국제연맹을 탈퇴하였으며, 1939년에는 알바니아까지 병합해 버렸다. 명치유신 이래 부국강병(富國强兵)의 기치 아래 제국주의정책을 내세운 군국주의 일본도 청일전쟁(1894-1895)과 러일전쟁(1904- 1905)에서 승리를 거둔 후에 '승자의 몫'(lion's share)으로 한반도를 '부여'받았으나(1910), 이에 만족하지 않고 1933년에는 만주를 점령한 후에 국제연맹을 탈퇴하고, 1937년에는 조작된 사건(蘆溝橋事件, 1937. 7. 7)을 구실로 중국 침공길에 나섰다.[4] 승자(勝者)의 몫으로 일본에게 한반도의 병합까지는 인정했던 미국이나 일본을 이용하여 러시아를 견제하려 했던 영국은 대동아공영권(大東亞公榮圈)의 구축이라는 기치 아래 만주는 물론 중국까지 독점하려는 일본의 팽창정책과 전략을 인정할 수가 없었다. 그러나 미국과 영국은 무력을 직접 사용하면서 '야금야금' 세력권을 확장해 가는 일본에 대해서 전쟁도 불사할 정도로 강력한 군사적 제재나 보복을 가할 처지는 아니었다. 이와 같이 독일이 1939년 9월 폴란드를 공격함으로써 본격적으로 시작된 2차 세계대전에 히틀러의 독일, 무솔리니의 이탈리아, 그리고 군국주의 일본은 잠식(蠶食)전술로 구체화된 간

3 R. R. Palmer and Joel Colton, *A History of the Modern World* (New York: Alfred A. Knopf, Inc., 1978), pp. 791-800.

4 R. E. Dupuy and T. N. Dupuy, *The Encyclopedia of Military History, from 3500 BC to the Present* (New York: Harper & Row, Publishers, 1977), pp. 920-926, 1044-1046, 1123-1124.

접전략을 구사하여 영국, 프랑스, 그리고 미국의 전면적인 군사적 대응을 회피하면서 현상을 변경시켜 나갔다.[5]

간접전략에서 채택하고 있는 방법 중 다른 하나는 마모전술(磨耗戰術: erosion tactics)이다. 이 전술은 한 전략수행 주체가 그가 보유한 열세한 힘을 기묘(奇妙)하게 운용하여 우세한 상대의 힘과 대결의지를 무력화시켜 궁극적으로 목적을 달성하는 간접전략 수행의 한 방법으로서, 우세한 장개석군을 중국 대륙에서 몰아낸 모택동(毛澤東)의 유격전략(遊擊戰略)과 전투에서 이길 수 없었던 미군과 상대하면서 미군을 지치게 만들고 미국민의 전쟁의지를 약화시켜 결국 월남정부를 전복시킨 월맹(越盟)의 대월남(對越南) 전복전략(顚覆戰略)에서 그 실례를 찾아볼 수 있다.[6] 모택동이 이끌던 공산당과 군대는 미국의 지원을 받던 장개석 정부와 국부군과는 상대가 되지 않을 정도로 열세한 상태에 있었으나, 중국의 공산화를 목표로 세운 모택동은 우세한 국부군과 대결하는 과정에서 열세한 공산군의 전력은 유지하고 국부군의 전력은 마모시키는 전략을 택하였다. 그리하여 막강한 국부군이 공격할 경우 공산군은 퇴각하고, 야간의 이점을 활용하여 국부군을 괴롭혀 피곤하게 만들고, 국부군이 충분하게 피로한 상태가 되면 이를 타격하며, 국부군이 퇴각하면 이를 과감하게 추격하는 유격전법(敵進我退 敵據我擾 敵疲我打 敵退我追)을 구사하여 국부군의 전력을 마모시켜 나갔다. 이러한 전법으로 중국 여러 지역을 배회하면서 모택동과 공산군은 민간인들의 환심을 사기 위하여 민폐를 끼치지 않음은 물론 이들의 일손을 돕는 일을 마다하지 않아 이들로부터 국부군에 관한 정보를 획득하고 이들을 공산당과 군에 호의적인 세력으로 확보하는 공작(工作)까지 병행 실시하였다. 일본의 침공에 대항하여 형성된 국공합작 기간 중에도

---

5 잠식(蠶食)에 의한 현상변경 및 변경된 현상의 기정사실화 방법에 대한 이론적 분석은 André Beaufre, *Introduction to Strategy*, pp. 119-120에 잘 전개되어 있음.

6 이에 대한 이론적 설명은 *Introduction to Strategy*, pp. 114-118 참조.

중국 공산당은 대일 항전보다 국부군 내부의 동조세력을 획득하고 이들의 조직을 와해시키는 공작에 더욱 열성과 정성을 기울여 결국 국부군을 중국 대륙에서 몰아내는 '쾌거'를 달성하였다. 월남에서 국력이나 군사력면에서 상대가 되지 않은 미군과 싸우면서 월남 정부를 전복시키기 위하여 전쟁을 수행한 월맹의 마모전략(磨耗戰略)과 전술은 매우 특이한 성격을 지니고 있었다. 정글이라는 작전지역의 특성을 이용하여 전선 없는 전투를 치른 월맹과 이의 동맹군인 베트콩군은 미군이나 월남군의 집결지를 타격하고 흩어지는 전형적인 유격전술을 구사하여 미군에게 전력의 소모를 강요하고 전의를 마모시키는 작전을 수행하였으며, 미국민들의 전의를 소멸시키기 위하여 미군 폭격으로 황폐화된 월맹 지역의 사진이나 전쟁의 참혹상을 적나라하게 보여 주는 부상병과 피난민들의 참상을 공개하는가 하면, 미국이 지원하고 있던 월남 정부의 부패상이나 낮은 국민 지지도를 의도적으로 과장하여 미국이 수행하고 있던 월남전이 미국에게는 전혀 의미가 없다는 점을 부각시키는 데 미국민 심리전을 전개하였다. 그리고 월맹과 베트콩은 회유와 테러를 통하여 월남인들을 포섭하거나 제거함으로써 월남 내에서 붉은색으로 변한 지역을 확대해 나갔다.[7] 결국 이러한 간접전략을 구사한 월맹과 베트콩은 미국민이 월남전을 왜 수행해야 하는가에 대한 회의를 품게 만들어 미군을 철수시켜 월남을 고립시키고, 미국 의회의 지원을 차단한 후에 전면적인 군사력을 사용하여 월남 정부를 전복시킴으로써 월남공산화라는 목표를 달성하였다. 이와 같이 간접전략의 하나로 분류될 수 있는 마모전략과 전술은 상대의 전력과 전의를 약화시키거나 아예 마모시켜 주어진 목표를 달성하는 실천개념의 전략이다.

---

7 Guenter Lewy, *America in Vietnam* (New York, London: Oxford University Press, 1978), pp. 272-279; Richard Nixon, *No More Vietnam* (New York: Avon Books, 1985), pp. 163-164; Harry G. Summers, Jr., *On Strategy: Critical Analysis of the Vietnam War* (New York: A Dell Book, 1982), pp. 121-259.

간접전략의 구체화과정에서 동원되는 또 다른 방법은 변색전술(變色戰術)이다. 변색전술은 전략상대의 실체적 현상을 변경시키지 않고 실질적 내용의 상태를 변환시켜 목적을 달성하는 방법이다. 과거 국부군의 공격을 받아 중국 내를 전전하던 중국 공산당과 중공군은 이들이 머물던 지역 주민들의 농사일 등을 도와줌으로써 이들의 환심을 사고 지지를 획득하여 중국에서의 지지기반을 확대해 나갔다. 이러한 과정을 거치면서 국민당 정부의 지지기반과 지역은 축소시키고, 공산당의 것은 확대해 가는 총체적 노력을 기울여 중국 대륙의 색깔을 바꾸어 나갔다. 월남 내에서 월남정부의 영향력을 감소시키거나 제거하고 베트콩의 영향력을 확대하기 위하여 월맹은 우선 베트콩의 핵심조직을 강화한 후에 월남인들의 추앙을 받는 지방 교육기관의 장이나 행정조직의 장을 먼저 제거하고, 월남 군인들이 이 역할을 수행하도록 만든 다음에, 미군과 월남군의 보호하에 주간에만 업무를 수행하는 이들을 '미군의 앞잡이'로 매도하여 일반 월남인들로부터 격리시켰다. 그리고 월남인들에게는 회유를 통하여 포섭하거나, 이것이 불가능할 경우에는, 테러를 가하여 이들을 공개적으로 처형하거나 제거함으로써 다른 일반인들이 공포심을 갖도록 유도하여 월남 정부보다는 베트콩에게 더욱 협조하도록 만드는 고도의 심리전을 전개하였다. 이러한 대월남인작전을 통하여 월남 내에서 많은 지역의 색을 '붉게' 만들어 베트콩의 통제를 받는 영역을 확대해 나갔다. 쿠바에서 공산혁명을 성공시킨 카스트로 역시 쿠바의 물리적 현상은 변경시키지 않은 채 '회유와 테러'를 통하여 일반 대중의 지지기반을 확대하여 쿠바 전체의 색을 바꾸는 데 성공을 거두었다. 이와 같이 변색전술로 구체화된 간접전략은 타도와 전복 대상의 물리적 현상은 그대로 놓아둔 상태에서 내용의 '색'을 바꾸어 목적을 달성하는 방법을 운용한다.

이와 같이 간접전략은 폭력적, 비폭력적 수단의 간접적・간헐적 운용은 물론 평화적인 몸짓과 행위까지 동원하여 잠식(蠶食:

piecemeal), 마모(磨耗: erosion), 그리고 변색(變色: recoloration) 등의 방법을 통하여 주어진 목표를 달성한다.

전략수행 주체가, 군사력을 포함한 힘의 열세에도 불구하고, 구사하는 간접전략은 몇 가지 범주에서 직접전략과 다른 사항을 내포하고 있다. 단기간에 힘을 집중적으로 사용하여 목적을 달성하려는 직접전략과는 달리 힘의 열세하에서 전개되는 간접전략은 목표달성을 위해서 필요한 시간을 장기간으로 설정할 수밖에 없다. 특히 한 전략주체가 보유한 물리적인 힘이 약하면 약할수록 상대의 힘을 충분하게 약화시키고 자신의 힘은 충분히 강화시키는 데 많은 노력과 시간이 소요되는 것은 당연한 이치이며, 회유나 테러를 동원하여 전략환경을 자신에게 유리하게 변색시키는 데도 비상한 노력과 장기간의 시간이 필요하다. 그리하여 중국의 모택동이나 월맹의 호지명도 그들의 목표를 달성하는 데 20-30여 년이 필요했던 것이다. 기존의 현상을 부인하고 반도(叛徒)집단으로 출발하여 근거지를 구축하고 이미 존재해 온 정치적 권위나 정부를 전복시키는 것은 단기간에 군사력을 위주로 한 물리적인 힘만을 운용하여 달성될 수 있는 목표가 아니기 때문이다. 두 번째로, 통상 힘도 없고 지지기반도 없는 상태에서 '엄청난' 목표를 달성하기 위하여 채택되는 간접전략은 이를 운용하는 전략주체의 집단적인 헌신(獻身)과 백절불굴(百折不屈)의 심리적 의지(意志)를 요구한다. 한 줌의 인원으로 공산당이라는 반도집단을 결성하여 대륙을 차지한 중국이나 월남까지 흡수한 월맹의 행적(行蹟)이 이를 대변해 주고 있다. 우세한 장개석군의 전력을 마모시키고, 국공합작이라는 이름하에 대일본연합전선을 형성하면서 국부군의 조직을 거의 무력화시켜 직접적인 무력대결인 내전을 통하여 국부군을 대만으로 몰아낸 중국 공산세력이나 막강한 미군과 싸우면서 미국민의 전의를 마모시켜 월남을 고립시키고 결국 집중적으로 군사력을 사용하여 월남을 전복시킨 월맹의 지도부 역시 '칠전팔기'(七顚八起)의 강인함과 '백절불굴'(百折不屈)의 의지로 무장되어야만 했다. 세 번째로, 간접전략의 실효성을 보장하기 위하여 강인한 의지로 무장되어야 하는 간접전략 수행집단은 상대의 '강인한 의지'를 꺾어야만 하기 때문에, 군사력을 위주로 한 힘을 집중적으로 사용하는 직접전략 수행주체와는 달리, 현실적으로 모든 폭력적, 비폭력적 수단과 평화적인 몸짓과 행위까지 가리지 않고 동원·운용한다. 물론 직접전략에서도 군사력이나 힘을 상대의 약점을 타격하는 방향에 집중적으로 사용함으로써 힘의 사용효과를 극대화할 의도하에 '실을 피하고 허를 치는'(避實而擊虛) 개념의 간접접근방식을 택하여 상대의 저항의지를 꺾으려 하나, 열세한 힘을 보유한 채 '거의 불가능한 임무'(an almost impossible mission)의 연속적인 수행을 필요로 하는 간접전략은 전략환경 변화에 걸맞는 신축적, 가변적, 임기응변적 술수(術數)와 더불어 모든 사기수(詐欺數)가 운용된다. 대일본전쟁을 위한다는 명분을 내세워 국공합작을 택한 모택동이나 구정(舊正)기간 동안 휴전하기로 합의해 놓고도 대규모 공세를 취함으로써 미군들을 '지겹게' 만들어 이들의 사기와 전의를 훼손(毁損)시키고, 월남전의 지속적 수행에 대한 미국민들의 회의를 더욱 깊게 만들어 미군의 철수를 촉진한 월맹의 술수와 사기수가 여기에 해당될 수 있다. 그러나 궁극적으로 간접전략에서도 집중적으로 사용된 군사력의 실천적 효용성은 부인되지 않고 있다. 충분하게 약화된 장개석군을 몰아내기 위하여 내전을 승리로 마감한 중공이나 미군을 철수시켜 놓고 전면공격으로 월남을 점령한 월맹은 전면적인 군사력 사용으로 간접전략 운용(運用)의 대미(大尾)를 장식함으로써 간접전략의 현재화과정에서도 군사력이 얼마나 중요한 역할을 담당하는가를 실증적으로 보여 주고 있다.

상대적으로 간접전략은 이것이 구체화되는 기간이 장기간이며, 이 과정에서 모든 폭력과 평화적인 수단까지 동원되고, 상정할 수 있는 가용 술수(術數)와 사기수(詐欺數)를 활용하여 주어진 목적을 달성한다. 그리하여 이 전략은 회담을 하면서도 타격하고(談談打打), 타격하면서도 회담을 진행시키며(打打談談), 회담을 지속하다가 이를 중단하고(談談止止), 회담을 하다가 중지하고 다시 회담을 진행하다가 중지하는(談止談止) 등의 온갖 행동을 자의적으로 취하거나, 한 상대와의 대화를 다른 상대와의 회담을 성사시키기 위한 수단으로 활용하기도 하며(用談誘談), 협정의 합의사항(1938년 뮌헨협정)이나 불가침조약(1939년 스탈린의 소련과 히틀러의 독일 간 체결) 자체를 무시함은 물론 잠시 동안의 휴전합의(1968년 越南에서의 舊正休戰)도 지키지 않는 행위를 아무 스스럼없이 택한다. 더구나 간접전략을 채택한 전략주체는 우세한 상대의 힘과 의지에서 비롯된 예봉(銳鋒)을 회피하거나 이를 악화시키는 단계와 상대의 힘과 의지가 충분히 악화되었다고 판단되는 마무리단계에서 자신이 보유한 군사력을 가장 효율적으로 사용함으로써 오히려 군사력을 직접 사용하는 직접전략의 전개과정에서보다 군사력 사용 효과를 확실하게 보장하기 위하여 총체적인 지혜를 동원한다. 이와 같이 간접전략은 직접전략에서 동원되는 모든 수단과 방법을 포괄하고 이 전략에서 상정하기 힘든 여러 차원과 종류의 수단과 방책까지를 채택·운용하여 주어진 목적을 달성하는 하나의 총체전략(總體戰略)이다.

3) 복합전략

이론적으로 직접전략과 간접전략으로 분류된 전략의 형태는 사실상 이 두가지를 동시에 포함하는 복합된 전략으로 현재화(現在化)되는 것이 통상이다. 현실에서 구체화된 복합전략은 전면적인 군사력 사용을 상정하고 간접전략에서 상정할 수 있는 방법을 동원하여 전면적인 군사력 사용효과를 확실하게 보장함으로써 목적을 달성하는 식으로 전개되기도 하며, 간접전략의 적용결과로 조성된 호의적인 전략환경의 이점을 활용하여 집약적으로 군사력을 사용함으로써 상정한 목표 달성을 완결하는 방식으로 전개되기도 한다. 그리고 전면적인 군사력이나 힘을 사용해서도 주어진 목표를 달성하기 어려울 경우에는 간접전략 개념에 의한 방법을 운용하여 상대의 대항능력과 의지를 약화시키고 내부의 소요를 조장하여 이를 더욱 약화시킨 후에 다시 군사력을 사용하는 직접전략을 구사하는 방식으로 복합전략이 구체화되기도 한다. 어떠한 형태를 취하든지 간에, 현실에서 실제로 적용·전개되는 전략은 순수하게 직접 또는 간접전략으로 분류될 수 있는 이원적 성격보다는 이 두 가지를 복합적으로 적용한 복합전략의 성격으로 현실화(現實化)된다.

중국 대륙을 장악한 수(隋)나라의 뒤를 이은 당(唐)나라도 복합전략 개념에 입각하여 고구려(高句麗)를 정복했다. 중국 내부와 서역의 평정을 마친 당 태종은 승려를 가장한 밀사를 고구려에 파견하여 고구려의 지형과 내정을 살피고 수군(隋軍)으로 참전했다가 고구려에 살고 있던 중국인들로부터 첩보를 수집하도록 하면서 고구려침공 준비를 서두르고, 수륙병진(水陸倂進)과 분진합격(分進合擊), 그리고 속전속결(速戰速決) 개념에 입각하여 고구려 원정길에 나섰다(645). 그러나 수나라의 전철(前轍)을 밟지 않으려고 요동지방의 고구려 성(城)들을 점령해 가면서 비교적 조심스런 공격작전을 수행한 당 태종은 청야입보(淸野入保) 개념으로 강화된 안시성(安市城)을 점령하지 못한 채 발길을 되돌려야만 하였다(645). 최초 고구려원정에서 대국의 위신과 체면이 손상되었다고 본 당 태종은 다시 고구려에 대한 전면공격을 감행하려 하였으나, 예하 중신들은 장기 소모전을 수행하여 고구려의 전력과 대항의지를 약화시키고, 민심을 이반시켜 고구려 내부 소요를 조장한 다음에 전면공격을 감행하는 것이 합당하다는 전략을 제시하였다. 이에 따라 당나라는 고구려의 변방에 소규모의 공격을 자주 감행함으로써 고구려 변방의 주민들이 농사일에 종사할 수 없도록 만들고 고구려의 전력을 마모시키는 작전을 수행하면서 고구려 내 분란을 조성시키려 하였다. 이러한 과정에서 당나라는 백제와 고구려의 협공을 받고 있던 신라의 구원요청을 받게 되었고, 이를 구실로 신라와 더불어 백제를 먼저 멸망시킨 후에 연개소문 사망 후 그 자식들 간의 권력투쟁으로 빚어진 고구려 내분(內紛)을 활용하여 고구려까지 멸망시키는 전략을 구사하였다.[8] 이와 같이 중국의 당나라는 전면적인 침공으로 고구려를 멸망시키려 하였으나 이것이 여의치 않자 제한적인 소모전을 강요하여 고구려 전력을 마모시키면서 민심을 흉흉하게 만들어 이를 이반시키고, 한반도 내 삼국간 대립과정에서 고립된 신라와 연합전선을 형성한 후 고구려 내 권력투쟁의 결과로 조성된 내분까지 활용하여 고구려를 역사 속으로 사라지게 만드는 복합전략을 구사하였다.

6·25전쟁(한국전쟁) 전후의 한반도에서도 복합전략이 구체화되었다. 태평양전쟁(1941-1945) 후에 한반도에 진주한 소련의 적극적인 지도와 지원을 받던 북한과 소련은 남한에 주둔하고 있던 미군을 조기에 철수시키고, 남한 내 동조세력의 도움을 받아 남한사회를 충분히 분열시키고 약화시킨 다음에 전면적인 무력침공으로 남한을 공산화시키려는 복합전략을 택했다. 이러한 전략개념에 따라 소련은 주둔군을 먼저 북한에서 철수시킴으로써 미군의 남한철수를 서두르게 만들었고, 북한군을 소련 무기와 장비로 강화시키고 북한으로 하여금 평화통일방안 등을 제안하게 함으로써 미국에게 한국군 강화 명분을 주지 않으면서 한국군의 준비태세를 허술하게 만들고, 남파공작원과 공산주의 동조자들로 하여금 남한 각 지역에서 소요를 일으키도록 하여 한국군의 분산 배치와 전력의 분산을 강요하였다. 그리고 소련과 북한은 중국 공산당의 내륙식권(1949. 10. 1)과 미국의 불개입, 소련의 핵실험 성공(1949. 8)에 따른 미국의 핵독점 종료 및 한반도가 미국의 배타적인 방

8 溫暢一, *韓民族戰爭史* (서울: 集文堂, 2001), pp. 71-135.

위선에서 제외되었다는 미국의 입장공개(1950. 1. 12)로 남한에 대한 전면적인 무력사용에 필요한 전략환경이 충분하게 조성되었다고 판단하였다. 이에 따라 소련과 북한은 북한군을 대폭적으로 강화시켜 한국군에 대해서 '절대적인 우세'(an overwhelming superiority)를 확보한 전력을 갖추게 하는 한편, 대남한 평화공세를 강화하여 침공준비와 기동을 은폐하여 전면적 무력사용의 기습효과를 보장하고 신속하게 남한을 점령함으로써, 혹시 구체화될지도 모르는, 미군의 개입 자체를 무의미하게 만들려 하였다. 소련과 북한의 기대와는 달리, 미국과 유엔의 신속한 개입은 북한의 생존 자체를 위협하였고, 중공의 개입으로 이를 막은 소련은 중공을 앞세워 한국에서의 전쟁을 전쟁 전의 상태를 회복한 채 휴전으로 마무리할 수밖에 없었다. 그러나 휴전 후의 북한은 무자비한 숙청을 통하여 북한 내 권력질서를 일원화하고 북한을 병영화한 다음에 대남(對南) 전복전(顚覆戰)을 개시하였다. 먼저 미군의 철수를 일관되게 주장하면서 한·미 간의 연합전선을 붕괴시키려는 노력을 게을리하지 않았고, 이를 위하여 남한 내 동조세력의 구축과 이들과의 통일전선 형성에 많은 노력을 기울여 왔으며, 남한사회를 혼란시켜 한국 정부의 대민신뢰를 훼손시키기 위하여 습격, 테러, 침투 등의 군사작전을 서슴지 않아 왔다. 동구권이 붕괴되면서 소련이 러시아로 변하고, 중국이 '흑묘백묘'(黑猫白猫)론에 의한 실리를 챙기면서 이전의 두 '후원국'이 '전복'대상인 남한과 국교관계를 수립하는 등 대변혁이 일어나자, 북한은 냉전 수단을 앞세운 '협박과 회유'를 통하여 '자존과 실리'를 보장 및 확보하려 하면서 아직은 남한 전복에 대한 미련을 완전하게 떨쳐 버리지 못하고 있다.[9] 이와 같이 소련의 지원과 지도를 받던 과거 북한이나 자존·자립의 기치를 내세우고 있는 현재 북한의 대남전략은 복합전략의 범주에 속한다고 볼 수 있다.

---

9 *韓民族戰爭史*, pp. 454-1046.

직접전략 개념에 입각한 전면적인 무력사용을 상정해 놓고도 능력이 갖추어지고 여건이 형성될 때까지 잠식(蠶食)의 방법에 의한 간접전략을 구사한 실례도 역사에 기록되어 있다. 게르만족의 생활권이 좁다는 이유로 '생활권'(生活圈: Lebensraum)을 확보한다는 명분을 내세워 무력사용을 역설한 히틀러의 독일이나 '대동아공영권'(大東亞公榮圈)으로 침략행위를 합리화시킨 군국주의 일본은 전면적인 무력대응 준비가 갖추어지지 않은 전략주체국인 영국, 프랑스, 미국을 상대로 잠식전술(蠶食戰術)을 통하여 세력권을 확대해 나갔다.[10] 독일의 히틀러는 자르, 라인랜드를 차지하고 오스트리아를 점령하는 일련의 잠식전술을 택하여 프랑스나 영국의 전면대응을 회피하였으며, 오스트리아를 점령하면서는 오스트리아 내 파시스트를 활용하였고, 특히 독일은 폴란드 점령(1939. 9) 이후 영국과 프랑스가 선전포고를 한 후에 실시한 노르웨이침공작전에서도 노르웨이의 군인정치가 파시스트(Vidkun Quisling)를 매수하여 내부에서 호응하도록 조치함으로써 무력사용의 효과를 확실하게 보장하였다.[11] 군국주의 일본 역시 대한제국의 병합(1910)에 이어 만주의 점령(1933), 그리고 중국의 석권 후에 인도지나(印度支那)와 화란(和蘭)령 인도네시아를 확보하려는 구상 아래 잠식에 의한 세력권의 확장을 도모하였다. 그러나 생활권의 확보와 공영권의 건설을 주장한 이들 두 전략주체는 이러한 구상을 전면적으로 거부한 미국, 영국, 소련이 구축한 연합세력이 제시한 '무조건항복'(unconditional surrender) 개념에 근거한 패배를 감수하여 독일은 동·서독으로 분할되었고, 일본은 미국의 양해하에 '승자의 몫'으로 주어졌던 한반도까지 다시 토해 내야만 하였다. 독일이나 일본이 보유한 국력과 군사력으로는 이들 국가가 전쟁을 수단으로 동원하여 달성하고자 하는 명분과 목표, 그리고 전면적 무력사용을 택한 직·간접 전략의 타당성이나 실효성을 보

10 陸軍士官學校 戰史學科, *世界戰爭史* (서울: 鳳鳴, 2001), pp. 297-302, 466-468.
11 *世界戰爭史*, pp. 320-324.

장할 수 없었다.

이와는 대조적으로 월맹은 인민해방전이라는 이름하에 월남전을 수행하면서 직·간접 전략을 구사하여 월남 정부를 전복시킬 수 있었다. 북부 월남을 근거지로 삼아 핵심세력을 월남에 파견하고, 이들과 '호지명 루트'로 연결하여 통일전선을 구축한 월맹은 월남의 베트콩의 활동영역과 범위를 확대하면서 월남 정부의 대민신뢰도를 저하시키는 각종 공작을 실시하였다. '공산주의에 대한 성전'(a crusade against communism)이라는 명분으로 월남에 개입한 미국이 군대를 파견하여 월남을 보호하려 하자 월맹은 자국의 정규병력과 베트콩의 게릴라를 투입하여 유격전과 정규전을 시행하면서 미군의 전력을 소모시키고 사기와 전의를 소진시켜 나갔다. 정글이라는 전장의 특수성을 활용하여 전선 없는 전쟁을 미군에게 강요하고, '치고 빠지는'(hit and run away)식의 유격전술을 구사하면서 때로는 1968년의 구정공세와 같은 대규모 군사작전도 불사한 월맹은 전쟁의 참상을 공개하고 월남정부의 부패상을 과장하여 미국 내의 반전여론을 더욱 자극하는 대미국민 심리전도 수행하였다. 결국 미국은 '월남전의 월남화'(Vietnamization of the Vietnam War)라는 조치와 파리회담에서의 휴전합의를 명분으로 1973년 미군을 월남에서 철수시켰다. 그러나 미국 의회의 월남에 대한 지원 거부로 월남전의 월남화는 이루어지지 못했고, 결과적으로 풍전등화(風前燈火)의 처지에 놓인 월남은 1975년 월맹군의 전면공격 앞에 무릎을 꿇고 말았다.[12] 이와 같이 주로 우세한 군사력을 동원한 전투위주로 전쟁을 수행한 미국과 미군을 상대한 월맹과 베트콩은 정규작전 수행보다는 비정규적인 전법에 기초한 간접전략을 주로 구사하여 미군의 전력을 마모시키고, 미국민의 전의까지 소멸시켜 미국과 월남의 연대를 차단한 후에 직접적인 무력사용으로 월남전을 승리로 마감

12 *世界戰爭史*, pp. 542-562.

하였다.

그러나 인접국인 이란이 혁명의 와중에 휘말려 있을 때 유프라테스, 티그리스강 하구 지역을 신속하게 점령하고 이를 기정사실화하려는 목적으로 이란을 공격한 이라크의 전략은 '가장 실패한 전쟁'으로 기록된 8년간의 전쟁의 원인이 되었고, 이 전쟁에서 입은 경제적 손실과 추락된 대내외 정치적 위상을 보상하기 위하여 이라크군이 실시한 쿠웨이트 점령과 이를 기정사실화하려는 이라크의 전략은 '걸프전'의 원인을 제공하여 이라크를 더욱 곤경에 빠지도록 함으로써 '가장 실패한 전략'의 전형이 되기도 하였다. 이라크의 정책수립과 전략구상을 독점한 후세인 대통령은 이란의 혁명열기가 그렇게 빨리 전쟁의지로 변환될 수 있다는 점을 간과하였고, 서방세계는 물론 중동의 아랍권조차 이라크의 쿠웨이트 점령을 수용할 수 없다는 사실을 읽지 못했으며, 그리하여 미국이 주도한 다국적군에 이집트, 사우디아라비아는 물론 시리아까지 참여하리라는 점을 예견하지 못했고, 이라크와 미국과의 대결에 이스라엘을 끌어들여 다국적군의 전열을 붕괴시키고 이를 '성전'(聖戰: Jihad)으로 변질시킬 수 있다고 착각(錯覺)하였으며, 미국의 공격을 지구전략으로 견뎌 내고 반격을 가하여 월남전에서의 월맹과 같이 전쟁을 승리로 마감할 수 있을 것이라고 판단하였다. 그러나 후세인과 이라크의 전략은 '바람의 전략'(wishful strategy)이었음이 드러났다.[13] 다만 후세인이 전쟁에서의 승패와는 무관하게 자신의 대내적 정치기반은 유지할 수 있다는 판단을 하였다면, 그 점은 옳았다. 미국이 지역 내에서 이란을 견제하기 위한 세력으로서 후세인이 제거된 상태의 혼란스럽고 무력화된 이라크보다는 '길들여진 후세인'이 이끄는 '통제된' 이라크가 나으며, 이라크의 정치적 리더십 문제는 이라크인들이 해결할 문제로 남겨두는 것이 아랍 민족주의를 덜 자극하는

13 *世界戰爭史*, pp. 615-679.

방책이라고 판단했을 가능성이 남아 있었기 때문이다.

걸프전에 이른 과정과 걸프전을 치르면서 구체화된 미국의 직·간접 전략은 비교적 현실적인 타당성이 있었다. 이라크와 이란의 '실패한 전쟁'을 방관하다가 양측이 중재를 '군사적인 행동을 통하여' 요청하자 유엔을 통하여 이를 중재하여 전쟁 전의 상태로 복귀시키는 선에서 전쟁을 마무리하도록 하였고, 걸프전 수행과정에서 이라크가 의도했던 모든 전략구상을 무효화시켰으며, 종전 후에도 이라크의 정책과 전략변화를 강요할 수 있는 조치를 구체화시켜 놓았기 때문이다. 그러나 이러한 미국의 실효성 있는 전략은 아랍 및 회교권의 원색주의자들에게 현실적인 좌절감을 안겨 주어 이들에게 정상적인 방법이 아닌 테러와 습격 등의 과격한 행동을 택하도록 자극한 결과를 빚어냈는지도 모를 일이다. 그리하여 미국은 이들 테러분자들(the terrorists) 및 이들이 결성한 조직과 '새로운 전쟁'(a new war)을 치러야만 하는 결코 유쾌하지 않은 입장에 처해 있다.

실로, 미국이 치르고 있는 '테러와의 전쟁'(war against terrorism)은 매우 복합적인 전략을 요구하고 있다. 미국이 치른 월남전을 전선 없는 전쟁이었다고 부른다면, 미국이 치르고 있는 대테러전쟁은 전선도 없을 뿐만 아니라 국경도 없고, 전장(戰場)도 따로 없는 전쟁인 셈이다. 월남전에서 군인과 민간인을 구별하기 힘들었다면, 대테러전쟁에서는 모든 군인과 민간인을 테러분자로 '우선' 간주할 수밖에 없는 곤혹스런 입장에서 '차원이 다른 전쟁'을 수행하지 않으면 안 되었다. 월남전에서는 전장이 숲과 나무 및 덤불로 가득 찬 정글이었지만 전사(戰士)들과는 구별되었다. 그러나 대테러전쟁에서의 전장은 모든 사람들이 생활하는 일상의 생활터전 자체가 전장(戰場)이라는 점에서 선량한 시민(市民)과 테러 분자(分子)들의 구별이 사실상 어렵게 되었다. 월남전이 유격전이고 비정규전이라고 하지만 공식적으로 끝을 맺을 수는 있었다. 그러나 대테러전은 테러분자들을 개별적으로 전부 소탕해야만 끝을 맺을 수 있고, 언제 어떤 이유로 또 다른 테러조직과 분자들이 다시 등장할지 모르는 시작도 불분명하고 끝맺음은 더욱 불확실한 전쟁이다. 대테러전쟁은 테러조직을 파괴해야 함은 물론 이들의 보급선을 차단해야 하며, 이들의 '성역'(sanctuary) 유지 자체를 불가능하게 만들어야 하기 때문에 모든 분야(정치, 외교, 경제, 사회, 군사, 심리 등)에 걸쳐서 전 지구적인 차원에서의 '전면전'을 수행해야만 할 필요성을 지니고 있다. 따라서 대테러전쟁은 시간적으로나 분야별 혹은 지역적으로 제한을 둘 수 없으며, 수단면에서도 군사적, 비군사적 성격의 구분 없이 필요에 따라 동원·운용되어야 하고, 정상적인 또는 비정상적인 방법을 총망라한 '복합적인 전략'을 매우 '복합적으로' 운용해야 하는 '새로운 전쟁'으로서 전략수행 주체들의 복합전략 구상(構想)과 구사(驅使) 능력을 시험하고 있는 새로운 도전인 셈이다.

6. 전략의 역사적 실제

전쟁에 동원될 수 있는 무기체계의 하나인 핵무기체계가 전쟁의 본질을 혁명적으로 변화시킨 현대 이전, 다른 말로 표현하여 고대, 중세, 근대의 전략은 전쟁을 승리로 마감한다는 것을 목표로 정하고 주로 전장(戰場)에서 구체화되었다. 고대에서 근대에 이르는 기간 동안 전략주체들은 그들이 수립한 정책, 이념, 그리고 종교적 차원의 목적을 달성하기 위한 수단으로서 흔히 전쟁을 동원하였으며, 그렇기 때문에 이를 승리로 마감하여 상대에게 자신들의 의지를 강요하는 것을 전략의 목표로 삼는 것을 당연한 순리로 받아들였다. 그리하여 이들 전략주체들은 전쟁준비와 수행과정에서 온갖 정법(正法)과 궤도(詭道), 그리고 기계(奇計)를 구사하였으며, 대형(隊形)과 진형(陣形)의 변형(變形), 기동과 집중을 통한 새로운 전법의 운용, 그리고 인적·물적 자원을 총 동원한 총력전(總力戰)의 수행 등을 통하여 이를 가시화하였다. 특히 유럽적인 관점에서 전략의 효용성이 상실되었다고 보는 양차 세계대전에서도 서구 연합국들이 전쟁을 승리로 마감함으로써 신흥 국가주의나 군국주의의 횡포를 차단할 수 있었다는 점에서 전쟁의 승리는 전략이 절대적으로 확보해야 할 결과였다. 이와 같이 고대에서 근대에 이르는 기간에 전략은 전쟁에서 승리를 확보하는 것을 목표로 전개되었다.

1) 고대 전략

그리스, 마케도니아, 그리고 로마로 이어지는 고대 서양의 전쟁사는 고대 전략의 개념과 실제가 어떻게 현실화되었는가를 내포하고 있다. 고대에는 전략주체가 영토나 세력권의 확장수단으로 전쟁을 동원하였으며, 한 전투가 전쟁의 결과를 좌우할 수도 있었으나 계속적인 전투수행을 강요당하여 전략수행 주체의 존폐와 존재방식을 바꾸어 놓기도 하였다. 그 결과 그리스 남부지역에서 주도권 쟁탈전을 벌였던 도시국가인 아테네와 스파르타는 그리스 중부지역의 테베인에게 패자(覇者)의 자리를 인계해야만 하였고, 테베는 다시 그리스 북부지역의 마케도니아인에게 패권(覇權)을 넘겨주어야 했다. 알렉산더가 이끌던 마케도니아군은 페르시아, 팔레스타인 지역을 비롯한 동방원정을 실시하여 인더스강 유역까지 진출하였으나 자체 역량의 한계를 극복하지 못한 채 역사 속으로 사라지고 말았다. 이탈리아 반도에서 출현한 로마는 그리스는 물론 지중해 지역의 패권을 장악하고 유럽 지역까지 진출하여 대제국을 건설하기도 하였다. 이와 같이 고대 서양사회의 패권(覇權)을 주고받는 과정에서 다양한 모습을 지닌 패권국(覇權國)의 명장(名將)들은 고대 전략의 개념과 정수(精髓)를 기록해 놓은 주역들이 되었다.

서양의 고대 전투는 창과 칼 그리고 방패로 무장한 보병집단과 이들의 측·후방을 보호 또는 공격하는 보조역할을 수행한 기병들에 의해서 치러졌다. 이들 보병집단은 시대에 따라 여러 가지 모습으로 구체화되었다. 그리스시대에는 3.6m의 창과 갑옷 및 방패로 중무장된 보병이 종심 12열로 정열한 방진(方陣: Phalanx)으로 전투대형을 형성하였고, 그리스의 뒤를 이은 마케도니아는 길이가 4.2m로 길어진 창(Sarissa)으로 무장된 보병들로 16열의 종심을 가진 방진(Macedonian Phalanx)을 형성하여 방진의 충격효과를 증진시키려 하였다. 지중해 지역의 패권을 장악한 로마도 그리스와 마케도니아 방진에 기초한 보병 집단을 유지하였으나 전기(戰技)가 향상된 개개인 병사들의 활동영역을 확대한 독특한 전술대형(Legion)을 창안(創案)해 냈다. 로마군단으로 알려진 이 전술대형은 '팔랑크스 리전'(Phalanx Legion, up to 300 BC, 3,000명의 보병: 6열 종대, 500명 횡대, 300명의 기병), '머니퓰러 리전'(Manipular Legion, 300-100 BC, 4,200명의 보병: 120명으로 구성된 1 Maniple—2 Century—을 기본단위로 편성됨. 300명의 기병), 그리고 '코호틀 리전'(Cohortal Legion, 100 BC-Thru Imperial Rome, 6,000명의 보병: 1 Cohort—600명: 3 Maniple—6 Century—을 기본단위로 편성됨. 기병은 없음)으로 현실화되었다. 최초로 등장한 팔랑크스 리전은 그리스 팔랑크스와 같은 밀집대형의 보병과 자신의 측방은 보호하면서 상대의 측방을 위협할 목적으로 기병을 운용한 전투대형이었으나 대규모 보병집단의 지휘·통제가 어렵고 지형적 조건에 맞는 융통성 있는 운용이 쉽지 않은 단점을 지니고 있었다. 이러한 문제점을 해소하기 위하여 고안된 머니퓰러 리전은 120명으로 구성된 매니플을 기본으로 편성되어 지휘·통제와 융통성 있는 대형의 운용은 가능하였으나 전투 중에 매니플 사이의 간격이 돌파되는 새로운 문제점이 드러나게 되었다. 그 후 로마제정시대에 현실화된 코호틀 리전은 600명으로 구성된 코호트를 기본단위로 편성하여 대형의 중후함과 융통성을 동시에 유지하려 하였으나 측·후방 보호와 상대 측·후방 공격을 위한 기병을 편성하지 않아 기동성 있는 기병공격에 대한 적극적인 대비책이 부족하였다. 여러 가지 대형의 장단점에도 불구하고 그리스에서 로마에 이르는 서양의 고대 전략은 전투를 지휘한 장수들이 다양한 전술대형을 병력의 상대적 우열(優劣)과 작전지형의 특성에 맞추어 여러 가지로 운용하여 전장(戰場)에서 구체화되었다.[1]

---

1 *世界戰爭史*, pp. 25-51.

서양 고대 명장들이 보여 준 전술대형의 운용방법도 매우 다양했다. 병력을 집중시키는 방식의 하나로 대형의 중앙병력을 차출하여 양익을 강화하고 상대가 약화된 중앙으로 병력을 집중하는 동안 상대의 양 측방을 공격하여 승리를 확보하기도 하였고(Battle of Marathon, Greeks vs. Persians, 490 BC), 상대의 우익을 분쇄하여 승리를 쟁취할 목적으로 중앙과 우익에서 병력을 차출하여 좌익을 강화하고 약화된 중앙과 우익이 돌파되지 않도록 중앙과 우익을 상대로부터 거리상으로 이격시켜 사선(斜線)대형을 형성함으로써 승리를 거두기도 하였다(Battle of Leuctra, Thebans vs. Spartans, 371 BC). 마케도니아의 알렉산더(Alexander the Great, 356-323 BC)는 거의 자의적(恣意的)으로 전술대형을 운용하였다. 알렉산더는 열세한 병력으로 우익을 강화하기 위하여 사선대형을 형성하여 상대의 좌익을 강타함으로써 승리를 쟁취하기도 하였으며(Battle of Issus, Alexander vs. Persians, 333 BC), 기병과 보병으로 자신의 양 측방을 완벽하게 보호한 다음에 상대의 중앙 간격으로 병력을 집중하여 전투를 승리로 마감하기도 하였고(Battle of Arbela, Alexander vs. Persians, 331 BC), 특히 인더스강 지류인 히다스페스강을 사이에 두고 대치하고 있던 인도군을 상대한 알렉산더는 눈앞의 인도군 주력을 고착시키기 위하여 도하를 실시하는 것처럼 양동(陽動)작전을 실시하면서 기상이 좋지 않은 시기를 택하여 주력(主力)을 강 상류에서 도하하도록 하여 인도군의 우 측·후방을 위협함으로써 인도군을 격파하기도 하였다(Battle of the Hydaspes, Alexander vs. Porus, 326 BC).

이탈리아로 진격하여 로마군을 상대한 카르타고의 한니발(Hannibal, 249-183 BC)도 융통성 있는 전술대형의 변용과 재치 있는 기병의 운용으로 로마군의 자존심을 크게 손상시키기도 했다. 이탈리아 북부 트레비아(Trebia)강이 포(Po)강과 합류되는 지역에서 한니발은 기병으로 로마군의 양 측방과 후방을 공격하여 그들의 전열을 와해시키는 전법으로 승리를 거두었고(Battle of the Trebia, 218 BC), 뒤를 이어 경계를 소홀히 한 채 호수(Lake Trasimene)를 끼고 종대로 이동하던 로마군을 후방에 기병, 전방과 측방 고지에는 보병을 투입하여 이들을 공격함으로써 또 한 번의 승리를 거두었다(Battle of Lake Trasimene, 217 BC).[2] 두 차례에 걸쳐 한니발군에게 패배를 당한 로마는 새로운 집정관 파비우스(Quintius Fabius)를 임명하여 한니발군과 상대하도록 하였다. 파비우스는 한니발군과의 대규모 접전을 피하면서 지구전을 펼쳐 한니발군의 전력과 전의를 마모시키려는 지연 및 교란작전을 통한 마모전략(磨耗戰略)을 택하였다. 그러나 정면공격과 승부에 익숙해 있던 로마는 이러한 전략에 불만을 표시하여 파비우스는 두 명의 집정관(신중한 Amilius Paulus, 저돌적인 Terrentius Varro)으로 교체되었고, 이들은 하루씩 교대로 로마군을 지휘하였다. 시간이 경과할수록 상황이 불리하다는 점을 인식한 한니발은 바로가 로마군을 지휘하는 날 로마군과 결전을 벌이기로 작정하고 예비기동을 실시하여 로마군과 대치한 후 중앙병력을 약화시키고 자신이 직접 이들을 지휘하면서 로마군을 유인하였다. 중앙이 약화된 한니발군을 발견한 바로는 한니발군의 중앙을 돌파하여 이를 양분함으로써 결정적인 승리를 쟁취하려고 로마군의 종심까지 강화하면서 공격을 감행하였다. 그러나 로마군 병사들은 변형된 대형을 갖추느라 혼란에 빠졌고, 밀집된 대형하에 각개 병사들은 각개 전투는커녕 움직이기조차 힘든 지경이 되었다. 이때 한니발은 기병으로 로마군의 측·후방을 공격하면서 강화된 양측 보병으로 로마군의 양익을 포위공격하고, 로마군을 유인하던 중앙군까지 공격에 합세시켜 '자루 속에 갇힌 셈이 된' 로마군에게 치명적인 피해를 입혀 섬멸전(殲滅戰)의 전례를 기록하였다(Battle of Cannae, 216 BC).[3] 참패를 당한 로마는 다시 한니발의 전력을 마모시키는 전략을

2 Department of Military Art and Engineering, US Military Academy, *Summaries of Selected Military Campaigns* (West Point, New York, 1953), p. 6.

택하여 한니발군을 이탈리아에서 구축하고, 카르타고를 직접 공격하여 승리를 거둠으로써(Battle of Zama, 202 BC) 카르타고와의 지중해 쟁탈전(the Punic Wars: 1st, 264-241 and 2nd 218-201 BC)을 승리로 마무리하였다.[4]

지중해 전역을 장악한 로마가 유럽 대륙으로 세력을 확장해 가는 과정에서 시저(Gaius Julius Caesar, 100-44 BC)라는 명장이 등장하였다. 로마 내 자신의 정치적인 위상을 제고시키기 위하여 골(Gaul) 지방의 정복전을 개시한 시저는 로마군의 사기를 고양시키고, 이들의 안전과 보상을 보장하면서 원정군이 필요한 축성술(築城術), 공성술(攻城術)을 고안하고 신속하면서도 신중한 기동전(機動戰) 및 치밀한 정보전(情報戰)을 수행하였다. 정치적 위상이 고양된 시저에 맞서 구축된 폼페이(Pompeii) 연합군을 격파하기 위하여 이탈리아 북부 루비콘(Rubicon)강을 건넌(December 16, 50 BC) 시저는 2개월 만에 폼페이를 축출하고 이탈리아를 장악하였다. 폼페이의 근거지인 스페인에서 폼페이의 연합군을 패배시킨 시저는 그리스로 망명한 폼페이군을 맞아 초전의 패배를 극복하고, 초전의 승리감에 젖어 결전을 회피하는 폼페이군을 평야지역으로 유인하기 위한 기동을 실시하여 폼페이군이 견고한 진지를 버리고 대전하도록 강요한 다음, 소수의 병력으로 수적으로 우세한 폼페이군에 대해서 정면공격을 실시하였다. 상대적으로 강한 기병을 보유한 폼페이군은 기병으로 시저군의 우익(右翼)을 강타하려 하였다. 시저군의 우측을 공격한 폼페이군 기병은 열세한 시저군의 기병을 후퇴시키고 시저군의 후방을 위협하였다. 이에 시저는 보병 6개 대대로 기병을 증원하여 폼페이군 기병의 후방진출을 차단하고 여세를

---

3 *Summaries of Selected Military Campaigns*, p. 7; *世界戰爭史*, pp. 38-44.

4 Hermann Kinder and Werner Hilgemann, *The Anchor Atlas of World History, Vol. 1: From the Stone Age to the Eve of the French Revolution*, trans., by Ernest A. Menze (Garden City, New York: Anchor Books, 1974), pp. 80-83.

몰아 폼페이군의 좌익을 공격하도록 하고, 예비로 확보한 3전열(戰列)을 투입하여 포위된 폼페이군을 강타하였다. 시저는 패퇴한 폼페이군을 과감하게 추격하여 이들을 섬멸하고, 기병 30여 명과 이집트로 망명한 폼페이마저 암살하여 승리를 완결하였다(Battle of Pharsalus, 48 BC).[5] 230여 명의 전사자를 낸 손실로 15,000여 명의 폼페이군을 사상(死傷)케 하고 24,000여 명의 포로를 획득한 시저는 정치적으로는 내전을 종식하고 독재권을 확립한 반면, 군사적으로는 그 자신을 고대 명장의 반열에 올려 놓는 결과를 기록하였다.

고대 서양의 명장들은 병력의 열세를 극복하고 국지적인 병력의 우세를 확보하여 전투를 승리로 마감하기 위하여 자신들이 지휘하는 군대의 전투대형을 변경하거나 상대 대형의 변형을 강요하는 방법으로 기동 및 기만책을 강구하였다. 그들은 자신들이 지휘하는 병력대형의 중앙을 가시적으로 약화시켜 상대를 유인하고 여기에서 절약된 병력으로 양익을 강화하여 상대의 양 측방을 공격하기도 하였고, 비교적 강한 상대의 우익을 공격하기 위하여 중앙과 우익에서 병력을 차출하여 자기 전투대형의 좌익을 강화하고 약화된 중앙과 우익은 상대와의 대치거리를 이격(離隔)시켜 사선진대형(斜線陣隊形)을 취함으로써 강화된 좌익이 상대의 우익을 격파하기 전에 자신들의 중앙과 우익이 먼저 격파되는 상황의 전개를 방지하려 하였다. 이들은 기동하는 종대대형의 측방을 공격하기도 하였고, 상대의 양익을 공격하는 양공을 실시하여 이로써 약화된 상대의 중앙을 돌파하기도 하였으며, 강을 사이에 두고 대치하면서 도하공격을 가장한 양동을 실시하여 상대를 강안(江岸)에 고착시킨 후에 주력은 강 상류지역을 도하하여 상대의 측·후방을 공격하고 상대가 전열을 바꾸도록 강요하면서 유리한 입장에서 전투를 수행하기도 하였다. 그리고 로마의 시저와 같이, 3개의 전열 중 2

---

5 *Summaries of Selected Military Campaigns*, p. 8; *世界戰爭史*, pp. 44-51.

개 전열을 먼저 공격시키고 나머지 1개의 전열을 예비로 확보하여 측·후방 보호를 위한 증원과 같은 임무를 수행한 후에 공격에 가담시켜 공격기세를 드높이는 공격방식을 취하기도 하였다. 그리고 상대의 전력을 마모시키기 위한 지구(遲久) 및 회피(回避) 전략도 동원되었다. 이와 같이 서양의 고대 명장들은 주로 전투대형을 변화시켜 전력의 열세를 극복하고 상대를 공격하여 전투에서 승리를 쟁취하는 전략을 구사하였다.

동양의 고대 병법가와 장수들은 전투대형의 변화는 물론 온갖 정도(正道)와 궤도(詭道)를 동원하여 융통성 있는 방법으로 전쟁을 수행하려 하였다.

동양, 특히 고대 중국(中國)에서의 전략은 국가적 차원의 정략(政略)과 밀접한 연관을 맺으면서 현실화되었다. 중국 고대 병법서(兵法書)인 『육도(六韜)』『삼략(三略)』의 저자로 알려지고, 기원전 12세기경에 주(周)왕조의 창건에 지대한 공헌을 한 강태공(姜太公: 太公望, 呂尙)은 은(殷)왕조를 멸망시키기 위하여 고도한 전략을 구사하였다. 먼저 타도해야 할 은왕조의 폭군 주(紂)왕을 안심시키기 위하여 서백후(西伯侯: 후에 주 문왕)로 하여금 충성을 맹세하도록 하고, 은왕조를 고립시키면서 민심을 얻는 데 주력하는 한편, 군사력을 강화하여 필요시에 이를 사용할 수 있도록 하였다. 주왕조가 쇠잔해지면서 펼쳐진 춘추전국시대(기원전 8-3세기)에서 각 제후국 간의 관계는 약육강식(弱肉强食)의 적나라한 현실논리에 의해서만 의미를 가지게 되었고, 이러한 상황전개로 국가적 생존을 위하여 온갖 지혜가 동원될 필요가 있었으며, 이러한 현실적인 필요성은 제자백가(諸子百家)들의 출현을 부추겼고, 병법가(兵法家)들 역시 병가(兵家)라는 이름으로 모습을 나타내기에 이르렀다. 이들 병법가들의 전략은 이들을 등용한 제후들에 의해서 현실로 구체화되었으며, 그 결과에 따라 제후국들의 흥망성쇠(興亡盛衰)가 결정되기도 하였다. 이들 병법가들 중에 오(吳)나라를 도운 손무

(孫武), 제(齊)나라의 사마양저(司馬穰苴)와 손빈(孫臏), 위(魏)나라의 오기(吳起) 등이 두드러진 인물들로서 이들이 구사한 전략(戰略)은 정략(政略)과 밀접한 연관을 맺고 있었으며, 그 이론적 타당성이나 실천적 효용성은 오늘에 이르기까지 전혀 퇴색(退色)되지 않은 채 남아 있다.[6]

춘추시대(기원전 770-403)와 전국시대(기원전 403-221)를 통하여 병가의 대표로 꼽을 수 있는 사마양저, 손무, 손빈, 오기 등은 중국 고대 전략의 이론과 실제의 정수(精髓)가 무엇인가를 행적(行蹟)으로 남겨 놓았다. 출정에 앞서 대부(大夫)라는 벼슬의 위세로 약속시간을 지키지 않은 고문(莊賈)을 참수에 처하여 군기의 엄정함을 밝히고 병사들과, 그것도 신약(身弱)자들과 같은 급식으로 식사를 함으로써 병사들의 사기를 드높인 제나라의 사마양저(司馬穰苴)와, "병사들은 앞에 있는 적보다 뒤에 있는 지휘관이 더 무서워야 앞으로 진격한다"는 입장을 취하면서도 등창으로 고생하던 병사들 종기의 피고름을 자신의 입으로 빨아 낸 대장군 오기(吳起)는 군대의 강한 전투력을 유지하는 데 엄한 군기와 높은 사기가 얼마나 중요한가를 이론과 행동으로 정립하고 이를 바탕으로 승리를 쟁취한 장수들이었다. 전쟁은 국가의 존폐를 결정짓는 중요한 대사인 만큼 이의 대비와 수행준비에 대해서 면밀하게 살펴보지 않을 수 없다는 차원에서 전쟁의 본질을 파악하고, "백번 싸워 백번 이기는 것이 최선이 아니요, 싸우지 않고 상대를 굴복시키는 것이 최선이다(百戰百勝 非善之善者也 不戰而屈人之兵 善之善者也)"라는 개념하에 '신속한 전쟁수행[兵聞拙速]'의 중요성을 강조한 손무(孫武)는 전쟁을 어떻게 준비하고 이를 어떻게 수행하는가에 대해서 군주의 도(道)에서부터 간첩(間諜)의 운용(運用)에 이르기까지 어느 것 하나 빼놓지 않고 주도면밀하게 분석하였다.[7] 손무는 실제 오나라를 도와 초나라를 패배시키는 데 주역을 담당하기도 하였다.

---

6 陸軍本部 軍事硏究室, *東洋古代戰略思想* (1987), pp. 17-26.
7 *武經七書 (孫子 十家註)* 참조.

손무의 후손인 손빈(孫臏) 역시 병법에 밝은 전략가였으나 그로 인해 파란의 생애를 감수해야만 했다. 위(魏) 혜왕(기원전 369-319)에게 등용되어 장군이 된 방연(龐涓)은 병법(兵法)에 있어서 그와 동문수학(同門受學)하던 손빈만 없애면 자신이 최고가 될 수 있다는 판단하에 손빈을 완전하게 매장시킬 심산으로 그를 초청해 놓고 제나라의 간첩으로 몰아 참형에 처하는 형벌을 받도록 만들었다. 그러나 손빈은 친구를 봐주는 척하는 방연의 주선으로 참형 대신 양 다리가 잘리고 얼굴에 문신까지 새겨지는 형벌을 받는 수모를 감내(堪耐)할 수밖에 없었으며, '목숨을 구해 준 친구'인 방연에게 감사한 마음을 표시하고 방연이 '의도적으로' 안겨 준 여인과 술 속에서 방탕한 생활을 즐기는 척하며 탈출의 기회를 엿보았다. 그러던 어느 날, 위나라를 방문한 제나라 사신에게 간청하여 그와 함께 위나라를 탈출한 후에 제(齊)나라의 군사(軍師)가 되어 방연이 지휘하던 위(魏)군의 침공을 받은 한(韓)나라를 돕기 위한 작전에 참가하였다. 방연의 목숨을 빼앗아 반 토막이 된 두 다리의 상흔이나마 달래려는 각오를 다진 손빈은 한나라로 향하지 않고 병력을 몰아 위나라 수도를 직공(直攻)하여 방연의 위군으로 하여금 한나라에서 철수하지 않을 수 없게 만들고, 위 수도로 진격한 제(齊)군까지 공격하도록 유인하였다. 손빈은 예로부터 제나라 군대가 겁이 많다고 소문난 점을 활용하여 방연을 사살하려 하였다. 그리하여 손빈은 제군 숙영지의 아궁이 수를 오늘은 10만, 다음 날에는 5만, 그리고 그 다음 날에는 3만으로 줄이면서 병력을 철수시켰다. 제나라 병력이 숙영한 지역을 돌아본 방연은 3일 동안 7만이나 되는 제나라 병사들이 도망간 사실을 확인한 다음, 주력을 뒤로 남긴 채 소수의 정예 병력만을 이끌고, 이번에는 손빈을 아예 없애 버릴 각오를 다지면서, 제군을 추격하였다. 방연이 직접 지휘한 추격부대의 진격속도를 계산한 손빈은 마릉(馬陵)의 협곡 길가의 큰 소나무 껍질을 벗겨 "방연 이 나무 아래서 죽다(龐涓死此樹下)"라고 써 놓고, 나무 좌우에 활의 명사수들을 매복시켜 놓은 다음 저녁에 횃불이 보이면 그 불빛을 향해 일제히 활을 쏘도록 명령하였다. 그날 밤, 그곳에 다다른 방연은 흰 나무줄기에 무엇인가 쓰여 있는 것을 확인하고 부하들에게 횃불을 밝히게 한 다음 글귀를 읽어 내려갔으나 글귀를 다 읽기 전에 비 오듯 날아오는 1만여 화살에 맞아 "아! 그 병신 놈의 이름을 천하에 떨치게 해주었구나" 하는 신음소리와 함께 숨을 거두었다. 마릉전투(기원전 341)의 결과 위군은 전멸되었으며, 태자(申)까지 포로신세가 되었으나 방연의 신음소리대로 손빈의 이름과 그의 병법은 오늘날까지 전해지고 있다.[8]

이와 같이 춘추전국시대의 대표적인 병법가들은 전쟁과 전투 수행의 준비와 수행에 대한 이론과 실제를 행적으로 남겨 놓았다.

특히 많은 제후국들이 각축하던 춘추시대에 이어 전개된 전국시대에는 제후국들의 이합집산(離合集散) 과정에서 구체화된 정략(政略) 및 전략(戰略)과 연관하여 몇 가지 특징을 가지고 있었다. 춘추 초기에 출현한 200여 개의 제후국은 전국시대 초기에 20여 개, 그리고 7개국(戰國七雄: 秦, 楚, 燕, 齊, 韓, 魏, 趙)으로 압축되었으며, 이들 제후국 간 적자생존(適者生存)의 법칙에 의한 약육강식(弱肉强食)의 각축전은 진(秦)이 중국을 통일할(기원전 221) 때까지 지속되었다. 이 과정에서 정략(政略)적 차원의 합종(合縱)과 연횡(連衡)이 구체화되었고, 제후국 간 관계설정 수단으로 전쟁이 동원되어 다양한 전략(戰略)이 현실화되었다. 두 번째로, 기술의 발달로 농업생산성이 향상되었고, 창과 칼 등 각종 무기가 청동(靑銅)에서 철(鐵)로 바뀌어 살상률이 높아졌으며, 사정거리가 길어진 무기인 활(弓)의 출현으로 병차(兵車) 중심의 밀집대형(密集隊形) 전투방식에서 보병(步兵) 위주의 산개대형(散開隊形) 방식으로 전투가 수행되었고, 전쟁의 기간 및 규모 역시 단기결전(短期決戰)에서 장기총력전(長期總力戰)의 양상으로 변화되었다. 그리하여 춘

---

8 司馬遷, *史記*, 李英茂 譯, *理想의 맥박*, pp. 103-112; *東洋古代戰略思想*, pp. 28-48.

추시대의 대표적인 전투의 하나인 성복(城濮)전투(기원전 632)에서 진(晋)과 초(楚)가 2, 3만여 명을 동원하여 하루 만에 승패를 판가름낸 것과는 대조적으로, 전국시대 진(秦)이 조(趙)의 수도 한단(邯鄲)을 점령하기 위하여 벌인 장평(長平)의 싸움(기원전 260)에는 백만의 병력이 동원되었으며 한단 공방전도 3년간이나 지속되었다. 세 번째로, 국가 총력전으로 변모된 전쟁에 대비하고 이를 치르기 위하여 제후국들은 부국강병(富國强兵)을 국가정책으로 삼고 이를 뒷받침하기 위하여 관료제도를 정착시켜 중앙집권체제를 강화하고 국민개병제를 통하여 국가의 모든 가용자원을 동원하였다. 그 결과 능력 있는 식객(食客)들 중에서 전국시대를 움직이는 대정치가나 장수가 배출되는 경우가 적지 않았다.[9] 이와 같이 전국시대의 제후국 간에는 약육강식의 논리하에 온갖 정략(政略)과 책략(策略)이 동원되었으며, 그 수단의 하나로 동원된 총력전 양상의 전쟁을 승리로 마감하기 위해서도 모든 모략(謀略)과 전략(戰略)이 구사(驅使)되었다.

진(秦)과 조(趙)나라 간에 치러진 장평전투(長平戰鬪, 기원전 260)는 전투수행에 동원되는 수단이 총・칼만이 아니라는 점을 확실하게 기록해 놓았다. 장평전투는 진나라의 장수 백기(白起)와 조나라의 명장 조사(趙奢)의 아들 조괄(趙括)이 벌인 대결이었다. 진나라 소왕(昭王)에 의하여 발탁된 백기는 한(韓), 위(魏), 조(趙), 초(楚)나라 등을 공격하고 이들 나라의 영토를 탈취하여 무안군(武安君)이라는 작위까지 수여받았다. 진나라는 한나라의 난민을 구제했다는 이유를 들어 조나라를 공격하였다. 조나라도 염파(廉頗)를 장군으로 출진시켜 진나라 군과 겨루었으나 곧 패배하였기 때문에 수비를 강화하고 방어에 주력하였다. 초조해진 진나라는 첩자를 조나라에 보내 "진나라가 두려워하고 있는 장수는 조사의 아들 조괄뿐이다"라는 말을 조나라 왕에게 전하도

9 司馬遷, *史記*, 李英茂 譯, *2: 亂世의 슬기* (小說文學社, 1986), pp. 19-28.

록 하였다. 조 왕은, 중신 인상여(藺相如)의 반대를 무릅쓰고, 염파를 해임한 다음 조괄을 장군으로 임명하였다. 세상을 떠난 명장 조사의 아들 조괄은 어릴 때부터 병법을 좋아했고, 군사(軍事)에 있어서는 자신이 제일이라는 '자만심'을 지니고 있었으나 그의 부친 조사는 '입으로만 병법을 논하는 자식'을 신뢰하기보다는 그가 장군이 될 경우에 "반드시 군사를 파멸시킬 위험성이 있다"는 점을 부인에게 말하곤 했다. 출진의 명령을 받은 날로부터 가사(家事)를 돌보지 않고, 평소에도 상금은 모두 부하들에게 나누어 주던 남편과는 달리 하사받은 금으로 집이나 땅을 사며 허세를 부리는 자식을 바라본 조괄의 어머니는 자식의 장군임명을 취소해 줄 것을 왕에게 간청하였으나 왕은 이를 거절하였다. 이에 조괄의 어머니는 "자식이 임무를 감당하지 못하더라도 어미를 책망하지 않겠다"는 부탁을 하였고, 왕은 이를 받아들였다. 장군으로 부임한 조괄은 군율을 전면적으로 바꾸고 대폭적인 인사를 단행하였다. 때가 왔다고 판단한 진나라 백기는 진군이 패주하는 것처럼 가장했다가 조군의 병참선을 차단하였다. 둘로 분리된 조군의 군량은 40여 일 만에 바닥이 드러났고, 이를 타개하기 위하여 주력부대를 이끌고 돌격을 감행한 조괄이 전공도 없이 전사하자 40만에 이르는 조군은 항복하기에 이르렀다. 진나라의 백기는 어린 병사 240여 명을 제외하고 항복한 조나라 병사들을 생매장해 버렸다. 이로써 조나라는 45만 명에 이르는 병력을 잃고 말았다. 진군과의 정면대결이 불가능하다고 판단한 조나라는 다른 방책을 강구하였다. 조나라는 소대(蘇代, 合縱策으로 유명한 蘇秦의 동생)에게 후한 뇌물을 지참시켜 진나라의 재상 응후(應侯)를 설득하였다. 조나라가 망하면 진 왕은 천자(天子)가 되고 무안군(武安君)의 위치가 격상되어 응후(應侯)가 그 아래서 일을 할 수 밖에 없게 될 것이 뻔한 이치이기 때문에 백기에게 더 이상 공을 세우지 못하게 하는 것이 상책(上策)이라는 점을 지적하였다. 이에 응후는 진 왕에게 진나라 병사들이 피로한 상태임을 들어 6개의 도읍을 양도 받고 한·조의 화의를 수락하도록 간청하였다. 철수명령을 받은 백기는 응후의 농간이라고 판단하여 그에게 반감을 가졌으나 병력을 철수시킬 수밖에 없었다. 그 후 진나라는 다시 조나라 수도 한단을 점령하기 위하여 조나라를 공격했으나 실패했다. 진 왕은 백기를 전선에 내보내려 하였으나 장평전투에서 병력을 반 이상이나 잃은 상태에서 한단공격을 계속하면 다른 제후국 군이 조군의 편에 서서 진(秦)을 공격해 올 경우에 속수무책이라는 점을 들어 한단공격을 중단해야 한다는 백기의 고집을 꺾지 못했다. 화가 치민 진 왕은 무안군이라는 백기의 직위를 박탈하고 병졸의 신분으로 그를 벽지(僻地)로 추방하였으나 진 왕에게 노골적으로 불만을 토로하며 병을 앓고 있던 백기에게 칼을 보내어 자결하도록 명령하였다. 칼을 받아 들고 "내가 하늘에 대해서 무슨 죄를 지었는가" 하고 혼잣말로 중얼거리던 백기는 "아니다. … 장평의 싸움에서 항복한 조나라 병사 수십 만을 계교로써 생매장한 것은 바로 내가 저지른 짓이 아니었던가" 하며 미련 없이 자진하였다(기원전 257).[10] 이로써 장평전투의 승자(勝者)와 패자(敗者) 모두 망자(亡者)가 되었다. 실로, 장평전투(260 BC)는 전투대형의 변형을 통한 병력의 절약과 집중이나 검·창만으로 싸운 전투가 아니었다.

유방(劉邦)을 보좌하여 한(漢)나라를 세운 장수 한신(韓信)은 당시까지 전수된 병법과 전략을 실전에서 구체화한 전략가였다. 한신은 정략(政略)을 수립한 장량(張良), 인적·물적 동원을 위한 내치(內治)와 실제 지원(支援)을 실시한 소하(蕭何)와 더불어 백만대군을 지휘하여 승리를 쟁취하고 목표를 달성한 지휘관으로서 한(漢)을 세운 병법가였다. 한신은 황하(黃河)를 사이에 두고 대치하고 있던 위(魏)군 주력을 양동작전으로 고착시킨 다음에 북쪽에서 한(漢)군 주력을 도하시켜 위군 본영을 공격함으로써 위(魏) 왕을 사로잡기도 하였으며, 20만이 넘

10 *前揭書*, pp. 163-176.

는 조(趙)군으로 하여금 '오합지졸'(烏合之卒)에 가까운 1만여 병력으로 배수진(背水陣)을 치도록 하여 조군이 성채(城砦)까지 비워 둔 채 이를 공격하도록 유인하고, 본대는 조군의 성채 자체를 공격하고 이를 점령하도록 함으로써 3만의 군사로 20만의 조군을 격파하기도 하였다. 유수(濰水)를 사이에 두고 20만이 넘는 제(齊)·초(楚) 연합군과 대치한 한신은 1만여 개의 모래주머니로 유수 상류를 막은 후에 물살이 얕아진 틈을 이용하여 일군(一群)의 병력으로 강을 도하하여 제·초군을 공격하였다. 적전(敵前)도하를 감행하던 한신군 병력이 반절만 도하를 완료하여 도하작전 시의 약점이 그대로 노출된 상태가 되었다. 이를 바라본 초의 장수 용차(龍且)는 "한신이란 놈은 병법이 무엇인지 전혀 모르고 있구만" 하면서 한신군을 즉시 공격하였다. 한신은 싸우는 척하면서 후퇴하였고, 이를 본 용차는 한신군을 맹렬히 추격하였다. 이때 한신은 병사를 시켜 모래둑을 허물어 버렸다. 강물이 불어나 후속하던 초군은 도하를 할 수 없게 되어 이번에는 제·초 연합군이 양분되었다. 한신은 먼저 도하한 초군을 공격하여 용차를 사살하고, 제군을 맹추격하여 제(齊) 왕을 생포하면서 2개월 만에 제나라를 장악하였다. 해하(垓下)전투에서 항우(項羽)군을 유인하여 이들의 양 측방을 공격함으로써 유방과 항우의 대결전(大決戰)을 마감하고 한(漢)왕조를 세운 공신이 된 한신은 대전략가의 면모를 여실히 드러냈다. 그러나 이러한 한신도 토사구팽(兎死狗烹)의 정치논리를 극복할 수는 없었다.[11]

전한(前漢)과 후한(後漢)으로 나누어지긴 하였으나 400여 년간 지속된 한왕조가 멸망하고 위(魏), 오(吳), 촉한(蜀漢)의 삼국이 정립하여 중국의 패권을 다투던 3세기경에 등장한 제갈량(諸葛亮: 諸葛孔明, 181-234)은 지고(至高)의 정략(政略)과 전략(戰略)이 무엇이며 이의 실천적 운용이 어떠해야 하는가를 동시에 보여 준 인물이었다. 유비(劉備)

11 司馬遷, *史記*, 李英茂 譯, *3: 支配의 원리*, pp. 227-252; *東洋古代戰略思想*, pp. 54-74.

의 삼고초려(三顧草廬)로 3국 중 가장 약한 촉한의 군사(軍師)가 된 제갈량은 삼국정립(三國鼎立)을 통하여 국가를 보존하고, 이를 현실적으로 보장하기 위하여 위(魏)와 오(吳)가 전쟁을 수행하도록 유도하면서 위에게 상대적으로 약한 오의 편에 서서 그 전쟁에 가담하여 이들 두 국가의 국력을 약화시킴으로써 촉한(蜀漢)의 안전을 보장하려 하였다. 이러한 대외적 노력과 더불어 제갈량은 촉한 자체의 역량을 강화하여 명실공히 삼국정립을 현실화시켜 촉한의 국가적 존속을 도모하려는 정략과 전략을 구체화하였다. 이 과정에서 제갈량은 조조(曹操, 155-220) 휘하의 사마의(司馬懿)와 진법(陣法)에 의한 대결도 펼치고, 철수하면서 숙영지의 아궁이 숫자만 늘려 복병(伏兵)이 있었던 것처럼 가장하거나, 굽은 길목에 자신과 같은 복장을 하거나 수레를 탄 '사이비(似而非) 제갈량'들을 출몰(出沒)시켜 추격을 못하도록 하는 기계(奇計)를 운용하기도 하였다. 남만(南蠻)을 정복함에 있어서 만왕(蠻王) 맹획(孟獲)을 "일곱 번 잡고 일곱 번 풀어 주어"(七縱七擒) 그를 심복(心服)시킨 제갈량은 정략과 전략의 논리적·실천적 경계를 사실상 초월하여 이를 복합적으로 운용한 전례(戰例)와 전례(前例)를 동시에 기록하였다. 특히 위와 오가 대결한 적벽대전(赤壁大戰)에서 제갈량은 병법에 능통한 조조의 '약점'을 활용하여 매복지점이 될 수 없는 곳에 병력을 배치하여 조조를 몰고, 복병을 매복시킬 만한 곳에 병력을 배치하지 않은 것처럼 위장한 후에 이를 비웃는 조조를 실제 배치된 복병으로 다시 몰아 그를 궁지에 몰아 넣는 전법을 구사하였으며, 관우(關羽)로 하여금 목숨을 보전해 달라고 애원하는 조조에게 옛날에 진 빚을 갚도록 만들면서 그 대신 "조조를 잡지 못하면 자신의 목을 내놓겠다는 군령장(軍令狀)을 써 놓고 출전했던" 관우의 '군기'까지 잡은 부수적인 효과를 거두기도 하였다.[12] 사마의(司馬懿)가 없는 위(魏)군을 먼저 공격함으로써

---

12 *東洋古代戰略思想*, pp. 74-76. 諸葛亮의 신출귀몰한 用兵術은, 후에 편찬된 것으로 보이는, *諸葛亮集*으로 오늘에 전해지고 있으나, 제갈량의 고도한 정략과 전략

유비의 아들 유선(劉禪)이 군림한 촉한(蜀漢)의 위치를 더욱 확고히 보전하려는 구상하에 제갈량은 출사표(出師表)를 제출하고 위의 정벌에 나섰다. 제갈량은, 승산이 있건 없건 간에, 자신이 섬기던 촉한과 자신의 한계를 극복할 수 있는 유일한 방법이 위(魏)를 정벌하는 것이고, 이것이야말로 유비(劉備)의 삼고초려(三顧草廬)에 대한 보답이라고 판단했을지 모른다. 그리고 그는 그 과정에서 자신의 전부를 남김없이 불살랐다. 어쨌든 제갈량은 열세한 유비(劉備)를 도와 촉한(蜀漢)을 삼국 중 하나로 정립시키고 이를 유지하는 과정에서 고도의 정략(政略)과 전략(戰略)을 실제로 구체화시킨 전설적 인물이었다.

이와 같이 동양을 대변한 중국 고대의 전략은 매우 복합적인 것이었다. 전투대형의 변형 정도로 대결하지 않았고, 전투나 전쟁에 창과 칼 그리고 방패만이 동원되지 않았다. 정략과 전략의 실천적 구분은 큰 의미를 부여받지 못했고, 전투의 수행에 있어서도 싸우는 방책인 전략(戰略)은 물론 간첩전, 심리전, 선전전 등을 수반한 고도의 모략(謀略)을 서슴지 않았다.[13] 실로, 개념과 실제면에서, 동양의 고대 전략은 총체전략의 차원이었다.

2) 중세 전략

중세(the Middle Ages)라는 시대구분은 서양(西洋)과 연관을 맺고 있다. 정치적으로, 중세는 지중해를 중심으로 유럽과 소아시아 북부 아프리카 지역을 지배하고 있던 로마제국이 동·서로 분리되면서(395) 그 위상이 달라져 통합적 권력구조가 분화되기 시작한 시기로부터 세분화된 지배구조가 지역이나 종족 및 이를 대변하는 왕조 중심으로 다

의 실제는 그의 사라짐과 더불어 다시 再現될 수가 없게 되었다.

13 國防軍史硏究所, *中共軍의 戰略戰術 變遷史* (1996), pp. 9-15.

시 정립되어 근대국가의 기반을 형성해 가던 시기(1500)까지를 포괄하고 있다. 중세는 또한, 온갖 박해에도 불구하고 기세를 확장해 오던 기독교가 로마의 콘스탄틴 황제(the Emperor Constantine)에 의해서 용인되고(312) 테오도시우스 대제(Theodosius the Great)가 다른 종교를 이단으로 규정함에 따라(381), 로마의 정치적 권위를 등에 업고 확립된 기독교의 교권(敎權)이 로마의 지배력 약화로 분화된 속권(俗權) 위에 군림하여 유럽 지역의 질서를 좌우하던 기간이기도 했다. 그리하여 그리스나 로마시대와는 대조적으로 인간의 모든 활동이 인간보다는 신 중심으로 전개되었으며, 이들 활동의 가치판단 기준이 종교적으로 귀결되기에 이르렀다. 정치·경제적으로, 중세는 장원(manor)으로 분할된 영지(領地)를 다스리는 영주(領主)들이 실권을 행사하였으며 명목적인 정치집단을 형성한 왕(王)들과 호혜적인 계약관계를 유지하고 있었다. 이들 영주들은 봉토(封土)와 자신들의 신변보호를 위하여 기사(騎士)집단과 또 다른 계약관계를 형성하여 정치·경제적 실리(實利)와 권위(權威)를 확보·유지하였다. 따라서 중세는 분화된 정치·경제집단들의 영역을 초월하여 종교적인 명분을 앞세워 감행된 십자군원정이나 기타 종교전쟁의 수행을 제외하고는 대규모의 군사동원이 쉽지 않았고, 전투도 병력의 절약과 집중을 통한 전략·전술개념을 운용하여 실시된 고대의 경우와 달리 동원된 기사들의 전기(戰技)가 그 결과를 결정지어 주는 방식으로 수행되었다. 이와 같이 서양과 연관된 중세는 교권(敎權)이 속권(俗權) 위에 군림한 가운데 세분화된 정치·경제조직을 바탕으로 구축되어 인간의 모든 활동이 종교적인 가치판단과 기준에 의해서 제약되었으며, 전쟁을 포함한 군사활동도 예외가 될 수 없는 시대적 특징을 가졌다.[14]

---

14 Mortimer Chambers, Raymond Grew, David Herlihy, Theodore K. Rabb, and Isser Woloch, *The Western Experience*, 3rd Edition (New York: Alfred A. Knopf, 1983), pp. 147-167; Joseph R. Strayer and Dana C. Munro, *The Middle Ages,*

군사적으로, 서양 중세는 기병(騎兵)이 전장(戰場)의 주역으로 등장한 시대였다. 로마군단이 서고트족(Visigoths)의 기병과 치른 전투(Battle of Adrianople, 378)에서 패배하여 기병이 전장의 주역으로 등장함으로써 시작된 기병의 전성기는 프랑스 기병이 크레시전투(Battle at Crécy, 1346)에서 영국 궁병(弓兵)과 창병(槍兵)에게 패하여 그 위력이 사라질 때까지 계속되었다. 그 후 포병의 강력한 지원을 받은 프랑스 기병이 마리냐노전투(Battle of Marignano, 1515)에서 스위스 보병과 궁병의 진격을 저지하여 기염(氣焰)을 토하기도 하였으나 중세를 통하여 전장에서 주역 역할을 담당해 오던 기병은 그의 위치를 보병에게 인계하였다.[15] 서양 고대 전투에서 기병이 상대의 측·후방을 공격하여 전열을 교란시켜 보병의 원활한 전투수행을 보장한 것은 기병이 지닌 고도한 기동성에 바탕을 두고 있었다. 그러나 중세에서 전장의 주역으로 등장한 기병은 기사(騎士)와 병마(兵馬)들의 안전을 보장하기 위하여 중무장을 마다하지 않았기 때문에 기병이 지녀 온 전술상의 장점인 기동성의 유지가 사실상 불가능하게 되었다. 따라서 중세 말기의 기병은 창과 활로 경무장한 보병들보다도 기동성이 떨어지는 경우가 많았고, 중무장한 기사가 일단 말에서 떨어지면 다시 일어서기조차 불가능한 경우가 대부분이었다. 따라서 기동성 때문에 전장의 주역이 된 기병은 중세를 거치는 동안 중무장한 기병으로 변모하여 기동성을 상실하면서 그의 전성기를 마감하기에 이르렀다.

395-1500, 5th Edition (Santa Monica, California: Goodyear Publishing Co., Inc., 1970), pp. 1-23, 371-561.

15 C. W. C. Oman, *The Art of War in the Middle Ages, A.D. 378-1515*, revised and edited by John H. Beeler (Ithaca and London: Cornell University Press, 1953), pp. xi-xii, 4, 113; James Lawford, *The Cavalry: Technics and Triumphs of the Military Hosreman—The Stories of the Great Cavalry Regiments, Their Commanders and Celebrated Actions* (Indianapolis, New York: The Bobbs-Merrill Company, 1976), pp. 32-69; *Atlas of World History*, Vol. I, pp. 115, 193.

기동성이 상실된 중기병(重騎兵)을 중심으로 치러진 전투에서 전투력의 절약이나 집중을 통한 병력의 운용 등과 같은 유연한 전략과 전술은 찾아보기가 힘들게 되었다. 특히 동으로 엘베강과 서로 피레네 산맥 사이의 프랑스와 독일 지역(a great span of Europe between the Elbe and the Pyrenees)에 걸쳐 제국을 건설했던 샤를마뉴 황제(Emperor Charlemagne, 768-814)가 중기병에 의한 돌격전술 위주로 전투를 수행하여 승리를 거두면서 영토를 확장함에 따라, 그가 세상을 떠난 후 거의 700여 년간 중세 군사력의 주역으로서 중기병의 위치는 전혀 도전을 받지 않았다.[16] 중기병이 전장의 주역 역할을 수행함에 따라 이들의 공격에 대비해 영주들이 성곽(城郭)을 구축하여 영지를 방어함으로써 효율적인 방어작전을 수행하기 위한 기하학적인 성곽구축 기술이 발달하기도 했다. 그러나 중세의 이러한 공격과 방어전술도 화약의 출현과 뒤이어 등장한 소총과 포의 전술적인 운용으로 그 실천적 효용성이 상실되었고, 이탈리아 북부지역에서 비롯된 문예부흥(文藝復興: Renaissance) 기운으로 사라져 가는 중세와 더불어 역사 속의 기록으로 남게 되었다.

동양의 역사에서 종교적인 교권(敎權)이 세속적인 권위는 물론 인간적인 활동까지 지배하고 세분화된 정치·경제구조를 유지한 서양의 중세와 같은 면면(面面)과 특징(特徵)을 가진 시대를 찾기는 어렵다. 중국 춘추전국시대(기원전 770-221) 이전의 주(周)왕조에서 왕족이나 공신(功臣)들을 제후로 임명하여 통치하던 시대가 있었으나 주 왕실이나 제후들 간에는 계약이 아닌 군신관계(君臣關係)가 구축되어 있었으며 거기에 종교적인 권위가 개입되지는 않았다. 일본에서 지방의 무사집단(大名 중심의 사무라이)과 중앙의 막부(幕府) 사이에 주종(主從)관계가 구축되어 봉건적인 성격을 지닌 권력구조가 정착되기도 하였으

16 *The Cavalry*, pp. 49-56; *Atlas of World History*, Vol. I, p. 123.

나 종교적인 요소는 없었으며, 연대기적 시대 또한 서양의 것과 대칭을 이루지 않는다. 실제로 서양의 중세에 해당되는 시대에 중국이나 한국 그리고 그 변방의 권력구조는 왕조로 통합되었으며, 왕조의 변화도 종교적인 충돌이 아닌 세속적인 '권력쟁탈전'의 결과에서 비롯되었다. 서양의 중세에 해당되는 시대에서 동양의 전투수행방식은 기병보다는 보병에 의한 것이 주종을 이루었으며, 실제 생활방식을 그대로 전투수행에 적용한 몽고(蒙古)가 기병 위주의 전법을 서양의 중세보다 더 효율적으로 운용하여 러시아와 중국은 물론 일본을 제외한 그 주변국을 복속시켜 대제국을 건설하고 유럽의 헝가리와 폴란드 그리고 페르시아 원정까지 감행할 수 있는 행적(行蹟)을 기록하였다. 이와 같이 서양의 중세와 같은 현상과 내용을 가진 시대구분을 동양에 직접 적용할 수는 없으나, 군사적인 측면에서, 서양의 중세(395-1500)와 기간을 공유하고 있던 동양의 국가, 특히 서양과 같이 기병을 운용한 몽고의 전투수행방식은 주목할 만한 전략적 가치를 지니고 있다.

중세 서양에서 기병이 기사(騎士)와 기마(騎馬)를 보호하기 위한 중무장으로 기동성을 상실해 가고 있던 현상과는 대조적으로, 몽고는 대단한 기동성을 지닌 기병을 효율적으로 운용하여 전투를 수행하였다. 목초(牧草)를 따라 유목(遊牧)생활을 해 온 몽고족에게는 기마(騎馬)와 기동(機動)이 그들 생존을 보장하고 생활을 영위하는 데 필요한 불가분(不可分)의 요소였다. 몽고족이 부족별로 분립되어 내부적인 분란을 극복하지 못한 상태에 머물러 있던 시기에는 중국에 대해서 위협적인 존재가 되기도 하여 만리장성(萬里長城)을 쌓게 하는 이유를 제공하기도 하고, 중국 변방정책인 이이제이(以夷制夷)의 대상이 되기도 하였다. 그러나 1206년 테무진(鐵木眞)이 몽고족을 통일하고 결집된 역량(力量)을 대외적으로 활용하기에 이르자 몽고족은 역사상 유례 없는 대제국을 수립하는 주역이 되었다. 몽고족은 중국 대륙은 물론 일본을 제외한 그 주변을 복속시켰고, 러시아를 지배하면서 폴란드와 헝가리 등의 동유럽까지 진출하였으며, 페르시아 원정까지 감행하여 대제국을 건설하였다. 몽고족은 대제국을 건설하는 과정에서 그들 유목생활의 요소인 기마(騎馬)와 기동(機動), 그리고 부족간 대결과정에서 닦은 기마전술(騎馬戰術)을 충분히 활용하였고, 기동성 있는 기병을 이끌고 유라시아 대륙을 횡행(橫行)하면서 전쟁을 수행한 몽고의 전략과 전술은 중무장으로 기동성을 상실한 기병을 앞세운 중세 유럽의 것과는 사뭇 다른 성격과 양상을 띠고 있었다.[17]

몽고군은 기병이 지닌 기동성을 보장하고 이를 효율적으로 활용할 수 있는 기반과 조직 및 편성을 유지하였다. 유목생활을 영위하고 있던 몽고인들은 세 살이 되면서부터 말을 타기 시작하여 그들의 나이가 열다섯에 이르면 '사냥꾼'으로서 거의 완벽한 자질을 갖춘 기사(騎士)가 되었다. 자연에서의 수렵(狩獵)과 부족간 약탈(掠奪)로써 생계를 유지해 간 몽고인들은 전사(戰士)로서 지녀야 할 전기(戰技)를 평소에 연마하였으며, 이의 상태도 고도의 수준을 요구받는 것이 당연했다. 다른 말로 표현하여, 몽고인들은 평상시 생활을 통하여 실제 접전(接戰)에서 필요한 기마술(騎馬術) 및 기사(騎射) 등과 같은 전투기술의 배양은 물론 기병의 집단적 운용방식을 익혀야 했고, 바로 이 점이 기병(騎兵)의 기동성과 집단적 운용의 효율성을 보장해 준 기반을 이루었다. 몽고족을 통합한 칭기즈칸(成吉思汗: Chingiz Khan, 1167-1227)은 복잡한 부족집단을 단순하게 재편성하여 10호, 100호, 1,000호, 1만 호씩 한 단위로 묶어 이들을 조직화하였다. 그리고 이들 각 집단의 지도자로서 10호장(牌子頭: Paitzutou), 100호장(百戶: Paihu), 1,000호장(猛安: Mingan), 만호장(萬戶長: Touman)을 임명하여 평시 행정과 전시 동원과 군사 및 작전수행 업무를 관장하도록 하였다. 전투수행을 위하여 동원된 몽고군 편성 역시 십진법(十進法)에 기초하여 10명의 기수(騎手)가

---

17 *The Anchor Atlas of World History,* pp. 178-179; 國防軍史硏究所, *몽골軍의 戰略·戰術* (1997).

기병중대, 10개의 기병중대가 기병대대, 10개의 기병대대가 기병연대, 10개의 기병연대가 기병사단을 구성하였고, 3개의 기병사단이 1개의 기병군을 편성하여 한 방면(方面)의 작전을 수행하는 익군(翼軍)이 되었다. 몽고군은 작전규모와 작전지역에 맞게 좌익(左翼), 중익(中翼), 우익(右翼) 등의 3개 기병군을 투입하거나 1-2개, 혹은 1개 군 이하의 소규모 병력도 투입하였다. 몽고인들은 이와 같이 평시의 생활을 통하여 배양된 전기(戰技)를 바탕으로 단순화된 평시의 행정체제를 전시의 작전체계로 전환・활용할 수 있는 기반, 조직, 편성을 갖추어 그들 기병군(騎兵軍)의 신속한 동원과 기동성을 보장하였다.[18]

몽고군의 단순한 보급체제 역시 몽고군의 기동성과 지속성을 보장해 주었다. 몽고인들의 유목생활 자체가 전시 동원이나 기동과 그대로 연결되기 때문에 몽고군은 전시라 하더라도 별도의 군수 및 보급체계를 설립할 필요가 없었다. 전시에 동원된 전사(戰士)의 가족은 남녀노소를 가리지 않고 이동대열에 참가하여 관계있는 병사들의 병참보급 임무를 수행하였으며, 이들이 소유하고 있던 말들은 이들의 보급소요를 충족시켜 주는 재원이 되었다. 말 가죽은 의복, 말 젖과 살은 식료, 말 뼈는 화살촉, 말의 배설물은 연료 등으로 활용되었고, 이에 따라 몽고군은 그들과 같은 속도로 이동하는 병참・보급 체계를 갖추게 되었다. 특히 몽고군의 주 보급원(補給源)인 말은 사막에서도 풀뿌리를 찾아 스스로 연명할 정도의 능력을 지니고 있어서 목초(牧草)만 조금 있으면 어느 지역에서든지 생존할 수 있는 지속성을 갖춘 재원이 되었다. 스스로 보급문제를 해결하면서 주 전투병력과 같은 속도로 이동할 수 있는 보급요원과 재원을 갖춘 몽고군은 신속한 기동을 보장받으면서 장기적인 작전을 얼마든지 수행할 수 있는 능력을 보유하고 있었다.[19]

---

18 *前揭書*; 溫暢一, *韓民族戰爭史* (集文堂, 2001), pp. 186-188.
19 *前揭書*; *世界戰爭史*, pp. 56-57; *몽골軍의 戰略・戰術*, pp. 6-7.

장비와 보급면에서 기동성과 지속성을 보장받은 몽고군의 전략·전술은 다양한 형태로 구체화되었다. 몽고군은 상대의 저항의지와 조직적인 저항능력을 박탈하는 전략을 택했다. 몽고군은 그들에게 대항할 경우에는 무자비한 보복을 감수해야 된다는 점을 행동으로 보여주고, 항복해 온 상대는 공격의 향도로 삼아 그에 상응하는 후대(厚待)를 하면서 사전정보를 수집하기 위하여 파견된 행상이나 잡상인으로 가장한 첩자(諜者)를 통하여 이러한 사실을 상대에게 알려 줌으로써 상대의 전의(戰意)를 박탈할 목적의 심리전(心理戰)을 감행하였다. 실제 전투에서 몽고군은 경무장한 기병을 집단적으로 운용하여 상대의 전열(戰列)을 혼란시켜 조직적인 저항능력을 박탈한 후에 근접전을 수행하였다. 몽고 기병은 통상 5열로 편성된 전투대형을 취하였으며, 전방 2열에는 전투경험은 적으나 젊은 병사들을 배치하였고, 후방 3열에 경무장한 노련한 병사들을 배치하였다. 전투가 시작되면 후방 3열의 병사들이 수차례에 걸쳐 앞으로 전진하여 활과 창 등으로 상대의 전열을 교란시킨 다음에 전·후방 기병이 합세한 근접전을 수행하여 상대를 섬멸하는, 이른바 윤번충봉(輪番衝鋒) 전술을 사용하였다. 이러한 몽고군은 공성(攻城), 산악(山岳) 및 수전(水戰)에는 취약하였으나 고도한 기동성과 융통성 있는 전략과 전술을 자의적으로 구사할 수 있는 조직과 능력을 구비함으로써 대륙에서의 대제국을 건설한 원동력이 되었다.[20]

이와 같이 몽고군은 전술의 암흑기라고 볼 수 있던 중세 서양에서 중무장한 기병들이 각개 결투방식으로 전투를 치르고 있을 때, 지휘체계와 조직면에서 기동성을 갖춘 기병을 집단적으로 운용하고 이의 효과를 보장하기 위한 전략·전술을 구사함으로써 기병전법의 정수를 보여 주었다. 그러나 몽고 기병이 행사한 군사적인 완력(腕力)만으로 건설된 몽고제국은 몽고인들의 문화적인 지력(智力)의 부재로 점령

20 *世界戰爭史*, pp. 58-66; *韓民族戰爭史*, pp. 186-188; *The Cavalry*, pp. 56-61.

지별로 현지에서 흡수되는 운명을 감수하기에 이르렀다. 이러한 현상적 결과에도 불구하고 몽고와 몽고군은 기병이 지닌 군사적 장점을 그대로 반영한 전략·전술을 채택하여 지역적으로는 로마보다 더 방대한 제국을 건설한 자취를 기록하였다.

3) 근대 전략

전략의 전개과정상, 근대는 기병(騎兵) 대신 보병이 전장의 주역으로 다시 등장함에 따라 그 서막이 올랐다. 영국과 프랑스 간에 치러진 백년전쟁(1339-1453) 중 열세한 영국군의 장궁(長弓) 보병이 크레시전투(Battle of Crécy, 1346. 8. 26)에서 수적인 열세를 극복하고 프랑스 기병을 격파하여 승리를 쟁취함으로써 보병이 다시 전장의 주역으로 등장한 사실이 전쟁의 역사에서 근대라는 시대를 열게 하였다.[21] 기사(騎士)들의 전투기술이 전투의 승패를 결정짓는 요소가 되었던 중세와는 달리 근대는 집단적인 병력의 절약과 집중에 근거한 전략의 실천적 효율성이 전투의 승패를 가늠하는 기준이 되었다. 이로써 중세의 신권주의(神權主義)가 인본주의(人本主義)로 바뀌고 속권(俗權)이 교권(敎權)을 초월하여 근대국가체제가 수립됨으로써 등장한, 정치·문화적인 면에서 정착된 근대는 군사적으로 전략·전술이 제 모습을 회복하면서 정착되었으며, 전쟁을 수단으로 활용하여 다양한 군사 외적인 목적을 달성하면서 수많은 전쟁을 기록으로 남기면서, 양차 세계대전을 통하여 수단으로 동원된 전쟁이 피해 정도만 다른 패배만을 결과로서 인겨 준다는 사실을 알게 될 때까지, 지속되었다.

근대가 지닌 군사적인 성격은 몇 가지의 면모를 지니고 있었

21 *世界戰爭史*, pp. 67-69; *Atlas of World History, Vol. 1*, p. 191.

다. 이러한 면모는 화력과 기동, 보급 및 지원, 그리고 전쟁의 본질면에서 구체화되어 군사적인 의미에서의 근대가 지닌 모습을 그려 냈다.

전쟁과 전략의 역사에서 장궁(長弓) 보병이 근대의 서막을 열었다면, 근대의 전략을 중세와 다르게 전개시킨 요인은 흑색화약의 발명과 이에 따른 소총 및 화포의 등장, 그리고 이들 화기로 무장된 상비병력의 출현이라고 볼 수 있다. 흑색화약의 발명(1249)과 소총과 화포의 출현은 창과 칼 그리고 방패의 효용성을 거의 박탈하고 이로 무장된 기사(騎士)들의 전투력을 무력화시키면서 방어목적으로 구축된 중세 성곽(城郭)의 전술적 가치를 무의미하게 만들었다. 따라서 전장(戰場)에서 기사들의 전기(戰技) 대신 소총으로 무장된 병력의 '능률적인' 절약과 집중이 승패를 좌우하는 요소가 되었으며, 이러한 상황변화는 고대의 명장들이 구사한 것과 같은 전략개념과 이의 적용을 요구하기에 이르렀다. 효율적인 전략과 전술이 필요한 실질적 요구는 이의 부활을 현실화시켰다. 고정적인 성곽은 가변적인 장애물 설치로 대치되었고, 기민한 기마술(騎馬術)과 창검술(槍劍術) 대신 능란한 전술대형의 변형술(變形術)과 사격술(射擊術)이 요구되었다. 이에 따라 개별적인 사격술훈련과 기동과 접전에 필요한 집단적인 전술훈련이 전투력 향상을 위해서 필수적인 요소가 되었다. 특히 산업혁명의 결과 등장한 증기기관차는 대규모 병력의 신속한 이동과 집중을 가능하게 만들었으며, 증강된 화력으로 무장한 전투력을 적시적소에 투입할 수 있는 여건을 조성하였다. 따라서 근대에는 화력과 기동이 결합된 전쟁이 실제로 치러지면서 전쟁의 규모가 확대됨에 따라 전략과 전술의 실천적 분화가 전장에서 구체화되었다.

병력의 충원과 물자의 보급·지원면에서도 근대는 현저한 변화를 기록하고 있다. 고대와 중세의 전쟁에서는 보급물자의 제한과 이의 원거리 수송에 따른 제약으로 전쟁의 규모와 전장의 범위가 많은 제약을 받게 마련이었다. 그리하여 전투가 예상되는 지역에 보급 창고

(倉庫)를 미리 위치시켜 그 지역을 중심으로 전투를 수행하거나 현지조달을 통하여 부족한 보급량을 보충하는 것이 통상이었다. 이러한 보급제도는 근대에도 그대로 적용되었으나 프랑스혁명(1789) 후에는 통조림기술이 개발되어 장기간 음식물을 저장할 수 있게 됨에 따라, 제한적이긴 하지만, 전장의 범위가 전 유럽 대륙으로 확대될 수 있는 여건이 조성되기도 하였으며 병력의 이동속도도 빨라지게 되었다. 특히 프랑스혁명 후에 출현한 국민군은, 용병(傭兵)이 중세의 전쟁을 덜 격렬한 기동전 그리고 장기전(30년전쟁, 100년전쟁 등)으로 만들었던 것과는 대조적으로, 근대의 전쟁을 대규모 병력이 투입된 단기속결전(短期速決戰)으로 변환시킬 수 있는 요인이 되었다. 이에 따라 근대의 전략 주체들은 보급의 제한을 극복하기 위해서라도 전쟁을 단기간에 승리로 마감할 수 있는 전략을 모색해야만 했고, 이를 전장에서 구체화시켜야만 했다.

근대를 통하여 전쟁은 군사 외적 목적을 달성하기 위한 수단으로 흔하게 동원되었으며, 이 수단이 정치적 협상과 병행하여 운용되었다. 영토의 확장이나 어느 지역과 분야에서 주도권이나 영향력을 유지·확보하기 위한 수단으로 전쟁이 동원되었던 전례가 반복되었으며, 왕조나 공국(公國) 중심으로 분립된 정치집단을 민족 중심으로 통합하는 수단으로 전쟁이 활용되기도 하였고, 국가 내 두 개의 가치와 체제가 충돌하여 내전형식으로 전쟁이 현실화되기도 하였으며, 식민지의 쟁탈이나 대륙으로의 진출을 위한 발판을 확보하기 위하여 전쟁이라는 수단이 운용되기도 하였다. 비교적 손쉽게 동원된 수단으로서 전쟁이 빈번하게 발생함에 따라 고래(古來)로 전수되 온 전략과 전술이 보다 정교하게 다듬어져 전장에서 운용됨은 물론, 전쟁의 승리를 쟁취하기 위하여 새로운 차원의 지략(智略), 정략(政略), 전략(戰略) 등이 전장 내외에서 구체화되기도 하였다. 전쟁을 승리로 마무리할 목적으로 국가와 이를 중심으로 결성된 동맹체의 전 역량이 동원되었으며, 그 결과 전쟁의 규모는 더욱 확대되어 개별적인 전략의 실천적 타당성이 훼손(毁損)되는 경우도 발생하였고, 정면대결이나 간접적인 접근에 근거한 직접전략에 맞서 회피 및 거부, 유격(遊擊)을 중심으로 전개된 간접전략의 효용성이 입증되기도 하였다. 이와 같이 근대는 전쟁을 이념, 정치 등 군사 외적인 목적을 달성하기 위한 수단으로 흔하게 동원하였으며, 이러한 과정에서 온갖 정법(政法)과 궤도(詭道)에 바탕을 둔 책략(策略), 정략(政略) 및 전략(戰略)이 구사(驅使)되었다.

고도로 분화되어 정교해진 근대의 전략은 동서양을 막론하고 전장(戰場)에서 구체화되어 전례와 더불어 기록되었다.

고대 전략의 부활로 비롯된 서양의 근대 전략은 여러 정략 및 전략가들에 의해서 표출되었다. 신·구교 간의 종교적 갈등으로 빚어진 30년전쟁(1618-1648)에서 프랑스, 독일과 더불어 신성로마제국과 싸운 스웨덴의 구스타부스 아돌푸스(Gustavus II Adolphus, 1594-1632)는 활 대신 화승(火繩)총과 머스켓총으로 무장된 보병과 수색정찰과 교란작전을 담당한 기병, 그리고 포병을 통합하여 전투를 수행하여 이를 승리로 마감한 전략가로 등장하였다. 소총의 무게를 줄이고 사격속도를 신속하게 하는 훈련을 실시하여 보병의 전투력을 배가(倍加)시키고, 화포의 중량을 줄여 기동성을 향상시켰으며, 정찰기병들은 착검을 한 소총으로 무장시켜 그 위력을 증강하였다. 특히 그는 2개의 전열과 1개의 예비대를 운용하여 작전수행에 있어서 고도의 융통성을 보유함으로써 적절한 역습과 과감한 추격작전을 실시하였다. 구스타부스는 이러한 전략과 전술로 브라이텐펠트(1631)와 루첸전투(1632)를 승리로 마감하고 자신은 전사당함으로써 '근대 전법의 창시자'라는 명예를 간직한 전략가로 전사에 기록되었다.[22]

---

22 *世界戰爭史*, pp. 70-73; *세계전쟁사 부도*, pp. 19-21; Robert A. Doughty, Ira D. Gruber, et. al., *Warfare in the Western World, Vol. I: Military Operations from 1600 to 1871* (Lexington, Mass.: D. C. Heath and Company, 1996), pp. 12-28.

그 후 많은 명장들이 구스타부스를 모방하여 군조직을 개편하는 등 부산을 떨기도 하였으나 전쟁을 장기와 같은 방식으로 수행하려 함으로써 구스타부스 전략과 전술의 진수를 계승·발전시키지는 못했다. 그러나 프러시아의 왕이 된(1740) 프레데릭(Frederick Ⅱ the Great, 1712-1786)은 구스타부스가 보여 준 전략·전술을 계승·발전시키는 역할을 담당하였다. 신성로마제국의 황제이며 오스트리아 합스부르그가의 왕인 찰스 6세가 1740년 10월 20일 아들 없이 세상을 떠나고 그의 딸 마리아 테레사가 후계자로 선포되자, 그해 12월 13일 프레데릭은 실레지아 지역을 침공하여 이를 차지하려 하였다. 그 후 2년여에 걸쳐 진개된 실레지아 전역을 통하여 프레데릭은 기만과 기동을 통한 전투력의 집중으로 오스트리아군을 격파함으로써 실레지아를 확보하고, 잠정적이긴 하였으나, 평화까지 확보하였다. 1746년부터 1756년에 이르는 평화기간 동안 프레데릭은 부국강병책을 강구하여 병사들의 사격술을 증진시키는 훈련과 더불어 기마(騎馬)포병을 편제화하여 포화력을 기동화시키는 등 전투력을 증강시켰다. 강국으로 변모해 가는 프러시아를 타도하기 위하여 오스트리아, 러시아, 프랑스, 스웨덴, 그리고 삭소니 등이 연합전선을 구축한 것을 파악한 프레데릭은 1756년 8월 29일 인접한 삭소니를 우선 제압하고 오스트리아에게 평화를 강요하여 이들 연합전선을 와해시키려는 목적으로 삭소니를 침공함으로써 7년전쟁을 시작하였다. 7년전쟁을 통하여 프레데릭은 오스트리아군과 러시아군의 기동이 완만하고 이들 양 군의 상호지원이 용이하지 않다는 점을 간파한 다음, 신속한 기동에 의한 전투력 집중과 결정적인 행동으로 병력의 열세를 극복하면서 상대까지 제압하려 하였다. 프레데릭은 먼저 소수의 병력으로 오스트리아군을 견제하고 프랑스군을 전장에서 이탈시킨 다음에(the Battle of Rossbach, 1757. 11. 5) 로이텐에 포진하고 있던 오스트리아군을 공격하였다. 소수의 병력(30,000명)으로 다수의 오스트리아군(80,000명)을 공격해야 했던 프레데릭은 프러시아군의 기동을 은폐할 수 있는 지형상 이점을 이용하여 오스트리아군의 좌익을 격파함으로써 승리를 쟁취하려 하였다. 이를 위해서 프레데릭은 오스트리아군 좌익에 위치한 예비대를 우측으로 이동시키기 위하여 먼저 오스트리아군 우측을 공격하였다. 오스트리아군은 즉시 예비대를 우측으로 이동시켜 프러시아군의 공격을 대비하였다. 그 동안 프러시아군은 주력을 산악지형 후방에서 사선(斜線)으로 기동시켜 오스트리아군의 좌익을 강타함으로써 로이텐전투(the Battle of Leuthen, 1757. 12. 5)를 승리로 마감하였다. 그 후 프레데릭은 북부 실레시아 쪼른도르프에 포진하고 있던 러시아군의 후방을 공격하여 이들까지 격퇴하였으나(the Battle of Zorndorf, 1758. 8. 25) 프러시아군도 많은 희생을 감수해야만 했다.[23] 이와 같이 스웨덴의 구스타부스와 더불어 프러시아의 프레데릭은 전투대형의 변환과 기동으로 병력을 절약하고 이를 필요한 시간과 장소에 집중함으로써 전투를 승리로 마감했던 고대 전략과 전술을 다시 부활시켜 이의 효용성을 실제 전투의 결과로 입증한 근대 전략가로 부상하였다.

프랑스혁명과 더불어 등장한 나폴레옹(Napoleon Bonaparte, 1769-1821)은 이렇게 부활된 전략·전술의 완성된 모습이 무엇인가를 전투의 결과로써 보여 주었다. 개량된 소총과 화포로 장비되고 "자유, 평등, 박애"라고 요약된 프랑스혁명사상으로 무장된 프랑스 국민군을 이끌고 프랑스에 대해서 연합전선을 구축한 유럽의 왕조국가들과 싸우기 위하여 거의 전 유럽 대륙을 누비고 다니면서 전투를 수행하였다. 나폴레옹은, 열세한 병력이었지만 상대의 병참선을 위협하는 신속한 기동으로 자신이 원하는 시간과 장소에 병력을 투입함으로써 항상 국지적 우세를 확보한 후, 자신이 원하는 방식으로 전투를 수행하여 이를 승리로 마감하는 전략을 구사하였다. 이탈리아 전역(1796. 4-1797.

23 *世界戰爭史*, pp. 74-84; *世界戰爭史 附圖*, pp. 22-27; *Summaries of Selected Military Campaigns*, pp. 9-10; *Warfare in the Western World, Vol. I*, pp. 78-102.

4)에서 나폴레옹은 연합군을 형성한 피에드몬트와 오스트리아군을 분리시킨 후에 상대적으로 약한 피에드몬트군을 먼저 격파하고, 오스트리아군의 병참선을 위협하는 방향으로의 기동을 통하여 오스트리아군의 철수를 강요하여 이들을 만투아(Mantua) 지역에 고립시킨 다음, 이를 구출하러 내려오는 증원군까지 격퇴하여 오스트리아를 굴복시킨 쾌거를 달성하였다. 통령(統領)의 신분으로 수행한 전투(Marengo Campaign, 1800. 6)에서 나폴레옹은 초기 전투의 패배로 철수를 강요당하기도 하였으나 종대로 진군하는 오스트리아군의 측방을 공격하여 패배를 승리로 바꾼 전략을 구사하였다. 황제로 신분이 바뀐 나폴레옹은 세 번째로 결성된 대프랑스동맹(1805. 8)군과 또 싸워야만 했으며, 오스트리아와 러시아군이 합류하기 전에 이들을 각개격파하기 위하여 울름(Ulm)에서 대우회작전을 실시하여 오스트리아군을 먼저 항복시키고(Ulm Campaign, 1805. 9-10), 진군해 오는 러시아군을 오스테르릿츠 전투(Austerlitz Campaign, 1805. 12)에서 유인·섬멸하였으며, 그 여세를 몰아 예나전투(Jena Campaign, 1806. 10)에서 프러시아군을 격파하고 나머지를 추격하여 프러시아의 항복(the Treaty of Tilsit, 1807. 7)까지 받아 내어 3차 대프랑스동맹을 와해시켰다.[24] 원정군 사령관, 통령, 그리고 황제로서 수행한 전투에서 나폴레옹은 상대의 주력을 목표로 삼고, 상대의 병참선을 차단하면서 자신의 병참선은 보호하고, 상대의 의도를 파악하기 위하여 수세를 취하다가 즉시 공세로 전환하는 작전 형태를 취하고, 후퇴하는 상대는 과감하게 추격하여 결판을 내는 방식의 전투를 수행하며 이를 신속한 기동으로 보장하였다. 이 과정에서 나폴레옹은 소수의 병력으로 상대를 고착하고 주력을 우회시켜 퇴로를 차단하여 항복을 받기도 하고(Ulm Campaign, 1805), 자신의 병참선을 의도적으로 노출시켜 상대를 유인함으로써 이를 포위·섬멸하는 작전

---

24 *世界戰爭史*, pp. 85-119; *世界戰爭史 附圖*, pp. 29-42; *Warfare in the Western World, Vol. I*, pp. 171-235; *Summaries of Selected Campaigns*, pp. 13-20.

(Austerlitz Campaign, 1805)을 구사하기도 했다. 실로, 나폴레옹은 당시까지 도출된 모든 전략·전술을 집대성하고 이를 더욱 정교하게 가다듬은 상태의 개념을 실전에 적용하여 전투를 승리로 마감함으로써 그 실천적 효용성을 입증한 명장이 되었다.

나폴레옹은 또한 정면대결을 통한 직접전략의 한계를 전투의 결과로써 드러낸 장본인이 되기도 했다. 정면대결에서 패배를 당하지 않은 나폴레옹은 영국에 대한 대륙봉쇄령을 선포함은 물론 "내 사전에 불가능은 없다"는 말로 '무소불위(無所不爲)의 오만(傲慢)함'을 감추지 않았고, 나폴레옹과의 직접대결에서 승리를 거두지 못한 주변국들은 다른 대결방식과 전략을 모색하지 않으면 안 되었다. 대륙봉쇄령에도 불구하고 영국과 교역을 지속하고 있던 스페인은 국왕이 폐위되고 나폴레옹의 형(Joseph)을 새로운 왕으로 모시면서 영국에 대한 해안경비를 구실로 파견된 프랑스군(스페인 총독으로 임명된 Murat가 지휘한 10만여)의 점령까지 감수해야만 했다. 분개한 스페인 국민들은 여러 곳에 분산되어 있던 병력을 모아 프랑스 점령군에 대항했으나 격파당하고 말았다. 정면대결에서 격파당한 스페인군과 국민은 전원이 게릴라가 되어 프랑스군을 괴롭혔다. 주둔지를 점령한 프랑스군에 대항해서 부녀자까지 게릴라전에 참여하였고, 프랑스군은 이에 대한 효과적인 대응전략을 모색할 수가 없었다. 영국의 지원까지 받은 스페인 게릴라전은 프랑스 정규군을 패배시키고 이들의 육상철수도 불가능하게 만들었으며, 프랑스로 하여금 나폴레옹 자신이 직접 병력을 이끌고 개입하는 지경에까지 이르도록 만들었다. 개릴라전의 승리로 자신감을 회복한 스페인 정규군은 나폴레옹군과 정면대결을 시도했으나 패배를 당하고, 다시 게릴라전을 수행할 수밖에 다른 도리가 없었다. 나폴레옹 역시 스페인군과 국민이 펼치는 게릴라전에 효과적인 대응전략을 구사할 수 없었다. 스페인에서 곤경에 처한 나폴레옹을 보고 오스트리아가 다시 공세를 취함에 따라 나폴레옹은 스페인 원정을 포기한 채 귀환하여 오스트리아군을 상대해야만 했다. 나폴레옹은 귀환 후에 오스트리아군을 격파하여 이들의 항복을 받아 내기는 하였으나 스페인을 다시 장악하지는 못했다. 유럽 대륙에서 패권을 장악하려는 러시아 역시 나폴레옹의 대륙봉쇄령에 순응할 리가 없었다. 오히려 러시아는 1812년 6월 영국과 동맹관계를 맺고, 러시아 황제(Alexander I)의 여동생에 대한 나폴레옹의 청혼을 거절하였다. 이에 나폴레옹은 45만에 이르는 병력을 동원하여 러시아 원정을 감행하였다. 프랑스군과 싸워서 이긴 적이 없던 러시아군은 정면대결을 회피하고, 현지조달에 의존할 수밖에 없던 프랑스군에 대해서 초토화(焦土化)로 대응하면서 러시아의 변하지 않는 우방인 모스크바의 혹한(酷寒)이 러시아군을 지원할 때까지 철수를 계속하여 수도인 모스크바도 포기하였다. 정면대결을 회피하고 지역을 초토화시키면서 모스크바까지 포기하는 러시아의 회피전략으로 나폴레옹은 신속하게 모스크바를 점령하여 러시아의 강화교섭을 강요하는 것 외에 다른 전략을 구사할 수 없었다. 그러나 추위와 굶주림에 떨면서 러시아 국민들의 게릴라식 습격에 괴롭힘을 당하고 있던 프랑스군의 사정을 잘 알고 그렇게 유도했던 러시아가 강화를 추진할 턱이 없었다. 기다려도 나타나지 않는 러시아의 강화사절단 대신 모스크바의 혹한이 프랑스군을 더욱 괴롭히자 나폴레옹은 모스크바 철수를 감행하였다. 이때를 기다린 러시아군은 철수하는 프랑스군을 그냥 방치하지 않았고, 그 결과 위풍당당하던 45만의 대군은 완전하게 소멸되었으며, 나폴레옹 자신도 거지 모습으로 파리에 귀환하는 신세로 전락하고 말았다. 전장의 정면대결에서 무패(無敗)를 기록했던 나폴레옹은 스페인군과 국민이 펼친 게릴라전과 러시아군과 국민이 수행한 '회피 및 초토화 전략'에 기반을 둔 이상한 전쟁에 대한 효과적인 대응전략을 모색할 수가 없었다.[25]

---

25 *世界戰爭史*, pp. 120-139; *世界戰爭史 附圖*, pp. 43-49; *Warfare in the Western World, Vol. I*, pp. 237-295.

이와 같이 정면대결과 전투수행을 통해서 구체화된 직접전략의 효용성을 전례로써 입증한 나폴레옹은 대결회피와 요란 및 타격 등을 위주로 전개된 간접전략의 타당성도 전례로써 드러낸 셈이 되었다. 실로, 나폴레옹은 고대에서부터 그 당시까지 전수되어 온 전략과 전술에 얹혀 있던 먼지를 닦아 내고 이를 실전에 적용하여 그 중요성을 입증한 전략가였고, 이의 실천적 한계까지 표출시킨 지휘관이 되었다. 이러한 면에서 나폴레옹이 수행한 전쟁기록은 전략과 전술의 분석은 물론 전쟁의 본질적 연구를 위해서도 귀중한 자료를 제공해 주었다.

프러시아 출신의 군사이론가인 클라우제비츠(Carl von Clausewitz, 1780-1831)와 스위스 태생인 조미니(Antoine Henri Jomini, 1779-1869)가 나폴레옹 전쟁사를 분석하여 전쟁의 본질과 수행을 위한 이론 등을 제시하였다. 프러시아와 러시아 편에서 나폴레옹전쟁에 가담하여 프랑스군과 싸우면서 나폴레옹전쟁을 관찰한 클라우제비츠는 전쟁을 '수단을 달리한 정치행위', 다른 말로 표현하여 '정치의 다른 수단'이라고 보았다. 그리고 나폴레옹이 수많은 전쟁을 정치수단으로 활용하여 이를 승리로 마감했으면서도 결국 유배되는 운명을 감수해야 하는 상황전개를 지켜본 클라우제비츠는 "전쟁이 상대가 지닌 대항의지(對抗意志)와 대항여지(對抗餘地)를 완전하게 박탈할 수 있어야만 이를 통해서 실현하고자 하는 정치적 목적을 달성할 수 있다"는 절대전(絶對戰)으로서의 전쟁형태를 개념화하기도 했으나 현실적인 여러 제약, 즉 독자적 또는 상대적인 마찰(friction) 때문에 힘의 무한 사용이 불가능하고, 이에 따라 현실적으로 구체화되는 전쟁은 유한전(有限戰)일 수밖에 없다는 점을 인정하여 나폴레옹의 수세공격(守勢攻擊) 태세를 선호했다. 그러나 전쟁은 힘의 무한사용을 전제로 한 절대전의 형태로 치러져야 전쟁이라는 수단을 통하여 정치적 목적달성을 확실하게 보장할 수 있다는 그의 견해는 현실전으로서 유한전을 총력전(總力戰)으로 변화하도록 한 이론적 근거를 제공해 주기도 했다. 이와는 대조적으로 조미니는 전쟁을 분류하고, 군사정책과 전략을 분석하면서 전쟁과 전투에서 승리할 수 있는 전략과 전술을 제시함으로써 실전을 담당한 직업군인들에게 전쟁의 원칙과 전투수행의 원리를 일깨워 주었다.[26] 나폴레옹 전쟁사를 분석한 클라우제비츠와 조미니의 업적은 정치의 수단으로서 전쟁을 동원할 수 있고, 절대전의 형태에 가까운 전쟁이 정치적 목적달성을 용이하게 해주며, 전쟁에서 이길 수 있는 원칙과 원리를 모색할 수 있다는 점을 제시함으로써, 현실적으로, 전쟁의 발생빈도를 높이고 이의 규모를 확대시킨 이론적 근거를 제공한 셈이 되었다.

정치적 목적을 달성하기 위하여 전쟁을 수단으로 활용한 클라우제비츠의 충실한 제자는 프러시아가 배출하였다. 나폴레옹전쟁에서의 수모를 기억하고 있던 프러시아의 수상 비스마르크(Otto von Bismarck, 1815-1898)는 독일 민족이 통일국가를 건설해야 프랑스와 러시아에 맞설 수 있는 강국대열에 설 수 있다는 점을 인식하고, 프러시아를 중심으로 한 독일제국을 건설하려는 정치적 목적을 설정하였다. 이 정치적 목적을 달성하기 위해서 비스마르크는 독일 공국과 연관을 맺고 있는 오스트리아와 프랑스의 정치적 영향력을 제거할 필요가 있고, 이들 국가들과의 전쟁에서 승리를 쟁취함으로써 이를 현실화할 수 있다고 판단하였다. 나폴레옹전쟁에서 지휘관들의 독립적 지휘와 비협조, 그리고 이를 조정하기 위한 시간낭비가 패배의 원인이라고 판단하고 일반 참모(General Staff)를 정점으로 통합지휘체계를 갖추어 신속한 전쟁수행을 제도적으로 보장한 프러시아군을 지휘하고 있던 몰트케(Helmuth von Moltke, 1800-1891)가 수단을 제공할 수 있었다. 비스마

26 *世界戰爭史*, pp. 140-150; Carl von Clausewitz, *On War*, ed. and trans., by Michael Howard and Peter Paret (Princeton University Press, 1976); Antoine Henri Jomini, *The Art of War*, trans., by G. H. Mendell and W. P. Craighill (Greenwood Press, 1862) 참조.

르크와 몰트케는 먼저 오스트리아와 일전(The Seven Weeks' War, 1866)을 겨루어 승리를 거두었으나, 프랑스와 또 다른 전쟁을 상정하고 있던 두 주역은 오스트리아의 국가적 자존심을 훼손하는 행위(수도 비엔나에서의 승리행진 등)는 삼갔다. 전쟁을 통하여 오스트리아의 영향력을 제거한 이들은 프랑스와 주고받은 전문을 조작하여 프랑스 국민의 감정을 자극함으로써 전쟁을 꺼리는 프랑스 나폴레옹 3세(Louis Napoleon, 1808-1873)로 하여금 먼저 전쟁을 선포하도록 하고, 이 전쟁(The Franco-Prussian War, 1870-1871)에서 승리를 쟁취한 후에 프랑스 베르사유궁전에서 독일제국을 선포하는 '오만함'까지 과시하였으며, 프랑스로부터 메츠(Metz)와 알자스-로렌(Alsace-Lorraine)지방을 할양받고 50억 프랑의 배상금까지 받아 내는 쾌거를 달성하였다. 비스마르크는 또한 전쟁으로 변경된 현상을 기정사실화하는 조치로 프랑스와 러시아가 프러시아에 대하여 연합전선을 구축하지 않도록 이중보장외교(二重保障外交)를 통하여 러시아와 간접적 동맹관계까지 구축하였다.[27] 프랑스 국민의 자존심을 여지없이 짓밟은 보·불전쟁의 결과는 또 다른 전쟁(제1차 세계대전)의 원인을 제공하기도 하였으나, 프러시아의 비스마르크와 몰트케는 전쟁을 수단으로 활용하여 정치적 목적을 달성한 클라우제비츠의 충실한 제자가 되었다.

정치적 목적을 달성하기 위하여 전쟁을 수단으로 활용한 현상이 유럽에서만 현실화되지는 않았다. 아메리카 대륙이나 동북아시아 지역에서도 내부갈등을 극복하거나 이를 극복한 후에 대외적인 팽창정책을 보장하는 수단으로 전쟁이 동원되었으며, 이의 신속한 종결을 위

---

27 *Warfare in the Western World, Vol. I*, pp. 461-492; W. N. Medlicott, *Bismarck and Modern Germany* (New York: Harper & Row, Publishers, 1965); Norman Rich, *The Age of Nationalism and Reform, 1850-1890* (New York: W. W. Norton & Co., 1977), pp. 119-144; Rene Albrecht-Carrie, *A Diplomatic History of Europe Since the Congress of Vienna* (New York: Harper & Row, Publishers, 1973), pp. 121-141.

한 전략의 모색이 추구되었다.

국가의 독립 자체를 모국(母國)인 영국과의 전쟁을 승리로 마감함으로써 쟁취한 미국은 정치·이념적 목적을 달성하기 위한 수단으로 군사력을 사용하거나 전쟁을 운용하는 것을 망설이지 않았다. 서부로의 진출을 위해서 인디언과 싸웠으며, 영토확장을 위하여 독립전쟁시 도움을 받았던 프랑스와 협상은 물론 일전도 불사하였고, 서부개척을 마친 후 태평양 넘어 새로운 서부인 일본을 개국시키기 위하여 포함외교(Gunboat diplomacy, 1853-1854)도 서슴지 않았다. 연방정부와 주정부의 권한에 관한 견해차는 노예제도의 존폐문제와 연관되어 남쪽에서 결성된 남부연방이 출현하였고, 기존의 연방정부의 권위를 전면적으로 부정하였다. 이들 두 정치집단은 전쟁에 돌입하였고, 그 결과 미국은 남북전쟁(1861-1865)이라는 내전을 치르게 되었다. 미국의 남북전쟁에서 철도수송에 의한 병력의 대규모 기동과 집중이 현실화되었으며, 이러한 점이 유럽의 프러시아·오스트리아전쟁(1866)과 프러시아·프랑스전쟁(1870-1871)에서 더욱 가시화되기에 이르렀다. 특히 몬로주의(the Monroe Doctrine, 1823)에 입각하여 멕시코 등에 대해서 무력을 사용하면서 아메리카 대륙에서 주도권을 장악해 오면서 내부갈등까지 극복한 미국은 내부정화(Progressivism) 과정을 거친 후에 이를 외부로 확산한다(Progressivism abroad)는 명분과 실리를 앞세워 스페인과의 전쟁(1898)도 불사하여 필리핀을 식민지로 획득하고 카리브해 지역에서 주도적인 위치를 확보하였다. 일본을 개국시킨 미국은 또 다른 '서부'로 간주된 중국에 대한 '기회균등정책'(open door policy)을 주장하면서 아편전쟁(1839-1842) 이후 중국에 먼저 진출한 유럽열강과 지분쟁탈전에 돌입하기도 했다.[28] 이와 같이 미국도 독립의 쟁취는 물론 내부화

28 *Warfare in the Western World, Vol. I*, pp. 391-459; Thomas G. Patterson, et al., *American Foreign Policy: A History* (Lexington, Mass.: D. C. Heath and Company, 1977), pp. 121-255; Robert H. Ferrell, *American Diplomacy: A History* (New

장과 남북간의 갈등을 극복한 후 대외팽창정책을 보장하는 수단으로 무력사용과 전쟁을 활용하면서 세계열강에 합류하였다.

전쟁을 정치수단으로 활용하고 병력의 절약과 집중을 통한 전력사용의 효과를 극대화하려는 전략과 전술을 구사한 면에서, 동북아시아 지역도 예외가 될 수 없었다. 특히 유교권(儒教圈)의 주변에 위치하여 유교권의 중심인 중국 대륙에 대한 진출을 모색하려 했던 일본은 대륙진출의 발판 격인 한반도를 장악하기 위한 무력사용을 마다하지 않았다. 특히 전국시대를 마감한 일본이 조선을 침공한 경우(임진왜란, 1592-1593; 정유재란, 1597-1598)와 조선 말기 명치유신(明治維新)으로 근대화를 달성한 일본이 조선을 장악하기 위하여 조선에 대해서 종주권(宗主權)을 행사하고 있던 청나라와 청을 대신하여 등장한 러시아와 벌인 두 번의 전쟁(청일전쟁, 1894-1895; 러일전쟁, 1904-1905)을 대표적인 예로 꼽을 수 있다. 임진왜란으로 일컬어진 전쟁에서 일본은 이순신(李舜臣)이 지휘한 조선 수군(水軍)이 호남으로의 우회를 차단하여 일본군의 수륙병진(水陸倂進)을 불가능하게 만들고, 곽재우(郭再祐) 등 의병장(義兵將)이 이끄는 의병들이 유격전을 전개하고 명군을 지원하여 조선을 장악하지 못했으나, 조선 말기의 두 전쟁에서 승리한 일본은 전쟁을 통하여 조선을 합병(合倂)하는 정치적 목적을 달성할 수 있었다. 임진왜란에서 제해권(制海權)을 장악하지 못하여 승리하지 못한 일본은 조선 말기 두 전쟁에서는 선제기습으로 제해권을 장악하는 작전을 수행함과 동시에 한반도를 통하여 육군병력을 진격시킴으로써 승리를 쟁취할 수 있었다.[29] 동북아시아 지역 국가, 특히 일본은 기습공격을 통한 제해권 확보와 신속한 기동에 의한 병력투입으로 가용병

York: W. W. Norton & Co., 1959), pp. 51-242; Thomas A. Bailey, *A Diplomatic History of the American People* (Englewood Cliffs, NJ.: Prentice-Hall, Inc., 1980), pp. 177-485.

29 溫暢一, *韓民族戰爭史* (서울: 集文堂, 2001), pp. 261-374, 438-448; *世界戰爭史*, pp. 151-191.

력면에서 국지적 우세를 확보하여 이를 활용한 전략을 구사함으로써 청일, 러일전쟁에서 승리를 쟁취하여 정치적 목적을 달성할 수 있었다.

이와 같이 근대는 전쟁을 수단으로 활용하여 정치적인 목적을 달성한 사례가 많이 있으며, 전쟁을 승리로 마감하기 위한 효율적인 전략 및 전술개념과 이를 적용한 전례를 많이 보여 주고 있다. 정치적, 종교적 영향력을 확대한다거나, 영토를 차지한다거나, 혁명과 같은 변혁으로 변질된 질서와 사상을 보호하거나 이를 차단하려 한다거나, 혹은 내부갈등을 극복한다거나, 제국주의적 대외정책을 추구한다거나, 또는 대륙으로의 진출을 모색하는 수단으로 근대의 국가 및 국가동맹체들은 전쟁이라는 수단을 활용하는 것을 주저하지 않았다. 전쟁을 치르는 과정에서도 국가를 비롯한 정치집단들은 기습, 기만, 기동을 통하여 적시적소(適時適所)에서 전력의 우세를 확보하여 국지적인 승리를 쟁취하고 이를 확대함으로써 전쟁을 승리로 마감하는 갖가지의 전략과 전술을 구사하였다. 여기에서 포위, 우회기동, 정면공격, 돌파 등의 공격방식에 근거한 격멸, 분리 및 각개격파 등 직접전략도 시도되었으며, 이러한 직접대결방식의 전략 채택이 불가능할 경우에는 게릴라전 수행과 대결회피, 초토작전을 통하여 상대의 전력을 충분히 마모(磨耗)시킨 후에 역습과 타격을 위주로 한 작전을 통하여 상대를 격퇴하는 전략도 구사하였다. 이와 같이 근대는 정치적 수단으로서 전쟁의 효용성을 인정하고 이를 활용한 예를 많이 보여 주었으나 수단으로 운용된 전쟁은, 힘의 무한사용에 근거한 절대전의 형태에 근접될수록 주어진 전쟁목적 달성이 용이하다는 군사이론의 영향으로 전쟁수행 주체들의 총력이 동원됨으로써, 그 결과가 전략이나 전술의 효용성보다는 전쟁참가국들이 보유한 동원능력의 다과(多寡)에 좌우되는 총력전(總力戰) 형태로 변모해 간 과정도 보여 주었다.

또한 근대에 치러진 전쟁과 전투를 통하여 전투나 전쟁수행에 필요한 전략·전술과 연관된 중요한 명제가 도출되기도 했다.

먼저 방어가 공격보다 건실하고 용이한 작전형태라는 점이다. 중국의 고전 병서인 『손자(孫子)』에 "… 故用兵之法 十則圍之 五則攻之 倍則分之 敵則能戰之 少則能逃之 不若則能避之 …"라고 적혀 있어 다섯 배의 병력우세를 확보하고 있으면 공격작전을 수행하고, 최소한 두 배의 병력은 확보하고 있어야 융통성 있는 작전을 수행할 수 있다는 점을 지적하여 방어가 공격보다 덜 힘들다는 내용이 언급되었다.[30] 나폴레옹전쟁을 분석한 클라우제비츠 역시 "지역을 지키는 것이 이를 취하는 것보다 쉽다"는 점을 지적하고, "양측이 동등한 수단을 가지고 있다면 방어가 공격보다 쉽다"고 밝혔다.[31] 그러나 클라우제비츠는 방어만으로는 전쟁의 목적을 달성할 수 없다는 점을 인정하면서 나폴레옹의 수세공격(守勢攻擊)을 바람직한 작전형태로 평가하고 여러 가지 작전형태에 대한 효용성 있는 전략·전술을 제시하였다.[32] 미국의 남북전쟁(1861-1865) 시 미국 대통령(Abraham Lincoln, 1809-1865)은 당시 육군총사령관(Henry W. Halleck, 1815-1872)에게 보낸 서한에서 "만약 남군 60,000명이 우리 북군 90,000명의 리치몬드 접근을 거부하고 있다면, 우리 북군 40,000명으로 남군 60,000명의 워싱턴 접근을 막고, 나머지 50,000명을 다른 곳으로 전용할 수 있지 않겠는가?"라는 '질문성 지시'를 내림으로써 공격과 방어에 대한 '어림 기준'을 제시한 경우도 있었다.[33] 이러한 이론과 실제를 통하여 "상대병력의 2/3 수준으로 방어할 수 있고, 상대보다 두 배의 전력우세를 확보해야만 공격작전을 수행할 수 있으며, 열세한 병력으로 승리를 쟁취하기 위해서는 기습, 기만, 기동 등에 기초한 전략·전술의 적용으로 확보한 국지적

---

30 *孫子*, 十家註 卷三: 謀攻篇.

31 *On War, op. cit.*, p. 357.

32 *Ibid.*, pp. 357-573.

33 Letter, Lincoln to General Halleck, September 19, 1863, Quoted in T. N. Dupuy, *Understanding War: History and Theory of Combat* (New York: Paragon House Publishers, 1987), pp. 32-33.

우세를 활용하여 거둘 수 있는 국지적 승리를 전면적으로 확대시킬 수 있어야 전쟁을 승리로 마감할 수 있다"는 명제를 근대 전쟁들이 입증해 주었다.

그러나 방어만으로는 전투나 전쟁에서 승리할 수 없고 공격이 승리를 쟁취할 있는 작전형태라는 명제 역시 근대의 전쟁기록이 입증해 주고 있다. 나폴레옹은, 거의 예외 없이, 연합전선을 구축한 상대보다 총력면에서 열세한 병력을 가지고 싸웠기 때문에 상대의 기도(企圖)를 들어내기 위해서 수세(守勢)를 취했으나, 상대의 기도와 약점이 동시에 드러나면 공세(攻勢)를 취하여 작전선(作戰線)이 다를 수밖에 없는 상대를 분리시킨 다음에 분리됨으로써 약화된 각 상대를 각개격파(各個擊破)하거나, 유리한 지형지물이나 프랑스군의 약점을 노출시켜 상대를 유인하고 이를 분리하여 각개격파하는 전략과 전술로 승리를 쟁취하였다. 독일을 통일하는 데 장애요인이 되었던 오스트리아와 프랑스의 대독일 내 영향력을 제거하기 위한 수단으로 전쟁을 택한 프러시아는 의도적으로 전쟁을 유발시키고 잘 발달된 철도망을 이용하여 병력을 신속하게 집중 투입하는 기동방식을 택하여 두 나라와의 전쟁을 승리로 종결함으로써 독일제국 건설의 정치적 목적을 달성하였다. 다시 말하여, 프러시아는 작전수행에 있어서 적극적인 공세를 취함은 물론 전쟁 자체를 유도하고 선제공세를 취함으로써 전쟁을 승리로 마감하여 정치적 목적을 달성한 사례를 연출해 냈다는 뜻이다. 대륙진출의 발판인 한반도를 장악할 목적으로 두 차례에 걸친 전쟁을 유발하여 기습과 선제공격작전을 통하여 승리를 쟁취하고, 이로써 한반도를 장악한 일본의 경우도 같은 범주의 사례로 볼 수 있다. 특히 러일전쟁에서 뤼순을 효과적으로 방어한 러시아군이 엄청난 희생을 감수하고 이를 '끈질기게' 공격한 일본군에게 결국 항복하고 만 전례 역시 공격작전이 전쟁의 결과를 좌우한다는 사실을 증명해 주고 있다.

근대가 드러낸 세 번째 명제는 전쟁의 규모가 커지고 이에 동원되는 수단의 파괴력과 수량이 증진·확대됨에 따라 전쟁 중에 적용된 전략·전술의 타당성과 효용성의 상대적 우열보다 전쟁수행 당사자들이 보유한 전쟁수행역량의 다과(多寡)가 전쟁의 결과를 결정짓는 데 더욱 영향을 미치는 요인으로 등장하기 시작했다는 점이다. 근대가 전쟁이 유한전(有限戰)에서 총력전(總力戰)으로 변해 가는 과정을 거치면서 보여 준 명제였다. 이러한 면에서 근대는 타당성 있는 전략·전술의 필요성과 효용성을 입증하면서도 이의 제약과 한계도 노출시킨 시대적 특성을 보여 주었다.

이와 같이 근대는 전략·전술의 전개과정에서 고래(古來)로부터 구체화되어 왔던 전략·전술의 개념적, 실천적 타당성과 효용성을 극대화시켜 기록으로 남겨 놓았으나, 전쟁을 정책적 수단으로 간주하고 전쟁에서 승리를 쟁취하기 위하여 어떠한 개념의 전략을 어떻게 적용해야 하는가에 관심과 노력을 집중하고 그 논리에 지나치게 집착한 결과 전략·전술의 실용적 한계도 드러내어 결국 양차 세계대전에서 전략·전술이 '파산선고'를 받았다는 주장을 합리화시킬 수 있는 전조(前兆)까지도 보여 주었다. 전쟁을 효과적인 정치수단으로 동원하고 여기에서 승리를 어떻게 쟁취할 것인가에 전력을 기울인 결과 전쟁의 규모는 확대되고 전투의 치열한 정도는 심화되어 전쟁이 결국 총력이 동원되는 총력전의 양상을 띠게 되자, 전쟁에서의 승리가 피해의 정도만 다른 패배로 기록되어 '어부지리'(漁父之利) 논리의 타당성만을 입증할 '맹목적인 대전'(大戰)의 가능성이 드러나기 시작했다. 이와 같이 근대는 정책수단으로서 동원된 전쟁과 이를 승리로 마감하는 것에 대한 효용성을 입증하면서도 이러한 논리의 폐해 역시 노출시킨 사례와 전례를 기록으로 남겼다.

4) 양차 세계대전과 전략

전략의 수행주체로 대변되는 국가라는 정치집단이 전쟁을 수단으로 운용하여 정치·이념적 목적을 달성해 옴에 따라 전쟁의 규모는 확대되고 그 수행 정도가 치열해져 총력전이라고 일컬어지기에 손색이 없는 1, 2차 세계대전이 현실로 나타나게 되었다. 군사적인 전쟁으로 군사 외적인 목표를 실현시켜 온 정치·군사 지도자들은 전쟁을 통하여 어떠한 목표도 달성할 수 있다는 상념(想念)에 사로잡혀 평화시에도 전쟁계획을 세워 놓고 있었으며, 낡은 정치·경제·사회체제에 불만을 품고 있던 일반인들이나 여러 민족으로 구성된 국가 내의 소수민족들은 전쟁이 새로운 체제와 질서를 생성시키는 촉매역할을 해줄 수 있다는 기대감으로 전쟁 발발(勃發) 자체를 오히려 반기고 있었고, 정치지도자들은 이를 더욱 부추기려는 듯 아전인수(我田引水) 격인 국가나 민족의식을 의도적으로 고양(高揚)시키는 노력을 마다하지 않았다. 특히 산업과 기술혁명의 혜택을 받아 개량된 새로운 무기의 등장은 '상정된' 전쟁에서 자국(自國)이 승리할 것이라는 '환상에 가까운' 확신(確信)을 심어 주어 승패의 구분이 커다란 의미가 없는 총력전도 불사하는 분위기를 자아내게 만들었다. 그 결과 1차 세계대전 초기 전장(戰場)으로 향하던 독일병사들의 총구에는 꽃송이가 꽂히기도 하였고, 2차 세계대전 시 우수한 아리안족의 생활터전을 넓혀야 한다는 사명감에 불탄 나치군의 발걸음은 가볍기까지 했다.[34]

정책수단으로 운용될 수 있는 전쟁을 수행할 군사지도자들은 실질적인 작전계획을 구상하여 이를 구체화하였으며, 이들 전략의 실천적 효용성을 믿고 있었다. 양차 세계대전을 수행함에 있어서 프랑스와 러시아와의 양면전 수행을 회피하기 위하여 1차 세계대전 전 독일

---

34 Robert O. Paxton, *Europe in the Twentieth Century*, pp. 63-64, 74, 342-371, 432-457.

참모총장 슐리펜(Count Alfred von Schliefen, the Chief of the German General Staff, 1891-1906 재임)은 '선 프랑스 후 러시아'(先佛後露)의 과감한 공격계획을 마련하였으며, 2차 세계대전을 대비한 독일 군부는 '전격전'(電擊戰) 개념에 입각한 전쟁계획을 수립해 놓고 있었다. 내선상에 위치한 독일이 양면전을 거부하면서 전투력을 한 전선에 집중하여 승리를 쟁취하려 한 대담한 작전계획이었다. 이러한 독일의 전쟁수행계획에 맞서 프랑스와 러시아 등도 전쟁계획을 구비하고 있었으나 독일의 계획처럼 야무진 맛은 없었다. 1차대전 전 프랑스는 독일과의 전면적인 전쟁수행보다는 보불전쟁(1870-1871)의 패배로 독일에 빼앗긴 알자스-로렌 지역의 탈환에 중점을 둔 공격계획을 수립해 놓고 있었으며, 2차대전에 대비해서는 요새화된 '마지노 선'(the Maginot Line)에 의지한 방어전략에 집착하고 있었다. 러시아는 병력의 동원계획과 집결지 정도만 명시한 계획을 보유하였으며, 색깔이 붉게 변한 소련의 스탈린은 히틀러의 독일군 예봉을 서부로 전환시키기 위하여 독일과 불가침조약을 체결하는 등 부산을 떨면서 적군(赤軍)을 강화하는 정도였다. 따라서 독일의 전쟁계획과 개념이 프랑스와 러시아 및 소련의 것보다 더욱 돋보인 것은 사실이었으나 교전 가능 당사국들은 나름대로 타당성이 있는 전쟁계획을 수립해 놓고 있었다.[35]

양차 세계대전을 통하여 교전 양측은 그들이 경험한 지혜를 동원하여 상황을 고려한 전략개념을 구상하고 이를 실천적으로 보장하려 하였다.

전략상 내선상에 위치하여 프랑스와 러시아의 협공을 가상한 독일은 두 차례의 대전을 치르면서 양면전의 회피와 병력집중을 통한 각개격파라는 전략방침을 세우고 이를 구체화할 전략을 수립하였다. 태평양전쟁 시, 동남북 아시아 지역을 장악할 목적으로 전쟁이라는 수

35 *世界戰爭史*, pp. 195-207, 283-307, 466-472; *Warfare in the Western World, Vol. II: Military Operations since 1871*, pp. 523-529, 637-647, 702-708.

단을 동원한 군국주의 일본 역시 현지에서 즉시 가용한 전투력의 우세를 확보하고 있다는 판단하에 이를 기초로 전 방향 동시공격 방법인 원심공격전략(centrifugal offensive strategy)을 택하여 절대방위권을 구축한 다음 이를 돌파하려는 미군을 주축으로 한 연합군에 대해서 적극적인 소모전을 강요함으로써 유리한 조건하에서 전쟁을 마무리한다는 전략을 수립하고, 첫 단계 공격이 방해를 받지 않게 하기 위하여 진주만의 미 태평양함대를 무력화시키려 하였다. 전쟁을 정치적 목적달성의 수단으로 활용한 독일과 일본의 전쟁계획과 수행전략은 나름대로의 타당성을 지니고 있었다.

양차 세계대전에서 독일은 프랑스를 전선에서 이탈시키기 위하여 먼저 전력을 서부전선에 집중함으로써 프랑스군을 격파하여 프랑스의 항복을 확보한 다음에, 발달된 철도망을 이용하여 동부전선으로 병력을 신속하게 이동시켜 러시아군까지 격파한다는 전략개념을 설정하였다. 이에 따라 1차대전에서 독일은 강한 우익(右翼)을 주공으로 광정면(廣正面) 우회기동을 실시하여 알자스-로렌 지역의 탈환을 목적으로 전쟁계획을 수립하고 있던 프랑스군의 후방을 강타한다는 슐리펜계획을 수립하였으며(후에 몰트케에 의해서 우익이 약화되었으나 기동개념 자체는 동일함), 2차 세계대전에서는 연합군인 영국군과 프랑스군을 분리시키는 기동을 먼저 실시하고 영국군을 몰아낸 다음 프랑스군을 공격하여 프랑스의 항복을 강요한다는 작전을 수행하였다. 독일군은 1차대전에서 약화된 우익의 진격부진과 자체 기동력의 부족 및 기동에 맞춘 지원능력의 불비 등의 이유로 프랑스를 전선에서 이탈시키지 못하고 영국은 물론 미국까지 상대해야 하는 결과를 빚어냈으나, 2차대전에서는 전차와 보병 및 지원부대 등을 기동화하고 오열(五列)까지 활용한 전격전(電擊戰)을 수행하여 프랑스의 항복을 받아 내는 쾌거를 달성하였다. 1차 세계대전에서 공격에 중점을 둔 독일군을 상대한 프랑스군은 기선을 독일군에게 내주며 싸웠으나, 기동력과 돌파력이 부진한 독일군 자체의 결함과 미국의 참전에 힘입어 방어작전을 성공적으로 수행하여 전선의 돌파를 저지함으로써 전쟁을 승리로 마감할 수 있었다. 이러한 1차대전에서 얻은 프랑스군의 경험은 2차대전을 준비하는 프랑스의 전략을 '마지노선'을 중심으로 한 방어 위주의 것으로 만들었다. 그러나 이러한 프랑스의 전략은 전투기의 엄호 아래 전차를 앞세우고 기계화 보병을 주축으로 펼치는 독일군의 '전광석화'(電光石火) 같은 돌파를 저지하지 못한 채 항복이라는 치욕적인 결과를 프랑스에 안겨 주면서, 독일군에게는 양면전을 피할 수 있도록 해주었다. 그 결과 소련은 독일군이 펼치는 전격전에 단독으로 대항하게 되고 엄청난 희생을 감수하면서 초기 전역에서 독일군의 승리를 보장해 주어야만 했다. 이와 같이 1차대전에서 견실한 방어작전을 통하여 승리를 거둔 프랑스군은 이를 연장하려는 방어전략을 수립하여 '마지노 방어선'이 이를 보장해 줄 것을 기대하고 있었고, 1차대전 시 프랑스의 방어선을 돌파하지 못한 독일군은 전선을 돌파하고 이의 전과를 확대함으로써 승리를 확보하려는 구상하에 '전격전' 개념에 입각한 공격전략을 수립하고 이를 전차와 기계화 보병이 보장하도록 운용하여 2차대전 초기의 눈부신 전과(戰果)를 획득하였다.[36]

'대동아공영권(大東亞共榮圈) 구축'이라는 기치 아래 태평양전쟁(1941-1945)을 일으킨 '동양의 나치' 군국주의 일본 역시 공격에 기초한 전략과 계획을 수립하여 배타적인 생활권(生活圈)을 확보하려 했다. 일본의 진주만기습(현지시간: 1941. 12. 7)은 미국이 2차대전에 참전하는 결과를 빚어냈으나, '선독후일본'(先獨後日本)이라는 미국과 영국의 정치적 합의로 일본의 초기 전역은 절대방위권의 확보라는 목표를 달성하면서 그 단계를 마감할 수 있었다. 그리하여 일본은 미얀마에서 쟈바, 수마트라, 뉴기니아, 마샬 군도(群島)와 알류산 열도(列島)에

---

36 *世界戰爭史*, pp. 208-378.

이르는 지역을 장악할 수 있었다. 이로써 미국은 남쪽에서는 오스트레일리아, 중앙에서는 미드웨이까지 밀려났고, 이를 발판으로 반격을 위한 전열을 가다듬어야만 했으며, 바탄반도에서 밤중에 몰래 빠져나오면서 남긴 "다시 돌아오겠다(I shall return)"던 맥아더(Douglas A. MacArthur, 1880-1964)의 호언장담은 그 실현 여부가 불투명했다.

전쟁을 수단으로 채택한 독일과 일본은 현실적으로도 타당성이 있다고 판단된 전술개념을 구체화하여 이를 적용하였다.

상대를 섬멸하기보다는 마비시켜 조직적인 저항력을 박탈함으로써 승리를 쟁취하겠다는 전격전(電擊戰) 개념을 수립한 독일은 상대의 전의(戰意)를 약화 또는 박탈하기 위하여 오열(五列)을 활용하고 신속한 기습을 감행하며 이를 위해서 우세한 화력과 병력을 신속하게 기동시키는 한편, 급강하 전폭기와 전차 및 기동화된 포병화력과 지원능력을 통합·운용하여 전선을 돌파하고 이의 전과를 신속하게 확대하는 전술을 채택하였다. 이를 구체화하는 단계로서 독일은 오열을 활용하여 정보를 수집하면서 심리적으로 상대 국민의 전의를 약화시키고, 공군력을 활용하여 지휘체계와 증원조직을 마비시키면서 심리적인 충격을 가하고, 기동화된 통합전력을 집중하여 전선을 돌파한 후에 전차를 투입하여 이의 전과를 확대하고, 화력지원을 받는 후속 보병으로 하여금 소탕작전을 담당하도록 하는 작전수행단계를 설정하였다. 전격전 이론에 의한 전술개념과 수행단계를 설정한 독일은 대프랑스작전에 앞서 폴란드 전역에서 이를 실험하면서 폴란드를 멸망시키기도 하였고, 프랑스의 항복을 받아내기도 하였다. 특히 러시아 전역 개시 전 실시된 대유고슬라비아 작전에서 독일군은 러시아 전역준비로 인하여 대규모 병력의 차출과 이의 신속한 집중이 어렵다는 자체 한계와 기동력이 부족한 상태에서 거점방어를 실시하고 있는 유고군의 상황을 감안하여 최초 목표를 탈취할 전력만 확보되면 즉시 공격을 감행하는 '축차공격'(flying start tactics)으로 유고군의 조직적 대항력을 박탈하는 방법을 채택함으로써 상황여건에 따라 전격전을 수행하는 '특이한' 전술을 구체화하기도 했다. 대소(對蘇) 전역(戰役)에서 독일은 경보병의 견제공격을 통하여 정면의 소련군을 견제하면서 양 측방에 돌파구를 형성한 다음에 돌파된 양 측방에 중전차(重戰車)를 투입하여 포위의 외환(外環)을 형성하도록 하고, 차량화 보병부대가 중전차의 측방을 보호하면서 포위의 내환(內環)을 형성하고, 정면에서 소련군을 고착·견제하기 위하여 공격을 감행하던 보병부대와 더불어 포위된 소련군을 소탕하는 작전을 수행해 나가는 전술(Keil und Kessel: Wedge and Trap Tactics)을 구사하여 서전(緒戰)을 승리로 장식하기도 했다.[37] 이와 같이 독일은 '섬멸(殲滅)이 아닌 마비(痲痺)'를 통하여 승리를 쟁취하는 전격전(電擊戰) 개념하에 상황·여건에 맞는 전술을 구상하여 이를 구체화함으로써 프랑스를 굴복시키고, 유럽 러시아를 탈취하는 전과를 거둘 수 있었다.

아시아의 일본도 비교적 타당성 있는 전술개념과 수행단계를 구상하고 이를 구체화하였다. 조기에 점령하고자 계획했던 지역에서 즉시 가용한 병력의 우세를 확보하고 있던 일본은 진주만기습과 동시에 전 목표에 대한 공격을 개시하는 전 방향 동시공격 방법을 택하였다. 태평양 도서지역인 괌도는 물론 홍콩, 말레이시아, 그리고 필리핀까지 절대방위권으로 설정하여 지역 내 주요한 목표를 동시에 공격하면서 특히 정글지역인 말레이시아에서는 도로를 이용한 경전차의 진격과 자건거 보병의 각개 진출에 의한 우회와 침투전술로 싱가포르까지 점령하였다. 인도네시아의 도서지역을 점령함에 있어서 일본군은 내부 진출이 어려운 내부 정글지역의 개별적 점령보다는 주요한 지점을 점령한 후에 기지 자체를 추진하는 전술인 '와도전술'(蛙跳戰術: frog-jumping tactics)을 택하여 섬들을 장악하였다. 필리핀을 점령하기 위하

37 *世界戰爭史*, pp. 303-465.

여 필리핀과 미군을 양분할 수 있는 지역에 상륙한 후에 이들을 공격하였으며, 바탄반도로 철수한 미군의 항복을 받아 내기도 했다. 속전속결(速戰速決)이라는 기본개념을 구현하기 위하여 일본은 전 방향 동시 공격 방식을 택했고, 작전지역의 특성과 상황여건에 맞는 전술을 고안하여 이를 적용하였다. 그 결과 일본군은 단시간 내에 설정된 방위권을 확보할 수 있었다.[38]

실로, 전쟁을 정치·이념적 목표달성 수단으로 채택하여 유럽과 아시아에서 2차 세계대전을 일으킨 주역인 나치 독일과 군국주의 일본은 타당성이 있다고 판단되는 전략 및 전술개념과 이를 구체화할 수 있는 작전수행 방식과 단계를 설정함으로써 2차대전 초기 전역을 승리로 장식할 수 있었다.

그러나 총력전으로 현재화된 대전(大戰)에서의 승리는 전략 및 전술 개념의 타당성과 이의 성공적인 수행만이 보장해 줄 수 있는 성질의 것은 아니었다. 독일은 전격전의 개념과 이에 걸맞는 전술의 적용으로 프랑스를 굴복시키고 유럽 러시아를 점령하였으나, 영국의 전의(戰意)를 박탈하지는 못했고 모스크바 전방까지 빼앗긴 소련의 전력(戰力)을 고갈시키지는 못했다. 현지에서 즉시 가용한 병력의 우세를 확보하고 이를 투입하여 방위권을 용이하게 확보한 일본도 태평양을 내해(內海)처럼 간주하고 있던 미국의 전의는 물론 전력을 박탈하지 못했다. 오히려 독일은 전쟁지속 능력을 확보하기 위하여 코카사스 지역으로 공격방향을 전환하였으나 소련군은 물론 러시아의 혹한(酷寒)과 싸운 결과 스탈린그라드에서의 패배를 감수해야만 하였으며, 영국을 주축으로 형성한 제2전선인 북아프리카 전역에서도 철수할 수밖에 다른 도리가 없었다. 절대방위권을 확보했다고 자만하던 일본은 한낮에 동경(東京)이 폭격당하는(항공모함 Hornet호에서 출격한 B-25 폭격기

38 *世界戰爭史*, pp. 466-489.

16대, James H. Doolittle 중령 지휘) 충격을 받아, 항공모함 기지가 있는 미드웨이와 오스트레일리아의 맥아더 기지를 지원하기 위한 미국의 병참선(Arc Line: 미국 서부해안-Hawaii-Palmyra-Canton-Samoa-Fiji-New Caledonia-Brisbane-Australia)을 점령·차단하여 절대방위권을 더욱 확실하게 확보하려 하였다. 그러나 일본은 미드웨이 해전(海戰)에서 패배하고 과달카날 육전(陸戰)에서 소모전(消耗戰)을 강요당함으로써 절대방위권을 방어할 능력조차 박탈당하는 결과를 자초하고 말았다. 이로써 유럽에서의 독일과 마찬가지로 일본 역시 작전수행의 주도권을 미군에게 넘겨준 채 점차적으로 방위권을 축소해야만 할 지경에 처하게 되었다. 상황이 이렇게 전개되자, 전략과 전술 개념의 이론적 타당성이나 실천적 효용성보다 전투를 지속할 수 있는 인적·물적 동원능력이 전쟁의 결과를 결정지어 주는 요인이 되었다. 2차 세계대전의 결과는 바로 전쟁수행 능력과 동원능력의 다과(多寡)가 결정지어 준 셈이다.[39]

전략과 전술의 개념적, 실천적 타당성이나 효용성보다 전쟁수행 양측이 보유한 전쟁수행 및 동원능력의 상대적 우열(優劣)이 대전(大戰)의 최종결과를 결정지어 주는 요인으로 드러남에 따라, 정치·이념적 목적을 달성하기 위한 수단으로서의 전쟁의 적절성과 전쟁에서 승리를 쟁취하기 위하여 고안된 전략과 전술의 개념적 효용성에 대한 의문이 제기되었다. 1차 세계대전에서 교착된 전선을 돌파하지 못했고, 이로써 승리를 쟁취하지 못했다고 판단하여 우세한 화력을 신속하게 기습적으로 집중하여 승리를 쟁취하려는 의도하에 제시된 독일의 전격전(電擊戰)이론과 이에 근거하여 상황에 맞게 고안된 각종 전술개념과 수행단계는 전장에서 그 타당성과 효용성이 입증되어 초기 전역에서 독일에게 승리를 안겨 주었다. 그러나 이것만으로 독일이 전쟁을 승리로 마감할 수는 없었다. 서부전선에서 미군과 영국군이 펼쳤던 협동공

---

39 *世界戰爭史*, pp. 324-537.

격이나 동부전선의 소련군이 정면공격을 통하여 돌파를 시도하고 돌파구를 확대하여 전선을 추진한 전략과 전술은 독일의 것들에 비하여 덜 극적(劇的)이었으나, 상대적으로 우세한 연합군의 전력은 독일군 전략·전술의 개념적 타당성이나 실천적 효용성을 극복하고도 남음이 있었다. 태평양지역에서도 일본군의 강점을 우회하고 후방 약점을 점령한 다음 강점에 이르는 해상병참선을 차단하는 맥아더의 우회전술(By-Pass Tactics)은 강점을 추진시켜 나갔던 일본군의 전술(Frog- Jumping Tactics) 이상의 개념적, 실천적 타당성이나 효용성이 있었으나, 전세(戰勢)를 바꾸어 놓은 결정적 요인은 교전 양측의 전력상 우열(優劣)이었다. 그리하여 일본은 온갖 특공작전(神風, 回天, 櫻花, 萬歲, 玉碎 등)까지 실시하여 축소해 가던 방위권이나마 보존하려는 작전(捷, ア, 天, 決號 作戰)을 펼쳤으나 아무 소용이 없었다. 유럽의 독일이나 태평양의 일본이 수립한 전쟁계획과 전략 및 전술의 이론적, 실천적 타당성과 효용성도 이들 국가들이 보유한 전쟁수행 능력과 동원능력의 한계를 대치할 수는 없었다. 전쟁을 승리로 마감해 오던, 전통적인 의미에서의, 전략과 전술의 이론적·실천적 타당성과 효용성은 그 한계를 드러내게 되었다.

특히 태평양전쟁을 빨리 마감하기 위하여 미국이 사용한 원자탄(原子彈)은 전쟁과 전략 및 전술에 대한 전통적 견해를 거의 무력화시키기에 충분한 충격을 안겨 주었다. 미군이 일본 히로시마(廣島)에 투하한(1945. 8. 6) 하나의 폭탄이 이 도시를 사라지게 만들었고, 나가사키(長崎, 1945. 8. 9)에 떨어진 또 하나의 폭탄도 같은 결과를 빚어냈다. 사흘 간격을 두고 투하된 두 개의 폭탄이 두 개의 도시를 없앤 사실에 놀란 일본은 두 손을 번쩍 들고 말았으며, 이로써 미국은 일본의 진주만기습에 대한 심리적, 군사적 보복을 가하면서 연합국이라는 명목으로 태평양전쟁에 뒤늦게 참전한(1945. 8. 8. 대일 선전포고) 소련의 일본 군정(軍政) 참여를 배제하는 정치적 효과까지 획득한 일석이조

(一石二鳥)를 달성하였다. 두 개의 폭탄이 가져온 결과치고는 엄청난 수준이었다. 그러면서 이러한 무기를 전면적으로 동원한 전쟁이 과연 정치의 수단이 될 수 있으며, 이러한 전쟁을 승리로 마감하기 위한 전략과 전술이 무슨 의미가 있을까 하는 기본적 의문을 던져 놓았다.

일본에 대해서 미국이 사용한 이 두 개의 폭탄은 기계적, 화학적 에너지원(源)에 기반을 두고 개발되어 온 무기체계에 원자력에너지가 추가된 자연적 현상을 의미하였으나, 이의 사회적 파장은 가히 혁명적인 것이었다. 정치적 목적달성을 위한 수단으로 운용되어 온 전쟁에서 실제 사용하기 위하여 개발된 무기체계의 한 부분이 '정치적 수단'으로 간주되어 온 전쟁의 본질론을 사실상 부정하는 현상이 빚어진 것이다. 원자력에너지를 활용한 핵무기체계를 동원한 전쟁은 인류의 생존 여부와 연관된 문제를 제기하고, 따라서 이러한 전쟁에서의 군사적 승패를 사실상 무의미하게 만들 수 있기 때문에 정치적 목적달성을 위한 수단으로 이러한 형태의 전쟁을 동원한다는 것 자체를 거의 불가능하게 하고 있다. 더구나 이러한 무기체계를 동원한 전면적 핵전쟁의 잔류효과는 전 지구 내 생물체의 생존 자체를 근원적으로 거부할 수 있는 결과를 빚어낼 수 있기 때문에 이러한 전쟁의 결과는 결국 승패(勝敗)의 문제가 아닌 정도(程度)와 시차(時差)만 약간 다른 패배(敗北)로 귀착될 것이 뻔한 이치다. 따라서 전면 핵전쟁에 관한 한 정치적 수단으로서의 전쟁본질론이 끼어들 틈이 없으며, 이를 승리로 마감하기 위하여 구상된 전략개념과 이를 실천적으로 보장하기 위한 효용성 있는 전략과 전술의 현실적 의미를 찾을 수 있는 여지를 찾아볼 수 없는 범주의 전쟁일 수밖에 없다. 실로, 총력전으로 간주될 수 있는 태평양전쟁(1941-1945)을 신속하게 종결하기 위하여 미국이 사용한 두 개의 원자탄은 어떠한 목적을 달성하기 위한 수단으로 동원하기 힘든 전쟁형태를 제시하고, 2차 세계대전을 포함한 당시까지의 모든 전쟁을 '재래식전쟁'이라는 범주로 일괄하면서, 새롭게 전개된 현대에 걸맞는 전쟁의 본질론과 전략 및 전술을 요구한 새로운 시대를 연 셈이 되었다.

총력전으로서 양차 세계대전이 빚어낸 결과로서 그러한 전쟁이 그 자체로서 과연 수단으로 운용될 수 있는가에 대한 의문을 제시하고, 전쟁을 승리로 마감하기 위하여 고안된 전략과 전술의 효용적 한계가 어떤가를 보여 주었다. 전쟁을 개시한 독일과 일본의 타당성 있는 전쟁계획과 전략 및 전술은 이를 현실적으로 구체화시켜 주어야만 할 전쟁수행 능력의 한계 속에서도 초기 전역의 승리를 확보했으나, 전쟁의 승리는 보장하지 못했다. 그러나 양차 대전, 특히 2차 세계대전에서 승리를 거두었다고 하는 유럽 국가들도 상처투성이의 모습에서 탈피할 수 없어 패전국이나 별다른 차이가 없게 되었으며, 미국과 소련을 주축으로 형성된 양대 진영으로 분할되어 배속되는 처지로 전락하고 말았다. 따라서 양차 세계대전의 승패는 개념적으로나 실천적으로 더욱 타당성이 있다고 판단된 계획이나 전략·전술이 빚어낸 결과라기 보다는 우세한 전쟁수행 및 동원능력이 결정지어 주었으며, 승리를 거둔 연합국 측에 속했던 유럽 국가들도 패배한 유럽 국가들과 별 차이가 없는 상태에서 미국의 도움을 받지 않을 수 없는 처지를 감수함으로써 그들에게는 승리 자체가 커다란 의미가 없게 되었다. 이와 같이 양차 세계대전은 총력전으로서 전쟁수행 및 동원능력의 다과(多寡)가 승패를 결정지어 주었으며, 전쟁을 수단으로 운용해 온 유럽 국가들은 승패에 관계없이 미국과 소련을 중심으로 새로이 형성된 국제질서를 수용할 수밖에 없는 부차적(副次的) 지위를 감수해야만 했다. 이러한 측면에서 양차 세계대전은 정치의 수단으로서 운용된 전쟁에서의 승리를 목표로 구상(構想)되고 구사(驅使)되어 온 재래식전략의 파산을 선고하고 새로운 차원의 것을 요구한 셈이 되었다.

더구나 재래식 전면전의 하나인 태평양전쟁을 신속하게 종결하려는 정략·전략적 의도하에 미국이 일본에 투하한 원자탄은 전쟁에서의 승리를 목적으로 한 전통적 시각에서 정의된 전략의 이론적·실천적 한계를 노출시키면서 핵무기체계를 동원한 전쟁까지를 포괄할 수 있는 새로운 전략의 수립을 더욱 촉진한 계기를 제공하였다. 양차 세계대전의 결과에서 드러난바 핵무기를 전면적으로 동원한 전쟁에서 승패를 가린다는 것은 전혀 의미가 없기 때문이다. 따라서 승리를 목적으로 한 전략은 핵무기를 동원한 핵전, 특히 전면 핵전에서는 설 자리를 찾기가 거의 불가능하게 되었다. 핵무기의 출현과 더불어 '재래식' 전쟁으로 분류된 전쟁도 파괴력이 증대되고 정확도가 증진된 무기체계의 등장으로 양차 세계대전에서와 마찬가지로 피해의 정도가 승패의 구분을 모호하게 만드는 결과를 빚어냄에 따라 전쟁의 승리를 주 목표로 삼아 온 전략개념과 전략 및 전술의 새로운 정립을 요구하게 되었다. 전쟁수행 수단의 하나로 개발된 핵무기는 정책적 수단으로 흔하게 운용되어 왔던 전쟁의 본질에 대한 변질을 강요하면서, 현실적으로 정치수단으로 동원할 수 있는 '재래식전쟁'(양차 세계대전과 같은 全面戰보다는 걸프전 같은 局地制限戰)과 손쉽게 운용할 수 없는 '핵전'(개념적으로 全面核戰보다는 制限核戰)으로 이원화(二元化)시켜 놓았다. 따라서 재래식 전면전의 신속한 종결을 위하여 사용된 초보적인 핵무기는 사실상 현실세계의 전쟁인 '재래식 제한전(制限戰)'과 관념세계의 전쟁일 수밖에 없는 '전면 핵전(核戰)'으로 이원화시킨 서막을 열고, 이로써 전개된 현대에 합당한 전략(戰略)의 개념정립과 계획수립을 요구하였다.

핵무기의 출현으로 전개된 현대는 정치수단으로서의 전쟁본질론에 대한 의문을 제기하였다. 나폴레옹이 수행한 전쟁을 관찰한 독일의 군사이론가 클라우제비츠는 전쟁을 정치의 수단으로 간주하고, 현실적으로 유한적(有限的)일 수밖에 없는 전쟁에서 주어진 목적을 달성하기 위해서는 무한적(無限的)인 힘의 사용을 상정한 절대전(絶對戰)의 성격을 지녀야 한다는 전쟁론을 제시한 바 있었다. 그러나 거의 절대전의 형태를 지녔던 양차 세계대전에서 유럽 국가들이 달성한 정치적 목적이 그들 스스로 자신들의 역량을 소진(消盡)시켜 유럽 중심의 국제질서를 미·소 중심으로 만든 결과였다면, 정치적 목적달성을 위한 효과적인 수단으로서의 전쟁은 절대전의 형태를 띠어야 한다는 클라우제비츠 전쟁론은 양차 세계대전이 그 실질적 한계를 입증해 주었다고 볼 수 있다. 특히 재래식 제한전과 전면 핵전을 동시에 포함하고 있는 현대는 유한전(有限戰)과 절대전(絶對戰)을 현실세계와 관념적인 영역의 전쟁으로 구분한 클라우제비츠의 혜안(慧眼)을 현상적으로 구체화하였으나, 전쟁에 주어진 목적달성을 위하여 현실전이 절대전의 형태를 취할수록 바람직하다는 그의 견해와는 정반대되는 노력의 필요성을 강조하고 있다. 오히려, 전쟁의 역사상 현대는, 고대 중국의 병법가 손무(孫武)가 말한 "… 백번 싸워 백번 이기는 것이 최선이 아니요, 싸우지 않고 상대를 굴복시키는 것이 최선이다 …(… 百戰百勝非善之善者也 不戰而屈人之兵善之善者也 …)"라는 명제의 중후(重厚)함을 일깨워 주고 있다.[40] 이와 같이 현대는 정치수단으로서의 전쟁본질론을 초월한 전쟁론(戰爭論)과 이를 실천적으로 보장할 수 있는 전략론(戰略論)을 요구한다고 볼 수 있다.

40 *孫子十家註,* 卷三: 謀攻篇.

7. 현대전략

1) 핵무기와 현대전의 특징

전쟁의 역사에서 핵무기의 출현은 가히 혁명적인 사건이었다. 핵무기의 엄청난 파괴력과 치명적인 잔류효과는 핵무기체계를 동원한 전쟁을 정치를 포함한 다른 영역에서 구상한 목표를 달성하는 수단으로 간주하는 전쟁본질론을 거의 전면적으로 부인할 수밖에 없는 현상을 빚어냈다. 이에 따라 전쟁 자체가 현실적인 목표달성 수단으로 운용될 수 있는 성격의 것과 그렇지 않은 것으로 분화되었으며, 전쟁을 승리로 마감하기 위한 '예지(叡智)와 과학(科學)'이라는 차원에서 규정되어 온 전략의 본질 역시 새로운 적응을 강요당하게 되었다. 핵무기의 출현이 가져다 준 이러한 충격적인 현상은 전쟁사에서 현대와 현대전이 지닌 성격과 특징이 무엇이며, 이에 걸맞는 전략이 어떤 것인가, 그리고 어떠해야 하는가를 규명할 필요성을 던져 주었다.

핵무기체계가 보유한 자체 속성과 능력은 전쟁사에서 현대라는 시대구분을 의미 있게 해주었다. 핵무기체계는 무시무시한 파괴력과 이를 운반할 수 있는 정확한 운반수단으로 구성되어 있다. 일본의 두 도시(히로시마와 나가사키)에 투하된 가장 원시적인 핵무기인 원자탄(15KT 정도: TNT 15×10^3톤에 해당)도 도시 전체를 황폐화시킬 수 있었다. 오늘날 1MT(메가톤: 1×10^3KT)급 핵탄두 하나는 일본에 투하된 원자탄의 66배에 해당되는 파괴력을 지니고 있으며, 미국과 러시아는 이러한 수준의 핵탄두를 각각 6,000여 개 정도씩 보유하고 있어 이들 두 국가가 지니고 있는 파괴력만 해도 엄청난 수준이 아닐 수 없다. 양국은 1MT에서 20MT급에 이르는 핵탄두를 보유하고 있지만 이들이 보유한 핵탄두 전부를 1MT급이라고 가정한다면 이들 두 국가는, 폭발력 위주의 어림 기준을 적용하더라도, 396,000여개의 히로시마를 황폐화시킬 파괴력을 각각 보유하고 있으며, 이러한 결과는 미국과 러시아 두 나라가 792,000여 개의 히로시마를 없앨 수 있는 파괴력을 보유하고 있는 셈이 된다. 두 나라는 앞으로 10년 내(2012년)에 전략 핵탄두(strategic nuclear warhead) 숫자를 1,700-2,200개로 감축하기로 합의하였으나 이 숫자도 결코 적은 것이 아니며, 특히 질적인 개량이나 개선에 대해선 아무런 제한을 설정하지 않고 있기 때문에 이들 핵탄두의 파괴력이 더욱 파괴적이고 효과적일 수 있는 여지를 남겨 놓고 있다.[1] 핵강국인 미국과 러시아가 보유한 운반수단 역시 대륙간 탄도탄(ICBM), 핵잠수함 발사 탄도탄(SLBM), 장거리폭격기 탑재 혹은 전함발사 탄도탄(BLBM, SLCM) 등 고도의 정확도를 지닌 채 다양한 상태다. 그리고 미국과 러시아를 포함한 전 세계 핵 보유국들은 지상과 지하, 해상과 수중, 공중과 우주 공간에서 발사할 수 있는 다양한 운반수단과 투발수단을 보유하고 있다. 이와 같이 현대는 엄청난 파괴력과 이를 전 세계 어느 목표든지 타격할 수 있는 정확한 운반수단을 갖춘 핵무기체계를 보유하고 있다.

전쟁에 동원될 수 있는 수단의 하나로 개발되고, 태평양전쟁을 빨리 끝내기 위하여 일본에 대해서 사용됨으로써 그 위력이 입증된 바 있는 핵무기체계는 그때까지 치러 온 전쟁을 '재래식전쟁'이라는 범주에 속하도록 몰아넣으면서 '핵전쟁'이라는 새로운 전쟁을 추가하

1 "Bush, Putin sign nuclear arms pact: U. S., Russian leaders herald new era in relations," *The Korea Herald*, May 25, 2002.

여 현대 전쟁을 '이원화'(二元化)시켜 놓았다. 이른바 재래식전쟁이라는 범주에 속하게 된 전쟁은 정치를 비롯한 군사 외적 목적을 달성하는 수단으로 흔하게 동원되어 온 전쟁이었다. 총력전으로 규정되어 전쟁에서의 승패가 커다란 의미를 부여받지 못했던 양차 세계대전 역시 국가사회주의나 군국주의의 팽창을 일거에 저지했다는 정치적 목적은 달성할 수 있었다. 그러나 핵무기를 전면적으로 동원한 핵전쟁의 '추정할 수 있는 결과'는 핵무기 사용에 의한 직접효과로 '당장 죽거나', 아니면 이의 간접효과로 '조금 후에 죽거나' 하는 공멸(共滅)일 수밖에 없기 때문에 전면 핵전을 통하여 달성할 수 있는 어떠한 현실적 목적도 정당화되기가 불가능하게 되었다. 따라서 전쟁에 동원될 수 있는 무기체계의 하나로 개발된 핵무기는 군사 외적 목적을 달성하기 위한 수단으로서의 전쟁본질론을 거부함으로써, 인간의 이성적 판단이 남아 있는 한, 이러한 무기를 동원한 전쟁을 현실이 아닌 관념세계의 것으로 만들어 현대에서의 전쟁을 현실전(現實戰)과 관념전(觀念戰)으로 이원화시켜 놓았다고 볼 수 있다.[2] 실로, 핵무기는 현실세계에서 가용한 전쟁과 관념세계 안에 묶어 두어야만 될 전쟁으로 현대전을 이원화시켰던 것이다. 다른 말로 표현하여, 현대전은 전장(戰場)전쟁과 탁상(卓上)전쟁으로 나뉘었다는 뜻이다.

개념적으로 보아 현대의 전쟁은 현실전과 관념전으로 이원화되긴 하였으나 실제 현재화(現在化)될 수 있는 형태의 현대전은, 핵전과 연관을 맺고 있긴 하나, 재래식전쟁이라고 볼 수 있다.

실질적으로 구체화된 현대의 전쟁으로서 재래식(在來式)전쟁은 종교, 이념, 정치, 경제, 심리 및 영토 등과 연관된 영역에서 정의된 목적을 달성하기 위하여 동원되는 무력사용 행위로서 핵무기 출현

2 이러한 현상은 마치 과거 프러시아의 군사이론가인 클라우제비츠가 힘의 무한사용을 전제로 하여 상정한 관념세계의 전쟁인 허상(虛想)으로서의 '절대전'(絶對戰)이 관념세계 속에서나마 실상화(實像化)된 듯하다.

이전에 존재해 온 형태의 전쟁이다.

그러나 양차 세계대전과 같은 이른바 재래식 전면전은 이를 통하여 달성하고자 하는 목적이 무의미할 정도의 피해만 가져다 주었고, 특히 유럽국가 군(群)들에게는 피해 정도만 차이가 있는 패배를 안겨 주었으며 전후에는 미국과 소련이 구축한 현실화된 동서 진영의 하나를 택하도록 강요당한 여지만을 남겨 놓았기 때문에 현실적인 의미에서의 현대 재래전(contemporary conventional war)은 과거의 것과 다른 몇 가지 특징을 지니게 되었다. 첫 번째 특징은 제한전(制限戰: limited war)이라는 점이다. 전쟁을 통하여 달성하고자 하는 목적의 성격에 따라 핵무기는 물론 전쟁수행 수단이나 참여도가 제한된다는 점이다. 두 번째는 국지전(局地戰)의 성격을 띤다는 것이다. 이 말은 현대 재래전은 지역적으로도 제한된다는 뜻이다. 재래식전쟁이라 하더라도 전 지국적으로 확대된 형태를 취할 경우에 전쟁 자체가 '재래식'이라는 범주를 벗어날 가능성이 커지며, 양차 세계대전과 같은 결과를 빚어낼 수 있다는 경험이 이를 요구하게 되었다. 이 두 가지 특징을 한마디로 종합하면 현실적인 현대전은 국지제한전(局地制限戰: limited local war)의 특징을 지니고 있다고 요약할 수 있다. 현대전은 또한 대리전(代理戰: proxy war)의 성격을 지니고 있다. 이러한 성격은 이념, 수단, 목적면에서 나타나고 있다. 냉전적 대립구조하에서 치러진 현대전은 양대 진영의 맹주격(盟主格)인 미국과 소련이 대변하는 이념적 갈등과 세력권확장 시도가 원인이 되어 전쟁을 치른 경우가 많았으며, 이들 전쟁에서 사용되는 무기 역시 이들 두 맹주국(盟主國)이 제공하는 것이 다반사(茶飯事)였다. 이러다 보니까 전쟁 당사국들은 자국들의 이해관계와 연관된 목적 이외에 이들을 지원하는 맹주국들의 목적을 위하여 전쟁을 수행하게 되었다. 따라서 현대 재래전은 경우에 따라 '이념(理念) 각축장'이 되거나 '무기(武器) 실험장'이 되기도 하였으며, '오기(傲氣) 다툼장'으로서 면모를 띠기도 하고, 때로는 이러한 면면들이 복합적으로 나타나는 대리전이 되기도 했다. 수행기간면에서 본 현대전은 비교적 단기전(短期戰)의 모습을 보여 주고 있다. 월남전이나 이란-이라크 전쟁과 같이 수년에서 수십 년간 전투가 지속된 경우도 있으나 과거 30년전쟁, 100년전쟁과 같은 명칭에 합당한 현대전을 치르기가 쉽지 않은 것이 현실이다. 장기간 동안 치르기에는 무기체계가 고도로 발달되어 있고, 그 무기로 무장하거나 이를 도입하는 데 드는 비용이 엄청나다는 사실이 현대전을 단기전으로 만든 이유 중의 하나가 된다. 물론 민족간, 종교간 대립으로 지속되어 온 중동지역에서의 분쟁이나 요즈음 새롭게 정의된 '테러와의 전쟁'은 그 대상이 분명하지 않은 채로 언제 끝날지 모르는 형상을 띠기도 하지만, '걸프전'과 같이 조직적인 군사력이 집중적으로 사용된 현대전은 단기전의 모습을 보여 준다. 이와 같이 현대 재래전은 핵무기가 동원되는 핵전으로 확대될 가능성을 완전하게 떨쳐 버리지 못한 채 제한전·국지전·대리전·단기전 등의 성격과 면면(面面)을 보여 주면서 치러졌고, 이러한 특징은 그대로 존속될 것으로 보인다.

승리로 마감해야 할 전쟁과 그럴 수 없는 전쟁을 동시에 포함하고 있는 현대는 이에 걸맞는 전략의 수립을 요구하고 있다. 다시 말해, 현대의 전략은 승리로 마감할 수 없는 전쟁의 발발을 억제(抑制)하고, 승리로 마감할 수 있는 전쟁도 그렇지 않은 전쟁으로 확대되지 않게 제한하면서 이를 승리(勝利)로 마감해야 한다는 뜻이다. 한 양상의 전쟁, 즉 관념 속에서 상정만 해야 할 핵전쟁의 현실화를 막고, 현실세계에서 구체화될 수 있는 재래식전쟁을 승리로 종결하면서 이원화된 이들 전쟁의 상호연관을 차단할 수 있는 전략을 현대가 필요로 하고 있다. 따라서 현대전략은 탁상(卓上)전쟁을 그렇게 남아 있도록 하는 탁상전략(卓上戰略)인 핵전략(核戰略)과 현실전(現實戰)에서 이길 수 있는 실전전략(實戰戰略)인 전통전략(傳統戰略)을 동시에 포괄할 수 있는 성질의 것이어야 한다.

2) 현대전략과 재래식전략

현대는 지금까지 치러 온 형태의 전쟁인 재래식전쟁과 지금까지 치른 기록이 없고 앞으로도 전쟁수행의 기록을 갖지 않아야 될 전쟁으로서 핵전을 동시에 포괄할 전략을 요구하고 있으며, 현대가 요구하는 이러한 전략을 현대전략이라고 이름할 수 있다. 군사 외적인 분야에서 설정된 목표달성을 위하여 흔히 수단으로 동원되었던 재래식전쟁을 승리로 마감할 목적으로 구상된 재래식전략은 그 수행방식이 비록 졸렬할지라도 신속하게 전쟁을 치르고(雖拙速行), 상대의 강점을 피하면서 약점을 타격함(避實擊虛)으로써 승리를 쟁취하여 이를 보전하는 데(勝乃可全) 중점을 두고 수립되었다. 그러나 전쟁에 동원될 수 있는 수단으로 개발된 핵무기체계를 운용한 핵전쟁은 이를 승리로 마감한다는 것 자체를 상정하기 어렵기 때문에 재래식전쟁에서 승리를 쟁취하기 위하여 수립된 재래식전략 차원에서 핵전쟁에 대한 전략을 수립할 수는 없게 되었다. 재래식전략이 재래식전쟁에서 승리를 '손쉽고 값싸게' 쟁취할 수 있는 데 중점을 두고 있다면, 현대전략의 다른 부분인 핵전략은 핵전쟁은 막으면서 재래식전쟁에서 거둘 수 있는 승리와 같은 효과만을 보장하는 개념과 실제를 구체화할 수 있는 것이어야 된다. 따라서 현대전략은 실질적으로 현실화될 수 있는 재래식전쟁에서 승리를 쟁취하는 성질의 것과, 핵무기체계를 동원한 핵전쟁의 현실화는 막으면서 '재래식전쟁에서의 승리'를 보장할 수 있는 개념과 성격을 포괄하게 되었다.

현대의 전쟁이 관념세계의 전쟁으로서의 핵전쟁과 실제 전쟁인 재래식전쟁으로 이원화된다면, 현대 전쟁을 대상으로 수립되는 현대전략 역시 그 성격상 핵전략(nuclear strategy)과 재래식전략(conventional strategy)으로 나누어 고찰할 수밖에 없다. 핵전쟁이 가져올 재앙이 정치, 경제, 영토는 물론 모든 군사 외적인 분야에서 설정한 목표의 달성을 무의미하게 만든다면 이러한 전쟁을 취급한 핵전략이 핵전쟁의 발발 자체를 막아야 한다는 데 모든 개념적, 실천적 중점을 두는 것은 지극히 당연하다. 그리고 현대에 치러지는 재래식전쟁을 승리로 마감한다는 재래식전략 역시 재래식전쟁의 수행과정이나 결과로 핵무기가 동원되는 상황이 전개되어 핵전으로 확대되는 것을 막아야 된다는 새로운 차원의 제한사항을 고려하지 않을 수 없게 되었다. 따라서 현대 전쟁을 상정한 현대전략은 승리를 쟁취하는 재래식전략을 포괄하면서도 재래식전략의 적용 결과로 비롯된 군사적인 승리가 핵무기의 사용을 유발시키지 않는 차원에서 획득, 보장되도록 '제한적인 승리'여야 한다는 점을 요구하고 있다. 그리하여 현대는 핵전을 다루는 핵전략은 어디까지나 '탁상전략'(table war strategy)으로 남아 있도록 해야 하며, 재래식전쟁을 대상으로 한 전략 역시 재래의 범주를 넘지 않도록 해야 할 실천적 과제를 안고 있다.

핵전쟁을 막고 재래식전쟁이 핵전으로 확대되는 상황전개를 막아야 할 현대전략은 전쟁의 승리를 지고(至高)의 목표로 삼았던 전통전략과는 그 개념과 핵심요소를 달리하고 있다.

현대 이전에 치러진 재래식전쟁을 대상으로 한 전통전략은 병력(兵力)이나 전력(戰力)의 절약과 집중을 통하여 전쟁에서 승리를 쟁취하기 위하여 수립되었다. 병력집단의 충격효과가 중시되었던 시대에서는 전투대형을 변형시킴으로써 병력을 절약·집중하여 상대를 제압하는 전략이 구사되었고, 전쟁의 규모가 확대되고 무기체계의 효용성이 증대된 시대에서는 전투(戰鬪)에 따라, 전역(戰役)에 따라, 또는 전선(前線)에 따라 전력의 절약과 집중을 통하여 승리를 쟁취하는 전략이 수립되었으며, 이러한 전략개념을 기동(機動), 기습(奇襲), 기만(欺瞞) 등이 실천적으로 보장해 주었다. 그리하여 상대의 약점인 측·후방을 공격할 목적으로 포위, 우회기동이 실시되었고, 공격이나 방어작전을 효과적으로 수행하거나, 동시다발적 전투수행이나 양면전(兩面戰)을 회피하기 위하여 기습, 기만작전 등이 구사되거나, 고도의 정략적인 술책까지도 동원되었다. 전쟁수행 과정에서는 사용이 유보된 수단이나 무기가 없었으며, 능력적인 한계에서 비롯된 경우를 제외하고는 전장의 제한도 없는 것이 통례였다. 이와 같이 양차 세계대전을 포함하여 현대 이전에 치러진 재래식전쟁을 다룬 전략은 그 개념이나 수단면에서 거의 무제한적이었으며, 조건부승리는 물론 조건 없는 '무조건항복'을 전제로 한 승리의 쟁취까지를 전쟁의 목표가 포괄하고 있었다.

그러나 전쟁이 이원화된 현대에서 현실전으로서 치러지는 재래식전쟁과 이를 대상으로 한 재래식전략은 운용수단이나 전장(戰場)면에서 거의 제한을 받지 않았던 과거의 것과는 다른 성격을 지니게 되었다. 현대의 재래식전쟁은 이것이 확대되어, 관념세계에서만 남아 있어야 할, 핵전으로 변질될 가능성을 완전히 떨쳐 버리지 못하고 있기 때문이다. 현대 재래식전쟁은 국경이나 민족구성에 관계없이 영향권을 넓혀 갔던 과거 로마나 몽고가 수행한 전쟁일 수 없었고, 종교적 신념이나 왕조적 인연에 의해서 범유럽적 차원에서 진행될 수 있는 전쟁도 아니었으며, 프랑스혁명 이후 새로이 형성된 정치이념을 수호한다는 명분적 이유와 국가적 위세를 떨치기 위하여 프랑스혁명이념의 확산을 저지할 목적으로 단합된 전 유럽국가를 상대로 치른 나폴레옹전쟁도 아니었다. 사라예보에서 발사된 한 발의 총성으로 유럽 및 전 세계국가들이 전쟁에 뛰어든 1차 세계대전도 아니었으며, 나치 독일이 주장한 바와 같이 아리안족의 생활터전이 좁다는 이유로 생활권(Lebensraum)이론을 앞세우거나, 군국주의 일본이 내세운 바와 같이 대동아공영권(大東亞共榮圈) 이념 아래 상대의 이념, 국적, 국경을 불문하고 펼친 '무분별한 전쟁'은 더욱 아니었다. 총력전으로서 전면적인 대결도 불사한 이들 전쟁과는 달리 현대의 재래식전쟁은, 재래식 수행방법과 종결방식을 취하고 있음에도 불구하고, 이의 전면적인 확대가 핵무기의 사용 유혹을 증대시킬 수 있는 가능성을 내포하고 있다는 점을 고려해야만 했다. 전쟁의 기록상 재래식 전면전인 태평양전쟁(1941-1945)을 조기에 종결시킨 수단으로 원시적인 핵무기의 하나인 원자탄이 사용되었고, 전후에 형성된 NATO는 우세한 지상군 병력을 보유한 바르샤바(Warsaw Pact) 동맹군의 공격에 대비하여 전술핵무기를 예비전력으로 동원할 작전개념을 구체화시켜 놓았기 때문이다. 따라서 현대에 치러진 대표적인 재래식전쟁으로서 한국전쟁(1950-1953), 월남전(1950-1975), 그리고 걸프전(1991) 등에서는 핵무기는 물론 비재래식무기(화생무기 등)의 사용이 자제되었음은 물론 전장(戰場)이나 공격목표까지 제한되었고, 전쟁목적 자체도 공산침략의 저지, 공산권의 확산 방지, 전쟁 전의 현상 회복 등으로 제한적이었다. 전쟁의 종결방식도 현상의 회복이나 약간 변경된 현상의 상호인정, 또는 일방적인 종전 등의 형식을 택함으로써, 1차 세계대전의 종결이 2차 세계대전의 한 원인적 요소를 제공한 것과 같이, 한 전쟁의 종결이 또 다른 전쟁의 원인이 되는 개연성(蓋然性)을 제거하려는 조치를 포함하고 있었다. 이와 같이 현대의 재래식전쟁은 사용무기, 전장 및 타격목표, 종전방식, 그리고 전쟁의 목적 등도 제한되어 과거의 재래식전쟁과는 다른 성격과 면모를 띠게 되었으며, 이는 핵무기의 운용에 따른 공포를 감안하여 수립된 현대 재래식전략의 적용결과라고 볼 수 있다.

따라서 현대의 재래식전쟁을 상대로 한 재래식전략은 과거의 전통전략이 포괄하고 있는 병력과 전력의 절약과 집중, 그리고 기동, 기습, 기만이 이의 효과를 실천적으로 보장해 주는 개념과 논리 이외에 현대의 재래식전쟁이 확대되어 재래식 범주를 벗어나지 않도록 하는 제한(制限)과 자제(自制) 사항까지를 고려해야 하는 필요성에 직면해 있다. 현대 재래식전략은 주어진 병력과 전력을 집중하기 위하여 이를 절약하고, 이들 전력운용의 효과를 극대화하기 위하여 포위나 우회기동을 실시하며, 상대의 허점을 찌르기 위하여 기습을 자행하고, 또 상대를 기만하거나 상대의 의도를 왜곡시키기 위하여 양공(陽攻)이나 양동(陽動)을 통한 기만작전을 보편적으로 수행한다. 그러나 현대 재래식전략은 무력사용의 명분을 축적하기 위하여 국제기구나 여러 국가들로부터 정치·외교적 지원을 획득하려는 정략(政略)의 후원하에 수립·수행되며, 실제 전투수행 중에도 작전지역을 제한하거나 타격목표도 선별적으로 선정하고 동원무기도 제한하여 전쟁의 범위와 수준을 제한하려는 이러한 노력을 숨기지 않으면서 '무언의 협상'(tacit bargaining)을 통하여 상대도 대등한 노력을 경주해 줄 것을 종용하려는 의도 역시 감추지 않으려 한다. 이와 같이 현대의 재래식전략은 현대 재래전에서 승리를 쟁취하기 위하여 과거 전통적인 전략이 추구해 온 온갖 군사행동과 작전을 구사하면서 재래식전쟁이 재래식의 범주를 초월하여 핵전으로 확대되는 것을 막으려는 군사적, 군사 외적 배열이나 조치까지를 포괄하는 성격과 면모를 지니게 되었다.

현대라는 시대구분과 현대전략이라는 개념에 의미를 부여해 주고, 이를 과거의 전통전략과 구별해 주는 요소로 등장한 핵무기는 핵전이라는 새로운 형태의 전쟁을 전략적 차원에서 다루어야 하는 필요성을 제기하였다. 핵전쟁을 다루는 전략을 핵전략이라고 지칭한다면, 핵전략에서 사용한 전략이라는 개념은 무력이나 힘을 사용하는 것을 전제로 정의된 과거의 개념과는 상당히 다른 의미를 함유하고 있다. 핵전략은 핵전쟁의 수행을 상정하고 규정된 것이 아니고 핵전쟁을 방지하는 것을 전제로 수립된 것이기 때문이다. 물론 제한핵전(limited nuclear war 또는 nuclear tactical war)이라는 핵전의 양상을 가정하고 이를 수행하기 위한 전략도 수립해야 한다는 견해가 나타나기도 하지만, 원시적인 핵폭탄의 하나인 원자탄이 히로시마 도시 전부를 황폐화시킨 실례에 비추어 볼 때 제한핵전이라는 범주의 전쟁양상을 설정하기가 거의 불가능한 것이 현실이다. 따라서 핵전을 대상으로 한 핵전략은 어떻게 핵무기를 효과적으로 사용해야 하느냐의 문제보다는 어떻게 하면 핵무기를 사용하지 못하도록 하여 핵전의 발발 자체를 방지하느냐에 중점이 주어지는 것은 매우 당연한 논리인 셈이다. 핵무기의 사용을 위협함으로써 상대가 핵무기를 사용하지 못하도록 강요할 수는 있으나, 이 방안 역시 그 효과를 보장받기 위해서는 상호 의존적인 여러 가지 요소를 고려해야 할 필요가 있다. 이와 같이 현대 핵전략은 어떻게 핵무기를 효과적으로 사용하느냐 하는 책략을 수립하는 것이 아니라, 핵무기를 사용하지 않고 어떻게 하면 상대의 핵무기 사용을 막느냐 하는 방안과 술책을 찾아내는 데 그 중점이 주어지는, 실로 '이상한' 전략이 아닐 수 없다.

이와 같이 현대전략은 핵무기 사용 자체를 봉쇄하여 핵전을 막는 데 필요한 핵전략과 핵전으로의 확전(擴戰)을 염두에 두고 이를 방지하면서 치루어지는 재래식전쟁을 승리로 마감해야 하는 재래식전략으로 구성된다. 핵전의 방지를 위해서는 핵무기 사용의 억제(抑制: deterrence)를 보장할 수 있는 책략의 수립이 필요하고, 재래식전쟁도 신속한 종결이 요구되나, 재래식전쟁의 수행이나 결과로 이 전쟁이 재래식 전면전이나 핵전으로 확전될 수 있는 가능성을 배제하기 위한 자제(自制: self-restraint)의 중요성을 도외시할 수 없게 되었다. 그리하여 현대전략에서 상대의 핵무기 사용을 막는 억제(抑制)와 자신의 핵무기 사용 유혹을 거부할 수 있는 자제(自制)가 중요한 요소로 자리잡게 되었다.

3) 현대전략의 핵심

전통적으로, 전략은 전시(戰時)에 적용되는 실천개념이었다 어느 때, 어느 곳에서 병력과 전력을 절약하고 어느 때, 어느 곳에 이를 집중함으로써 유리한 전과를 거두고, 어떻게 이를 확대하여 전쟁을 승리로 마감할 것인가를 추구하는 실천논리였다. 그리고 전쟁이 마감된 후에는 '무슨' 평화회의나 '무슨' 체제라고 불리는 새로운 질서가 구축되어 전후의 평화에 대한 성격을 규정하고 이를 보장하기 위한 배열과 조치를 취하는 것이 통례였다. 나폴레옹전쟁 후에 구축된 비엔나회의(Congress of Vienna)나 1차 세계대전 후에 등장한 베르사유(Versailles)체제 및 파리(Paris)평화회의 등을 그 실례로 꼽을 수 있다. 그리하여 외교의 한계 속에 발생된 전시상황에서는 전략(戰略)이 전투를 통하여 전쟁을 종결시키고, 전쟁이 종결된 후에는 외교(外交)가 전쟁 후의 질서를 잡아 주는 이른바 "외교가 실패할 시점에 전략이 등장하고, 전략의 효용성이 퇴색될 때 다시 외교가 시작된다"는 명제가 설득력 있게 받아들여져 왔다. 물론 전쟁과 외교가 격렬한 정도에서는 차이가 없다는 뜻으로 "전쟁이 총칼을 활용한 외교라고 본다면 외교는 펜으로 싸우는 전쟁"이라는 표현도 있어 왔으나, "외교가 실패할 때 전략이 등장하고 전략이 소임(所任)을 다했거나 한계에 봉착했을 때 외교가 등장한다"는 논리가 전통적으로 더욱 호소력이 있어 왔다. 그러나 전쟁을 어떻게 마무리하여 전쟁의 결과가 어떻게 주어졌느냐에 따라 전후에 펼쳐진 외교의 상대적인 비중과 효용성이 달라진 외교사의 경험은 전시에 적용된 전략의 성과가 전후 평화를 구축하는 외교에 지대한 영향을 미친다는 것을 보여 준 실례가 되기도 했다.

전쟁과 평화, 그리고 전략과 외교 사이에 존재해 온 전통적 차원의 '막연하지만 긴밀한' 관련은 현대에 펼쳐진 전쟁과 평화의 성격과 조건이 명확해짐에 따라 두 개념이 맺어 온 긴밀한 관계가 어떠한 성격이며 어느 정도인가 하는 점이 확연하게 드러나 있다. 전통적으로 전쟁이 없는 상태를 평화라고 규정해 왔다. 전통적인 의미에서 본 이러한 평화도 창과 칼을 벼리어 삽과 쟁기를 만들어야 평화가 유지된다는 평화지상주의자들이나 이상주의적 평화주의자들이 주장하는 평화는 아니었다. 더구나 고도로 첨단화된 재래식 무기체계가 실전 배치되고, 전장에서의 기동 대신 탁상에서의 기계조작으로 대결의 결과가 판가름나는 핵무기체계까지 보편화된 현대의 평화는 국어사전적인 평화나 평화지상주의자 또는 이상주의적 평화주의자들이 주장하는 평화일 수가 없고, '전쟁이 없는 상태'로서 소극적인 의미의 평화이기도 힘들다. 다른 말로 바꾸어, 현대의 평화는 적극적으로 '전쟁을 막아야만 확보될 수 있는 상태'로서의 평화인 셈이다. 특히 승패가 현실적인 의미를 부여받을 수 없는 전쟁양상을 머금고 있는 현대는 과거 전시에 전쟁수행과 연관하여 '전력을 잘 사용함으로써 승리를 쟁취'하는 역할을 주로 담당하였던 전략이 '군사력을 포함한 힘을 잘 사용하지 않음으로써 평화를 유지'하는 전쟁억제라는 새로운 역할까지 담당해야만 할 상황을 전개시켜 놓았다. 이와 같이 현대 평화를 유지해야 한다는 면에서 현대전략은 현대 외교에 '결정적인 영향'(a decisive influence)을 미치면서 현대 평화의 성격을 시대에 걸맞게 규정지어 놓고 있다.

현대전략은, 전통적으로 있어 온바, '무력(武力)을 어떻게 잘 사용하느냐' 하는 고유의 중점을 간직한 채, '어떻게 힘(force)을 잘 사용하지 않느냐' 하는 새로운 사항을 고려하지 않을 수 없게 되었다. 현대의 전쟁양상으로 등장한 핵전은, 핵무기가 전면적으로 사용되건 아니면 제한적으로 사용되건 간에, 이를 억제해야 하는 형태의 전쟁이지 이겨야 하는 전쟁은 아니다. 전면적 혹은 제한적인 핵전을 치른 후의 결과가 어떠하리라는 것을 예측하기가 결코 어렵지 않기 때문이다. 이러한 핵전을 대상으로 한 전략은 당연히 핵무기를 어떻게 잘 사용하여 이를 승리로 마감하느냐 하는 문제가 아니라 어떻게 하면 상대가 핵무기를 사용하지 못하도록 하여 핵전쟁 자체를 억제하느냐에 그 핵심이 주어질 수밖에 없다. 그 결과 핵전략은 억제(deterrence)가 핵심개념으로 등장해 있으며, 이를 보장하기 위해서 핵무기 사용을 위협하거나, 요즈음에는 기술이 발달함에 따라 상대의 핵공격 수단, 즉 미사일을 발사 직전, 직후, 또는 순항이나 운항 중에 요격(邀擊)하여 상대 미사일의 목표공격을 차단하는 전략적 방어(strategic defense), 즉 미사일

방어(missile defense) 개념을 구체화시키려 하고 있다. 현대의 재래식 제한전 역시 재래식 무기의 발달로 인하여 과거의 재래식전쟁과 비교가 되지 않을 정도의 피해를 결과로서 안겨 주면서 확대과정을 거쳐 핵대결로 확전될 가능성을 완전하게 배제하지 못하고 있기 때문에 현대의 현실전으로서 재래식 제한전 역시 가급적 억제해야 할 필요성을 제기하고 있다. 따라서 현대전략은 주로 평시에 운용되며, 전쟁의 수행보다는 전쟁의 억제를 통한 평화의 유지를 목표로 하고 있음을 쉽게 알 수 있다. 이러한 면에서, 전통적인 전략이 '폭력의 능숙한 사용'(the skillful use of violence)에 중점을 두고 수립되었다면 현대전략은, 폭력사용의 위협을 통하거나 혹은 폭력사용의 효과를 무효화시키는 방어능력의 구비(具備)와 실전배치(實戰配置)를 현실화(現實化)하거나 간에, '폭력의 능숙한 불사용'(the skillful non-use of violence)을 핵심으로 지니게 되었다.[3]

3 Y. Harkabi, *Nuclear War And Nuclear Peace* (Jerusalem: Israel Program for Scientific Translation, 1966), p. 1.

8. 억 제

1) 억제의 개념

억제(抑制: deterrence)는 상대로 하여금 아예 어떤 행위를 취하지 못하도록 하는 것을 의미한다.[1] 억제는 인간 개개인이나 집단간, 그리고 개인이나 집단과 이들을 통제하는 정치집단, 예를 들면 국가 사이에 존재해 온 하나의 관계상황의 형태로 존재해 왔다. 어느 한 개인이 다른 개인에게 어떠한 행위를 못하도록 강요한 현상도 있어 왔고, 이러한 관계현상은 집단간에도 있어 왔으며, 정치집단으로서 국가와 개인 그리고 국가 내의 집단간에도 존재해 왔다. 특히 정치집단인 국가들 사이에서도 이러한 관계현상은 지속되어 왔으며, 이러한 현상이 의도하지 않은 방향으로 진전되어 전쟁으로 이어진 실례도 전쟁사(戰爭史)에서 얼마든지 발견할 수 있다. 이와 같이 관계상황의 한 형태로서의 억제는 개인간, 집단간, 이들 요소와 정치집단으로서의 국가간, 그리고 국가간 또는 국가들의 동맹집단인 국가군(國家群) 간에 존재해

1 억제(抑制) 대신 억지(抑止)라는 용어를 사용하는 경우도 종종 있다. 그러나 억제는 강압적인 방법으로 어떤 행위 자체를 못하도록 하는 의미로 사용되는 데 반해서, 억지는 어떤 행위를 못하도록 하는 뜻 이외에 진행하던 행위를 중지하도록 한다거나 더 이상 진행시키지 않게 한다는 의미로도 사용될 수 있기 때문에 전략, 특히 핵전략에서 상대가 핵무기를 아예 사용하지 못하도록 한다는 의미를 부각시키는 용어로서는 억지보다는 억제가 더욱 합당할 것으로 판단된다.

왔으며, 이를 실효성 있게 보장하기 위하여 행위주체(actor)들은 온갖 종류의 폭력과 강제수단을 동원하여 상대를 위협해 왔다.

억제는 심리적 공포(恐怖)와 타산적 계산(計算)에 의해서 보장될 수 있는 성질의 것이다. 어느 개인이 다른 상대가 어떤 행위를 할 경우에는 어떤 처벌을 가하겠다고 하거나, 어떠한 자유나 지원을 박탈하겠다고 하여 상대의 행위를 억제하려 할 경우가 있다. 이때 이러한 협박을 받은 상대는 제시된 처벌과 박탈에 대한 심리적 공포를 느끼면서도 자신이 의도한 행위를 집행함으로써 얻을 수 있는 이익과 그로 인해서 감수해야 하는 피해와 손해를 계산하게 마련이다. 개인간의 관계현상으로서의 억제는 이를 강요당하는 상대가 이익과 피해에 대한 타산적인 계산의 결과를 어떻게 판단하고, 이를 어떻게 수용하느냐에 따라 다른 양상의 결과를 기록한다. 협박을 받은 상대가 어떠한 행위를 포기하여 위협을 가한 개인의 의도대로 현상이 유지될 수도 있고, 그와 반대로 현상이 변경되거나 파괴되는 결과가 나타나기도 한다. 이러한 상황은 집단간, 국가간, 그리고 국가군(國家群)이 형성한 동맹(同盟)간에도 전개될 수 있다. 따라서 억제는 제시된 위협을 실제 집행하지 않고 위협 자체만을 활용하여 어떠한 행위를 못하도록 하는 관계행위로서 무기를 포함한 폭력수단을 사용하지 않고 이를 사용한 것 이상의 효과를 보장받으려는 실천개념인 셈이다.[2]

억제라는 개념에 근거한 관계행위는 인간의 역사와 근원을 같이 하고 있다. 개인간에도 어떠한 행동을 취하지 못하게 하기 위하여 체벌이라는 위협수단을 활용해 왔으며, 국가 내 개인이나 집단도 국가의 권력이나 국내법에 규정된 강제수단에 의해서 자의적인 행위를 마음대로 취할 수 없게 억제되어 온 것이 사실이다. 국가나 국가들이 형성한 동맹체 간에도 군사력을 포함한 폭력수단에 의해서 대치하고 있

---

2 *Nuclear War And Nuclear Peace*, p. 1.

는 상대의 무력사용을 억제해 왔으며, 이것이 실패할 경우에는 전쟁이라는 극한적인 대립관계에 돌입하기도 했다. 특히 국가간에는 전쟁을 상정해 놓고 이에 대한 준비를 위해서 잠정적인 억제를 동원하는 경우도 있어 왔으며, 이른바 예방전쟁(preventive war)이라는 개념하에 더 파괴적이거나 불리한 전쟁을 예방하기 위하여 덜 파괴적이거나 자신에게 유리한 결과를 보장해 주는 전쟁을 수단으로 동원한 적극적인 개념의 억제도 현실화되어 왔다.[3] 이와 같이 억제는 개인이나 집단, 그리고 국가 및 국가군(國家群) 간에 흔히 구체화된 행위의 한 형태였다.

인류의 역사와 그 기원을 같이 하면서 존재해 온 억제는 핵무기의 출현으로 그 모습을 드러낸 현대와 현대전략의 영역에서는 매우 중요한 요소로 등장하였고, 이렇게 새로워진 위치에 걸맞는 면밀한 분석이 필요하게 되었다.

전통적으로 억제는 "평화를 원하거든 전쟁을 대비하라(Si vis pacem, pare bellum: If you wish for peace, prepare for war)"는 개념 아래 전쟁을 수행할 능력과 태세를 갖추면 전쟁을 막을 수 있다는 식으로 생각되어 왔다.[4] 이러한 범주에서 본 억제는 그 개념이 지닌 절대

3 중동지역에서 아랍권의 침공을 독립의 선물로 받은 바 있던 이스라엘은 충분하게 강화된 이집트를 비롯한 주변 아랍국이 이스라엘을 침공하기 전에 이집트, 요르단, 시리아 등 주변국을 먼저 공격하여 이를 약화시킴으로써 자국에게 더욱 불리한 미래의 전쟁을 예방한다는 개념하에 "6일 전쟁(1967. 6. 5-6. 10)"을 개시하였으며, 경우가 약간 다르긴 하나, 태평양 전쟁(1941-5) 전 일본은 전쟁준비가 덜 된 상태의 미국을 먼저 공격하여 미국의 태평양 함대를 무력화시키고 필요한 지역을 점령하여 "절대 방위권"을 형성하고 이를 방어하면서 미국에게 적극적인 소모전을 강요하여 미국과 유리한 위치에서 협상을 진행시킨다는 개념하에 진주만을 기습공격하기도 하였다. 이와 같은 국가행위는 "조그마한 전쟁"을 수행함으로써 더 큰 전쟁을 억제하거나, 상대의 전쟁수행능력을 일정기간 무력화시키고 이 기간 동안에 현상을 변경시켜 이를 고착화시킴으로써 상대의 전쟁수행 의지를 협상의지로 바꾸어 무력사용 효과를 보장하면서 상대의 지속적인 무력사용을 억제하려는 부분적인 억제를 전제로 한 전략개념이라고 볼 수 있다. *世界戰爭史*, pp. 468-489, 565-572.

4 Robert A. Fitton, ed., *Leadership: Quotations from the Military Tradition* (Boulder,

적인 중요성보다 상대적인 비중을 강조하는 의미로 받아들여지는 경우가 많았다. 따라서 억제가 실패하여 전쟁으로 치닫거나 전쟁준비 기간을 확보하기 위한 수단으로 억제가 실시된 경우가 적지 않았으며, 더 고약한 미래의 전쟁을 예방하기 위하여 당장 유리한 전쟁 자체를 억제책으로 동원하거나 상대의 전쟁지속 능력과 의지를 소멸시켜 제한된 전쟁목적을 달성하는 수단으로 선제기습공격이 실제로 감행되는 보다 '적극적인 억제'도 구체화된 적이 있었다.

그러나 과거와 다른 전략환경과 수단을 보유하고 있는 현대는 전통적으로 구체화된 억제와는 다른 개념의 억제를 상정한 전략을 요구하게 되었다. 억제 자체를 전쟁으로 이어지는 과도적인 현상으로 보거나, 억제가 실패하여 전쟁을 치르게 되어도 무방한 식의 억제를 상정하거나, 또는 다른 전쟁을 예방하거나 전쟁의 목적을 달성하기 위하여 무력을 사용한 전쟁을 수단으로 사용한 '적극적인' 차원의 억제를 현실적으로 수용하기가 매우 어려워졌기 때문이다. 현대에서 구체화될 수 있는 핵전은, 그 형태가 제한적이건 전면적이건 간에, 그 피해범위가 전 지구적이고 그 정도는 치명적일 수밖에 없기 때문에 무조건 억제해야 할 전쟁으로 자리를 굳혀 가고 있다. 따라서 핵전을 다루어야 하는 핵전략은 억제를 핵심개념으로 등장시키지 않을 수 없는 성격의 전략이 되었다. 현대에 치러지는 재래식 제한전도 재래식 무기체계가 보유한 파괴력의 증대와 정확도의 증가로 인하여 그 피해 정도와 범위가 과거의 것과 비교하기 힘들 정도가 되었고, 확전(擴戰)이라는 과정을 거쳐 핵전으로 변질될 가능성을 완전하게 배제하지 못하고 있기 때문에 이것 역시 억제해야 할 현대의 전쟁형태로 간주해야만 할 상황이 전개되었다. 이와 같이 현대 전쟁을 다루는 현대전략은 억제라는 개념을 핵심으로 채택하고 있으며, 핵전략은 이를 거의 절대적인

San Francisco, Oxford: Westview Press, 1990), p. 220.

수준에서 채택하고, 재래식 제한전을 대상으로 한 군사전략도 억제 자체를 승리와 같은 비중으로 존중하여 '전쟁을 치르지 않고 상대를 굴복시키는(不戰而屈人之兵)' 개념의 전략을 구사하려 한다.

현대전략의 핵심으로 등장한 억제는 위협(보복 또는 공격의 무력화)을 통하여 상대가 어떠한 행위를 실행에 옮기지 못하도록 강제하는 것이다. 여기에서 위협을 제시하는 측을 억제자(the deterrer), 그리고 이러한 위협 속에서 어떠한 행위를 못하도록 강요당하는 측을 피억제자(the deterred)라고 지칭할 수 있다. 억제관계를 형성한 두 주역인 억제자와 피억제자는 공포와 계산이라는 두 가지 요소와 과정에 의해서 그 관계를 긍정적으로 정착시키든가, 아니면 대결관계를 형성하는 결과를 빚어낸다. 억제자와 피억제자가 빚어내는 결과는 제시된 위협의 심각한 정도와 이의 집행 가능성 여부에 대한 피억제자의 인식과 판단, 그리고 피억제자가 의도한 행위를 실행에 옮김으로써 거둘 수 있는 기대치 및 이익과 상관관계를 맺으면서 전개되기 마련이다. 위협은 통상 보복이라는 형태로 구체화되기 때문에 피억제자가 택한 행위로 인한 이익과 이 행위로 인해서 입을 수 있는 보복에 의한 피해의 상대적인 손익(損益)계산 결과는 억제관계의 결과를 어떠한 식으로 귀결시키는가에 결정적인 영향을 미친다. 예상되는 피해의 정도가 기대되는 이익을 무의미하게 만든다고 판단한 피억제자는 자신이 구상한 행위(무력사용 등)를 행동에 옮기지 않을 것이고, 따라서 억제는 성공할 것이나, 그렇지 않을 경우에 억제는 실패한다고 볼 수 있다. 이러한 결과가 현실화되는 과정은 그렇게 단순하지 않다. 여기에, '억제자가 보복(報復)이나 응징(膺懲)의 형태로 현실화될 위협을 통하여 피억제자로 하여금 어떤 행위를 못하도록 유도하는 것'으로 그 개념을 규정할 수 있는 억제(抑制: deterrence)를 좀더 면밀하게 분석해 볼 필요성이 있다.[5]

2) 억제의 수단

억제관계는 먼저 무력사용과 같은 행위를 하지 못하도록 강요당하는 피억제자가 심리적 공포를 느끼는 것으로부터 성립된다. 이러한 심리적 공포는 정치집단이건 개인이건 피억제자의 생존 여부와 생존방식에 부정적인 영향을 미칠 수 있는 상황이 전개될 수 있다는 가능성에 대한 두려움에서 비롯된다. 피억제자가 자신에게 유리하다고 판단되는 행위를 시도할 경우에 그는 자신이 행한 행위로 인하여 변경된 새로운 현상이 불러올 억제자의 보복 또는 응징의 형태와 정도를 상정하고 이에 대한 두려움을 가지게 된다. 그리하여 피억제자는 자신이 의도한 행위를 실천에 옮기는 것과 이로부터 비롯될 수 있는 피해를 피할 수 있는 방안을 모색하게 되며, 이 방안 중의 하나로서 자신이 의도한 행위 자체를 삼가는 것까지를 고려하게 되고, 실제로 그 행위를 그만두는 방책을 택할 경우에는 억제가 달성된 결과가 빚어진 셈이 된다. 이와 같이 억제는 먼저 피억제자가 지닌 심리적 공포 여부 및 그 정도와 밀접한 연관을 맺고 그 성공 여부가 결정되기 마련이다.

억제의 성공 여부가 피억제자가 가진 심리적 공포 정도에 좌우된다면, 피억제자의 심리적 공포를 확실하게 일으켜 줄 수 있는 정도의 위협이 있어야 한다는 점 역시 필수적이다. 위협은 통상 억제자가 사용하는 억제수단으로서 피억제자가 이를 확실하게 인식할 수 있도록 가시화되어야 하고, 피억제자가 어떠한 행동을 취할 때 어떠한 위협이 현실화된다는 억제자의 집행의지가 명백하게 천명되어야 하며, 억제자의 능력이 이를 확실하게 보장할 수 있어야 한다. 제시된 위협의 크기 역시 피억제자의 행동에 걸맞는 정도여야 한다. 위협의 크기가 정도 이상이면 이 위협의 집행의지에 대한 신뢰가 훼손될 수 있으

---

5 *Nuclear War And Nuclear Peace*, p. 9.

며, 정도 이하이면 억제수단으로서의 효용성이 결여될 수 있기 때문이다. 이와 같이 피억제자가 어떠한 행동을 취하지 못하도록 강요하는 억제는 능력과 의지로 보장된 적절한 정도의 보복위협이 수단으로 제시되어야 한다.

억제관계의 또 다른 한 축은 타산적 계산이다. 심리적 공포를 일으킬 만한 위협에 직면한 피억제자는 자신이 취하려 하는 행동으로 확보할 수 있는 이익과 자신의 행동으로 면할 수 없는 피해를 저울질하는 타산적 계산을 하게 된다. 계산 결과 피억제자가 어떠한 행동을 취함으로써 얻을 수 있는 이익보다 보복을 통하여 감수해야 할 피해가 더 크다고 판단할 경우 피억제자의 행동은 구체화되지 않고, 이로써 억제는 달성되는 셈이 된다. 이와 같이 억제는, 무력사용과 같이, 피억제자가 기존의 현상을 변경시키는 도발적 행위를 통하여 얻을 수 있는 이익이 보복을 받음으로써 감내해야 하는 피해를 결코 초월할 수 없다는 합리적 계산의 결과로서 보장될 수 있는 성질의 것이다.

억제는 그리하여 현상을 변경시키고자 하는 피억제자의 심리적 공포와 이를 바탕으로 한 합리적 계산의 결과에 의해서 그 성패가 판가름나는 전략관계의 핵심이다.

핵심적인 억제수단은 물론 군사적 수단이다. 군사력은 육군·해군으로 구성되어 사용되었으며, 1차 세계대전에서 공군력이 추가되었고, 현재는 핵전력까지 등장하여 과거의 군사력을 재래식이라는 범주로 일괄할 수밖에 없는 수준에 도달해 있다. 핵군사력은 엄청난 파괴력과 정확한 운반수단에 의해서 전 지구 어느 곳의 목표도 겨냥할 수 있게 되었으며, 재래식 군사력도 정확도와 파괴력이 증강되어 치명적인 피해를 입힐 수 있는 능력을 보유하게 되었다. 따라서 폭력을 대변하는 이러한 군사력이 억제의 수단으로 동원되는 것은 극히 당연하며, 이렇게 증강된 군사력은 사용을 위협하거나 시위를 통하여 상대에게 위협을 느끼도록 하거나 사용의 가능성을 배제하지 않은 채 지상·

해상·공중을 봉쇄하는 데 동원되는 식으로 운용되어 억제를 달성하려 하는 수단으로 활용된다. 실로, 군사력은 가장 기본적인 억제수단인 셈이다.

부차적인 억제수단으로서 비군사적인 수단이 동원되기도 한다. 이러한 수단으로서 정치·외교적 조치와 경제적 제재수단을 들 수 있으며, 여론의 환기를 통한 압력을 행사할 목적으로 심리적·도덕적 행위를 동원하거나 국제기구를 통한 결의안 형식을 빌려 압력을 가하는 방법을 택하기도 한다. 특히 이러한 비군사적인 수단은 실제로 군사력의 사용을 합리화하기 위한 과정상에서 운용되기도 하고, 이를 위한 명분 축적에 필요한 과도적 수단의 성질을 지니기도 한다. 이러한 보조수단으로서 외교관의 소환, 외교관계의 단절 등과 원조중단, 투자 및 자산 동결, 경제봉쇄 등의 조치를 들 수 있으며, 이를 유엔과 같은 국제기구의 결의안 등의 형식을 빌려 현실화시켜 여론의 압력까지 덧붙여 그 설득 강도를 높인 형태로 제시되기도 한다.

군사적, 비군사적 억제수단의 운용방법은 억제하려는 상대의 행위와 수단의 성격에 따라 다양하게 구체화된다. 억제의 수단으로서 군사력은, 무력시위나 봉쇄 등의 군사작전에 동원되기도 하면서, 보복공격이나 타격 등의 공격개념으로 이를 직접 사용하는 운용방식을 택하기도 한다.

군사력이 어떠한 도발적 행위를 억제하기 위하여 시위수단으로 사용된 예는 1976년 8월 18일 판문점 지역에서 발생한 포플러나무 사건(the poplar tree incident)을 처리하는 과정에서 구체화되었다. 1976년 8월 18일, 유엔 측 감시초소의 시계를 가리는 포플러나무의 가지치기를 감독하고 있던 미군 장교 2명이 북한군이 휘두르는 도끼에 맞아 살해되는 사건이 발생하였다. 이에 미군과 미국 행정부는 북한의 이러한 행위를 가장 야만적인 도발이라고 비난하고 이를 유엔안전보장이사회에 통보하여 일단 국제사회의 주의를 환기시켰다. 미군과 미 행정부는 주한미군의 전투준비태세를 강화하고, 오키나와에 주둔하고 있던 F-4전투기 대대를 한국에 파견하고, 일본에 있던 미드웨이 항공모함과 괌도에 있던 B-52폭격기들의 작전준비를 지시하는 한편, 미국에 있던 F-111전폭기 대대의 파견을 준비시키는 등 무력시위 아래 아예 포플러나무를 제거하는 작전을 실시하였다. B-52전폭기들이 상공을 선회하는 등 강력한 무력시위 아래 1976년 8월 20일 오전 7시부터 45분간에 걸쳐서 실시된 작업으로 포플러나무는 제거되었고, 8시 26분에 잔재를 수거한 한·미 양군이 철수할 때까지 북한군은 아무런 저항이나 공격적인 행위를 취하지 않음으로써 포플러나무 제거작전은 별다른 접촉 없이 종결되었다. 나무가 제거된 지 한 시간 안에 북한 측 요청으로 소집되어 13분 만에 종결된 군사정전위원회에서 유엔 측을 대표한 미군 제독은 북한 김일성의 유감표명(It is regretful that an incident occurred)과 책임자 문책 및 차후 이러한 사건발생을 예방하기 위한 노력을 기울이고, 이러한 노력의 하나로 공동경비구역을 각개 경비구역으로 분할할 것을 제안하였다. 유엔 측은 이러한 김일성의 의사표시와 제안을 받아들이고, 북한 측에게 비무장지대 내에서의 미군의 안전보장을 강력하게 요구하면서 공동경비구역 안에서도 군사분계선을 설정하기로 합의함으로써(1976. 9. 6. 서명, 9. 16. 발효) 포플러사건을 마무리하였다.[6] 판문점에서 발생한 포플러나무사건은 무력시위를 통하여 상대의 도발적 행위를 억제하는 수단으로 운용된 예가 되었다.

봉쇄작전은 억제를 위한 수단으로서 군사력이 운용되는 하나의 형태가 되기도 한다. 여기서 말하는 봉쇄작전은 과거 프랑스의 나폴레옹이 영국을 고립·고사시킨다는 개념하에 유럽 각국에 내려진 대륙봉쇄(베를린칙령, 1806. 11)와 이를 중립국에까지 확대·적용한(밀라

6 Richard G. Head, Frisco W. Short, and Robert C. McFarlane, *Crisis Resolution: Presidential Decision Making in the Mayaguez and Korean Confrontation* (Boulder, Colorado: Westview Press, 1978), pp. 149-204.

노칙령, 1807. 12) 봉쇄령과는 다른 개념의 군사작전이다. 나폴레옹의 대륙봉쇄가 다분히 정치적인 의미의 정책적인 행위라면, 억제를 위해서 동원되는 군사력의 운용형태로서 봉쇄작전은 일정한 해양과 공중의 봉쇄를 군사력으로써 강요하는 군사작전이다. 쿠바에 소련의 미사일이 배치되고 있다는 사실을 확인한(1962. 10. 14) 미국의 케네디 행정부는 소련에 대해서 쿠바에 설치된 미사일의 해체와 철수를 요구하면서 소련으로부터 더 이상의 부품공급을 차단하기 위하여 쿠바에 대한 해상봉쇄를 선포하고(1962. 10. 22), 쿠바로 향하는 모든 선박은 미 해군함정의 검문·검색을 받아야 한다는 점(1962. 10. 24. 10 AM E.D.T. 유효)을 천명하였다. 쿠바에 대한 봉쇄작전을 위하여 미 해군(Naval Task Force 136)이 작전지역으로 출동하였고, 이로부터 쿠바로 향하는 모든 소련 선박은 미 해군의 검문·검색을 받아야만 했다. 미국 정부의 쿠바 봉쇄에 직면한 소련 정부는 쿠바에 대한 미국의 침공작전 포기와 터키에 배치된 미사일의 철수를 요구조건으로 제시하였다. 미국은 쿠바에 대한 침공작전의 포기는 약속했으나, 터키에 배치된 미사일의 철수 여부는 여유를 가지고 검토한다는 점을 소련 측에 전달하였고 이에 소련 정부는, 터키의 미사일 철수 여부에 대한 언급을 생략한 채, 쿠바의 미사일을 철수한다고 선언하기에 이르렀다(1962. 10. 28).[7] 이로써 쿠바에 미사일을 배치하려는 소련의 군사적 행위는 중지·억제되었고, 이를 위해서 미국은 쿠바의 해상봉쇄작전을 실시하면서 쿠바에 대한 미국의 침공작전을 포기한다고 약속함으로써 공산권의 맹주 격인 소련의 국가적인 체면을 유지시켜 주는 대안을 받아들였다. 소련 역시 자유진영의 맹주 격인 미국의 체면을 고려하여 터키에 배치된 미국 미사일의 철수문제를 언급하지 않는 정책적 고려를 배제하지 않았다. 이와 같이 쿠바위기를 해소하는 과정에서 구체화된 미국의 해상봉쇄작전은

---

7 Graham T. Allison, *Essence of Decision: Explaining the Cuban Missile Crisis* (Boston: Little, Brown and Company, 1971), pp. 117-143.

억제를 위한 수단으로 군사력이 사용되는 한 형태를 보여 주었다.

무력시위 및 봉쇄작전과 더불어 억제를 목적으로 군사력을 운용하는 기본형태는 군사력의 직접사용 및 이의 위협이다. 여기에는 군사력의 전면적 사용, 다시 말하여 큰 전쟁을 억제하기 위하여 벌이는 예방전쟁에서부터 전격적인 침공 및 임무달성 후 철수와 같은 제한적인 군사력의 사용, 그리고 제한적이건 전면적이건 간에 군사력의 사용 위협 등이 포함된다. 이집트의 군비강화를 지켜보던 이스라엘은 군사력이 강화된 이집트가 이스라엘을 공격하기 전에 이집트를 공격하는 것이 이스라엘에 유리하다는 판단 아래 6일전쟁(1967)을 감행함으로써 '내일의 불리한 전쟁을 예방하기 위하여 오늘 전쟁을 수행하는, 이른바 전쟁을 예방하기 위한 전쟁'을 통한 전면적인 군사력 사용의 실례를 현실화시켰다. 그리고 이스라엘에 대한 테러기지를 제거하여 미래의 테러를 억제한다는 개념으로 베이루트를 침공하는 작전(1982)을 실시하고, 팔레스타인 지도자(아라파트)와 그 추종자들을 축출함으로써 군사력을 제한적으로 사용하여 테러를 억제한다는 선례를 남기기도 했다. 미국의 그레네이다 침공(1983)과 파나마침공작전(1989)은 좌익정권의 출현이나 군사정권의 압정을 거부하고 마약의 미국 내 반입을 차단하기 위한 목적으로 군사력을 제한적으로 사용한 예로 볼 수 있다.[8] 쿠웨이트의 원상회복을 목적으로 미국이 주도한 걸프전(1991)과 전후에 이라크 남북에 설정한 '비행금지구역'(No Fly Zone)의 안전을 보장하기 위하여 계속적으로 수행되는 제한적 군사공격 등은 군사력의 전면사용과 이의 제한적 사용을 통하여 이라크의 무력사용 및 대량살상무기의 보유를 억제하기 위한 대책으로 볼 수 있다. 그러나 장차 발생할 수도 있는 상대의 무력사용을 억제하기 위한 주 억제책은 무력사용의 위협을 통한 보복과 응징이다. 제시된 보복과 응징의 피해범위와

---

8 金幸福 외 공편, *20世紀 地球村 戰爭* (兵學社, 1996), pp. 706-711, 755-757, 760-762.

수준을 상대가 무력사용을 통하여 확보할 수 있는 이익보다 더욱 크게 만들어 상대가 도발행위를 자행하지 못하도록 한다는 것이 억제의 기본개념이기 때문이다. 이라크의 대량살상무기 확보를 억제하기 위하여 전면 군사작전의 수행도 불사한 미국 부시정부의 개념 및 의지나 북한으로 하여금 핵무장을 포기하도록 강요하기 위하여 대화를 통한 평화적인 해결을 강조하면서도 군사력의 사용을 배제하지 말아야 한다는 미국 재야의 견해 등은 군사력의 전면적 또는 제한적 사용을 위협하는 대표적인 억제책으로 볼 수 있다.[9] 이와 같이 억제를 위한 군사력의 사용형태는 이의 전면적 혹은 제한적 사용이나 위협이다.

특히 핵전쟁을 예방하기 위한 억제는 핵군사력 직접사용을 통한 보복의 위협을 통해서만 가능해 보이는 성격으로 보인다. 핵군사력은, 전면적이건 제한적이건, 선제사용 자체를 억제해야만 하는 사실상 타협이 불가능한 명제를 던져 놓고 있다. 따라서 핵사용을 억제하기 위하여 동원되는 억제수단 역시 치명적이어야 하고, 이러한 이유로 핵사용을 통한 강력한 보복일 수밖에 없다. 핵전략이 핵전쟁에서 승리를 도모하려는 방책이나 술책이 아닌 한 그것이 핵사용 자체를 막지 못하면 아무런 쓸모가 없고, 핵사용을 막으려고 제시된 핵보복이 현실화될 경우에는 결국 그 결과가 모든 대책이나 전략을 사실상 거부하는 전면적인 핵전쟁으로 귀결되기 때문이다. 여기에 핵군사력의 사용 위협을 통하여 상대의 핵사용을 억제하고 이로써 핵전쟁을 막으려는 핵전략의 개념적 모순을 찾아볼 수 있으나, 핵사용은 핵사용 위협을 통한 보복에 의해서만 억제 가능하다는 이율배반(二律背反)의 논리 역시

---

9 "U.S. to train Iraqi rebels for combat" "Seoul, Washington press Pyongyang for immediate end to nuke program," *The Korea Herald*, October 21, 2002; "Bush may not seek regime change if Saddam abandons WMDs" "U.S. undecided on abandoning pact with N.K.," *Ibid.*, October 22, 2002; "北, 이라크보다 위협적": 키신저, "美, 두나라에 같은 정책 … 군사행동 필요할 수도": 브레진스키, "이라크처럼 엄중히 해결해야," *동아일보*, 2002. 10. 22.

수용할 수밖에 없다.

근래에 들어, 핵사용의 위협을 통하여 상대의 핵사용을 억제한다는 핵전략의 개념적 모순을 극복하는 새로운 억제책이 회자(膾炙)되고 있다. 핵탄두를 탑재한 운반수단인 미사일을 다단계별로 요격하여 상대의 핵공격 자체를 단계별로 무력화시킴으로써 상대가 보유할 수도 있는 핵 선제사용 유혹을 떨쳐 버리도록 하자는 미사일방어(MD: Missile Defense)체계의 구축이다. '전략적 방어'라고 지칭되는 이 개념은 미사일의 발사 초기단계에서부터 대기권 내외의 중간단계별로 미사일을 요격할 수 있는 체계를 실전 배치하여 상대의 핵공격을 단계별로 무력화시킴으로써 상대의 핵공격도 억제하고, 억제가 실패할 경우까지도 대비하여 핵억제를 더욱 확실하게 보장하자는 논리이다. 1983년 3월 23일, 미국의 레이건 대통령에 의해서 공식적으로 발표된 전략적 방어구상(SDI: Strategic Defense Initiative, 일명 'Star Wars'라고도 불림)은 확증파괴력(assured destruction)과 핵보복에 의한 핵억제보다는 확증생존(assured survival)을 보장하는 방어력에 의한 핵억제가 더욱 바람직하다는 전제하에 제시되었다. 다시 말하여, 핵보복이라는 공격개념에 의한 핵억제는 억제가 실패할 경우에 확증공멸(assured mutual collapse)을 결과로 빚어낼 것이 뻔한 이치이기 때문에 공자자멸(攻者自滅)을 확실하게 보장하면서 방자생존(防者生存)의 가능성을 높여 주는 전략적 방어능력을 구비할 필요가 있다는 정책표명이었다.[10] 이러한 미국의 전략적 방어개념에 대해서 기존 핵보복능력의 손상을 우려한 러시아 및 중국 등 핵중진국들은 강한 거부감을 표시하고 있으나, 미국의 부시 행정부는 미사일방어계획을 현실화시킬 부서(Missile Defense Agency,

---

10 Herbert F. York, "Nuclear Deterrence and the Military Uses of Space," *DAEDALUS, Vol. 114, No. 2: Weapons in Space Vol. I: Concepts and Technologies* (Spring 1985), pp. 17-32; George Rathjens and Jack Ruina, "BMD and Strategic Instability," *Ibid., Vol. II: Implications for Security* (Summer 1985), pp. 239-255.

Pentagon)를 설립하고 필요한 실험 등을 실시하고 있다.[11] 이와 같이 미국은 확증 미사일 방어능력(assured missile defense capability)을 구비하여 상대의 핵사용을 억제하고, 상대의 자멸(自滅)과 자국의 생존(生存)을 보장하는 새로운 억제책과 수단을 구비하려 하고 있다.

이와 같이 억제를 달성하기 위하여 군사력을 사용하는 양태(樣態)는 다양하게 전개되어 왔다. 지금까지는, 전면적이건 제한적이건 간에, 주로 군사력의 사용과 이의 위협을 통하여 상대의 군사력 사용을 억제하려 했다. 그러나 핵전쟁과 핵군사력의 사용을 억제해야 하는 핵전략에서의 억제는 군사력의 사용이나 이의 위협 같은 공격적인 억제책이 실패할 경우에 상호공멸이라는 결과를 상정해야 하기 때문에 새로운 개념의 억제책과 수단이 필요하게 되었으며, 이 필요성은 '전략적 방어 구상'(Strategic Defense Initiative)이라는 개념을 출현시켰고, 이에 따라 미사일 방어력과 체계를 구축하여 상대의 핵사용을 억제한다는 방어적 억제책과 수단이 모색되고 있다. 따라서 이제는, 핵이건 재래식 군사력이건 간에, 군사력의 사용과 보복 및 응징을 통하거나, 상대의 군사력 사용을 무력화시키고 이 과정에서 발생되는 피해를 군사력을 사용한 측이 전부 감수하도록 하는 전략적 방어를 통하여 상대의 군사력 사용을 억제하려는 공격적, 방어적 억제책과 수단이 동시에 운용되는 현실이 구체화되어 가고 있다.

무력사용을 포함한 상대의 특정한 행위를 억제하기 위한 수단으로 비군사적인 수단 역시 동원되며, 이의 운용대상과 방식도 다양하다. 억제는 적대적인 적뿐만 아니라 우호적인 상대에게도 강요되는 예가 있으며, 이러한 경우에는 부정적인 수단이 동원되기보다는 긍정적인 이익의 감소 및 차단 등의 조치가 취해지는 것이 통상이다. 예로써 우호적인 상대가 어떠한 행위를 강행할 경우에 경제협력의 정도를

11 "U.S. to begin missile defense work in June," *The Korea Herald*, May 16, 2002.

낮춘다거나, 외교적인 냉각기를 둔다거나, 아니면 원조를 중단하거나 그 액수를 삭감하는 조치를 취하는 등의 수단과 조치가 동원된다. 이것을 '보상의 거부'(denial of reward)를 통한 억제라고 부를 수 있다.[12] 우호적이거나 적대적인 관계를 유지하고 있는 상대를 대상으로 동원되는 억제수단으로는 외교관계 단절, 투자자산의 동결, 경제적 봉쇄 등을 들 수 있다. 이러한 비군사적인 억제수단은 궁극적으로 동원될 무력사용의 정당성을 합리화하거나 이의 불가피성을 입증하기 위한 전이적(轉移的: transitional) 수단으로 동원되기도 한다. 특히 동참(同參)의 동료를 되도록 많이 확보하기 위해서도 보상의 거부는 물론 증여(贈與)도 동원되며, 이런 경우에는 개별적인 호·불호(好·不好)의 관계와는 무관하게 이러한 억제 혹은 촉진 수단이 동원되기도 한다. 걸프전에서 다국적군을 형성한 국가들은 이를 주도한 미국과의 관계에서 다국적군에 가담함으로써 받을 수 있는 이익과 이를 거부함으로써 잃을 수 있는 손해를 계산하여 참가 여부를 결정하였다. 북한(北韓)의 핵무장을 무력사용이 아닌 외교적 노력에 의해서 해제하겠다는 정책적 의지를 가진 미국은 세계 여러 국가들을 상대로 외교적 접촉을 실시하고 있다.[13] 미국의 대북한 핵개발억제를 위한 참여(參與) 제의를 받은 이들 국가들은 미국의 입장을 지지하는 것이(또는 반대하는 것이) 어떠한 명분적 또는 실리적 이익과 손해를 획득하거나 감수해야 하는가를 저울질하면서 그들의 입장을 정리할 것이며, 북한이 핵무장을 고집할 경우에 미국이 제안하게 될 제재조치에 대한 동참(同參) 여부 역시 그러한 고려와 검토과정에 바탕을 두고 결정할 것이 틀림없다. 이와 같이 억제는 적대적인 상대만을 대상으로 강요되지 않으며, 특히 비군사적인 억제수단은 우호적인 상대에게도 '보상의 거부 또는 증여'(denial or

---

12 *Nuclear War And Nuclear Peace*, pp. 9-10.

13 "Bush eyes 'different' tack for N.K.: Promises to use diplomacy, not military force on nuclear issue," *The Korea Herald*, October 23, 2002.

donation of reward) 개념에 바탕을 두고 동원되기도 한다.

적대적인 상대뿐만 아니라 우호적인 대상에게도 '심리적 공포와 타산적 계산'을 기저로 강요되는 억제를 위해서 동원되는 수단은 관계의 성격에 따라 군사적인 또는 비군사적인 성향을 상대적으로 짙게 혹은 얕게 띠기 마련이다. 우호적인 상대의 억제를 위해서는 주로 비군사적인 수단이 동원되며, 적대적인 대상의 억제를 위해서는 주로 군사력의 시위·사용이 현실화되고, 비군사적인 수단은 군사력 사용의 정당성과 불가피성을 입증하는 수단으로 운용되기도 한다. 군사력의 사용은 직접사용과 사용위협의 형태로 구체화되며, 특히 핵억제를 위해서는 핵군사력 사용의 위협만으로 상대의 핵사용을 억제해야 하는 현실적 필연성을 반드시 고려해야만 한다. 그러나 핵억제가 실패하여 핵전쟁이 발발할 경우에는 상호공멸(相互共滅)이라는 결과를 상정할 수밖에 없기 때문에 억제의 논리적 신빙성과 억제수단과 방식의 실천적 신뢰성을 높이기 위하여 고도한 지적(知的), 기술적(技術的) 노력을 기울여야 할 필요가 있다. 그리하여 핵군사력에 의한 보복공격 대신 상대 핵공격을 다단계적으로 무효화시킬 전략적 방어의 개념과 이를 현실적으로 보장할 수 있는 수단의 개발이 이루어지고 있다. 그리고 불량국가나 테러리스트 집단이 핵무장을 하거나 핵무기를 획득하지 못하도록 조치하여 우발적인 핵대결의 가능성과 이의 확산현상을 제거하려는 국제적인 노력 역시 넓은 범주의 핵억제조치의 하나로 볼 수 있다. 이와 같이 핵전쟁이건 재래식전쟁이건 간에 이를 억제하기 위하여 동원되는 억제수단은 군사적·비군사적인 모든 수단을 망라하고 있으며, 운용방식도 군사력의 제한적·전면적 사용이나 이의 위협, 그리고 비군사적인 조치와 수단의 다양한 운용 등 거의 모든 방식을 포괄하고 있다.

3) 억제의 요소와 조건

억제는 억제자(deterrer), 피억제자(deterred), 위협(threat), 개입(commitment), 그리고 설득(persuasion) 등 실체적·관념적 요소들을 구성요소로 갖는다.[14] 현상을 변경하기 위한 상대의 행동을 억제하려는 억제자, 억제를 강요당하는 피억제자, 이러한 관계상황에서 억제자가 억제를 위하여 제시한 위협, 제시된 위협을 실행에 옮길 억제자의 진지한 개입, 그리고 제시된 위협에 의한 피해와 의도된 행위로 확보할 수 있는 이익과의 비교와 타산적 계산결과에 따라 의도된 행위의 포기로 이어지는 설득이 억제를 구성하는 요소가 된다. 여기에서 억제자·피억제자 등은 실체적 요소이며, 실행이나 설득 등은 다분히 관념적 요소로 볼 수 있고, 위협은 객관적으로 감지할 수 있는 실체적 부분과 주관적 인식을 통하여 그 실체와 이에 대한 인식 정도가 정해지는 관념적 부분을 동시에 포함하는 요소로 볼 수 있다. 이와 같이 억제는 억제자와 피억제자, 이들 간에 제시된 위협, 그리고 양측의 의지 및 인지에 근거한 실행과 설득 등 객체적(客體的: objective)·주의적(主意的: volitional)인 요소들의 상호연관과 작용에 의하여 성립된다.

먼저 억제자(抑制者: deterrer)는 주로 현상유지정책(policy of status quo)을 옹호하는 전략주체로 볼 수 있다. 억제가 현상을 변경시키려는 행위를 못하도록 하는 관계개념이라면, 이를 강요하는 억제자는 정치적으로 현상유지정책을 뒷받침하는 전략을 구사하는 전략단위체(政治集團으로서 國家 또는 國家群)로 보아 마땅하다. 그리고 억제자는 상대가 영토획득, 지역확보, 이권쟁취, 정책적 응징 등 현상을 변경하거나 정치적 입장을 강화하려는 목적으로 군사력 사용을 비롯한 행동을 취하지 못하게 할 수 있는 보복수단을 보유하고 있는 경우가 대

---

14 *Nuclear War And Nuclear Peace*, p. 10.

부분이기 때문에 국제정치 사회에서 비교적 강국으로 분류되는 것이 통상이다. 시대적으로 등장한 강국들로는 과거 제국시대의 주역으로 행세한 로마, 몽고 등과 같은 정치집단도 있을 수 있고, 상호 견제하고 있던 유럽 대륙의 국가들에게 세력균형정책을 펼치면서 이들 국가들을 더욱 대립하도록 유도하고, 해양국가로서 독보적인 위치에서 전 세계적인 세력권을 형성하며 제국주의정책을 통하여 식민지를 확보해 가면서 강국의 위치를 누렸던 영국, 제2차 세계대전 후에 정착된 동서진영의 맹주국(盟主國)으로서 상호 대립적인 관계를 유지하면서 진영 내에서는 패권(霸權)을 장악한 미국과 소련 등과 같은 초강대국, 그리고 공산권의 붕괴와 소련이 러시아로 변질된 후에 새롭게 펼쳐진 국제질서 아래서 거의 독자적인 영향력을 행사하다시피 하고 있는 '새로운 제국시대와 같은' 현대전략구조하에서의 미국 등을 들 수 있다. 이들 강국들은 자신들에게 유리한 방향으로 구축된 현상이나 전략적 우위에 바탕을 둔 상호관계의 지속적 유지정책과 전략을 구사하는 것을 마다하지 않기 때문에 이를 강요할 수 있는 군사력을 포함한 여러 가지 비군사적인 수단을 보유하고 있으며, 상대의 도발적 행위를 억제하기 위하여 이를 활용할 태세를 갖추고 있다. 이와 같이 억제자는 정치적으로는 현상유지정책을 택하면서 강력한 군사적·비군사적 수단을 보유하고 이를 활용할 태세를 갖추고 있는 국가를 비롯한 정치집단, 즉 강국·강대국 또는 초강대국이라고 불리는 전략주체들이다.

이와는 대조적으로, 피억제자(彼抑制者: deterred)는 자신에게 보다 유리한 정치 및 전략환경을 조성하기 위하여 현상의 변경을 추구하거나 정치·사회적 요인에 의해서 변경된 현상을 원상복귀시키려는 외부 정치집단에 대해서 이를 유지하려는 노력을 기울이는 전략주체로 볼 수 있다. 프랑스혁명(1789)으로 왕조국가의 모습을 떨쳐 버린 프랑스는 주변 왕조국가들로 구성된 대프랑스 동맹국들과 여기에 가담한 영국으로부터 정치·군사적 압력을 받았다. 이에 프랑스는 나폴레옹이 지휘한 국민군을 세계 각처에 파견하여 주변의 오스트리아, 스페인, 프러시아, 러시아 및 영국이 결성한 동맹군과 싸우지 않으면 안 되었다. 이러한 과정에서 프랑스군은 동맹군의 전력이 집중되는 것을 막기 위하여 이들을 각개격파하는 전략과 전술을 구사하면서 변질된 프랑스의 국가적 모습을 유지하려 하였고, 대프랑스동맹을 결성한 연합군은 전력을 집중하여 프랑스의 정치체제를 왕정으로 복원시키려 하였다. 여기에서 변질된 프랑스 정치체제의 확산을 막기 위하여 정치·군사적 수단을 동원한 동맹국들은 억제자의 역할을 수행하였고, 이에 대항하여 적극적인 군사작전을 펼친 프랑스는 피억제자의 입장에 처해 있었다고 볼 수 있다. 물론 군사작전 과정에서 잠정적으로 프랑스와 동맹국들 간에 억제와 피억제의 개념상 입장이 바뀌기도 했으나, 프랑스는 혁명으로 빚어진 새로운 모습을 유지하지 못하고 왕정으로 복귀되는 결과를 감수해야만 했다. 뒤늦게 민족국가를 형성한 후 식민지 확보와 주도권 쟁탈전에 뛰어든 독일과 이탈리아는 당시에 구축된 현상의 변경을 추구하면서 두 차례에 걸친 대전의 원인을 제공한 국가가 되기도 하였다. 이러한 현상변경 시도를 억제하기 위하여 서유럽국가들은 러시아 및 소련이나 미국의 도움까지 받아야만 했으며, 유럽 중심의 국제질서가 미·소 중심의 것으로 바뀌는 결과까지 감수해야만 했다. 2차 세계대전 후에 형성된 현대의 전략환경에서 핵국과 비핵국가들, 그리고 핵강국과 핵보유국 사이에 존재하는 핵무기의 확산 방지와 이의 보유 의지, 그리고 핵우위 유지와 핵능력 개선 시도 간에 펼쳐지고 있는 현상은 억제와 피억제 관계의 전형을 보여 주고 있다. 특히 이러한 관계는 지역적인 패권(霸權)이나 생존권(生存權) 확보, 그리고 상대를 전복(顚覆)시키려는 정치·전략적 노력과 복잡한 연관을 맺으면서 전개되어 왔고, 지금도 전개되고 있다. 이와 같이 피억제자는 당시에 구축된 현상이 자신들에게 불리하다고 판단하고 이의 변경을 원하는 정책적 의지를 지니고 있는 정치집단 혹은 국가로 나타났다.

상대의 특정한 행위를 저지하거나 상대의 일방적 행위로 변경된 현실을 원상으로 복원시킬 목적으로 제시된 위협(威脅: threat)은 억제의 중요한 요소 중의 하나다. 그러나 제시된 위협은 그 내용이나 형식면에서 갖추어야 할 요소가 있다. 제시된 위협은 가시적이고 집행 가능한 수준과 내용이어야 한다. 제시된 위협이 은유적이거나, 위협의 수준과 내용이 너무 높거나 막연할 경우에는 억제를 목적으로 제시된 위협의 효용성이 훼손될 가능성이 짙기 때문이다. 상대의 도전적 행위를 억제하기 위하여 제시된 위협으로서 군사적 또는 군사 외적 수단을 사용한다거나 이러한 조치를 취한다는 억제자의 정책적 입장은 명확하게 표출되어야 하며, 억제자가 이를 집행할 수 있는 능력과 의지를 지니고 있다는 점을 피억제자가 인식하도록 해야 하고, 억제자의 행적(行蹟)이 이를 뒷받침할 수 있어야 한다. 제시된 위협이 상대의 심리적 공포감을 자극하여 그의 행동에 영향을 미칠 수 있으려면 그것의 내용과 수준이 상대의 합리적 계산을 촉진시킬 수 있도록 적절해야 한다. 제시된 위협은 상대의 심리적 공포감을 일으키면서 합리적인 계산을 할 수 있는 수준과 내용이고, 이의 현실화 가능성에 대해서 상대가 신빙성을 가질 수 있어야 억제의 한 요소로서 간주될 수 있기 때문이다.

억제의 다른 요소는 실행을 전제한 진지한 개입(介入: commitment)이다. 억제자는 피억제자의 어떠한 도발적 행위를 저지하기 위하여 신뢰성 있고 적절한 수준의 위협을 제시해야 한다. 단순하게 피억제자를 겁주기 위해서 '그냥 해 보는 식'의 위협은 제시된 위협에 대한 신뢰성을 훼손시키며, 피억제자가 어떠한 행위를 실행에 옮김으로써 얻을 수 있는 이익에 비해서 보복으로 입을 수 있는 피해가 너무 큰 위협제시는 이를 실행에 옮길 가능성을 감소시켜 억제효과를 떨어뜨릴 가능성이 있다. 따라서 억제자의 위협제시는 피억제자가 의도된 행위를 감행함으로써 확보할 수 있는 이익과 보복으로 감수해야 할 피해를 비교하면서 '현실적이고 합리적인' 판단과 계산을 할 수 있는 수준과 내용이어야 한다. 그래야만 억제자나 피억제자 측 모두 현실적인 계산 아래 진지한 개입을 상정하게 되며, 이럴 경우에만 억제와 피억제의 억제관계가 실질적인 의미를 갖게 된다.

행위를 통하여 확보할 수 있는 이익과 보복으로 입을 수 있는 피해의 상호비교를 통하여 그 실현 여부가 결정되는 억제는 설득(說得: persuasion)이라는 요소를 필요로 한다. 위협과 이것이 현실화될 때 감수해야 되는 피해를 통하여 피억제자의 특정한 행위를 억제하려는 억제자는 먼저 제시된 위협이 피억제자의 행위를 저지할 수 있다는 점을 스스로 받아들일 수 있어야 한다. 다시 말하여, 역지사지(易地思之)면에서, 자신이 피억제자라면 자신 역시 제시된 위협이 현실화됨으로써 입을 수 있는 피해를 감수하기보다는 의도된 행위를 포기하는 것이 낫다는 판단과 결론을 내릴 수 있어야 한다는 뜻이다. 즉, 억제자는 피억제자의 설득을 위해서 먼저 자신부터 설득할 수 있어야 한다. 그러한 후에, 억제자는 적절하고 합당한 위협을 제시하면서 피억제자를 설득해야 하며, 그 가능성을 더욱 높이기 위하여 때로는 피억제자가 택할 수 있는 '명예로운 대안'도 '은근하게 그러나 명시적으로' 제안할 필요가 있다. 이러한 과정을 통하여 피억제자는 억제자가 제시한 위협으로 야기된 심리적 공포와 타산적 계산의 결과에 의해서 의도된 행위를 취하지 않는 것이 자신에게 이익이라는 결론에 도달하여 자신을 설득함으로써 억제가 성립되는 것이다. 이에 따라 억제는 설득(說得: persuasion), 다른 면에서는 납득(納得: being persuaded)을 요소로 가지게 된다.

이와 같이 억제는 억제자(抑制者), 피억제자(彼抑制者), 위협(威脅), 개입(介入), 그리고 설득(說得)이라는 유형(有形)·무형(無形)의 요소를 갖고 있다. 이러한 요소들의 상호작용을 통하여 억제가 실현되기도 하며 실패하기도 한다. 따라서 억제는 복잡하고 미묘한 심리적·물리적 상호작용을 통하여 성립되는 것을 특징으로 가진다. 그러나 억제는 요소들이 존재한다는 것만으로 구체화 여부가 결정되는 것은 아니다.

억제의 성립과 현실화는 억제자와 피억제자의 상호관계에서 부수적인 조건을 충족시켜야 가능한 것으로 볼 수 있다. 부수적인 조건들은 억제요소들 사이의 상호 연관된 작용을 규정지어 주면서, 때로는 억제의 구체화 여부를 결정지어 주는 역할을 담당하기도 한다. 이러한 조건들로서 위협의 전달(傳達: communication)과 표명, 전달된 위협의 집행 여부와 연관된 신빙성(信憑性: credibility), 보복으로 입을 수 있는 피해와 의도된 행위로 확보할 수 있는 이익의 계산과정에서의 합리성(合理性: rationality), 그리고 피억제자의 체면을 유지시켜 주면서 명예롭게 택할 수 있도록 제시된 대안(代案: option) 등을 들 수 있다.[15] 이외에도 특히 억제자가 제시된 위협의 실제 집행 여부와 연관하여 그가 펼쳐온 행적(行蹟)에 근거한 행위(行爲: action) 및 그 정책(政策: action policy)을 들 수 있다. 이 조건은 실제로 전달된 위협이 실제로 구체화될 수 있는가와 연관된 신빙성을 가늠하는 실증적 자료가 되기 때문이다. 전달 및 표명(communication), 신빙성과 신뢰성(credibility), 합리성(rationality), 대안(option), 그리고 행위(action) 등으로 집약될 수 있는 조건적 요소들은 억제의 달성 여부를 결정지어 주는 요인이 된다.

억제를 위하여 제시된 위협(보복이나 공격능력의 무력화)은 반드시 피억제자에게 전달되어야 한다. 피억제자가 어떠한 도발적인 무력행사를 감행할 경우에는 어떠한 보복이나 어떠한 무력화조치가 취해진다는 사실과 개략적인 정도가 반드시 피억제자에게 직·간접적으로 전달되거나 공개적으로 표명되어야 한다는 뜻이다. 위협을 전달하는 방식은 특별하게 규정되지도 않았고 규정될 필요도 없지만, 무력사

15 *Nuclear War And Nuclear Peace*, pp. 10-11.

용을 통한 보복이나 발사된 핵미사일의 무력화 노력 등의 위협내용은 피억제자에게 직접 전달되거나 위협이 제시되었다는 사실에 대한 다른 해석의 여지가 없는 공개적인 방식으로 표명될 필요가 있다. 위협이 정확하게 전달되거나 표명되어야만 피억제자의 심리적인 공포와 합리적인 계산을 기대할 수 있기 때문이다. 위협전달이나 표명이 제대로 되었더라면 큰 재앙을 피할 수 있지 않았을까 하는 아쉬움이 남는 사례를 몇 가지 들어 볼 수 있다. 하나의 예로써, 태평양전쟁(1941-1945)을 일으킨 일본의 공격행위에 대해서 미국을 비롯한 연합국의 대응이 실제 전개된 바와 같을 것이라는 사실이 전쟁 전의 일본에게 정확하게 전달되었더라면 과연 일본이 무력을 먼저 사용하여 진주만을 공격했을 것인가 하는 가정적 명제(命題) 설정이 그것이다. 그리고 이라크가 쿠웨이트를 점령하면 미국이 다국적군을 형성하여 이라크군을 격멸하고 쿠웨이트를 원상태로 복귀시킬 것이라는 미국의 정책적 의지가 이라크에게 사전에 전달되었더라면 이라크가 쿠웨이트를 침공했을 것인가 하는 점이 또 하나의 예가 될 수 있다. 물론, 엄연하게 전개된 역사적 실증이 분명한데도 불구하고, 가정적인 명제의 설정은 매우 부적절하고 논리의 전개상 위험스럽기까지 한 것은 사실이나, 상황조건을 달리한 상황과 실례의 재구성 시도는 억제가 성립되기 위하여 어떠한 부수적인 조건을 만족시켜야 하는가에 대한 논리적 타당성을 살펴볼 수는 있을 것 같다. 이와 같이 억제는 피억제자에게 그가 계획하고 있는 어떠한 행위가 구체화될 경우에 보복과 조치로 비롯되는 피해를 감수해야 할 것이라는 점이 직·간접적으로 전달되거나 오해의 여지가 없는 공개적 방식으로 표명되어야 함을 요구하고 있다.

억제가 달성되기 위한 중요한 조건으로서 억제자가 제시한 위협을 진실로 현실화시킬 것이라는 사실을 피억제자가 믿어야 한다. 피억제자가 무력도발을 비롯한 어떠한 행위를 자행할 경우 보복이나 무효화 공격을 받게 되고 이에서 비롯되는 피해까지 감수해야 된다는 위협이 전달되었을 때 피억제자는 이러한 위협을 제시한 억제자가, 능력(capability)과 의도(intention)면에서, 위협을 실제로 현실화시킬 것이라고 믿어야 한다는 말이다. 피억제자가 이를 믿지 않을 경우에는 피억제자는 의도한 행위를 자행할 것이고, 그럴 경우에 억제는 이루어지지 않게 된다. 그리고 이러한 신빙성은 억제자가 위협을 가할 능력은 있으나 의도면에서 이를 현실화시키지 않고 결국 물러설 것이라고 비쳐질 경우나, 의도는 분명한데 억제자의 능력이 이를 보장할 수 없다고 판단될 경우에는 심각한 손상을 입게 마련이다. 따라서 억제자가 위협을 실제 집행할 것인가에 대한 신빙성은 억제자의 능력과 의도면에서 확보되어야 함을 쉽게 엿볼 수 있다. 피억제자가 제시된 위협의 현실화에 대한 신빙성을 가질 수 없을 경우에는 제시된 위협은 하나의 전략적 공갈(strategic bluffing)로 간주되고 억제는 성립되지 않게 마련이다. 이렇게 볼 때 신빙성은 억제가 성립되기 위한 필수적인 조건이라고 보아도 무방할 것 같다.

신빙성이 억제를 강요하는 데 필요한 피억제자의 심리적 공포(psychological fear)를 유발시키는 조건이라면, 합리성(rationality)은 피억제자의 타산적 계산을 가능하게 하는 조건이다. 피억제자는 의도한 행위를 강행함으로써 현실화될 억제자의 보복을 통하여 감수해야 할 피해와 계획한 행위의 결과로 확보될 이익을 상호 비교하는 과정에서 합리적인 판단과 비교분석의 과정을 밟게 된다. 비교분석의 결과, 피억제자가 이익보다 피해가 더 심각하다고 판단하여 의도된 행위를 포기하면 억제는 성립된다. 이러한 일련의 과정은 피억제자의 합리적인 사고와 판단에 근거하여 그 결과가 도출되기 때문에 억제는 피억제자의 합리성에 따라 그 성립 여부가 결정된다고 보아 마땅하다. 그러나 이러한 합리성은 상호의존적(mutual or reciprocal)이다. 억제자가 제시한 위협의 종류와 정도가 피억제자의 합리적 판단과 타산적 계산을 가능하도록 하는 범주에서 벗어나지 않아야 된다는 말이다. 제시된 위협 자체가 피억제자의 이판사판(理判事判)식 대응만을 강요하는 종류와 정도의 것이라면 피억제자의 합리적인 판단과 대응을 기대하기 어렵고, 이럴 경우 억제의 성립 자체를 억제자가 스스로 배제한 결과를 처음부터 강요한 셈이 되기 때문이다. 따라서 합리성은 상호의존적인 성격을 지니고 있으며, 억제가 성립되기 위해서 필요한 조건을 형성한다.

대안(代案: option)의 제시 역시 억제를 성립시키기 위한 하나의 조건이다. 이는 피억제자가 자신이 의도한 행위를 포기하는 대신 명예롭게 선택할 수 있는 다른 길을 열어 놓는 조치이며, 피억제자의 체면을 존중해 줌으로써 그가 '귀퉁이에 몰린 짐승'(a cornered beast)과 같은 '막가파'식 행동을 취하지 않도록 하는 방편인 셈이다. 이러한 면에서, 대안의 제시는 피억제자의 합리적 계산과 판단을 촉진시키기 위한 또 하나의 부수적인 조건이라고도 볼 수 있다. 과거, 쿠바 미사일위기 시에, 미 케네디 행정부가 터키에 배치된 미사일을 철수한다는 대안을 제시하면서 쿠바의 소련 미사일 철수를 강요하여 이를 성사시킨 사례와, 요즈음 미국의 부시 행정부가 이라크에게 미국의 무력공격을 피하기 위해서 유엔이 통과시킨 전면적 무기사찰을 통한 대량살상무기의 무장을 해제하라는 대안을 제시하고 이라크가 이를 일단 수용한 것과 같은 실례가 이러한 범주의 조건을 제시하고 수용한 사례라고 볼 수 있다.[16] 이와 같이 대안의 제시는 억제가 성립되기 위한 합리성의 정도를 높이기 위한 또 하나의 부수적인 조건인 셈이다.

대안(代案)의 제시가 억제의 조건인 합리성을 더욱 보장하려는 부차적인 조건이라면, 억제자의 행위(action)나 행위정책(action policy)은 억제의 조건인 신빙성(信憑性: credibility)을 더욱 확실하게 해

16 Graham T. Allison, *Essence of Decision: Explaining the Cuban Missile Crisis*, pp. 132-143; "Iraq arms inspection to resume Monday: Saddam accepts U.N. resolution, saying it wants to save its people," *The Korea Herald*, November 15, 2002.

주려는 조건이라고 볼 수 있다. 억제자가 피억제자의 현상변경 행위를, 그것이 무력사용이건 아니면 다른 폭력을 사용하는 행위이건 간에, 억제하기 위하여 보복을 통한 위협을 제시하고 이를 실제로 집행할 수 있는 능력과 의도를 명확하게 천명한 경우라 할지라도, 억제자의 과거 행적(行蹟)이나 실제의 행위(行爲)로 미루어 보아, 억제자가 제시된 위협을 실행에 옮길 것인가에 대한 의문이 완전하게 가시기 전에는 억제의 성립이 안 될 수도 있다. 다시 말하여, 억제를 위하여 제시된 위협이 억제자의 행위로 구체화된다는 확신을 피억제자가 갖지 못할 경우에는 위협 자체가 하나의 '공갈'(blackmail) 수준으로 받아들여질 여지가 있어서 억제가 실패할 수도 있다는 말이다. 이러한 논리 역시 일방적이지는 않다. 피억제자의 행위 역시 억제의 성립 여부를 조건지어 주는 요소가 될 수 있다. 이와 같이 억제자나 피억제자의 행위와 행위정책은 억제의 성립에 필요한 조건이 된다.

억제자(抑制者: deterrer)와 피억제자(彼抑制者: deterred) 간에 위협(威脅: threat)이라는 수단을 매개로 개입(介入: commitment)과 설득(說得: persuasion)이라는 상호작용을 통하여 성립될 수 있는 억제(抑制: deterrence)는 위협의 전달이나 표명(傳達, 表明: communication)을 통하여 신빙성이나 신뢰성(信憑性, 信頼性: credibility)에 바탕을 두고, 합리성(合理性: rationality)에 근거한 손익(損益)계산에 의하여 현재화될 수 있으며, 신뢰성을 더욱 확실하게 하는 전략(戰略)주체들의 행위(行爲: action)와 합리성을 더욱 고양시키기 위한 대안(代案: option)의 제시까지도 필요조건으로 요구하고 있다. 실로 현대의 재래식, 핵전략의 핵심개념으로 등장한 억제는, 그것이 공격적인 수단에 의한 보복을 위협으로 제시하건 또는 상대의 공격행위를 무효화시킬 수 있는 방어적인 수단에 의한 무력화를 위협으로 제시하건 간에, 억제자와 피억제자가 행하는 고도한 심리적·지능적 타산과 계산에 의해서 그 현실화 여부가 결정되는 성질의 상호작용이기 때문에 위에서 언급한 개념적·실천적 조건들의 충족을 요구하고 있다. 이와 같이 억제는 까다로운 부수적 조건까지도 만족시켜야 하는 관념적·실천적 개념인 셈이다.

억제는 또한 어떠한 수준의 폭력이나 무효화 수단이 그 효과를 최대한도로 보장해 줄 수 있으며, 어떠한 신뢰성과 어느 수준의 합리성을 자신이 확보해야 하고 또 상대로부터 기대할 수 있는가, 다른 방법과 수단에 의한 부수적인 보완책은 없는가 하는 보다 구체적인 문제까지도 면밀하게 검토할 것을 요구하고 있다. 특히 인류가 아직은 핵 억제의 실패로 빚어질 핵전쟁을, 전면적이건 제한적이건 간에, 감수할 수는 없고, 따라서 핵전략에서의 핵심개념은 억제일 수밖에 없기 때문에 억제수단과 억제효과와의 상관관계 그리고 부수적인 억제책까지 더욱 연구·모색할 필요가 있다. 파괴수단의 정확성과 파괴수준이 향상된 무기체계를 동원하고 있는 현대의 재래식전쟁도 엄청난 피해를 강요하기 때문에, 현대 재래식전략의 핵심도 승리보다는 억제에 그 실천적 근거를 두는 것이 합당할 것으로 보는 것은 당연한 이치이다. 이와 같이 억제는 현대전략의 핵심개념으로 자리를 굳히고 있다.

Peace

9. 억제 효과

1) 신뢰성, 합리성과 억제

억제가 현실화되는 데 신뢰성과 합리성은 필수적으로 충족시켜야 할 조건으로 볼 수 있다. 억제자는 자신이 제시한 위협에 근거한 보복을 실제로 집행할 능력과 의지가 있어야 하고, 이를 피억제자가 정확히 인식해야만 억제가 성립될 수 있다. 억제자가 보유한 보복능력은 피억제자의 심리적 공포를 유발시키고, 보복으로 입을 수 있는 피해와 의도된 행위를 통하여 확보할 수 있는 이익과의 상호비교를 강요하는 기본이 된다. 또한 피억제자는 자신이 의도한 행위를 자행할 경우에 억제자가 제시된 수준의 보복을 실행에 옮길 것이라는 점을 믿어야 한다. 억제자의 보복능력과 의지를 피억제자가 받아들이고, 그가 시도하려던 어떠한 행위를 그만둘 경우에 억제는 성립하게 된다. 그리고 억제자와 피억제자가 진행하는 위협의 제시와 이의 수용 및 피해와 이익의 비교·검토 과정은 합리성에 바탕을 두고 있어야 한다. 합리적인 수준의 위협과 보복의 제시, 감당해야 할 피해와 확보할 수 있는 이익의 합리적인 비교, 여기에서 도출된 결과에 따른 합리적인 판단과 행위 등이 전제되어야만 억제가 성립될 수 있다. 합리성이 결여된 억제자나 피억제자의 이판사판(理判事判)식의 위협제시와 이에 대한 대응은 결국 억제의 실패와 직접적인 충돌만을 결과로 빚어낼 것이 뻔한 이치이기 때문이다. 이와 같이 억제는 신뢰성과 합리성을 가장 핵심적인 조건요소로 요구하고 있다.

이러한 억제 조건요소는 억제를 핵심요소로 가지고 있는 현대 핵전략은 물론 현대의 재래식전략에서도 중요한 조건이 된다. 억제의 실패 자체를 용납하기 곤란한 핵전략은 억제 자체가 전략의 궁극적인 목적일 수 있기 때문에 억제를 위한 핵심조건을 어떻게 충족시키느냐가 전략의 핵심일 수밖에 없다. 이와 병행하여 현대 재래식전략에서도, 무기체계의 파괴력과 정확도가 증진·향상된 상태에서 전쟁을 치르지 않기 위한 억제의 중요성이 결코 간과될 수 없을 뿐만 아니라 현대 재래식전쟁이 확대의 과정을 거쳐, 전면적이건 제한적이건 간에, 핵전으로 변질될 가능성을 완전하게 떨쳐 버릴 수 없기 때문에 억제의 필요성과 중요성이 소홀하게 취급될 수 없다는 명제는 자명한 이치이다. 따라서 핵전과 재래식전쟁을 동시에 다루어야 하는 현대전략은 억제를 핵심으로 가지면서 이의 실천적 보장을 위하여 핵 및 재래식 위협과 보복 능력·의지와 연관된 신뢰성과 합리성을 중요한 조건으로 요구하고 있다.

(1) 신뢰성

억제를 현실적으로 보장할 수 있는 기본적 조건으로서 신뢰성은 억제자의 능력과 의도, 그리고 이들 두 요소를 동시에 고려한 복합적 요소로 구성된다. 보복을 전제로 한 능력은, 정치력·경제력 등의 요소별 능력도 고려될 수 있으나, 결국 군사력이다. 군사적인 수단을 직접 사용하기 전에 외교관계의 단절이나 경제적인 봉쇄와 같은 보복조치를 취하는 경우도 있고, 이에 굴복하여 어떠한 행위가 중단되기도 하나, 결국에는 군사적인 보복을 전제로 위협이 가해지기 때문에 보복능력은 군사력이라고 보는 것이 이치에 합당하다. 따라서 신뢰성은 억제자가 제시한 위협을 실제로 집행할 수 있는 군사적인 능력과 의지를 갖추고 있느냐에 집중되며, 능력과 의지가 복합되어 실제로 나타난 억제자의 행적과 행위에 대한 신뢰성이 있느냐에 초점이 맞추어진다.

① 능력(capability)

능력은 억제자가 자신이 제시한 위협을 실제로 집행할 수 있는 수단을 보유하고 있는가 하는 것이다. 재래식전략에서나 핵전략에서 보복력은 군사력이다. 다만 재래식 군사력은 병력과 무기체계, 그리고 이들 요소를 운용하는 실천개념을 말하고, 핵군사력은 핵탄두·미사일이나 육·해·공 운반수단, 지휘·통제체계, 그리고 미사일 방어체계 등을 포괄한다. 물론 재래식 군사력도 지휘·통제체계와 전력을 엄호하거나 후방산업 및 보급시설을 보호할 목적으로 대공 방어체계를 운용하고 있으나, 재래식 군사력에서 이것이 차지하는 비중은 핵군사력에서 핵공격에 대한 미사일 방어체계가 지닌 것만큼의 정도는 아니다. 따라서 재래식 군사력의 보복능력은 병력과 무기체계가 주요소이나 병력은 무기체계와 동시에 편성되기 때문에 무기체계 하나만을 고려해도 무방할 것이고, 핵군사력에서는 무기(핵탄두), 운반수단, 지휘·통제체계, 미사일 방어체계 등을 들 수 있다.

❙ 무기 및 무기체계(weapons and weapons system)

보복능력의 가장 기초적인 요소는 무기 및 무기체계이다. 재래식 무기는 파괴력이 파운드나 톤 등으로 환산된 TNT 폭파력으로 환산되어 표시되고, 이러한 무기를 장착하거나 장비한 지상·해상·공중 군사력을 포함하여 계량된다. 지상무기인 소총·기관총·직사포·박격포·야포·미사일 등과 이들을 선별적으로 장착한 자주포·전차·공격용 헬리콥터 등을 포함하여 함포와 미사일 등으로 무장한 전함, 공대지(空對地)·공대공(空對空) 미사일이나 포 등으로 무장된 공군 전폭기와 이들 전폭기 등을 탑재하고 이동하면서 작전임무를 수행하는 항공모함 함대 등을 총괄하여 재래식 무기체계라고 지칭할 수 있다. 이들 재래식 무기체계는 병력과 동시에 편성되어 운용되기 때문에 병력 역시 여기에 포함되어 대등한 비중으로 재래식 군사력을 형성한다. 핵무기는 파괴력면에서 KT(10^3TNT ton: TNT 천 톤)나 MT(10^3TNT KT: TNT 백만 톤) 등으로 표시되는 단일 핵탄두의 폭파력을 기준으로 표시되며, 핵무기체계는 이러한 핵탄두와 이를 운반하는 미사일 등의 운반수단 및 이를 통제·조정하는 체계까지를 포괄한다. 핵탄두는 원자의 핵분열과 핵융합을 기초로 한 원자탄 또는 수소탄 등으로 구분되나 요즈음에는 수소탄이 핵탄두의 주종을 이루고 있다. 핵무기는 핵탄두의 폭파력으로 환산되고, 이를 정확하게 목표로 지향시킬 수 있는 운반수단의 종류와 양에 따라 그 실질적 효과가 측정되나, 운반수단의 보유상태에 걸맞게 핵탄두도 보유하게 된다. 따라서 핵무기는 한 전략단위체가 보유한 핵탄두의 파괴력을 TNT 폭파량으로 환산한 총계로 나타낼 수 있다.

▌운반수단(means of delivery)

재래식무기는 무기 자체가 운반수단을 동시에 보유하고 있는 것이 통상이다. 물론 총으로 발사하는 수총류탄이나 재래식 탄두를 미사일에 장착하여 발사하는 경우도 있으나, 재래식무기는 자체 추진장치를 장착하고 있어서 별도의 운반수단을 보유하고 있지 않은 것이 통상이다. 개인 소총·수류탄 혹은 크레모아·기관총·수총류탄·박격포·각종 야포·장거리 평사포, 그리고 지대지 미사일 등의 지상무기는 방어 시에 모든 거리를 화력으로 감제할 수 있도록 고안되었고, 보병과 포병의 화력지원 수단 역시 거리상으로 중첩이 되도록 배정되어 있다. 이들 무기들은 자체 추진 화약이나 장약 그리고 추진력에 의해서 목표로 발사된다. 헬리콥터의 무장과 포를 장착한 전차와 자주포 등도 마찬가지로 추진 장약이나 장치로 목표물에 발사된다. 함선에 장착된 포·미사일이나 전폭기 등이 무장한 총·포·미사일 역시 마찬가지의 원리로 목표물을 공격한다. 그러나 핵탄두는 미사일이라는 별개의 운반수단에 의해서 목표까지 도달된다. 미사일은 전역(theatre)에서 운용되는 단거리 미사일도 있으나, 핵탄두를 장착한 미사일은 주로 장거리 미사일로서 지상·해상·공중에서 발사된다. 지상발사 미사일은 싸일로에 은폐·엄폐된 것도 있고 위치의 노출을 은폐하기 위하여 이동시키는 기동미사일도 있으며, 핵잠수함에 장착된 미사일이나 전략폭격기 등은 공중과 해상·해저에서 기동하는 미사일과 같은 범주에 속한다. 이들 장거리 미사일은 지구상 어느 곳에 위치한 목표도 공격할 수 있으며, 정확도 역시 대단한 (Circular Error Probability: CEP 400 feet 이내) 수준이고, 수개의 목표를 동시에 공격할 수 있는 다탄두(多彈頭: Multiple Independently Targetable Re-entry Vehicle: MIRV) 장착 능력까지 갖추고 있다. 그리고 우주 궤도상을 선회하면서 목표를 공격할 수 있는 체계(FOBS: Fractional Orbit Bombardment System)도 출현하여 지구상의 어떠한 목표도 핵공격으로부터 자유로울 수 없는 상황이 전개된 지 오랜 시간이 흘렀다. 이러한 발사 및 운반수단의 보유여부와 정확도 등이 억제의 달성 조건의 하나인 신뢰성을 확실하게 해주는 능력의 범주에 속한다.

▍무기의 잔존성(殘存性) 또는 비취약성(非脆弱性) (Invulnerability or Survivability of the Weapons)

최초 공격을 흡수하고 난 후에도 피억제자가 수용하기 어려운 보복을 가하는 데 필요한 수단인 충분한 종류와 분량의 무기를 보유하고 있다는 사실은 억제의 조건인 신뢰성을 고양시키는 중요한 요소가 된다. 피억제자의 기습적인 무력사용 효과를 최소화하기 위하여 억제자는 성능이 우수한 조기경보체제를 유지하거나 정보수집을 위한 인적자원을 활용하기 마련이다. 상대가 무력사용을 하려 할 때는 이를 사전에 차단하기 위하여 선제타격(preemptive strike)까지도 상정할 수 있으며, 이러한 선제행위로 인하여 억제가 달성될 수도 있지만 전면적인 무력충돌이라는 억제 실패의 실례를 빚어낼 수도 있다. 이러한 적극적이고 동태적(動態的)인 행위에 추가하여 전략주체는 평상적이고 정태적(靜態的)인 조치도 강구한다. 무기의 잔존성을 높이고 취약성을 감소시키기 위하여 전략주체는 무기를 은폐시키거나 배치상태를 비밀에 부친다. 재래식무기의 위장, 엄체호 내 배치 및 배치 위치와 편성을 비밀로 분류하는 조치나, 핵무기 발사 미사일의 위치도 비밀에 부치는 것이나, 공중이나 해상 및 해저를 이동하는 핵잠수함에 미사일을 탑재시키거나 지상에서도 미사일 자체를 이동시키는 조치 등은 핵무기와 발사수단의 위치를 상대가 탐지하지 못하도록 하는 방편인 셈이다. 두 번째 조치는 무기의 분산이다. 재래식무기의 분산배치는 이미 고전이 된 피해 축소 조치로 자리잡아 왔으며, 핵무기를 지상·지하·해상·해저·공중 등으로 분산시켜 운용하는 것 역시 강한 보복력을 유지하려는 전략적 판단에 근거한 핵무기체계의 운용 방식이다. 세 번째 방안으로서 무기를 엄폐시키거나 무기배치 자체를 이동시키는 방법을 들 수 있다. 엄체호(掩體壕) 속에 재래식무기를 배치하거나 콘크리트로 강화된 지하 싸일로 속에 핵미사일을 위치시키는 등의 방법으로 무기의 잔존성을 높이려 한다. 콘크리트 격납고 속에 전투기나 전폭기를 위치시키거나 일정 숫자의 전투기를 공중에서 대기하도록 하는 조치나, 핵미사일을 탑재한 핵잠수함으로 하여금 오대양을 누비고 다니도록 하거나 고공비행을 통하여 지구를 선회하도록 하는 태세가 이러한 범주에 속한다고 볼 수 있다. 네 번째는 무기의 수량과 무기체계를 다양하게 유지하는 방법이다. 재래식 무기체계는 먼저 육·해·공군으로 분화된 분류에 따라 무기체계도 다양하게 유지하고, 임무에 따라 특수전(상륙, 후방침투 및 기습, 대테러 작전 등) 등 특수작전 수행을 위한 무기와 장비 그리고 편성을 상설화하고 있다. 특히 재래식 무기는 지상전 수행을 위해서 수평적으로나 수직적으로 화력지원의 공백이 나타나지 않도록 육·해·공 무기의 통합적 운용을 도모함으로써 무기체계의 수량과 다양성이 훼손되지 않도록 하고 있다. 핵무기체계 역시 단·중·장거리 미사일 등 다양한 발사수단을 보유하고 있으며, 핵탄두의 폭파량도 여러 가지로 유지하고 있다. 그리하여 한 범주의 무기가 파괴되더라도 다른 형태의 무기로 보복을 가할 수 있도록 하여 신뢰성을 뒷받침하려 한다. 다섯 번째로, 신뢰성을 보장할 요소로 지휘 및 통제 체제의 비취약성(非脆弱性)을 들 수 있다. 조기경보체계, 정보전달체계, 통제 및 지휘 체계가 잘 보호되고 효율적이어야 보복능력을 제대로 유지할 수 있어서 피억제자가 억제자의 위협을 심각하게 받아들이게 된다. 이러한 지휘·통제체제는 전 지구적이거나 인공위성 등을 통한 우주공간까지를 활용하여 구성되는 것이 통상이기 때문에 이의 취약성을 제거한 후 효율적인 운용은 많은 기술적·재원적 노력을 요구하고 있다. 마지막으로, 신뢰성을 떠받치는 중요한 요소의 하나는 건실한 민간방위 및 보호체계를 유지해야 된다는 점이다. 재래식전략에서 인적자원의 보호는 억제실패 시 전쟁지속 능력의 보호와 직결되며, 특히 상호파괴가 가능한 핵전략에서는 보복을 가하는 전략주체의 민간인 보호가 더욱 절실한 요소이다. 따라서 핵지휘·통제소의 보호는 물론 되도록 많은 민간인을 보호하는 시설과 설비, 그리고 상대의 미사일공격을 차단하거나 무효화시킬 수 있는 능력의 보유는 위협을 통한 보복능력에 대한 신뢰를 보장해 주는 요소가 됨은 두말할 나위가 없다. 이와 같이 억제를 달성하기 위한 조건으로서 신뢰성을 보장해 주는 능력을 갖추기 위하여 전략주체는 무기의 효율과 잔존성을 높히고, 이를 통제하는 체제를 안전하고 건실하게 유지하며, 인적자원의 능동적·수동적 보호체계와 시설을 갖추어야 한다.[1]

② 의지(intention)

억제의 조건인 신뢰성을 보장하기 위한 요소는 능력의 구비만으로 보장되지는 않으며, 이를 직접 사용할 의도(意圖)가 뒷받침되어야 한다. 억제자는 제시한 위협을 실제로 집행할 능력이 있어야 하지만, 이에 못지않은 요소는 이를 실행할 의지다. 피억제자의 도발적 행위가 구체화될 때, 이를 보복할 것이라는 억제자의 의지는 억제자가 위협하고 있는 피억제자 이익(the deterred's interest)의 중요성, 억제자의 결단(the deterrer's determination), 그리고 억제자의 행위정책(the deterrer's action policy)과 그의 행적(the deterrer's action)으로 가시화된다. 억제자가 피억제자에 대하여 너무 사소한 이익을 위협할 경우 피억제자는 그러한 불이익을 감수하고서 어떠한 도발행위를 자행할 것이지만, 이와는 반대로, 너무 중대한 이익을 위협할 경우에도 제시된 보복을 실제로 집행할 것인가에 대한 의구심을 불러일으켜 위협의 신뢰성을 훼손시킬 수 있고, 이에 따라 억제 자체가 실패할 수도 있다. 따라서 위협된 피억제자의 이익은 의도된 도발행위와 비례적으로 중요한 수준일 필요가 있다. 위협을 현실화시키려는 억제자의 결단, 행위 및 행적은 명쾌한 의사표시와 기록으로 가시화되어 피억제자가 억제자의 의도와는 다른 분석과 판단을 내릴 수 있는 여지가 없어야 한다. 이와 같이 억제를 위한 신뢰성은 위협을 현실화시킬 수 있는 억제자의 능력과 더불어 억제자의 의지(意志 또는 意圖)로 확보될 수 있는 조건이다.

피억제자의 어떠한 도발적(또는 현상변경) 행위를 억제하기 위하여 제시된 위협의 실제 집행 여부와 연관된 신뢰성은 현대 재래식 전략이나 핵전략 모두에 요구되는 조건이다. 이라크의 핵무장을 해제하기 위하여 미국이 제시한 위협은 신뢰성이 보장된 것으로 보인다. 먼저 미국의 부시 행정부는 이라크가 유엔의 무조건적이고 전면적인

I 핵전략에 관한 분석은 *Nuclear War And Nuclear Peace*, pp. 11-19 참조.

무기사찰을 받도록 하여 이라크의 외교적 입지를 거의 박탈하였으며, 무기사찰 과정에서 이라크의 방해나 대량파괴무기의 은닉 기도가 나타날 경우에는 이라크에 대해서 전면적인 공격을 펼쳐 후세인 정권 자체를 바꿀 수 있도록 미국 국회의 결의안까지 확보해 놓았고, 이라크가 쿠웨이트를 점령했을 때 이를 원상으로 복귀시키기 위하여 걸프전(1991)을 수행하였으며, 그 당시 이라크의 재침공으로부터 쿠르드족과 같은 소수민족을 보호하기 위하여 남북으로 비행금지 구역을 설정하고, 이 지역을 비행하는 미국과 영국 전투기에 대하여 적대행위를 실시하는 방공부대를 가차없이 공격하였다. 핵공격 · 핵보복과 연관된 실례는 아직 기록되지 않고 있으나 미국과 러시아와 같은 핵강국이나 중국 · 프랑스 · 영국 등과 같은 핵중진국, 그리고 기타 핵보유국들도 핵실험을 통하여 능력을 과시함과 동시에 사용의지도 드러내 왔다. 예로써 이스라엘은 주변 아랍국의 화생무기 공격을 받을 경우 이를 사용할 수 있다는 의사표시를 주저하지 않고 있으며, 주변국의 핵시설을 파괴하는 국가적 행위도 마다하지 않고 있다. 이와 같이 억제자가 제시한 위협을 실제 집행할 것이라는 문제와 연관된 신뢰성은 억제자의 의지(意志)와 이에 근거한 행위(行爲), 정책(政策) 및 이의 행적(行蹟)으로 뒷받침되어야 하는 조건이기도 하다.

③ 능력(能力)과 의지(意志)의 조합(capability and intention combined)

억제 달성의 조건인 신뢰성을 고양시키기 위한 요소로서 능력과 의지를 개별적으로 분석하였으나, 이들 두 요소들은 상호 밀접한 연관을 가지고 있다. 능력이 유형적인 조건이라면 의지는 무형적인 것이라고 볼 수 있으며, 유 · 무형의 두 조건은 상호 유기적인 관련이 있는 요소들이다. 물론 위협을 가할 능력이 있어야 보복을 가할 수 있으며, 이러한 면에서 능력의 보유가 억제 신뢰성을 보장하는 필수조건이

됨은 두말할 필요가 없다. 그러나 능력을 보유한 전략주체가 반드시 보복을 가할 것이라고 예단(豫斷)할 수는 없는 노릇이다. 일상생활에서도 '나와 가장 가까운 나의 처자가 나를 독살(毒殺)할 능력이 있기 때문에 그녀가 나를 독살할 것이다'라는 논리가 성립될 수는 없기 때문이다. 따라서 억제자가 능력을 보유한 사실만으로 그가 보복할 것이라고 단정하기는 곤란하다. 그렇다고 해서 객관적으로 능력을 보유하지 못한 전략주체는 보복의지가 충만하다해도 능력의 뒷받침을 받을 수 없기 때문에 상대를 억제하는 데 필요한 조건인 신뢰성을 보장할 수 없다. 여기에 이러한 전략주체들의 고민이 있으며, 또한 여기에서 요즈음 무차별적으로 자행되는 '테러'의 근원적 원인을 찾아볼 수 있을 것 같다. 따라서 테러행위는 충일(充溢)한 보복의지를 비정상적인 능력과 수단을 동원하여 현실화시키려는 이상한 형태의 위협인 셈이다. 이와 같이 위협을 뒷받침할 수 있는 능력과 의지는 억제 달성의 신뢰성을 조건지어 주는 요소로서 유기적인 상호작용을 통하여 억제의 효과를 결정지어 준다.

능력과 의지 간 상호작용의 결과는 한 전략주체가 기록해 놓은 행적(行蹟)에 의해서 판가름할 수 있는 성질의 것이다. 억제자가 제시한 위협을 실제로 어떻게 집행할 것인가에 대한 판단은 그 억제자가 쌓아 온 행적에 근거하여 판단할 수밖에 없다. 물론 어떠한 과거의 특정한 시점과 상황에서 억제자가 기록한 행위나 행적이, 그가 그 당시 보유한 능력과 의지가 오늘의 것과 같지 않을 것이기 때문에, 제시된 위협을 앞으로 억제자가 어떻게 집행할 것인가를 판단하는 절대적인 기준이 될 수는 없을 수 있다. 그러나 억제자가 기록한 행적을 통하여 그의 능력과 의지가 반영된 행위 양상(樣相)의 기준을 살펴볼 수 있기 때문에 억제자가 제시한 위협이나 여기에서 상정한 보복의 집행 양상과 정도를 유추하는 가장 확실한 자료가 됨은 두말할 필요가 없다. 이와 같이 현실적으로 억제자의 능력과 의지가 결합되어 구체화된 그의 행적을 더듬어 봄으로써 억제자의 능력과 의지가 어떻게 조합되어 현재화(現在化)되는가를 판단할 수 있다.

(2) 합리성과 상대적 합리성

억제 달성을 위한 또 하나의 중요한 조건은 합리성이다. 억제의 성립은 억제자나 피억제자가 제시된 위협과 구체화될 보복, 그리고 의도한 행위와 이로부터 기대되는 이익을 상정(想定)하고 손익(損益)을 따지는 데 있어서 합리적인 분석과 판단을 하리라는 가정에 근거를 두고 있다. 피억제자가 의도한 도발행위를 예견한 억제자는 이러한 종류의 위협과 이 정도의 보복을 제시하면 피억제자가 그러한 행위를 삼가겠지 하는 '나름대로의 합리적' 분석과 결론을 내렸다고 가정할 수 있다. 억제의 달성을 위해서 상정한 억제자의 이러한 가정은 피억제자가 합리적인 분석을 통하여 억제자와 비슷한 수준의 결론에 도달할 것이라는 또 다른 가정에 근거한 가정이라고 볼 수 있다. 그러나 피억제자가 억제자가 기대한 종류와 수준의 합리성에 근거하지 않은 분석과 결론을 도출하고 그가 의도한 행위를 구체화할 경우 억제는 실패하고, 억제자의 보복과 그에 따른 피억제자의 대응으로 연결되는 대결을 빚어내고 만다. 따라서 억제는 합리성을 전제로 성립될 수 있는 실천개념이고, 이 합리성은 상호의존적(相互依存的)인 성질의 것이다.

합리성이 호혜적(互惠的)이라는 명제는 복합적인 차원에서도 분석될 수 있다. 위협과 그에 따른 억제자의 보복을 분석한 피억제자는 자신이 의도한 행위를 실천에 옮기더라도, 억제자가 합리적이라면, 억제자 자신이 상대적인 피해를 감수하면서까지 보복을 구체화하겠는가 하는 분석과 결론을 내릴 수 있고, 이에 따라 의도한 도발행위를 자행할 가능성이 있다. 이러한 결과는 상대의 합리성을 가정하고 어떠한 행위를 감행하는 경우에 해당된다고 볼 수 있다. 일상적인 사례로서, 동일한 속도로 달리는 두 자동차가 동일하게 이격(離隔)되어 있는 지점에서 출발하여 교통신호가 없는 교차로를 통과한다고 가정할 때, 어느 한 운전자가 속도를 줄이지 않으면 두 자동차는 교차로에서 충돌할 것이 뻔한 이치이다. 이런 경우에 어느 한 운전자가 속도를 줄여 정면충돌을 면했다면 대형사고는 발생하지 않겠지만, 속도를 줄인 운전자는 '겁쟁이 또는 비겁자'(a coward or chicken)가 되는 오명(汚名)을 감수해야만 된다. 이와는 대조적으로, 어느 한 운전자가 속도를 더 내어 스스로 선택의 여지를 박탈함으로써 다른 상대의 합리적인 판단에 자신을 내맡길 경우가 발생할 수 있다. 다시 말하여, 자신 스스로를 벼랑 끝으로 내몰아 궁지로 몰아넣고 상대의 이성적인 분석과 합리적인 판단에 결과를 내맡기는(a brinkmanship) 식의 불합리한 행동으로 합리성을 기대하는 '이상한 합리성'을 강요할 수 있다는 뜻이다.[2] 따라서 전략에서의 합리성은 이러한 종류의 '이상한 합리성'까지를 포괄하여 대처할 수 있어야 하는 상대성을 지니고 있다.

억제를 달성하기 위한 조건으로서 합리성은 억제자나 피억제자의 합리성을 충족시킬 위협 · 보복 · 행위의 중단 등을 상정하여 수립될 수 있지만, 상대의 비합리성까지를 합리적으로 분석하고, 이에 대처해야 하는 '상대적 합리성'까지를 만족시켜야 하는 성질의 것이기도 하다. 왜냐하면, 억제자가 정면대결까지를 감수하고 보복을 가하겠느냐 하는 식으로, 억제자의 합리성을 믿은 피억제자의 확신이 억제의 실패를 초래할 수 있고, 특히 핵전쟁은 정도의 차이는 있으나 그로 인한 피해는 동시적이기 때문에 핵전략의 합리성은 특히 상호의존적일 수밖에 없으며, 핵전쟁으로 이어질 가능성이 짙은 보복을 억제자가 실행에 옮기겠느냐 하는 피억제자의 판단이 핵 억제의 달성을 불가능하게 만들 수도 있기 때문이다. 여기에, 묵시적이긴 하나, 1962년 가을에 발생

2 *Nuclear War And Nuclear Peace*, pp. 35-38; Thomas C. Schelling, *The Strategy of Conflict* (Cambridge, Mass.: Harvard University Press, 1960), p. 12.

한 쿠바위기를 해소시킴에 있어서 소련이 쿠바의 미사일을 철수시키면 터키에서 미사일을 철수시키겠다는 미국의 '대안'(option) 제시는 소련의 합리적인 판단과 결론을 유도하기 위한 보완책으로서 주목해 볼 만한 가치가 있다고 볼 수 있다. 이로써 미국은 어차피 교체해야 할 터키의 미사일을 활용하여 소련의 국가적 체면을 세워 주면서 위기를 해소시킨 사례를 기록할 수 있었다. 전략에서 설정한 비합리성의 합리성(the rationality of irrationality)까지를 고려해야 하는 합리성은 이와 같이 억제의 개별 요소, 즉 위협·보복·개입·설득 등의 합리성 보장은 물론 상대의 비합리적인 분석과 판단, 그리고 이와 연관된 또 다른 개입과 대안 제시 등의 부차적인 요소까지를 활용하여 확보해야 할 성질의 조건이다.

2) 폭력, 신뢰성, 그리고 억제(violence, credibility and deterrence)

억제의 달성 여부는 억제자가 제시한 보복이나 상대의 도발 수단을 무력화시킬 수 있는 적극적 방어능력과 이를 실제로 사용할 것이라는 억제자의 의도를 조합한 위협의 신뢰성을 피억제자가 어떻게 받아들이냐에 달려 있다. 그러나 제시된 위협의 신뢰성과 억제와의 상관관계는 보복에 동원되는 폭력의 수준과 보복의 실현 가능성과의 연관을 검토해 봄으로써 더욱 명쾌해질 수 있는 성질의 것이다. 다시 말하여, 위협의 현실화 가능성은 위협에서 제시한 폭력의 정도에 따라 달라질 수 있기 때문에 폭력과 위협의 신뢰성, 그리고 억제효과를 비교 분석해 볼 필요성이 있다는 뜻이다. 보복에서 사용하려는 폭력의 수준이 높을수록 억제효과가 더 있다고 볼 수 있으나, 너무 높은 수준의 폭력사용은 오히려 그 실현 가능성이 낮아져 위협의 신뢰성을 훼손시킬 우려가 있고, 이에 따라 억제효과의 감소를 초래할 가능성이 있다. 이러한 이유로 폭력과 위협의 신뢰성, 그리고 억제효과와의 유기적 관계를 면밀하게 검토할 필요가 있다.

위협에서 제시된 폭력의 정도와 수준이 어떠한 도발행위보다 가혹하면 할수록 억제효과가 증진된다고 볼 수 있다. 피억제자가 의도한 행위를 통해서 확보할 수 있는 이익이 이로부터 빚어지는 가혹한 보복에 의한 피해를 보상할 수 없기 때문이다. 핵무장 노력을 포기하지 않으면 가능한 모든 외교적·경제적 조치를 취하겠다는 위협보다, 핵무장을 지속할 경우에는 정권을 바꾸겠다는 위협이 더 효과적이며, 핵무장을 하면 그것으로 피억제자의 정치적·국가적 운명은 끝난다는 위협은 더욱더 확실한 억제효과를 보장받을 수 있다. 그러나 여기에서 가혹하기 그지없는 폭력사용을 상정한 위협은 확실한 억제효과는 보장받을 수 있으나 그 위협을 실제 구체화시킬 가능성은 낮아지는 것 또한 부정할 수 없는 현실이며, 따라서 제시된 위협의 실천적 신뢰성을 훼손시킬 가능성이 있다.

그렇다면 어떠한 정도와 수준의 폭력사용을 통한 보복이 신뢰성 있는 위협으로 간주될 수 있는가? 제기해 볼 만한 질문이다. 일상적인 예로 '숙제를 하지 않고 나가 놀면 선물을 사 주지 않겠다'라는 아버지의 위협이 제시되었을 경우, 아들에게 있어서는 이 위협이 가장 확실하게 집행될 수 있는 성질의 것이긴 하나 억제효과는 거의 없는 수준의 위협이다. '숙제를 하지 않고 나가 놀면 저녁밥을 주지 않겠다'는 위협이나 '매질을 하겠다'는 위협은 선물을 사 주지 않겠다는 것보다는 심각한 수준의 위협이나 이것 역시 구체화될 신뢰성은 매우 높지만 무시할 수 있는 수준과 성질의 위협일 수 있으며, 따라서 억제효과를 확실하게 보장받는다는 확신을 가질 수 없다. '숙제를 하지 않고 나가 놀면 죽여 버린다'는 위협은 대단히 심각한 심리적 공포를 유발시키는 위협이 아닐 수 없으나 '공부 좀 안 하고 나가 놀았다기로서니 자기 자식을 죽이기야 하겠느냐' 하는 의구심을 가지게 할 수 있으며, 따라서 위협의 신뢰성이 훼손되어 억제효과를 아예 기대할 수 없는 위협이 될 수도 있다. 다시, 그렇다면 '어떠한 정도와 수준의 폭력사용을 전제한 위협이 그 자체의 신뢰성과 억제효과를 동시에 보장할 수 있는 위협인가?'라는 의문이 또 제기된다.

보복에서 제시된 폭력수준이 너무 낮으면 이를 집행할 신뢰성은 매우 높으나 억제효과는 거의 없고, 반대로 너무 높으면 이를 실제로 집행할 신뢰성이 훼손되어 오히려 억제효과가 저하된다면, 어느 수준과 정도의 폭력사용을 전제로 한 보복의 제시가 위협의 신뢰성과 억제효과를 동시에 보장할 수 있는가 하는 명제는 문제가 아닐 수 없다. 어떠한 수준과 정도 및 종류의 폭력이 위협의 신뢰성과 억제효과를 동시에 보장해 줄 수 있는가는 억제자와 피억제자의 상대적 관계를 고려하여 결정될 수 있다고 본다. 피억제자가 수용할 수 없는 정도와 수준의 피해(an acceptable damage)를 가할 수 있는 정도와 수준의 폭력은, 합리적으로 판단하면, 억제효과를 보장할 수 있다. 그러나 동원되는 폭력의 종류, 수준 및 정도는 억제자와 피억제자 간의 상대적인 인식과 계산 및 판단에 따라 달라질 수 있다. 태평양전쟁 전 미국은 군국주의 일본에 대한 경제적 봉쇄를 통하여 일본의 중국침공을 그만두게 할 수 있다고 판단했을 수 있으나, 일본은 중일전쟁을 그만두는 대신 진주만을 기습 공격함으로써 미국과의 전쟁을 불사하였다. 미국의 대일본경제봉쇄는 전혀 억제효과가 없었다. 이라크의 핵무장을 저지하기 위하여 유엔의 핵사찰을 받아야 된다는 유엔의 결의안은 이라크 후세인의 의도를 억제시키지 못했으나, 미국의 이라크공격 불사 의지 및 행동과 결합된 유엔 결의안은 이라크의 무조건 핵사찰을 가능하게 하는 억제효과를 기록하였다. 그러나 경제적 지원의 거부와 외교적 고립, 그리고 경제적 유인책만으로는 북한의 핵개발 중지를 보장받지 못하고 있는 실정이다. 따라서 억제를 위해서 동원되는 위협과 폭력수단은 억제자나 피억제자의 상호인식과 평가, 그리고 그에 따른 대응의 형식과 정도에 따라 개별적으로 정해질 수밖에 없다.

특히 핵전략에서 핵강대국보다 전체적인 핵전력이 크게 열세한 핵중진국도 강대국의 핵공격을 견디어 낼 수 있도록 잘 보호된 소수의 핵탄두와 운반수단을 보유할 수 있고, 따라서 핵강대국이 '수용하기 어려운' 보복능력을 갖추고 있을 경우에는 핵강대국의 선제 핵사용도 억제할 수 있다는 '이상한' 억제관계가 성립될 수 있다. 핵중진국이나 약소국이 핵강대국의 핵공격에 대해서도 잘 보호된 20KT 핵탄두 한 개와 이를 운반할 수 있는 수단으로 핵강대국이 수용할 수 없는 피해를 입힐 수 있을 경우에는 핵약소국도 핵강대국의 선제 핵사용을 억제할 수 있다는 뜻이다. 이러한 논리는 재래식전략에서도 적용되는 타당성을 지니고 있다. 강한 재래식 군사력을 보유한 강대국이라 할지라도 약소국이 효율적인 자위능력과 강대국에게 치명타를 가할 수 있는 타격수단을 보유하고 있을 경우에는 이를 함부로 공격할 수 없는 것은 당연한 논리다. 이것은 마치 맹수의 왕인 사자가 고슴도치를 함부로 잡아먹을 수 없는 것과 같은 자연적 이치와 비슷한 논리이다. 여기서 왜 핵약소국도 핵무장을 하고 있으며 비핵국도 핵무기를 보유하려 하는지 그 이유를 엿볼 수 있으며 일반 국가들도 주어진 국력수준에 걸맞게 능률적인 재래식 무장을 하고 있으며, 해야 한다는 것을 알 수 있다. 실로, 억제도 상대적이고 억제관계 역시 상호의존적이라는 사실을 간파할 수 있다.[3]

3) 부수적인 억제(residual deterrence)

억제효과를 증진시킬 수 있는 또 하나의 범주는 '불확실성을

3 핵전략에 대한 폭력, 신뢰성, 억제효과의 관계는 *Nuclear War And Nuclear Peace*, pp. 28-35 참조.

통한 부수적인 억제'(residual deterrence through uncertainty) 논리에 입각한 추가적인 억제다. 이것은 보복의 종류와 수준을 불명확하게 함으로써 피억제자로 하여금 자신이 의도한 행위가 전쟁과 같은 전면적인 대결까지 감수해야 한다는 심리적 불안감을 떨치지 못하게 하여 자신의 행위를 포기하도록 할 수 있다는 개념이다. 이러한 억제는 도발행위를 구상하고 있는 전략주체가 자신의 행위가 전쟁까지 불러올지 모른다는 스스로가 가진 '의구심'으로 자신의 행위 자체를 자제함으로써 가능한 부가적인 성질의 것이다. 불확실성과 이에서 비롯된 의구심에 의하여 얻어질 수 있는 부수적인 억제는 '전쟁에 대한 추가적인 공포'(residual fear of war)에 의해서 주어진 억제라고 규정되기도 하고, '불확실성을 통한 억제'(deterrence through uncertainty)라고 일컬어지기도 한다.[4] 피억제자의 전쟁에 대한 공포심을 자극하건 아니면 그로 하여금 엄청난 보복과 그로 인한 피해를 상정하도록 암시하건 간에 보복의 종류와 수준에 관한 억제자의 의도적인 불확실성은 억제의 효과를 증진시키는 결과를 빚어낼 수 있다.

억제효과를 증진시키기 위하여 의도적으로 불명확한 위협을 제시한 실례는 전략주체가 보유한 능력, 의도, 그리고 합리성 등 조건적 측면에서 자주 발견된다. 능력면에서 어떠한 주체가 보유하고 있다고 알려진 군사력, 특히 핵군사력의 종류와 파괴력에 대해서 그 주체 자신은 '확인도 부인도 하지 않는 태세'(NCND: Neither Confirm Nor Denial Posture)를 의도적으로 택함으로써 그 주체가 그의 정책에 반한 다른 주체의 도발행위에 대해서 어떠한 보복을 취할 수 있는가를 불확

4 *Nuclear War And Nuclear Peace*, pp. 25-28; 'Residual fear of war' 개념은 Herman Kahn, *On Thermonuclear War* (Princeton, N.J.: Princeton University Press, 1960), pp. 129, 528, 643; *Thinking About the Unthinkable* (New York: Horizon Press, 1962), p. 129 참조; 'Deterrence through uncertainty' 개념은 Henry A. Kissinger, *The Necessity for Choice* (New York: Harper and Row, Publishers, 1961), pp. 53-58 참조.

실한 채로 방치하는 경우를 먼저 들 수 있다. 이러한 정책 및 전략태세는 보복능력을 명확하게 밝히지 않음으로써 어떠한 도발행위에 대해서 가해질 수 있는 보복의 종류와 수준에 대한 불확실성을 높여 부수적인 억제효과를 거두자는 판단에서 비롯되는 경우가 대부분이다. 주변 아랍국가들의 화생방공격을 억제하기 위한 목적으로 핵무장한 이스라엘은 "영국의 전략문제연구소의 발표에 의하면, 이스라엘은 약 180여 개의 전술 핵탄두를 보유하고 있다고 한다"는 식으로 자국의 핵군사력 규모를 발표할 정도다.[5] 그리고 걸프전이 일어나기 전, 이스라엘의 공군참모총장은 "이라크가 이스라엘에 대해서 화생무기로 공격한다면, 이라크는 그보다 수천 수만 배의 보복을 감수해야 할 것이다"라고 밝힘으로써 이라크가 이스라엘에 대해서 화생무기 탄두를 장착한 스커드미사일을 발사하지 못하도록 경고하기도 했다. 의도적인 불확실성은 전략주체의 의도면에서도 표명될 수 있다. 어떠한 도발행동을 저질렀을 경우에는 '결코 이를 좌시하지 않겠다'는 의지표명이 대표적인 예다. 물론 이러한 불확실한 의지의 표명은 이를 여러 가지 형태와 수준의 보복으로 구체화할 수 있는 능력의 뒷받침이 있어야만 여기에서 나타난 불확실성의 부수적인 억제효과를 기대할 수 있는 것은 사실이나, 이러한 형식의 위협은 전략주체 간 정책 및 전략 표명 형태로 흔하게 현재화되어 왔다. 그리고 '사태의 진전에 따라 그에 대한 대응과 보복의 형태와 수준이 달라질 수밖에 없다'는 식의 위협(the threat that leaves something to chance)은 의지 및 합리성과 연관하여 불확실성을 가미한 위협이다. 상대의 행위와 이에 따른 사태의 진행에 따라 어떠한 종류와 수준의 위협이 어떻게 가해질지 모른다는 의지와 합리성면에서의 불확실성을 드러냄으로써 억제효과를 최대한으로 보장하자는 위협으로 볼 수 있다. 이와 같이 불확실성을 통한 부수적인 억제를 겨

---

5 1988년 봄 어느 날, 미국 컬럼비아대학교에서 이스라엘의 국방태세를 발표한 이스라엘 국방전문가와의 대담내용.

냥한 실례는 결코 적지 않으며, 그 효과 또한 작지 않음을 보여 주고 있다.

4) 억제의 상대성(mutuality of deterrence)

억제는 상대적인 작용의 결과이다. 억제는 억제자와 피억제자 간의 상호간 상대의 인식과 이 사이에 제시된 위협과 이의 실제 집행 가능성 및 이로 인해서 발생할 수 있는 피해와 의도된 현상변경 행위로부터 얻을 수 있는 이익의 상호 평가 및 결심 등 상호작용의 산물로 성패가 좌우되는 관계개념이다. 억제의 달성 여부를 판가름하는 데 상대의 기질, 합리성, 그리고 상대가 지닌 취약성, 민감성은 물론 개입과 결정적 이익과의 비교 등이 고려될 수 있으며, 현상을 변경하려는 또는 유지하려는 상대적 의지의 강도, 핵무기를 포함한 무력의 사용에 대한 상대적 태도, 그리고 현상을 변경하려는 피억제자의 전략·전술의 형태 등도 고려사항에 포함될 수 있다. 이와 같이 억제는 개별적인 요소와 조건이 충족되어야만 성립되는 관계개념인 동시에 여러 가지 요소에 관한 억제자와 피억제자의 상호 인식과 판단에 따라 그 효과가 다를 수 있는 상대성도 지니고 있다.

보다 공격적인 기질을 가진 피억제자의 억제는 보다 심각한 위협이 가해져야 억제가 달성될 수 있다는 실례는 역사기록이나 현실 상황에서 어렵지 않게 찾아볼 수 있다. 과거 공격적이고 현상파괴적인 독일의 히틀러나 이탈리아의 무솔리니, 그리고 일본의 군국주의자들의 침략시도는 영국 챔버레인 수상의 유화정책이나 국제연맹의 제재로 억제시키거나 잠재울 수 없는 정치적 욕구였으며, 이라크 후세인이 보여 준 핵무장 욕구는 유엔의 결의안이나 제재만으로 억제시키기에는 그 정도가 너무 절실한 편이라고 볼 수 있다. 이유야 어떻든, 북한 김정일의 핵개발 욕구 역시 중유공급이나 경수로건설 등의 회유책만으로 거두어 드릴 수 있는 성질의 것이 아닐 수 있다. 이와 같이 공격적이고 현상파괴적인 피억제자의 억제는 온건하고 현실적인 상대의 억제를 위하여 제시한 위협보다 강도가 높고 더 심각한 성질의 것일 필요가 있다.

강도와 심도, 그리고 종류가 다른 위협이나 대안의 제시를 요구하는 억제는 다른 범주에서도 찾아볼 수 있다. 과거 중국이나 월남의 공산화를 추진했던 세력들의 현상변경 욕구는 사실상 군사적인 수단의 운용만으로 억제될 수 있는 성질의 것이 아니었다. 이들 두 세력들은 30년이 넘는 투쟁과 전쟁을 통하여 결국 현상을 변경시킨 기질과 끈기, 정책과 책략, 그리고 전략과 전술을 보유하고 있었다. 그리고 이러한 전략주체들의 현상변경 의지와 행위를 억제하기 위하여 투입된 또 다른 전략주체들의 개입 수준과 집착 정도는 상대적으로 낮고 미약한 것이 사실이었다. 따라서 현상의 변경이나 상대의 전복(顚覆)을 위하여 온갖 전략과 전술을 구사하면서 오랜 기간 동안 심혈(心血)을 기울이는 전략주체의 행위를 억제하기 위해서 제시된 위협은 강도(强度)와 심도(深度)로 수준이 결정되는 군사적인 수단을 포함한 위협뿐만 아니라 이러한 범주를 초월한 회유책이나 무마(撫摩)책까지도 포괄할 수 있는 다면적인 방편(方便)의 동원을 필요로 하고 있다.

특히 전략주체가 잠식(蠶食)과 마모(磨耗) 개념에 입각한 간접전략 및 전술개념을 구체화하여 현상을 변경시키려 할 경우, 억제가 위협의 제시로 야기되는 심리적 공포 및 보복에 의한 피해와 기대되는 이익과의 합리적·타산적 비교·계산의 결과로 달성되리라 기대할 수는 없다. 왜냐하면 이들 주체들은 도주와 회피, 교란과 타격, 추격과 섬멸 등의 행위를 상황에 따라 취하면서 때로는 이들을 제거하려는 상대와도 화해와 타협은 물론 연합과 동맹까지도 결성하는 몸짓을 부담없이 취할 수 있는 고도한 융통성을 지닌 전략과 전술을 구사함으로써 이들에게는, 미국이 주창한바 있던 대량보복전략(massive retaliation strategy)에서와 같이, 핵무기 사용을 전제로 제시한 위협도 별로 효용성이 없다는 것이 증명된 바 있기 때문이다. 실로, 잠식과 마모 전략 및 전술을 통한 현상의 변경 의지와 시도는 이를 억제할 마땅한 위협의 제시는 물론 적절한 억제책도 거부해 온 것이 사실이다.[6]

군사적인 수단 사용을 전제로 한 위협이나 실제 사용으로 현상을 바꾸려는 의지를 꺾을 수 없다는 실례로서 월남전(1950-1975)을 들 수 있다. 한국전쟁을 군사적 승리가 아닌 정치적 타협으로 마무리한 미국은 도미노이론(Domino Theory)을 앞세워 월남에서 공산주의자들과 결전(a crusade against communism)을 치르려 했다. 월맹과 싸우고 있던 프랑스를 지원하던 미국은, 프랑스가 디엔비엔푸전투(1954)에서 참패를 당하고 물러나자, 프랑스를 대신하여 직접적인 개입을 시작하였다. 북위 17°선 이남 지역에 자유민주정부를 세우고 이를 근거로 역(逆)도미노현상을 일으켜 월맹도 변질시키려 했다. 그러나 남쪽의 월남 지도자들은 월맹 공산주의자들의 전복(顚覆)기도에 대항할 수 있는 강력한 심리적·정책적·전략적 의지를 보유하지 못하고 있었으며, 월남인들의 외세에 대한 거부감을 극복할 수 있는 대민정책도 수행할 수 없었다. 미국이 최고 50만여 명이 넘는 병력을 주둔시키면서까지 수행한 월남전은 소기의 목적을 달성하지 못했고, 부패한 월남 정부는 민심을 얻지 못했다. 결국, 미국은 월맹과 명목상의 평화협정을 맺고 '월남전의 월남화'를 약속한 후에 미군을 철수시켰으나, 미국 국회가 지원을 외면한 월남은 1975년 월맹군에게 패망하고 말았다. 미국의 막강한 군사력도 월맹의 대월남전복 기도를 억제하지 못하고, 이를 목적으로 펼쳐진 월맹과 베트콩의 '비정상적인 마모전략과 유격전략'에 대해

---

6 *Nuclear Peace And Nuclear Peace*, pp. 38-40; André Beaufre, *Deterrence and Strategy*, translated from the French by R. H. Barry (London: Faber and Faber, 1965), pp. 23-77; *Strategy of Action* (1966), pp. 48-53.

서 효용성의 한계를 드러냈다.

억제는 이와 같이 상대적이다. 피억제자 지도부의 이념적·심리적 기질과 집착의 정도, 합리성의 수준은 물론 억제자나 피억제자의 개입 강도 및 이들이 집착하는 이해관계의 중요성, 현상변경이나 유지를 지향하는 이들 전략주체들의 정책의지의 심도와 강도 등에 따라 억제의 성립과 달성 여부가 다르게 나타날 수 있다. 특히 현상을 변경시키려는 전략주체들이 채택한 점진적 방책, 즉 잠식이나 마모 또는 변색(變色) 전략이나 전술은 이를 대적할 적절한 보복책의 모색을 어렵게 하였고, 전략주체가 불분명한 채로 무차별 테러를 수단으로 현상을 파괴하려는 시도는 이를 억제할 대책의 모색과 이의 집행을 더욱 어렵게 만들고 있다. 이러한 면에서 볼 때, 심리적 공포와 타산적 계산에 근거한 핵 억제와 재래식 억제는 오히려 단순해 보이기도 한다. 실로, 억제는 상대적이다.

10. 억제와 군사력

1) 국력과 군사력

현대의 전략주체는 국가라고 해도 무방할 것 같다. 이른바 강대국이라고 불리는 국가는 이를 중심으로 국가군(國家群)을 형성하여 국제사회에서 동맹이나 협조관계를 구축함으로써 영향력을 행사하기도 하고, 그렇지 않은 국가들은 이러한 동맹이나 협조관계 속에서 자국의 이익을 도모하기도 한다. 이러한 국가들의 이합집산(離合集散)은 국가들이 단위가 된 국제사회의 태생적 현상이며 어제의 기록과 내일의 사실전개가 이를 뒷받침하고 입증할 것으로 보인다. 그리하여 과거 로마제국 질서에서부터 영국, 미국과 소련, 그리고 요즈음 미국이 주도하는 국제질서에 이르기까지 이러한 국가들 간의 관계가 형성되어 왔으며, 앞으로 러시아와 중국의 위상 변화에 따라 새로운 질서가 수립될지는 두고 볼 일이다. 이와 같이 국제사회의 행동단위이며 전략의 주체로 자리잡은 국가는 다른 국가들과의 상대적 위상에 따라 협조나 경쟁에 근거한 국가간 관계를 형성하면서 자국의 영향력 확대나 이익의 보장을 도모하고 있다.

한 국가의 대외적 위상을 결정지어 주는 기준은 국력(國力)이라는 함축적(含蓄的) 개념으로 구체화된다. 의미상으로 본 국력은 '국가가 보유한 힘'이라고 해석할 수 있지만, 실체적 차원에서 본 국력은 그렇게 단순한 정의만으로 정립될 수 있는 개념은 아니다. 국력이란 국가가 차지하고 있는 영토(영해와 영공 포함), 국민, 그리고 주권과 연관된 유형·무형의 요소들에 대한 개별적인 역량을 종합하여 도출할 수 있는 힘인 것이다. 다른 말로 표현하여, 국력은 한 국가가 포괄하고 있는 모든 요소들의 상황과 상태를 바탕으로 그 국가가 보유한 자생력(自生力), 자위력(自衛力), 그리고 경쟁력(競爭力)을 총합하는 개념이다. 또한 국력을 한 국가가 보유한 정치외교력·경제력·군사력·지성 및 문화력 등으로, 즉 분야별 자생·자위 및 경쟁력의 총화(總和)로 규정할 수 있는 개념으로 볼 수도 있다. 국력을 한 국가가 포괄하고 있는 국력 요소별로 분석하여 이를 종합하건, 아니면 그 국가가 관여하고 있는 여러 분야에서의 자생력·자위력·경쟁력 등으로 취합해서 분석하건 간에, 이는 그 국가의 대내적 상태와 상대적 위상을 결정지어 주는 중요한 기준이 된다.

국력을 요소별로 나누어 분석해 보면 그 국가의 강약을 그리 어렵지 않게 그려 낼 수 있다. 실제로 한 국가가 점유하거나 보유하고 있는 요소별 역량은 그 국가가 동원할 수 있는 지혜에 의하여 결집됨으로써 국력으로 현재화(現在化)되나, 국력에 포함될 수 있는 요소 자체가 지닌 역량의 한계를 벗어날 수는 없기 때문이다. 예를 들어 스위스라는 국가가 보유하고 있는 지적·정치적·교육적·문화적 능력은 대단한 수준일 수 있으나, 그 국가가 점유하고 있는 영토의 형질·규모·지세 등과 지전략적(地戰略的) 위치상 한계는 스위스를 오늘의 모습으로 존재하도록 하고 있는 결정적인 요소가 되어 왔음을 쉽게 알 수 있다. 국민소득이나 생활수준면에서 세계 최고를 향유하고 있는 스위스라 할지라도 강대국, 중진국, 약소국 등으로 분류되는 전략적 기준에서의 위치는 이와는 다르게 나타나기 마련이다. 따라서 한 국가가 점유하고 있는 영토의 크기와 지세, 식량과 자연자원, 이를 활용할 수 있는 산업화 기술과 능력, 인구의 규모와 자질, 정치·외교적 역량, 국가적 윤리와 가치체계, 그리고 그 국가의 자존과 자위를 보장할 군사력의 규모와 질적 수준 등을 요소별 국력으로 보아 이를 비교·분석함으로써 그 국가의 전략적 상대 위상을 결정지을 수 있다.

국력을 가름하는 한 요소로서 국가 영토의 크기, 지세, 그리고 지전략적 위치 등을 제일 먼저 꼽을 수 있다. 먼저 한 국가의 국력은 국토의 크기와 지세(地勢)에 비례한다. 과거 세계적인 차원에서 제국을 건설하였던 로마·영국 등과 2차 세계대전 후에 동·서 양대 진영의 맹주(盟主) 노릇을 담당하면서 냉전적 국제질서를 빚어냈던 미국과 소련 역시 방대한 국토를 보유하였으며, 중국·캐나다·브라질과 같이 넓은 국토를 보유하고 있는 국가들도 영토면에서 잠재적인 강대국으로 분류되고 있다. 전략적인 측면에서도, 무기체계의 잔존성(殘存性: survivability)을 증가시키는 방편의 하나로 이를 분산시키기 위해서도 넓은 국토를 가져야 함은 두말할 필요가 없으며, 민간인의 보호를 위해서도 마찬가지다. 이러한 기준에 따라 막강한 경제력을 보유하고 있는 일본이 강대국이라는 호칭을 부여받지 못하고 있는 이유가 여기에 있다. 국토의 크기 못지않게 중요한 요소의 하나로 그 국토가 지닌 지세를 들 수 있다. 지세란 국토의 활용가치를 말하며, 이것은 수목·경작면적·자연자원의 다과(多寡) 등 그 국토의 부양(扶養)능력을 말한다. 국토는 방대하나 거의 전부가 사막이나 습지 혹은 불모지이거나 산지일 경우와, 특히 식량생산을 위한 경작 가능 면적이 거의 없을 경우에는 국력의 한 요소로서 넓은 국토는 커다란 의미를 부여받지 못한다. 국가가 차지하고 있는 국토의 지전략적 위치 또한 국토와 연관된 중요한 요소가 된다. 영국이나 일본과 같이 대륙과 해협으로 이격(離隔)된 위치에 있는 국가들은 대륙 세력들의 각축전을 피하면서 대륙이 어느 한 국가의 영향권 아래 놓이지 않도록 대륙에 대한 세력균형정책(balance of power policy)을 수행하는 균형자(balancer) 역할을 수행하거나, 대륙간 세력다툼에 끼어들지 않으면서 국력을 보존하여 대륙을 침공하는 침공자(invader) 역할을 수행할 수 있는 전략적 위치를 점유하고 있다. 미국처럼 북아메리카 대륙의 주요 부분을 차지하고 있고, 남·북아메리카 대륙 어느 국가의 도전도 받지 않으면서도 아시아 및 유럽 대륙과는 태평양과 대서양으로 이격(離隔)되어 있어서, 필요에 따라, 명예로운 고립(honorable isolation)과 적극적인 개입(aggressive engagement)에 근거한 대외정책을 자의적으로 택할 수 있는 지정학적(地政學的)·지전략적(地戰略的) 위치를 점유하고 있는 국가도 있다. 이와는 대조적으로, 대륙과 해양세력의 가운데 위치하여 온갖 침공과 침략의 대상이 되었고, 해양세력인 일본의 식민지배까지 감수하면서 지내다가 2차대전 후에 정착된 동서진영 간 대립의 접경(接境)에서 분할이라는 비운(悲運)을 감수해야만 했던 한국과 같은 위치도 있다. 이와 같이 국토는 그 크기, 지세, 그리고 지전략적 위치면에서 국력의 가장 기본적인 요소가 된다.

국력의 다음 요소는 식량과 자연자원이다. 물론 이 요소는 국토의 지세와 연관된 요소이기도 하나 국토에 거주하고 있는 인구를 부양할 식량자원과 이들의 생활수준을 향상시키고, 국토와 여기에 거주하는 국민들을 보호할 군사력을 비롯한 역량을 갖추는 데 필요한 자연자원의 다과(多寡)는 분명 국가의 대내외적 위상을 결정지어 주는 요소가 된다. 이 요소는 국력의 한 요소로서 인구(人口: population)를 긍정적으로 간주해야 하느냐 아니면 부정적으로 간주해야 하느냐를 결정지어 주는 요소이기도 하다. 한 국가가 점유하고 있는 국토가 거기에 거주하고 있는 국민을 부양하면서 삶의 수준을 향상시키고 그 국민을 보호하는 데 필요한 수단을 확보할 정도 이상의 식량과 자연자원을 공급할 수 있는가의 여부(與否)에 따라서 인구라는 요소가 국력의 긍정적인 요소가 되기도 하고 부정적인 것이 되기도 하기 때문이다. 때로는 이러한 요소들이 상대 국가를 압박하는 수단으로 변하여 '무기화'(武器化)된 적이 있었으며, 이제 누구도 이러한 상황이 다시 전개되지 않으리라는 보장을 할 수 없게 되었다. 세계 산유국(産油國: OPEC)들이 석유를 '무기화'한 적도 있었으며, 식량이 그러한 범주에 속하기도 했다. 이와 같이 식량과 자연자원은 한 국가 자체의 생존과 번영은 물론 그 국가의 대내외적 위상을 결정지어 주는 국력의 한 요소이며, 다른 국가에 대한 '압력수단'으로서 무기(武器)로 변할 수 있는 요소다.

세 번째로 들 수 있는 국력 요소는 그 국가가 보유하고 있는 산업화 기술과 능력이다. 한 국가의 산업화 기술과 능력은 그 국가가 보유한 잠재 자원과 역량을 현재화(現在化)시킬 수 있는 국력 요소다. 영토가 방대하고 지상 및 지하 자원이 풍부하다는 이유만으로 강대국이라는 명칭을 획득할 수 있는 것은 아니다. 상대적으로 넓은 영토와 자원을 풍부하게 보유한 러시아, 중국, 캐나다, 브라질, 인도, 인도네시아, 그리고 미국 등 국가들의 대외적 위상이 다르게 나타나 있다는 사실이 이러한 명제를 뒷받침해 주고 있다. 한 국가의 산업화 기술과 능력은 그 국가의 잠재력을 현재력으로 변환시켜 국가간 관계에서 상대적 우위를 점유할 수 있도록 해주는 유형·무형의 자산(資産)을 말한다. 여기에는 그 국가의 생산과 연관된 기술적 능력은 물론 사회·경제체제(social and economic systems), 노동윤리(work ethics), 그리고 지적 능력(intellectual capacity)까지도 포함된다. 산업혁명과 같은 과정을 통하여 다른 국가보다 먼저 기술적 혁신(technological breakthrough)을 달성한 국가들은 그렇지 못한 국가들을 식민지로 만들기도 하였으며, 우주탐사 등을 먼저 시작한 강대국들은 이에 필요한 기술개발과 이의 확산(spin off)을 통하여 일반적인 생활수준의 향상에 필요한 기술까지 확보하고 자본을 축적하여 국부(國富)를 증강시키면서 이를 바탕으로 새로운 차원의 첨단기술 개발을 서두르고, 강국으로서의 국가적 위치를 유지하고 있다. 이러한 과정에 그 국가의 모든 지적 능력이 동원되며, 체제의 성격이나 노동에 관한 가치 및 윤리관 역시 중요한 역할을 담당한다. 이와 같이 한 국가가 보유한 잠재력(潛在力)을 현재력(現在力)

으로 변환시킬 수 있는 산업화 기술과 능력은 분명 국력의 한 요소로 그 중요성을 지니고 있다.

한 국가를 형성한 인구의 규모와 자질 역시 국력의 한 요소다. 국력을 형성하는 요소 가운데 가장 주요한 요소는 국토라는 영토에 거주하고 있는 국민이라는 이름의 사람집단이다. 국토가 크건 작건, 지세가 강하건 약하건, 그 국토에서 생산되는 식량이 많건 적건, 또 자연자원이 풍부하건 빈약하건 간에, 이를 토대로 그 국가의 모습과 위상을 어떠한 식과 수준으로 정하느냐 하는 역할은 그 국토 위에 거주하는 사람과 이들 집단의 몫이기 때문이다. 국토의 대소(大小), 부양(扶養)능력 다과(多寡), 위치의 호불호(好不好) 등을 감안한 한계 속에서 거기에 걸맞는 국가의 대내적 자생력과 대외적 자위력 및 경쟁력을 갖추는 주역은 역시 그 국토를 점유하고 있는 국민들의 자질과 역량이라는 것이다. 그리고 그 국민의 규모 역시 국력의 중요한 요소다. 국민의 규모가 너무 커서 국토의 부양수준을 초과할 경우에는 다수의 인구는 국력을 저하시키는 요인이 되기도 하지만, 너무 작은 규모의 인구는 그 자체로서 수요와 공급으로 연결되는 자생력을 보유하기 어렵기 때문이다. 예로써, 많은 수의 인구를 보유한 인도와 중국은 그들을 부양할 수 있는 수준이 어떠하냐에 따라 그 인구규모가 긍정적인 혹은 부정적인 측면에서의 국력 요소가 됨을 미루어 짐작할 수 있다. 그렇다고 해서 소규모의 인구를 보유하고 있으면서 고도의 생활수준을 향유하고 있는 국가들은 개개인의 능력이나 기여도는 대단할 수 있으나 집합적인 의미의 국력이라는 차원에서 강대국이라는 범주에 포함되기는 어려운 것이 현실이다. 이와 같이 인구는 분명 국력의 주요한 요소임에 틀림없다.

다음으로 들 수 있는 국력의 요소는 그 국가가 지닌 윤리 및 가치체계와 이것이 투영된 분야별 내부체제다. 국가라는 정치집단, 그리고 전략주체의 집합적 윤리와 그것이 지향하는 가치체계가 무엇이며, 이를 어떻게 규정할 수 있고, 이들 요소가 그 국가의 모습과 대내외적 위상을 결정지어 주는 데 얼마만큼의 비중으로 어떠한 역할을 담당하고 있는가를 규명하는 작업은 결코 쉬운 일이 아니다. 이러함에도 불구하고 미국이라는 국가는 러시아나 프랑스와는 다르고, 한국 역시 일본이나 중국과는 다른 향내를 풍긴다는 사실쯤은 그저 감각적으로 느낄 수 있는 일이다. 그리고 이러한 감각적 느낌은 이들 국가들이 기록한 역사와 이들 국가의 국민들이 일상생활이나 교육을 통하여 쌓아 온 각각 다른 집단적 체험이나 이의 축적에서 비롯될 것이라는 점도 어렴풋이 파악할 수 있다. 국가별로 쌓아 온 독특한 행적(行績)은 그 국민들의 생활양식과 사고방식에 영향을 미치고, 이러한 생활양식과 사고방식은 일정한 규범과 가치를 형성시키는 기본적인 바탕이 된다. 행적을 통한 바탕 위에 국민들이 지닌 종교적·문화적 특성과 그 국토가 위치한 지리적·풍토적 특성에서 비롯된 기질적 요소가 스며들어 그들의 윤리관이나 가치체계가 형성되기에 이른다. 물론 교육 정도, 신분적 위치, 종교적·종족적 차이 등 국민들 사이의 이질적(異質的) 요인으로 인하여 국가 내에서도 서로 다른 윤리관이나 가치개념이 존재할 수 있는 것은 사실이나, 정치적·전략적 차원에서 정착된 제도와 체제면에서 본 국가적 윤리나 가치체계는 국가 내부적으로 존재할 수 있는 이질적 요인을 초월하여 표출되는 것이 통상이다. 특히 국가가 지향하고 있는 이념적 성향과 가치체계는 국가 내부체제의 성격을 규정지어 주는 결정적 요소가 된다. 예로써, 평등을 위한 독재를 앞세운 공산사회주의국가의 이념적 가치와 이에 바탕을 둔 내부정치, 경제체제는 기회균등과 자유를 강조한 자유민주주의국가의 것들과는 분명하게 다르다. 과거 소련을 예로 들 수 있는 전자의 경우, 통제를 통한 대중 동원과 계획경제를 통하여 막강한 군사력은 보유할 수 있었으나 개개인의 창의력과 경쟁에 근거한 체제의 자생력을 확보하지 못하여 결국 국가 자체가 변질되어 러시아로 변하는 과정을 감수해야만 했다.

이와는 대조적으로, 경쟁과 자유를 근간으로 삼고 있는 미국은 대내적인 불평등은 해소하지 못하고 있으나 체제 자체의 자생력과 생동력(生動力)이 강대국이라는 미국의 대외적 위상을 떠받치고 있다. 공산당이 일당 통치하고 사유재산권을 인정하지 않고 있는 같은 사회주의국가라 할지라도 중국의 경우와 같이 '검은 고양이든 흰 고양이든 쥐만 잡으면 된다(黑猫白猫論)'는 식의 논리에 입각한 실용주의노선을 택함에 따라 강대국의 대열에 합류할 가능성을 개척한 사례도 있고, 북한과 같이 자국민을 굶주리게 만들거나 탈북자(脫北者)로 전락시키는 국가도 나타나 있다. 이러한 정치·이념적 가치나 이에 근거한 체제에 부가하여 그 국가의 산업과 생산활동과 연관된 종교적 관습 및 관념적 윤리와 가치관은 그 국가의 대내적 역량의 결집과 대외적 위상 유지에 중대한 영향을 미치는 요인이 된다. 이와 같이 한 국가의 집단적 윤리관이나 가치체계는 국력의 한 요소로 작용한다.

국력의 한 요소로서 그 국가의 정치·외교 역량을 들 수 있다. 한 국가가 활용할 수 있는 모든 자산과 역량을 바탕으로 그 국가가 개발하여 보유한 대내적 정치역량과 대외적 외교력은 그 국가의 대내외적 위치와 위상을 결정지어 주는 국력의 한 요소이다. 한 국가의 자산과 역량을 대내적으로 결집시켜 그 국가의 자생(自生)과 자정(自淨)을 위한 제도적 보장을 해야 할 역량이 정치력이며, 국력 요소별 본래적 한계 속에서도 그 국가의 자존(自存)과 자위(自衛)를 보장해야 할 요소가 외교역량이라고 본다면, 이들 두 역량은 분명 국력의 주요한 요소임이 틀림없다. 유럽의 프러시아는 독일을 통일함에 있어서 내부적으로 국력을 배양하면서 필요한 군사력을 건설하고, 대외적으로는 흡수하고자 하는 독일 공국(公國)들과 이들에 대해서 정치적 영향력을 행사하고 있던 오스트리아와 프랑스와의 관계를 차단하기 위하여 오스트리아 및 프랑스에 전쟁을 걸어 이들 전쟁을 승리로 마감함으로써 독일제국을 건설할 수 있었다. 자국 중심으로 통일국가를 건설한 프러시아는 오스트리아와 선린(善隣)관계를 회복하고, 프랑스와 러시아의 연합전선 형성으로 인한 위협의 출현을 저지할 목적으로 이중 보장외교를 통하여 러시아와 외교관계를 구축함으로써 프랑스와 러시아를 이격(離隔)시켜 놓은 외교적 기민성을 발휘하였다. 과거 삼국시대의 신라(新羅) 역시 약한 입장에서나마 군사력을 배양하고 당(唐)나라와 동맹관계를 구축하는 외교활동을 통하여 자국보다 강한 백제와 고구려를 패망시킴으로써 자국에 대한 위협을 제거하는 정치·외교적 역량을 발휘하였다. 오늘의 미국 역시 자유경쟁과 민주적인 정치제도를 통하여 자강(自强)을 도모하면서 국가적 역량을 증진시키고, 막강한 군사력과 경제력을 동원하여 위협과 원조라는 수단을 활용한 외교적 역량으로 국제적인 영향력을 행사해 오고 있다. 이와 같이 한 국가가 보유한 정치·외교 역량은 분명 국력의 한 요소다.

한 국가가 배양해서 보유한 군사력 역시 국력의 주요한 요소가 아닐 수 없다. 군사력은 한 국가가 보유한 물적·인적·지적 능력을 종합하여 구비한 국력 요소로서 자존(自存)·자위(自衛)·전쟁의 억제(抑制) 및 수행(遂行) 능력이며, 평시에 그 국가의 외교(外交)를 실제로 뒷받침해 주는 또 다른 축(軸)의 외교역량이라고 볼 수 있다. "외교가 펜으로 치르는 전쟁이라면, 전쟁은 총으로 수행하는 외교"라는 흔히 들어 온 명제는 국력의 요소로서 군사력의 중요성을 내비치고 있다. 한 국가의 군사력은 규모, 질적인 수준, 종류, 그리고 준비 및 전략태세라는 범주에서 그 효용성이 평가된다. 질적인 수준이 낮은 상태에서 규모가 큰 군사력은 충격적인 효과는 거둘 수 있을지는 모르나, 결정적인 타격을 가하는 데는 적합하지 않을 수도 있으며, 개별적인 전기(戰技) 수준은 높으나 규모가 작은 군사력은 초기의 전과를 확대시킬 수 있는 능력이 부족할 수도 있다. 비교적 차원에서, 한 국가가 위협의 근원이 되는 특정한 종류의 군사력을 보유하지 못했을 경우에 이에 대한 억제능력은 물론 대처능력이 없어 평시와 전시의 전략적 위상을 제대로 유지할 수 없는 경우도 발생할 수 있기 때문에 모든 종류의 위협을 억제하고 이에 대처할 수 있는 모든 종류의 군사력을 보유해야 한다는 필요성을 외면할 수 없어서 동맹관계를 결성하여 이를 확보하기도 한다. 그리고 상대적인 억제를 위해서나 억제가 실패할 경우를 대비한 실제 사용을 위하여 기민한 군사적 준비 및 전략태세의 유지 역시 국력의 한 요소인 군사력이 갖추어야 할 부분이 된다. 그렇다고 해서 한 국가의 모든 역량이 강한 군사력의 구비(具備)만을 위하여 비대칭적으로 집중되어야 한다는 논리는 설득력이 없다. 막강한 군사력을 유지하고 이를 사용하면서 동쪽 진영의 패권국(覇權國)으로 맹주(盟主) 노릇을 해 오던 소련이 다른 분야의 자생력을 잃어 러시아로 변한 역사적 경험이 국력의 한 요소로서 군사력의 위치가 어떠해야 하는가를 일깨워 주고 있다. 어쨌든 현대의 평화는 총과 칼을 벼리어 삽과 쟁기로 만들면 주어지는 것이 아니고 전쟁을 억제해야만 확보될 수 있는 성질의 것이라고 본다면, 군사력은 분명 국력의 한 요소임에 의문의 여지가 없다.[1]

그렇다면 "국력의 다른 요소들에 손상을 가하지 않고, 평시에는 가상 위협을 억제하면서 위협이 실제로 현실화되었을 때 이를 무효화시켜 다시 평화를 회복할 수 있는 군사력의 규모는 어느 정도가 적합한가"라는 문제가 분석과 해답을 기다리고 있다. 실로, 이 문제는 그렇게 간단하게 분석되거나 해결될 성질의 것이 아니다. 억제와 전쟁수행 수단으로서 한 국가가 보유하고 있는 군사력의 효용성이 어떠한가를 알아내기 위하여 이를 실제로 사용해 볼 수도 없는 노릇이고, 실험실에서 이를 실험하기도 힘든 일이기 때문이다. 모든 전쟁상황을 상정

1 Hans J. Morgenthau, *Politics Among Nations: The Struggle for Power and Peace*, 5th edition (New York: Alfred A. Knopf, Inc., 1978), pp. 117-155; Hans J. Morgenthau, Revised by Kenneth W. Thompson, *Politics Among Nations: The Struggle for Power and Peace*, 6th edition (1985), pp. 127-169.

하여 이를 전부 자료화(being datarized)하는 것이 거의 불가능하다면, 워게임(war game)을 실시하여 획득한 자료 역시 적용의 한계가 있기 마련이다. 규모가 크고 강한 군사력의 보유에 대한 실증적인 의문은 소련이 러시아로 변한 역사적 사실이 제기하였고, 규모가 작거나 기민한 군사력의 한계는 제2차 세계대전의 서전(緖戰)으로 치러진 독일과 폴란드(1939), 소련과 핀란드와의 전쟁(1939-1940)에서 드러난바 있다. 강대국·중진국·약소국이 혼재(混在)되어 대립과 경쟁, 타협과 협조라는 과정을 되풀이하면서 관계를 유지해 가고 있는 국제사회의 일원인 한 국가가 어느 수준, 어떠한 규모의 군사력을 육성·유지하는 것이 바람직하며, 이렇게 구비된 군사력이 국력의 한 긍정적인 요소가 될 수 있는가 하는 문제가 다시 숙제로 등장한다. 이 문제에 대한 해답은, 불완전하나마, 인간의 논리적 사고와 여기서 도출된 추론적 결론에서 찾아볼 수밖에 없을 것 같다.

2) 억제력과 군사력

실천적 의미에서의 억제는 어떠한 전략주체가 특정한 행위를 못하도록 강압하는 것이라고 본다면, 이를 위한 수단으로서의 억제력은 억제하려는 특정한 행위에 따라 종류와 수준이 다양하다고 보아 무방하다. 정치·외교적 차원에서의 억제는 역시 정치·외교적 수단과 방법이 동원될 수 있으며, 경제적인 의미의 억제수단은 일차적으로 경제적인 성격일 수 있다. 심리적이거나 문화적인 분야에서의 억제는 또한 그에 상응하는 수단의 활용을 통하여 강요될 수 있다. 그러나 이러한 각 분야에서 피억제자의 행위가 분야별 수단만을 동원할 수준을 넘었다고 판단될 경우에 억제자는 궁극적으로 군사적인 강압수단을 동원하기 마련이다. 예로서, 일본이 중국에서 배타독점적(排他獨占的)인 위치를 구축하기 위한 정책과 전략을 실천에 옮기고 있을 때, 미국은 변화된 현상을 인정하지 않겠다는 정책(non-recognition policy)을 천명함으로써 일본의 군사적 행동을 저지하려 하였으나 별다른 억제효과를 거두지 못하였다. 이에 미국은 다시 경제적인 봉쇄망(ABCD Line)을 구축하여 일본의 군사행동을 억제시키려 했으나 이마저 효과를 거두지 못하였고 결국 이러한 미국의 경제적 압박은 일본의 진주만 기습을 유발시켜 태평양전쟁으로 치닫게 되었다. 한 차례의 전쟁(걸프전, 1991)과 적지 않은 유엔 결의안과 유엔 사찰에 의하여 이라크의 대량살상무기 개발을 억제하려 했던 미국은 의도한 바 효과를 거두지 못하고 또 다른 전쟁을 수행하면서 곤혹스러운 입장에 처해 있는 실정이다. 이와 같이 이론적으로는, 억제하려는 행위에 따라 억제수단도 분야별로 다양하다고 가정할 수는 있으나, 궁극적인 억제수단은 군사력이라고 보아 큰 무리가 없다.

정치적 차원에서 본 억제는 현상유지가 목적이다. 어느 특정한 시점과 공간에 정착된 현상은 사실상 그 지역의 전략주체 집단들이 오랫동안 쌓아 온 행적(行蹟)의 누적(累積)으로 생성된 결과라고 볼 수 있다. 이러함에도 불구하고 그 지역 내 전략주체들 중 일부는 주어진 현상에 대하여 불만을 품고 이를 바꾸어 보려는 의지를 가지고 이의 실현에 필요한 수단을 보유하려는 노력을 기울인다고 상정하는 것이 당연하다. 그러나 현실적으로 정착된 현상에서 우월한 위치를 점유하고 있거나 현상변경 자체를 거부하는 전략주체는 이를 그대로 유지하려는 목적으로 여기에 걸맞는 의지와 억제력을 보유하고 현상을 유지하려 한다. 이른바 억제자로 분류가 가능한 이 전략주체는 주어진 현상을 변경하려는 피억제자를 온갖 종류의 수단을 동원, 이를 운용함으로써 억제하려 한다. 하지만, 살펴본 바 있듯이, 억제를 위해서 다른 분야의 수단도 동원될 수 있으나 궁극적인 수단은 역시 군사력이고 이에 근거한 전략적 안정(strategic stability)의 확보가 우선적인 전제가 됨은 명약관화(明若觀火)한 일이다.

전략적인 안정의 확보는 두 가지 차원에서 구축될 수 있는 성질의 균형상태다. 이것은 지역 내 양자간 혹은 다자간에 현저한 군사력의 불균형이 조성되어 피억제자로 분류될 수 있는 전략주체가 현상을 변경할 엄두를 낼 수 없는 상황이 전개되어 있을 경우에도 확보될 수 있고, 쌍방간 혹은 양대 진영간 양적·질적 차원에서 군사력의 균형이 유지되고 있어서 어느 측도 상대를 완전하게 제압할 수 없고 피해만 입게 될 결과가 예견되어 군사적인 승패보다는 정도 차이만 있는 상호간 피해의 감수와, 이로 인해서 제삼자에게 어부지리(漁父之利)만을 결과로서 안겨 줄 가능성이 짙게 판단될 경우에도 확보될 수 있는 성질의 균형상태다. 그러나 1990년 이라크가 쿠웨이트를 점령한 사례와 같이, 월등한 군사력을 보유한 전략주체가 일방적으로 약한 상대에 대해서 군사력을 사용할 경우에는 피억제자의 현상변경 의도 여부와 전혀 관계없이 전략적 안정을 확보할 수는 없다는 것은 뻔한 이치이다. 이러한 논리는 재래식 군사력 균형뿐만 아니라 핵전력 균형에도 적용될 수 있어서 한 핵강대국이 상대를 일거에 제압할 수 있는 핵군사력(the first strike capability)을 보유하고 있을 경우에도 이를 먼저 사용하려는 유혹에 빠질 수 있다. 따라서 건실한 전략적 안정은 대치하거나 경쟁하고 있는 양 전략주체가 "전쟁을 피하는 것이 바람직하다는 판단 아래, 전쟁을 막자는 데 대해서만은 우방국일 수밖에 없는 군사적 균형"을 유지할 경우에 확보되는 것일지도 모른다. 다른 말로 표현하여, 양 전략주체 사이에 상호억제가 가능한 군사적 균형이 형성되었을 때, 현실적으로 의미가 있는, 전략적 안정이 구축될 수 있다는 뜻이다.[2]

이러한 이유로 과거 재래식전쟁에 대비하여 사용을 전제로 개발된 군사력은 '기습'효과를 극대화하기 위한 비밀병기의 성격을 지

2 *Nuclear War And Nuclear Peace*, pp. 41-51.

니고 있었으나, 현대전을 억제하기 위하여 보유하고 있는 군사력은 상대의 군사력 사용 유혹을 제거하기 위한 '시위'효과를 노리는 공개적인 성향을 띠고 있다. 그리하여 오늘날 거의 모든 전략주체, 즉 국가들은 파괴역량과 이를 운반·발사할 수 있는 수단이 개발되면 이를 의도적으로 공개함으로써 상대가 오산(誤算)에 의한 승산(勝算)을 점치지 않도록 이를 드러내는 것을 주저하지 않고, 이의 효용성을 입증하는 행위를 서슴지 않고 있다. 이들은 무기체계뿐만 아니라 방위예산이나 군사력 운용과 전략개념까지도 일정 수준 공개하고 있다. 물론 걸프전에서와 같이 해병을 쿠웨이트 해안으로 상륙할 것처럼 양공(陽攻)을 실시하면서 이들을 해안 접근로를 따라 진격시키고, 다국적군의 주력은 쿠웨이트 점령군 후방에 위치한 이라크공화국 수비대를 공격하고 후방의 증원부대를 차단하는 대우회기동을 실시하는 것과 같은 전술적 기습은 현대 재래식전쟁을 치르는 과정에서 얼마든지 현실화되고 있으나, 전투력의 규모나 동원되는 지원병력과 수준 정도는 얼마든지 알 수 있도록 한다. 새로 개발된 무기는 성능실험 과정을 통하여 알려지고, 실전 배치된 무기체계는 특별한 기념행사나 실제 무력시위 형태로 공개되며, 전투수행과 연관된 이들의 효용성은 군사훈련을 실시함으로써 노출된다. 이와 같이 현대 군사력은 전쟁에서의 승리보다는 이의 억제라는 실천적 필요성을 충족시키기 위하여 그 규모, 무기체계와 성능, 운용 및 전략개념면에서 비교적 상세하게 공개된다.

현대 군사력의 실천적 효용성은 이를 실제로 사용하는 방식에 의해서 드러난다. 중동에서 구체화되고 있는 이 방법은 이스라엘과 아랍국가들 사이에 존재하는 불신과 증오를 극복하기 어려운 전략상황에서 '눈에는 눈, 입에는 입'이라는 '응징(膺懲)과 보복(報復)'의 악순환을 반복하면서 되풀이되고 있다. 이스라엘은 이집트의 무장을 사전에 저지할 목적으로 예방전쟁(preventive war)을 수행하기도 했고, 이라크의 핵시설에 대한 선제타격(preemptive strike)도 실시하였으며, 이스라엘에 대해서 행해지고 있는 테러의 근거지를 제거할 목적으로 레바논침공작전 수행을 주저하지 않았다. 현대 핵전략에서도 상대 핵전력을 일격에 무력화시킬 수 있는 제일가격능력(the first strike capability)을 보유한 핵강대국은 핵약소국을 제압하거나 핵확산을 저지하기 위하여 재래식 군사력은 물론, 필요시에, 재래식 군사력보다 파괴력이 강화된 수준으로 정밀성이 보장된 제한적인 핵군사력을 개발하고 이를 동원한 선제타격(preemptive strike)까지를 고려한 전략태세 유지를 마다하지 않고 있는 것 같다. 특히 상대의 전략 핵무기 운반수단인 미사일을 발사단계에서부터 중간궤도, 그리고 우주공간에서까지 요격하는 것을 목적으로 개발되고 있는 미사일 방어체계(MD: Missile Defense system)는 실제 요격시험을 통하여 그 능력이 알려지고 있다. 이와 같이 군사력의 실천적 효용성은 이의 실제 사용과 시험을 통하여 공개됨으로써 전략적인 안정을 해치려는 상대를 억제하거나 제압하려는 방편으로 이용되고 있다.

따라서 억제력으로서 현대의 군사력은 기밀(機密)보다는 공개(公開), 사용(使用)보다는 보유(保有)에 중점을 두고, 여러 가지 방법으로 그 효용성을 입증하고 과시하려는 성격을 지니게 되었다. 이러한 현대 군사력의 특징적 성격은 분명 전시(戰時) 사용을 목적으로 비장(秘藏)을 중요한 특성으로 삼았던 과거 군사력의 특징과는 판이하게 다른 성격이다. 현대전략의 핵심이 '군사력의 능란한 사용이 아닌 이의 능수능란한 불사용'을 통하여 확보될 수 있는 억제(抑制)인 한 그렇다.

3) 억제효과와 군사력 규모

억제는 상대적이다. 물론 강한 군사력을 보유하고 있는 전략주체는 그보다 약한 군사력에 자위(自衛)를 의존하고 있는 주체의 도발적 무력사용을 보다 효과적으로 억제할 수 있는 것은 사실이다. 하지만 약한 전략주체라 하더라도 강한 상대가 '수용하기 어려운 피해'(unacceptable damage)를 가할 수 있는 군사적 역량을 보유하고 있을 경우에는 약한 측이 강한 측의 무모한 무력사용을 억제할 수 있다. 이러한 상호억제논리는 아무리 강한 개인이라 하더라도 자신의 발목이 잘리면서까지 상대를 죽이려 하겠는가 하는 개인간의 대립관계를 근거로 유추가 가능한 논리이다. 그러나 군사적인 중진국이 강대국을 억제하기 위해서는 강대국의 최초 공격을 받고 난 후에도 강대국이 수용하기 어려운 피해를 가할 수 있는 잔존 군사력을 유지할 수 있어야 하고, 이의 사용에 있어서 충분한 효용성을 보장할 수 있는 공격 또는 운반수단을 보유해야만 한다. 이럴 경우에 대비하여 강대국은 중진국의 잔존 보복능력까지를 완전하게 박탈하려는 의도로 거기에 걸맞는 군사력을 갖추려 할 것이 분명하며, 이를 감지한 중진국 역시 강대국의 무모한 군사력 사용을 억제하려는 보복역량을 구비하려 할 것이다. 여기에, 강대국과 강대국 간의 군비경쟁뿐만 아니라, 강대국과 중진국 간에도 군비경쟁의 가능성이 존재하는 이유가 있다. 강대국과 강대국 간이건, 아니면 강대국과 중진국 간이건 상호보복이라는 공격적 방법에 의하여 상호 억제하려는 억제를 '능동적 억제'(active deterrence)라고 구분할 수 있다면, 분명 핵전력이건 재래식 전력이건 간에 군사적인 강대국과 강대국, 강대국과 중진국, 그리고 중진국과 중진국 간의 억제는 상대적이다.

그러나 군사적으로 강한 전략주체로서 강대국과 약한 주체인 약소국 간에 억제관계가 성립될 수 있는가 하는 의문이 제기되며, 만약 억제관계가 성립된다면, 그 관계 역시 상대적인가 아니면 일방적인가 하는 문제가 분석과 검토를 요구하고 있다. 강대국을 핵 및 재래식 군사강국, 그리고 약소국을 비핵약소국으로 정의한다면, 이들 강대국과 약소국이 보유하고 있는 전 군사력을 동원하는 것을 전제로 할 경우에 이들간에는 상호억제관계가 존재할 수가 없다. 왜냐하면 어떠한 종류와 수준의 재래식 군사력도 핵전력에 대해서 억제효과를 거둘 수 없기 때문이다. 그러나 핵전력이 재래식 전면전인 태평양전쟁(1941-1945)을 종결시키기 위하여 두 개의 원자탄만이 일본에 실제 투하될 수 있었던 전력이라고 보았을 때, 핵군사력은 그렇게 쉽게 사용될 수 없다고 보아 무방하다. 이럴 경우에 한해서, 강대국과 약소국 간 군사적 관계에서 억제라는 실천개념이 끼어들 여지가 있는가를 분석해 볼 수 있을 것 같다. 재래식 군사력만이 억제력으로서의 실천적 효용가치가 있다고 본다면 모든 강국이 모든 약소국을 억제할 수 있으나, 이들을 완전하게 제압할 수 있다고 볼 수는 없다. 정글의 법칙이 지배하는 동물의 세계에서 군림하는 사자가 고슴도치를 함부로 잡아먹거나 이의 행동을 방해하지 못하는 논리가 강대국과 약소국 간에도 존재할 수 있기 때문이다. 다른 말로 바꾸어, 약소국도 적절한 군사적 역량과 수단을 보유함으로써 강대국으로 하여금 그에 대해서 자의적인 무력사용을 자제하도록 강요할 수 있어서 최소한 '비자극적 억제'(non-provocative deterrence)는 달성할 수 있다는 뜻이다. 따라서 재래식 군사력에 바탕을 둔 강대국과 약소국 간의 관계에서, 약소국이라 할지라도 자국의 군사역량과 태세에 따라 강대국의 일방적인 재래식 무력사용을 자제시킬 수 있어서 강대국의 현상변경 시도를 억제시킬 수 있다는 명제가 도출된다. 이러함에도 불구하고 강대국이나 중진국이 보유한 핵전력에 대한 대응수단을 전혀 보유하지 못한 약소국들은 강대국이나 중진국들 모두가 인정할 수 있는 '정치적 중립'을 표방하거나, 우호적인 강대국과 군사적 동맹관계를 유지하여 그가 보유한 억제력을 차용함으로써 이들 국가의 핵전력에 대한 억제수단을 확보할 수밖에 없다. 이러한 배열이 형성될 경우에만 강대국과 약소국 간에도, 최소한 이론상, 상대적 억제관계가 성립된다고 볼 수 있다.

군사적 측면에서 약소국이라고 분류될 수 있는 스위스, 스웨덴, 그리고 과거 유고슬라비아 등 국가들의 자위(自衛)대책과 태세에서 '비자극적 억제'의 개념과 실제를 살펴볼 수 있다. 스위스는 전면방어(全面防禦: general defense)라는 자위개념 아래 지역주민들이 그들이 거주하고 있는 지역을 전면적으로 방어하는 체제를 유지하고 있다. 이러한 개념에 따라 48시간 안에 650,000명(남자 인구의 80% 정도)의 병력을 동원할 수 있고, 이들은 평소에도 소총·탄약·군복 등을 소유하고 사격을 운동으로 즐기면서 매년 지방부대에서 실시하는 훈련에 의무적으로 참가함으로써 전기(戰技)를 가다듬고 있다. 동원된 이들 병력은 중화기로 무장된 상비병력과 더불어 지역 및 산악 방어를 실시하고, 교량·주요 도로·터널·산악 고갯길 등은 중앙통제하에 차단·파괴가 가능하도록 되어 있어서 침공군의 스위스점령 자체를 거부하는 방어개념과 체제를 유지하고 있다. 스웨덴도 총력방어(總力防禦: total defense) 개념 아래 전 국민이 방어에 동원되어 제한적인 공격능력을 갖추고 있으며, 핵공격에 대비하여 지하도시까지 건설해 놓기도 했다. '최소비용 억제'(marginal cost deterrence)라고도 불리는 이러한 스웨덴의 방위개념은 비교적 적절한 규모의 정규군과 신속한 동원 및 평시 준비태세를 갖춘 민간방위체제로 뒷받침되고 있다. 그리고 스위스나 스웨덴은 정치적 중립을 선포하여 이들 국가들에 대한 정치적 침공 원인을 제거하려 하고 있다. 여러 국가로 분립되기 전의 유고슬라비아는 '국민방어'(國民防禦: people's defense)라는 개념을 택하여 전 국민을 전투원으로 양성하여 침공군을 끝까지 괴롭힘으로써 이들의 점령 자체를 거부하고, 결국 철수시킨다는 전략태세를 갖추었다. 그리하여 유고슬라비아는 정신적, 정치적, 심리적, 경제적, 문화적 저항형태와 기술을 개발하기도 했다. 이러한 태세와 방법으로 유고슬라비아는 2차대전 시 점령군인 독일군에 대항했으며, 동구공산권 내에서도 소련에 대하여 비교적 독자적인 위치를 유지하고 있었다.[3] 이와 같이 약소국들도 자국 특성에 맞는 자위책(自衛策)을 수립하고 이에 필요한 방위체제와 수단을 구비하여 강대국의 침공과 점령으로 인한 현상변경을 거부함으로써 상대를 자극하지 않는 억제를 달성하려 하고 있다.

그러나 군사적인 수단에 의한 실질적인 보복을 전제하지 않은 이러한 '비자극적 억제'(non-provocative deterrence)가 전부 성공적일 수는 없다. 제2차 세계대전 시, 지리적·지형적 여건에 힘입어 독일군의 침공을 받지 않았던 스위스와는 달리 유고슬라비아는, 발칸 지역을 안정시켜 소련 침공에 앞서 남부전선을 안정시키려 했던, 독일군의 침공과 점령을 감수해야만 했고, 특히 걸프전(1991)의 원인을 제공했던 쿠웨이트는 이라크의 점령에 따른 혹독한 대가를 지불해야만 했다. 경제적인 보상과 이슬람 형제애(Islam brothership)만으로 이라크의 침공을 막으려 했던 쿠웨이트는 결국 이라크의 침공과 점령 유혹을 억제하지 못하여 걸프전의 원인을 제공한 당사국이 되었다. 만약에 쿠웨이트가 다른 강대국과 동맹관계를 결성하여 그가 보유한 억제력을 차용할 수 있었다면, 이라크가 쿠웨이트를 점령하기 위하여 그렇게 쉽게 군사력을 사용할 수 있었을까 하는 가정적 의문은 제기해 볼 만한 것 같다. 어쨌든 군사적인 약소국들이 택할 수밖에 없는 '비자극적 억제' 태세는, 중립이라는 정치적 선언이나 종교적 동지 및 형제 관계를 내세우더라도, 그들 국토의 지형·지세적인 이유로 침공 및 점령가치가 덜 매력적이거나 그들이 군사적인 동맹관계를 통하여 다른 강대국의 억제력을 동원할 수 있을 경우에 한해서 그 실천적 효용성이 보장받을 수 있는 성질의 것이다.

현실이 이러함에도 불구하고 보복(報復)과 응징(膺懲)을 전제로 한 '능동적 억제'와 자기 보존(保存)과 상대의 자제(自制)에 의존한 '비자극적 억제'를 동시에 상정(想定)하는 이유는, 능동적 억제만을 고

3 Harry B. Hollins, Averill L. Powers, and Mark Sommer, *The Conquest of War* (Boulder, San Francisco, London: Westview Press, 1989), pp. 78-88.

려할 경우에, 이른바 군사적으로 약한 전략주체인 약소국들이 군사력을 보유해야 할 필요성이 없어지고, 이들 국가들이 믿어야 하는 억제수단은 강대국들의 '자비심'(慈悲心)과 국제사회나 기구의 '여론'(與論)이나 '결의안'(決議案)이 거의 전부일 수밖에 없기 때문이다. 이들 약소국 역시 '적자생존'(適者生存)과 '약육강식'(弱肉强食)의 자존논리(自存論理)만이 도덕률(道德律)인 동물세계에서 강자에게도 쉽게 먹히지 않고 생명을 부지해 가는 고슴도치의 지혜와 대비태세 정도는 갖추어야 할 필요성을 인식하고 있다. 이러한 명제와 논리를 받아들일 때, 군사적인 강대국이나 중진국, 그리고 약소국들도 현대전략의 핵심인 억제효과를 그들 나름대로 보장하기 위한 수단으로서 어떠한 종류와 수준의 군사력을 얼마만큼 보유해야 되는가를 결정하게 되고, 이에 따라 실제로 어떤 식으로든지 군사력을 보유하고 있는 것이 현실이다. 여기에 강대국들은 그들이 달성하고자 하는 억제의 양상과 수준에 걸맞는 군사력, 중진국들 역시 그들이 설정한 억제의 수준을 충족시킬 억제력, 그리고 약소국들도, 바람의 수준일지는 모르나, 그들이 상정한 억제의 보장을 위한 군사력의 종류와 규모를 산정(算定)하여 이를 보유하려는 현실적인 요구가 있으며, 군사력의 종류와 규모 역시 이를 보유하고 있는 전략주체들의 위상에 따라 다양하게 나타난 이유를 찾아볼 수 있다.

전면적인 억제와 억제가 실패할 경우에 실제로 전쟁까지 수행할 전략태세를 갖추고 있어야 한다고 판단한 강대국들은 '다양한 채로 막강한 수준의 군사력'을 유지하고 있으며, 강대국의 억제 자체에 매우 큰 비중을 두고 있는 중진국들은 강대국의 자의적인 무력사용을 억제할 목적으로 '신뢰할 수 있는 보복능력'의 확보에 주안점을 두어 군사력을 유지하고, 자신의 보위(保衛)를 우선적으로 고려하고 이를 확실하게 보장할 태세와 수단을 갖춤으로써 강대국이나 중진국의 방자(放恣)한 무력사용을 억제하려는 약소국들은 전면적이고 총체적인 방어

태세와 이를 뒷받침할 수 있는 형태의 군사력을 보유하려 하고 있다. 중진국의 보복능력까지 박탈하여 총체적인 억제를 달성하려는 태세를 갖추고 있는 강대국의 군사력은 그 종류와 규모면에서 가히 위협적이다. 과거의 미국과 소련, 오늘의 미국과 러시아는 각종 핵군사력은 물론 모든 형태의 작전을 수행할 수 있는 재래식 군사력까지 보유하고 있다. 중진국 역시 규모는 달라도 이들 강대국들과 같은 종류의 핵 및 재래식 군사력을 구비하고 있는 것은 당연하다. 이들 강대국과 중진국은 상대의 공격에 대해서 보복이라는 또 다른 공격을 통하여 상대를 억제하려 하기 때문에 핵이나 재래식전력의 잔존성(殘存性)을 향상시키기 위하여 온갖 방법을 동원하고 있으며, 이를 위해서 영토·영공·영해는 물론 공해와 우주공간까지도 활용하고 있다. 군사적 약소국 역시 자존과 자위를 위하여 모든 국가들과 호혜적(互惠的) 관계를 유지할 목적으로 정치적 중립을 공식화하기도 하고, 국제기구를 통하여 군축(軍縮)과 평화운동을 선도하거나 지역적인 안보회의체에 가입하기도 하며, 때로는 강대국 및 중진국 등과 동맹관계를 결성하여 이들 국가들의 억제력을 차용·동원하여 상대를 억제하려 하면서 자체 보위(保衛)를 위한 타당한 태세를 취하고 이에 필요한 수단을 구비하려 하고 있다. 실로, 강대국이건 중진국이건 약소국이건 간에, 이들 전략주체들은 집단적 생존(生存)의 보장과 이익(利益)의 증진을 위하여 국가적 위상에 걸맞는 군사력을 보유하고 있다.

물론 능동적 억제 중에서도 최대의 효과를 보장하려는 강대국들은 핵과 재래식 군사력은 물론 특수작전 및 대테러작전까지를 수행할 수 있는 다양한 능력을 보유하고 있다. 중진국 역시 강대국이 수용하기 힘든 피해를 입힐 수 있는 보복능력을 보유해야 하기 때문에 강대국과 유사한 종류의 군사력과 강대국의 1차공격으로 인한 충격을 흡수하고도 보복을 가할 수 있는 능력을 갖추려 노력하고 있다. 그러나 중진국의 군사력은 보복의 신뢰성을 보장할 수 있도록 잘 보호되고 효과가 탁월한 성질의 것이어야 하나, 국력이 강한 강대국의 군사력보다 질적인 우위를 확보한다는 것 자체가 결코 용이한 일은 아니다. 상호억제를 보장해야 된다는 측면에서 본 약소국의 군사적 위상은 초라하기 마련이다. 국력의 한계 속에서 막강한 군사력의 보유 자체가 불가능할 뿐만 아니라 국력을 최대한 동원하여 나름대로 강한 군사력을 갖춘다고 하더라도 강대국이나 중진국이 보유한 종류와 규모를 흉내내기조차 어려운 실정이기 때문이다. 그렇다고 완전한 비무장으로 국가 자체의 모습을 갖출 수도 없는 것 역시 현실이다. 그리하여 약소국은 강대국이나 중진국의 침공이나 장기점령 자체를 거부하거나 어렵게 만들 수 있는 방위태세와 체제를 갖추어 이들의 자의적 무력사용을 억제하려 하고 있다. 이러한 전략개념과 태세는 군사력의 종류와 규모는 제한되기 마련이나 이에 동원되는 규모는 가히 전면적이고 총체적일 수밖에 없다. 이러한 이유로 약소국은 평화공존이나 대외적인 협력관계를 증진시키는 군사 외적(extra-military) 노력을 통하여 이들의 태생적(胎生的) 한계를 극복하려 하며, 필요시에, 강대국과 군사적인 동맹관계를 결성하여 자국의 결핍된 억제력을 보완하려 한다.

11. 군사력 규모

1) 군사력 규모 결정 시 고려사항

국가(國家)로 현실화된 전략주체는 자존(自存)과 자위(自衛)의 보장을 위해 군사력을 보유하려 하기 때문에, 그 국가의 생존(生存)과 보위(保衛)를 위태롭게 하는 현재적·잠재적 위협의 종류와 성격 및 수준을 분석하여 이들 위협을 어떠한 수단으로 어떻게 대처해야 하는가를 분석하는 것이 그 국가가 보유하려는 군사력 규모를 결정하는데 가장 근원적인 고려사항이 된다. 현재적이거나 잠재적인 위협이 정치·이념적인 성격인가, 지적·문화적인 것인가, 경제적인 성격의 것인가, 아니면 군사적인 위협인가에 따라 이에 대응할 방법과 수단이 달라지는 것은 당연하다. 그러나 이러한 여러 분야의 위협 중에서 그 국가의 존립(存立)에 직접적인 영향을 주는 위협은 단연 군사적인 위협이다. 물론 소련이 러시아로 변하는 과정에서 외부의 군사적인 위협이 없는 가운데서도 내부 자생력이 훼손되어 연방이 해체된 경우도 있었으나, 소련을 구성하고 있던 개별 연방들이 독립국가로 변한 것 외에는 영토 사체는 훼손되지 않고 몇 개의 개별 국가로 다시 나타난 이상 이들의 실체는 그대로 보존되어 있다고 볼 수 있다. 그러나 개별 국가는 과거 월남처럼 월맹과 베트콩으로부터 비롯된 군사적 위협에 대처할 능력이 부실하여 국가의 존재가 사라진 것과 같은 운명을 자초하거나 감수하지 않기 위하여 필요한 군사력을 보유하려 하고, 또 이라크의 침공으로 무력하게 국토가 유린된바 있던 쿠웨이트와 같은 운명을 되풀이하지 않기 위하여 군사력의 보유는 물론 억제력의 차용도 고려해야만 되는 경우를 상정하지 않을 수 없다. 이와 같이 국가는 그가 대처해야 할 위협의 종류, 성격, 그리고 수준을 먼저 분석·평가하여 이에 대처할 정책과 전략을 수립하고 이를 근거로 군사력의 종류와 규모를 설정하여 이를 보유할 필요성을 외면할 수 없게 되었다.

위협의 종류와 성격에 따라 이에 대처할 대책의 수립과 수단 확보 그리고 수단으로서 군사력의 규모 또는 정치적 조치가 결정되는 것은 당연하다. 군사적 위협의 근원이 핵이냐 아니면 재래식 군사위협이냐에 따라 그에 따른 대책과 수단이 필요할 것이고, 핵군사력을 보유하지 못했거나 보유하지 않는 것이 바람직하다고 판단한 국가는 핵위협에 대처하기 위한 억제력은 어떻게 확보할 것인가를 결정해야만 한다. 모든 종류와 형태의 위협에 전부 대처해야 한다는 판단을 내린 강대국은 온갖 종류의 군사력을 대규모로 유지하는 것이 필요할 것이고, 그렇지 않은 중진국이나 더욱 그렇지 못한 약소국 등은 직접적인 위협이 되는 종류와 형태의 위협에 대한 대처방책과 수단만을 보유하고 그 이상의 위협은 강대국과의 동맹관계 구축을 통하여 연합전력을 형성함으로써 이에 대처하거나, 집단적 안보체제를 구축하여 위협의 발생 요인을 제거하는 노력을 기울이거나, 아니면 지역 차원의 대처방안을 모색하는 정치적 배열의 하나인 지역안보체제에 가담하는 등의 정치적 대안을 모색하는 것이 통상이다. 이러한 판단과 이유로 과거 냉전적 대립구조하에서 NATO, Warsaw Pact 등의 지역 안보체제나 쌍무적 동맹관계가 형성되기도 하였으며, 소련이 러시아로 변질된 후에도 지역안보 및 협력체제로 변질된 NATO가 지금도 존재하고 있으며, 과거 Warsaw Pact의 회원국이었던 동구권국가들까지 여기에 가입하고 있는 실정이다. 또한, 핵보유 강대국들의 전략적인 우세를 기정사실화하기 위한 제도적 장치라는 비난이 없진 않으나, 대량살상무기의 확산으로 빚어질 수 있는 위협의 근원을 최소화하기 위하여 IAEA라는 국제 원자력기구와 NPT라는 핵확산 금지체제가 구축되어 있기도 한다. 이와 같이 위협에 대처할 대책과 수단은 그 위협의 형태와 수준에 따라 국가 자체의 군사력, 동맹관계를 통한 보강된 억제력, 그리고 지역적·국제적 안전보장체제를 통한 공동대처 등 다양하게 구체화되어 있다.

또한, 한 국가는 그가 보유한 국력과 처한 상황하에서 먼저 어떠한 전략적 안정(strategic stability)의 확보가 가장 현실적으로 바람직한가를 정립하여 자국이 대처해야 할 위협에 대처하기 위한 독자적인 군사력의 종류와 규모를 결정해야 한다. 강대국은 거의 절대적인 안정을 추구할 것이고, 중진국처럼 상대적인 안정을 목표로 정할 수도 있으나, 절대적이거나 상대적인 안정을 추구하는 데 필요한 요소의 하나인 보복 능력을 구비할 수 없는 약소국은 상대국의 억제(抑制)를 통한 안정보다는 상대를 자극하지 않고 상대의 자제(自制)를 유도하여 자위(自衛)를 보장할 수 있는 안정만이라도 확보하는 것을 책정할 수밖에 다른 도리가 없는 경우도 있다. 과거 절대왕조시대에서는 상호 안정을 도모하기 위하여 한 왕조 국가의 왕자 등과 같은 필수적인 인물들을 인질로 잡아 놓거나 교환하는 방식으로 상호간 무모한 도발행위를 못하게 함으로써 안정을 유지하기도 하였으나, 오늘날 전략적인 차원에서의 안정은 '양측이 상대의 공격을 억제할 수는 있으나, 어느 측도 감히 전쟁을 일으킬 정도의 능력은 보유하지 못한 결과로 빚어지는 교착상황'을 말한다. 이러한 안정은 군사적 강대국과 강대국, 강대국과 중진국, 중진국과 중진국 관계에서 성립될 수 있다. 오늘날 이 같은 안정은 핵전략에서는 상호 공존(共存)이냐 아니면 상호 파멸(破滅)이냐를 결정해야 하는 상황에서 성립될 수 있는 성격을 지니고 있기 때문에, 한 국가의 핵 선제 사용 유혹을 억제시킬 수 있는 상대가 있어야만 유지되는 '이율배반적'인 안정이며, 이를 '공포의 균형에 의한 안정'(stability through balance of terror)이라고 지칭할 수도 있다. 재래식전략에서도 상호 보존(保存)이냐 아니면 상호 손상(損傷)이냐를 결정해야 하는 상황에서 '어떠한 승리도 예상되는 파괴를 정당화할 수 없는 판단'에 근거한 안정이 현실적으로 가능한 안정일 수밖에 없다.[1] 그러나 강대국이나 중진국과의 전략적 관계에서 이들 국가들의 도발적 행위를 효과적으로 억제할 능력이나 수단을 보유하지 못한 약소국들이 추구해야 하는 안정은 실로 '곤혹스런 안정'이기 마련이다. 강대국이나 중진국들의 자의적인 무력사용 효과를 일시적으로 거부하거나 장기적으로 무력화시킬 수 있는 자위력의 보유와 이를 효과적으로 운용할 수 있는 체제를 확보하는 것이 스스로 택할 수 있는 안정 유지책의 전부이며, 따라서 이들 국가들은 강대국 등과 동맹을 결성하거나 집단안보체제의 일원이 됨으로써 전략적으로 의미가 있는 안정확보를 도모하려 한다. 이와 같이 개별 국가는 그가 추구하는 안정의 형태와 성격이 어떠한가를 먼저 설정하고 거기에 적합한 종류와 규모의 군사력을 보유하는 것이 전략적으로 합당하다.

대처해야 할 위협의 종류 및 성격과 추구해야 할 안정의 형태 및 수준과 더불어, 집합적 의미에서의 개별 국가의 국력과 가용 자원의 다과(多寡)는 그가 보유할 수 있는 군사력의 종류와 규모를 결정하는 데 주요한 고려사항이 아닐 수 없다. 대처해야 할 위협이 다양하고 그 위험도 역시 대단하다고 하여 국력이나 가용자원의 규모와 무관하게 '막강한' 군사력을 유지할 수도 없다. 군사력에 투자하는 것이 경제개발이나 국가의 복지 향상에 결정적인 악영향을 끼친다는 견해는 아직 없으나, 막강한 군사력 건설과 유지에 막대한 국가 자원을 투입한 소련이 러시아로 변질된 사례는 국력과 자원의 배분에 있어서 균형된 판단과

---

1 *Nuclear War And Nuclear Peace*, pp. 48-51.

세심한 주의가 필요하다는 점을 시사해 주고 있다. 또한 우주 개발과 마찬가지로, 첨단 무기와 장비를 개발하는 과정에서 획득한 첨단 기술의 확산으로 민간 생활의 향상에 필요한 상품을 제조함으로써 국부(國富) 증진을 도모할 수 있는 선진 강대국의 경우에는 군사력 개발에 대한 투자가 바람직할 수도 있으나, 선진 강대국이 개발한 무기와 장비를 구매해야 하는 약소국들의 군사력 강화는 사실상 국부가 유출되는 결과를 빚어낼 수도 있다.[2] 그러나 국가 자원이 부족한 약소국이라고 해서 주위의 위협에 자국을 아무 대책 없이 노출시킬 수는 없는 노릇이다. 정치적으로 중립을 표방하고 있는 스위스나 스웨덴도 실제로는 중립 자체를 지키기 위하여 필요한 무장을 갖추고 있는 '무장중립' 태세를 갖추고 있을 정도다. 이러한 현실적 요구에 따라, 개별 국가들은 그들 GNP(요즈음은 GDP)의 1-3% 정도를 국방비로 책정하는 경우가 많으며, 그들의 국력을 토대로 건설된 군사력으로 감당할 수 없는 위협에 대해서는 다른 정치적 동맹관계의 구축으로 이에 대처하려 하는 것이 통상이다. 결국 개별 국가의 국력과 가용자원은 그 국가의 군사력 종류와 규모를 결정지어 주는 요인으로 고려해야 할 주요한 사항이 된다.

이와 같이 개별 국가는 노출된 위협의 종류, 성격, 그리고 수준을 인식·평가하고, 어떠한 안정을 추구할 것인가를 결정한 후에, 그가 보유한 국력과 가용자원의 다과(多寡)을 고려한 정책적 결정에 따라 군사력의 종류와 규모를 설정하여 이를 건설하고 보유하게 된다. 그 결과 개별 국가는 군사적인 강대국, 중진국, 그리고 약소국이라는 별칭을 갖게 되고, 국가간 관계에서의 상대적 위상에 따른 이합집산(離合集散) 과정을 밟아 집단적이건 쌍무적이건 간에 안전보장을 위한 정치적

---

2 방위를 위한 군사비 지출과 경제성장, 사회복지 등의 문제를 분석한 논문들은 James E. Payne and Anandi P. Sahu, ed., *Defense Spending and Economic Growth* (Boulder, San Francisco, Oxford: Westview Press, 1993)와 Steve Chan and Alex Mintz, ed., *Defense, Welfare, and Growth* (London and New York: Routledge, 1992) 참조.

배열을 구체화함으로써 자국의 생존을 보장하고 국가이익을 도모하려 한다. 그리하여 우주공간의 별들이 질량이 큰 항성(恒星)을 중심으로 성군(星群)을 형성하듯이 국제사회에서도 강대국 주변에 국가군(國家群)이 형성되기도 한다.

2) 군사력 규모 결정 이론

한 국가가 추구하는 안정을 보장하는 데 어떤 종류의 군사력이 얼마나 필요할 것인가를 결정하는 문제는 그렇게 간단한 작업이 아니다. 먼저 그 국가가 처한 정치·군사적 위상과 능력을 스스로 평가하여 이를 지속적으로 보장하는 데 필요한 군사력의 종류와 규모를 설정하고 이를 구비해야 함은 당연한 논리다. 그러나 이러한 국가적 위상을 보장하기 위하여 그 국가는 어떠한 안정을 추구할 것인가, 전쟁과 이의 원인에 대해서 어떠한 견해와 대책을 수립해야 할 것인가, 가상 위협을 어떻게 설정·평가하고 있는가, 전쟁의 억제와 이의 실패 시 전쟁수행의 개념과 대책은 어떠한가, 그리고 군비경쟁과 군비통제에 대한 인식과 대안은 무엇인가 등의 핵심적인 사안에 대한 정책적 입장과 전략개념을 제대로 정립하는 것은 결코 쉬운 일이 아니다. 그리고 이러한 정책과 전략개념을 실천적으로 보장할 종류와 수준별 군사력은 어떻게 구비·유지하며, 그 국가의 능력으로 대처할 수 없는 위협의 대처를 위해서 어떠한 정치적 조치와 배열이 필요한가를 구상하여 이를 구체화하는 일도 간단하지 않다. 실로, 국가가 설정한 대내외적 위상을 국력에 맞게 유지하기 위하여 어떠한 군사력을 얼마만큼 유지해야 하는가를 결정하여 이를 보유하는 작업은 사실상 국가의 모든 지적·물적 역량의 활용을 필요로 하는 사안이다.

전략주체로서 국가는 먼저 그가 처한 위상과 이를 뒷받침할 수 있는 능력을 평가하고, 이에 근거하여 어떠한 안정을 추구할 것인가를 결정해야 한다. 그가 군사적인 강대국, 중진국, 또는 약소국 등 어디에 속할 수 있는가를 검토해야 하며, 그에 맞는 대내외적 위상과 역할이 어떠해야 하는가를 결정해야 한다. 국력면에서 강대국, 중진국, 혹은 약소국이라고 자신을 판단한다면, 그가 담당해야 할 대내적, 지역적, 세계적 차원에서 국가전략상 추구해야 할 안정의 성격은 무엇이며, 이를 위해서 담당해야 할 역할은 무엇인가를 설정해야 한다. 추구할 수 있는 안정이 절대적인 성질의 것인가, 상대적인가, 아니면 자신의 국체 정도만 보존하는 '비자극적인 안정'이 고작인가를 스스로 판단해야 한다. 강대국이 절대적인 안정을 추구하기 위해서는 거의 모든 종류의 위협을 상대할 수 있는 거의 모든 종류의 막강한 군사력을 보유해야 하며, 상대적인 안정을 추구하는 중진국 역시 강대국에게 수용불가능한 피해를 안길 수 있는 보복능력을 유지해야 하기 때문에 잘 보호되고 종류가 다양하면서도 규모가 결코 작지 않은 군사력을 보유해야 한다. 자국의 생존을 보장하기도 버거운 정도의 국력을 보유한 약소국들은 자국이 강대국이나 중진국들의 '매력적이고 손쉬운' 침공 및 점령 대상으로 간주되지 않도록 하는 자위적 조치와 행동을 수행할 수 있는 군사력을 보유해야 한다. 이와 같이 국가는 그 위상을 고려한 상태에서 추구하는 안정의 성격과 형태를 설정하고 이를 보장할 수 있는 군사력을 구비·유지할 필요가 있다.

군사적 역량은 그 국가가 처해 있는 전략적 상황하에서 현재화된 위협과 잠재적인 위협이 무엇인가를 찾아내고, 이러한 위협의 근원이 되는 적대 국가들의 군사 역량과 이를 운용하는 태세가 어떠한가를 먼저 분석·평가해야 한다. 그 국가는 그가 대처해야 할 직접적인 위협이나 잠재적인 위협이 재래식 위협인가, 아니면 핵 위협인가, 그것도 아니면 테러나 마약과 연관된 위협이거나 이념대립에서 비롯되는 체제의 전복(顚覆)을 노리는 형태의 위협인가, 또는 이들 형태 중 전부 혹은 부분적으로 조합된 형태의 위협인가를 먼저 구별하여 식별·분석하고, 이들 위협에 대한 군사적·군사 외적인 대책과 방안을 수립한 다음에, 군사적인 대책과 방안을 현실적으로 구체화하기 위한 군사력의 종류와 규모는 어떠해야 하는가를 결정하고, 국력과 가용자원의 적절한 배분을 통하여 이를 구비·유지해야 된다. 그리고 자국의 국력이나 이에 근거한 역량을 동원하여 구비한 자체 군사력으로 감당할 수 없는 위협은 어떠한 정치적·군사적 배열을 통하여 이를 대처할 것인가를 구상하여 실제로 그러한 배열을 구체화시켜 나가야 한다. 여기에 부가하여 국가는 직접적인 적대 국가들의 도발행위는 어떻게 억제하며, 잠재적인 적대국가들과의 현재 관계는 어떻게 유지하고, 이들 국가들의 잠재적 적대성(敵對性)을 항구적 우호성(友好性)으로 전환시키기 위하여 어떠한 정책을 기초로 어떠한 전략적 태세를 취하며, 이를 보장하기 위한 군사력의 종류와 규모는 어떠해야 하는가도 동시에 고려하여 이를 현실화해야 한다. 이와 같이 국가는 그가 대처해야 할 현재적, 잠재적 위협의 성격과 이를 발생시킨 직접적, 잠정적 적대국가들의 정책과 전략을 분석하여 필요한 군사적, 군사 외적인 대책과 대안을 마련한 후에 여기에서 요구되는 수준과 종류의 군사력을 보유·유지할 필요가 있다.

좀더 구체적으로, 국가는 분석·평가한 위협과 직접적·잠재적 가상적국들의 군사적 능력과 태세에 근거하여 구체화될 수 있는 전쟁에 대한 견해와 이를 억제하거나 예방하기 위한 군사적 태세와 능력은 어떠해야 하고, 전쟁이 일어날 경우에 이를 실제로 수행하기 위한 전략과 이를 뒷받침할 군사력의 종류와 규모는 어떠해야 하는가를 결정하고 필요한 능력을 구비해야 한다. 현재화되어 있는 위협의 성격이 위협적이고 이의 근원을 제공하고 있는 가상적국의 성향이 호전적일 경우에는 전쟁발발 가능성이 높다고 볼 수 있으며, 따라서 이에 대한 실질적인 대응 태세와 준비가 필요할 것이나, 위협과 가상적국에 대해서 다른 평가를 내릴 경우에는 전쟁수행보다는 전쟁의 억제에 대한 전략수립과 수단의 확보에 더욱 중점이 주어질 수 있다. 그러나 전쟁수행이나 억제력 자체의 실천적 구분이 큰 의미를 부여받지 못하고 있는 현실 상황에서 평화유지에 대한 지나친 낙관이나 전쟁 발발에 대한 정도 이상의 비관적 견해보다는 전쟁과 평화에 관한 현실적 분석과 판단에 근거하여 억제, 적극적 방어, 그리고 전쟁수행에 관한 전략과 전술 개념의 수립과 이를 보장할 수 있는 군사력을 보유하는 것이 바람직한 국가적 전략태세라고 볼 수 있다. 이를 위한 군사력의 보유 및 강화과정에서 필연적으로 국가가 고려해야 할 사항은 군비경쟁(軍備競爭: arms race)이며, 이에 대한 그 국가의 입장 역시 정립해 놓아야 한다. 그리고 현실적으로 어쩔 수 없이 나타날 수 있는 군비경쟁의 병폐를 제거하고 이의 가속화를 완화하기 위한 포괄적인 군비통제(軍備統制: arms control)체제는 어떠한 성격으로 어떻게 구축해야 하는가도 동시에 고려하여 이에 대한 대책과 대비도 갖추어야 할 필요가 있다. 위협의 성격과 가상적국의 성향 분석과 평가에 바탕을 두고 한 국가가 갖추어야 할 군사력의 종류와 규모는 현존 군사력뿐만 아니라 미래 군사력의 건설과 이 과정에서 비롯될 수 있는 대치 국가와의 군비경쟁을 현실적으로 완화하고 통제하기 위한 제도적 장치까지도 설정하여 이를 충족시켜야 할 필요가 있다.

이와 같이 한 국가가 보유해야 할 군사력의 종류와 규모는 그 국가가 처한 전략적 상황에서의 위협, 상대해야 할 가상적국들의 성향, 그러한 가운데 그 국가의 대내외적 위상과 국력 및 가용자원의 크기 등의 요소를 고려한 후에 설정한 안정의 성격, 그리고 군사력을 구축하여 이를 보유하는 과정에서 비롯될 수 있는 군비경쟁과 이를 완화시켜 국가적 부담을 줄이면서 전략적 균형을 유지시키려는 군비통제 체제까지도 고려하여 설정되고 구비되어야 한다.

군사력의 종류와 규모, 특히 규모를 설정하는 데 절대적인 기준을 현실적으로 명확하게 제시한다는 것 자체가 그렇게 큰 의미를 부여받지 못하는 것은 사실이나, 참고가 될 수 있는 몇 가지 포괄적인 이론이나 견해는 곳곳에서 발견된다.

먼저, 전쟁 억제의 중요성, 전쟁 자체의 효용성과 한계와 더불어, 병력의 규모에 따른 작전 형태를 지적함으로써 전략 태세에 따른 군사력의 규모를 제시한 견해가 손자(孫子)에 나타나 있다. 전쟁이란 국가의 대사(大事)요, 존망(存亡)을 가름할 수 있는 소이연(所以然)이기 때문에 이를 운용하는 데 있어서 여러 사안을 면밀하게 검토해 보아야 한다고 서두(序頭)를 꺼낸 병서 『손자』에서 "백 번 싸워 백 번 승리하는 것이 최선이 아니요, 싸우지 않고 상대의 병력을 굴복시키는 것이 최선이다"(… 百戰百勝非善之善者也 不戰而屈人之兵善之善者也 …)라고 밝힘으로써 전쟁에서 싸우지 않고 이길 수 있는 방법의 모색을 지고(至高)의 전쟁수행 방법이요, 최고(最高)의 전략으로 보고 있다. 이를 위해서 손자는 "전쟁 자체를 도모하지 못하도록 하는 것이 최상의 전략이고(上兵伐謀), 상대가 다른 국가들과 연합전력을 형성하지 못하도록 외교관계를 단절시켜 감히 무력사용을 시도하지 못하도록 하는 것이 그 다음이요(其次伐交), 상대의 병력을 섬멸하는 것이 그 다음이며(其次伐兵), 상대의 성을 공격하는 것이 최하의 방책이다(下政攻城)"라는 점을 밝혀 전쟁의 억제, 동맹의 결성과 연합전력 형성저지의 중요성을 지적하고, 전투수행은 보호된 성의 공격보다는 상대 병력의 섬멸에 중점을 두어야 한다는 점을 강조하였다.[3] 그리고 병력을 운용함에 있어서 "… 열 배의 병력으로는 상대를 포위하고(十則圍之), 다섯 배의 병력으로는 상대를 공격하고(五則攻之), 두 배의 병력으로는 이를 나누어 정법(正法)과 기법(奇法)으로 싸우고(倍則分之), 상대가 되거든 잘 싸우며(敵則能戰之), 열세한 병력으로는 도망다니면서 자신을 잘 지켜 기회를 노리고(少則能逃之), 그것마저 불가능할 경우에는 잘 피하라

3 *孫子十家註*, 卷三: 謀攻篇.

(不若則能避之)"는 견해를 밝혀 병력 규모에 따른 작전형태를 개괄적으로 제시하였다.[4] 이와 같이 손자는 전쟁 억제의 중요성과 병력규모에 따른 작전 형태를 열거함으로써 국가가 억제 실패 시 어떠한 형태의 작전을 구상하고 있는가에 따라 얼마만큼의 군사력을 보유해야 하는가에 대한 개략적인 기준을 제시하였다.

이러한 개괄적인 개념과 기준이 제시되어 있긴 하지만, 현대의 재래식 군사력과 핵군사력의 규모를 어떻게 결정해야 하는가에 대해서는 좀더 구체적인 분석이 필요하다. 현대에 있어서 핵이나 재래식 전력도 군사력이고 재래식전쟁의 억제를 목적으로 핵 전력의 사용 가능성을 배제하지 않고 있다는 사실을 수용한다면 이들 군사력은 같은 범주 안에서 비슷한 기준을 적용하여 비교·분석할 수는 있다. 그러나 핵 전력은 쉽게 운용할 수 없는 성격의 군사력인 데 반하여 재래식 군사력은 흔하게 동원되는 실질적 전력이라는 점과 핵 균형이나 핵 억제를 전제로 하여 구축된 전략적 안정은 재래식 군사력에 의해서 보장되는 전략적 균형과는 다른 성격을 지니고 있기 때문에, 핵과 재래식 군사력의 규모를 결정하는 문제를 별도로 분석하는 것이 타당할 것 같다.

먼저, 한 국가의 '재래식 군사력 규모는 어떠해야 하는가'라는 문제에 대해서 현실적인 답안을 얻기란 결코 쉽지 않다. 먼저, 직접적 또는 잠재적 위협과 이의 근원인 가상적국이나 잠재적 적국들의 군사력 규모를 파악하고 예측해야만 하나, 이렇게 파악하거나 예측된 어느 시점에서의 실상(實相)은, 시간이라는 변수에 따라, 항상 유동적이기 때문이다. 손자에서 제시된 어림기준을 적용하더라도, 절대적인 우세를 확보하기 위해서는 가상적국보다 5배 이상의 군사력을 보유하는 것이 타당할 것으로 보이고, 최소한 공세적인 우세를 확보하기 위해서라도

4 *前揭書.*

2배 이상의 군사력이 필요할 것으로 보인다. 사실상 오늘의 교리에서도 3배 이상의 병력을 확보해야 성공적인 공격을 실시할 수 있다고 판단하여 잘 엄호된 소대진지는 중대, 중대진지는 대대, 그리고 잘 방호된 대대진지는 연대가 공격하는 것이 합당한 것으로 보고 있다. 양호하게 엄호된 소대진지를 공격하기 위해서 1개 소대는 방어 병력의 견제 공격, 1개 소대는 증강된 주공의 병력 집중, 1개 소대는 예비로서 전과확대 및 재편성을 위하여 투입, 그리고 화기소대는 공격간 화력지원을 담당하여 공격을 실시할 수 있다는 뜻이다. 이러한 논리를 거꾸로 해석하여 받아들인다면, 성공적인 방어를 위해서는 최소한 공격병력의 2/3 정도 규모의 병력은 확보해야 된다는 명제가 도출될 수 있다. 공격병력의 1/3을 가지고는 상대의 성공적인 공격작전, 다시 말하여 자신의 실패한 방어만을 보장해 주기 때문이다. 이러한 명제의 근거는 과거 군사이론가 클라우제비츠(Carl von Clausewitz, 1780-1831)가 밝힌 바 있는 "지역을 지킨다는 것이 그것을 취하는 것보다 쉽다"는 데서 그 개념을 발견할 수 있으며, 이것의 구체적인 사례는 미국의 남북전쟁에서 대수롭지 않게 노출되기도 했다.[5] 미국 남북전쟁(1861-1865)시, 군사작전을 지켜보던 링컨(Abraham Lincoln, 1809-1865) 대통령은 육군총사령관(Henry W. Halleck, 1815-1872)에게 발송한 서한 중에서 "만약에 남군 60,000이 우리 북군 90,000의 리치몬드 접근을 거부하고 있다면, 우리 북군 40,000으로 남군 60,000의 워싱턴 접근을 막고 나머지 50,000을 다른 곳으로 전용할 수 있지 않겠는가?"라고 말한 내용에서 "상대의 2/3 병력으로 방어는 보장할 수 있지 않겠는가"라는 실천적인 명제가 제시되었다.[6] 여기에서 서로 대적하고 있는 양측이 "공

5 Carl von Clausewitz, *On War*, p. 357.

6 Letter, Lincoln to Halleck, September 19, 1863, Quoted in T. N. Pupuy, *Understanding War: History and Theory of Combat* (New York: Paragon House Publishers, 1987), pp. 32-33.

격은 3배 이상의 병력, 방어는 2/3 이상의 병력으로 가능하다"는 공격과 방어에 대한 가장 초보적이면서 가설적인 명제를 찾아낼 수 있다.

그러나 "공격적인 태세를 유지하고 성공적인 공격작전을 수행하기 위해서는 상대보다 3배 이상의 병력이 필요하고, 방어적인 태세와 방어작전 수행은 최소한 상대 병력의 2/3 이상을 유지해야 가능하다"는 명제 역시 양측 병력의 유·무형적 전력 요소가 충분하게 고려되지 않고 단순한 숫자의 비교만을 근거로 수립된 것이기 때문에, 첨단 무기와 장비의 보유 여부와 수준, 보급지원 능력과 병력들의 훈련 및 사기 수준의 차이 등을 고려하여 적절한 재래식 군사력 규모를 산정해 내는 작업은 단순한 일이 아니다. 전사상의 실례를 보더라도, 나폴레옹은 항상 상대보다 적은 숫자의 병력을 지휘하여 수적으로 우세한 연합군을 패배시켰다. 이를 위해서 나폴레옹은 프랑스혁명 정신으로 무장된 프랑스군 병사들을 이끌고 상대를 분할하거나 상대의 병참선을 차단하는 방향으로 기동함으로써 항상 국지적인 병력의 우세를 확보한 후에 분할된 상대를 각개 격파하거나 상대의 전열형성 자체를 거부함으로써 승리를 쟁취했다. 이러한 승리를 가능하게 만들었던 요인은 대치하고 있던 총 병력 숫자의 우열이 아닌 나폴레옹의 전략과 전술의 상대적 탁월성과 신속한 기동에 바탕을 둔 나폴레옹의 전략·전술을 실전에서 보장해 준 프랑스 병사들의 사기, 음식을 오래 저장할 수 있는 통조림 기술의 적용으로 상대적 차원에서 조금 나은 프랑스군의 보급능력 및 연합군의 고식적(姑息的)이고 융통성이 결여된 전략·전술 그리고 연합군 지휘관들의 임기응변적인 작전지휘 능력의 결핍에서 찾아볼 수 있다. 그리고 걸프전(1991)에서 이라크의 최정예 병력인 공화국수비대도 첨단 무기와 장비로 무장된 소수정예의 미군과 다국적군의 충격적이고 신속한 진격에 거의 무방비상태로 노출되었다는 사실은 전력의 상대적인 비교에 있어서 병력 숫자의 많고 적음이 절대적인 기준이 아니라는 점을 실증적으로 알려 주는 전례이다. 이로써 군사력의 규모는 반드시 병력 숫자의 다과(多寡)만을 기준으로 하여 설정할 수 없다는 점이 명백해진 셈이다.

그렇다면 재래식 군사력의 규모는 어떠한 기준을 적용하여 어떻게 정해야 하는가? 실로 어려운 사안(事案)이 아닐 수 없다. 물론 양측이 보유한 무기와 장비, 양측 병사들의 훈련 및 사기의 수준, 양측 지휘관들의 작전지휘능력, 그리고 이들 군사력을 실제로 운용하는 양측의 전략·전술 개념과 계획의 타당성이 비슷하다면, 병력의 수적인 우열(優劣)이 승패를 좌우하는 주된 요인이 되어 이 요소가 군사력의 규모를 산정하는 데 결정적인 요인이 될 수 있다. 작전수행 과정에서 영향을 미칠 수 있는 천운(天運)과 지세(地勢) 요인은 인간의 합리적 분석과 판단의 범주를 벗어날 수 있다는 점을 감안하면 이 점은 더욱 분명해 보인다. 그러함에도 불구하고, 양측이 보유한 무기의 효용성과 화력의 우열, 장비의 적절성, 병사들의 훈련과 사기 수준, 지휘관들의 작전수행능력, 전략·전술개념의 타당성과 현실성 등을 비교·분석이 가능하도록 계량화(計量化)하는 것에서부터 이들 요인 면에서 양측의 수준이 비슷하다는 결론을 내리는 것 자체가 사실상 불가능한 것이 현실이기 때문에, 이들 요소를 정확하게 비교·분석한 자료를 전부 참고하여 병력의 숫자만으로 군사력 규모를 결정하는 것 역시 현실적으로 많은 문제점을 안고 있다. 그렇다면 과연 어떠한 기준을 적용하여 군사력 규모를 결정해야 하는가! 문제가 아닐 수 없다.

이제 적절한 가정과 타협을 통하여 한 국가가 보유해야 할 재래식 군사력의 규모를 결정해야 하는 길을 모색할 수밖에 없다. 먼저 그 국가가 강대국이라면, 지역적이거나 전 지구적인 차원의 위협과 가상적국들을 상대할 군사력의 건설과 보유가 필요할 것이다. 이러한 기준에서 보면, 중진국은 지역적인 차원의 위협과 가상적국, 약소국일 경우에는 인접해 있는 직접적인 위협이나 적대국을 상대한 군사력을 보유할 필요가 있다고 보아도 무방하다. 이럴 경우, 현재 북한이 미국은 물론 전 세계 국가들에 대해서 위협과 공갈을 서슴지 않고 있긴 하나 약소국이 대처해야만 하는 상대는 군사적 중진국이 아니요, 강대국은 더욱 아닐 것이라는 점은 쉽게 상정할 수 있다. 그렇다면 어떤 국가든지 그 국가가 상대해야 할 적대국가는 그와 비슷한 수준의 유형·무형적 전력수준을 유지한다고 가정할 수 있다. 이러한 가정이 사실과 크게 엇나가지 않는다고 본다면, 한 국가의 재래식 군사력은 그 국가에 직접적인 위협의 근원이 되는 적대국가의 군사력과 수적인 면에서의 비교를 바탕으로 그 규모를 산정할 수 있다는 타협점이 발견될 수 있다. 여기에서 한 국가의 재래식 군사력 규모는 그 국가의 직접 상대 혹은 적대국가의 군사력과 수적인 상대 평가를 바탕으로 책정이 가능하다고 볼 수 있다.

군사적인 중진국이나 강대국이 보유하려 하거나, 하고 있는 핵군사력의 규모를 산정하는 작업 역시 결코 단선적(單線的)이지 않다.

핵군사력이 빚어내는 전략적 안정은 이론상 다분히 상대적이라고 볼 수 있다. 적은 규모의 핵무기체계라도 그것이 지닌 엄청난 파괴력은 자신보다 강한 상대국에게도 수용하기 어려운 피해를 가져다 줄 수 있고, 따라서 많은 핵탄두를 보유했다는 사실 자체만으로 절대적인 우세와 안정을 확보했다고 보기는 곤란하기 때문이다. 이러한 이유로, 핵강대국은 중진국들의 보복능력까지를 일거(一擧)에 제거할 수 있는 핵군사력(제일 가격능력: the first strike capability)을 보유하려는 시도를 감추지 않아 왔으나, 잘 보호되고 다양한 운반수단으로 잔존가능성을 높게 유지하려는 중진국의 핵 전력을 한꺼번에 제거하기란 그렇게 쉬운 일이 아니다. 이 결과 강대국의 최초 핵공격을 흡수한 후에 중진국이 강대국에게 가할 수 있는 핵공격은 강대국이 수용할 수 없는 수준이 될 수도 있다. 다른 말로 표현하여, 프랑스를 거의 초토화시킬 수 있는 러시아도 모스크바의 황폐화라는 핵보복을 상정하지 않을 수 없다는 말이다. 이러한 상호의존성은 핵군사력에 의해서 형성·

유지되는 안정의 성격이 재래식 군사력에 의해서 이루어지는 전략적 균형을 전제로 한 안정과는 다르다는 뜻이다.

핵군사력에 의해서 형성되는 안정이 상대적이라고 본다면, 이를 유지하기 위하여 필요한 핵군사력 규모 역시 상대적일 수 있다는 가정을 세울 수 있다. 다시 말하여, 핵강국이 핵중진국을 억제할 수 있는 것은 당연하나, 핵중진국 역시 핵강국을 억제할 수 있어서 핵사용의 교착(膠着)상태가 형성됨으로써 안정이 유지될 수 있다는 말이다. 핵강국이 핵중진국을 포함한 핵보유국을 억제할 수 있다는 사실과 명제는 이론(異論)의 여지가 없다. 그러나 만약 핵중진국이 핵강국의 최초 공격을 견디어 낼 수 있을 정도로 잘 보호된 잔존 핵 보복력을 보유할 수 있는 조건만 충족시킬 수 있다면, 핵중진국도 핵강국의 핵무기 사용을 억제할 수 있다는 가정적 명제도 성립될 수 있다. 핵강국과 핵중진국 사이에 형성되는 안정과 이를 현실적으로 보장할 핵 억제의 상대성을 상정할 수 있다는 말이다.

이러한 상대적 억제를 보장하기 위한 핵중진국의 핵군사력 규모를 산정하기 위한 간단한 수식은 다음과 같이 제시될 수 있다.

X: 핵중진국이 핵강국을 억제하기 위하여 필요한 미사일 수
N: 핵중진국이 핵강국에게 수용하기 힘든 피해를 입히는 데 필요한 미사일 수
R: 핵강국이 핵중진국 미사일 하나를 제거하는 데 필요한 미사일 수
Y: 핵강국이 보유한 미사일 수

라고 가정한다면, 핵중진국이 핵강국을 억제하기 위하여 필요한 미사일 숫자(X)는 핵강국이 보유한 미사일 수(Y)를 핵중진국의 미사일 하나를 제거하는 데 필요한 미사일 수(R)로 나눈 값에다가 핵강국이 수용하기 어려운 피해를 입히는 데 필요한 미사일 수(N)를 합한 값으로

표시할 수 있다. 따라서

$$X=Y/R+N$$

이라는 간단한 수식이 성립된다. 실제 가상적인 숫자를 이 수식에 대입하면 핵중진국이 보유할 미사일 숫자를 손쉽게 얻을 수 있다. 만약에 1,000개의 미사일을 보유한 핵강국이 핵중진국의 미사일 하나를 제거하는 데 10개의 미사일이 필요하고, 핵강국이 수용하기 어려운 피해를 가하는 데 10개의 미사일이 필요하다고 본다면, 핵중진국이 핵강국을 억제하기 위해서 110개의 미사일(X=1,000/10+10)이 필요하다는 계산이 나온다. 물론, 기술면에서 앞선 핵강국의 핵공격에 대해서 핵중진국이 잘 보호된 핵 보복력을 가질 수 있는가 하는 현실적 의문을 완전하게 해소시킬 수 있는 상황은 아니지만, 단순하게 계산한 이 결과는 잘 보호된 미사일 110개를 보유한 핵중진국도 1,000개의 핵탄두 운반수단인 미사일을 보유한 핵강국을 억제할 수 있다는 가설적 명제를 증명해 주고 있는 셈이다.[7]

핵 억제를 달성하기 위하여 필요한 핵군사력의 규모를 계산하는 과정에서 두 가지의 접근방법이 드러남을 알 수 있다. 상대의 보복능력까지 제거할 수 있는 군사력을 보유하여 거의 절대적 억제를 보장하면서 억제 실패 시 실제 핵전(核戰)도 치를 수 있는 핵군사력의 보유를 지향하는 접근방법인 역량최대주의(the maximalist approach)가 그 하나요, 상대에게 그가 수용하기 어려운 피해를 입힐 수 있도록 잘 보호된 잔존(殘存) 보복 역량 정도를 보유함으로써 상대의 핵 선제 사용을 억제하려는 역량최소주의(the minimalist approach)가 다른 하나다. 이 두 가지 접근방법은 핵 보유국의 국력과 전략 태세에 따라 결정되

7 *Nuclear War And Nuclear Peace*, pp. 50-51.

며, 통상 핵강대국은 역량최대주의 입장을 취하고 핵중진국은 현실적으로 가능한 역량최소주의를 택하기 마련이다. 그리고 이들 접근방법은 인간의 이성적 판단에 대한 인식, 보장하려는 억제와 안정의 성격, 전쟁과 전쟁의 원인에 대한 견해, 소요되는 무기체계의 양과 질, 군비경쟁에 대한 판단, 가상적국이나 잠재적 적국에 대한 평가 등 주요 사항에 대해서 각각 다른 입장을 취하고 있다. 이러함에도 불구하고, 이들 방법들은 핵전이 가져다 줄 재앙을 자초하지는 않아야 된다는 인식 아래, 보장 여부에 대한 비관과 낙관 사이에서 약간의 견해차이가 있긴 하나, '억제의 절대성과 필요성'은 받아들인다고 볼 수 있다.

억제의 실패로 빚어질 핵전 가능성까지 대비한 태세를 취하고 이를 보장할 무기체계를 갖추어야 한다는 입장을 택하고 있는 역량최대주의는 기본적으로 인간의 이성적 판단에 대한 비관적 인식에서 비롯된다. 이성적이라고 자부하는 인간이 기록으로 남겨 놓은 온갖 종류의 사건에서 이성적으로 설명할 수 없는 부분이 많이 남아 있는 한 인간의 이성적 판단과 이에 근거한 행동이 얼마나 비이성적인가를 간파한 역량최대주의자들은 어떠한 시기와 장소에서 구축된 어떠한 안정도 불안정하며 잠정적이라는 입장을 취하면서, 핵무기 사용으로 현재화될 가공적인 결과에도 불구하고 인간이 핵무기를 보유하고 있고 이를 완전하게 제거할 수 없는 이상 핵전쟁의 가능성을 완전하게 떨쳐버릴 수 없다는 점에 논리의 초점을 맞추고 있다. 그리하여 핵 억제가 실패할 수 있고, 이에 따라 핵전쟁까지 치러야 될지도 모른다는 가정을 가정으로만 간주하지 않는다. 과거 중세에서 로마 교황이 영국군이 무장한 장궁(長弓)의 살상률이 너무 치명적이라서 이의 사용을 금지시킨 이후에도 전쟁에 동원되는 무기는 계속 발달되었고, 끊일 날 없었던 전쟁의 역사로 미루어 볼 때, 지금 관념의 세계에서만 존재하고 있는 핵전쟁이 현실세계에서 구체화될 가능성을 완전하게 배제할 수만은 없기 때문에, 이에 대한 대비 태세와 능력도 갖추어야 한다는 논리가 역량최대주의의 주안점이다.

물론, 이 주의에 의하면 가상적국이나 잠재적 적국에 대한 평가 역시 비관적이다. 어느 시점에 평화 지향적으로 보이는 이들 국가들도 그들이 그들의 국력과 군사력이 상대적으로 약하다고 판단할 경우까지만 그러한 태세를 취한다고 보기 때문에, 그들의 집단적 속성은, 그들의 능력이 뒷받침된다면, 자신들에게 유리한 방향으로 현상을 바꾸려는 정책·전략적 의지를 항상 가지고 있다는 점을 상정하고 있다. 역량최대주의자들은 이들의 핵사용을 억제하기 위해서는 이들과 핵전쟁까지 치른다는 의지와 능력을 보유하는 것이 가장 현실적인 전략이라고 보고 있으며, 핵전쟁이 강요되었을 때, 이를 치를 수 있는 태세와 능력까지를 보유해야 한다는 논리를 내세운다. 따라서 이들은 다량(多量)·다종(多種)의 핵탄두와 운반수단으로 구성된 핵무기체계의 구축과 보유를 주장하며, 이에서 당연하게 비롯될 군비경쟁(軍備競爭) 역시 전략적 안정을 저해하기보다는 이의 현실적인 안정성을 보장하는 필요악(必要惡)적인 요소라고 본다. 이와 같이 역량최대주의는 전략 상황과 안정이나 전쟁과 그 원인에 대해서 비관적인 입장을 취하면서 핵 억제를 위해서 보유해야 할 핵군사력은 억제가 실패한 후 핵전쟁까지 치를 수 있는 규모와 잔존성(殘存性)을 보장할 수 있는 다양한 운반수단을 보유해야 한다고 주장한다.[8]

역량최대주의와는 대조적으로, 역량최소주의는 아무리 비이성적이라 할지라도, 인간 이성의 합리성을 수용한 바탕 위에 핵 억제와 핵군사력의 규모를 산정(算定)해야 한다는 입장을 취하고 있다. 이러한 입장은 국력의 한계 속에서도 핵강대국을 억제해야 하는 핵중진국이나 보유국들이 내세우는 논리로서, 잘 보호된 소규모의 핵군사력도 핵강대국이 수용할 수 없는 보복을 가할 수 있다는 '희망적인 가정'에 근

---

8 *Nuclear War And Nuclear Peace*, pp. 52-65.

거를 두고 있으며, 특히 핵중진국들은 이 가정을 가설이 아닌 사실로 구체화시키기 위하여 거의 '필사적인' 노력을 기울이고 있다. 이 논리는 또한 '자신의 팔 하나가 잘려 나가는 피해를 감수하면서까지 상대를 죽이려 하겠느냐'라는 개인적인 차원의 판단과 같은 이치로 핵강대국의 핵사용을 억제할 수 있다는 다른 하나의 '희망적인 가정'에 근거를 두고 있으며, 이는 핵강대국 정책과 전략의 합리성에 의존한 가정일 수밖에 없다.

핵군사력 건설과 연관된 이러한 접근방법은 인간의 이성적 판단에 대한 합리성을 받아들이고, 억제의 가능성에 대한 낙관적인 입장과 억제의 절대성을 받아들이고 있는 만큼, 억제가 실패할 경우에는 모든 타산적인 계산이나 합리적인 판단이 오히려 포기되는 논리이기도 하다. 다른 말로 표현하면, 억제가 실패할 경우, 군사적 능력이나 이의 사용의지 면에서, 전면적인 핵대결이 아닌 핵무기의 제한적 사용과 같은 다른 선택을 기대할 수 없는 접근방법이라는 말이다. 역량최소주의자들은 전쟁도 전쟁의 원인을 제거하면 회피할 수 있다는 낙관적 견해를 수용하며, 가상적국이나 잠재적 적국도 이성적인 판단하에 합리적인 정책과 전략을 수립·집행할 것이라는 평가를 내리고 있다. 따라서 역량최소주의는, 잘 보호된 핵군사력을 보유한다는 전제하에, 소규모의 핵군사력을 상정하고 있으며, 군비경쟁 자체의 위험성을 제거하기 위한 스스로의 정책과 전략 태세를 구비하는 것을 강조하고 있다. 하지만 핵중진국이 핵강대국에 비하여 잘 보호된 핵무기를 보유한다는 것 자체가 현실적으로 어렵고, 기술과 자본 면에서도, 이를 위한 노력의 한계가 있는 것은 사실이다. 현실이 이러함에도 불구하고, 핵중진국들은 역량최소주의 접근방법의 타당성을 인정하고, 이러한 바탕 위에 핵군사력을 보유할 수밖에 없는 처지에 놓여 있다는 사실 역시 현실이다. 어찌 됐든, 역량최소주의는 핵전쟁을 피하기 위하여 억제는 반드시 달성되어야 하고, 이를 위해서 잘 보호된 소규모의 핵 보복력은 반드시 유지되어야 하며, 가상 혹은 잠재적 적대국의 합리성을 받아들이고, 군비 경쟁은 가능한 막아야 한다는 당위적 입장을 취하고 있다.[9]

이론적으로 상대의 보복능력의 전부를 박탈할 수 있고 핵전쟁까지 수행할 수 있는 핵군사력을 보유함으로써 핵 억제를 달성하려는 역량최대주의나 상대가 수용할 수 없는 피해를 가할 수 있는 잔존 보복능력을 확보함으로써 핵 억제를 보장하려는 역량최소주의도 핵 보유국들의 국력이나 역량을 반영한 이론(理論)임에는 이론(異論)의 여지가 없다. 핵강대국을 억제해야 하는 핵중진국들은 역량최소주의에 입각한 핵군사력의 보유가 거의 유일한 대안일 수밖에 없으며, 핵강대국들이 택할 수 있는 역량최대주의 역시 그들 국력의 한계를 초월하여 현실화될 수는 없는 노릇이기 때문이다. 엄밀한 의미에서 보면, 역량최소주의는 핵중진국의 핵무장을 합리화하는 이론적 논거일 뿐 정도와 수준을 달리한 역량최대주의에 불과하다. 그러함에도 불구하고, 이러한 주의를 구태여 상정하는 이유는 핵군사력에 의해서 구축되는 전략적 안정이 막강한 핵군사력에 의해서만 유지되는 성질의 것은 아니라는 상황인식을 확산시켜 핵 균형에 의한 안정, 즉 '공포의 균형에 의한 안정'일지라도 이를 덜 '공포스럽게' 유지하는 것이 가능하다는 점을 드러낼 필요성에서 찾아볼 수 있다. 다른 말로 바꾸어, 핵 시대의 안정도 '우세에 근거한 안정'보다 노출된 '취약성의 균형을 통한 안정'이 더 안정적일 수 있다는 이론적 근거를 제시함으로써 핵군비 경쟁을 군비축소나 최소한 군비통제로 전환시키려는 의도적인 논리전개로 볼 수 있다는 말이다. 이와 더불어, 핵군사력의 규모를 결정하는 데 적용될 수 있는 이론을 최대의 역량을 보유하려는 성향을 지닌 핵강대국과 이를 억제할 최소 역량이라도 보유해야 하는 핵중진국의 입장을 단순화하여 제시하는 것이 핵 억제의 현실과 상대성을 이해하는 데 길잡이를

9 *前揭書.*

제공할 수 있다는 점에서 그 의미를 찾아볼 수 있다.

핵이나 재래식 군사력의 규모는 상호 연관을 맺고 구축되어 유지된다. 핵강대국은 통상 막강한 재래식 군사력도 다양하게 보유하고 있으며, 핵중진국이나 핵 보유국도 결코 가벼운 재래식 군사력을 보유하고 있지는 않다. 가상적국이나 잠재적 적국에서 비롯되는 위협을 대처함에 있어서 재래식 군사력만으로 대처하기 힘든 위협의 무력화나 재래식 군사력의 운용효과를 더욱 보장하기 위한 수단으로 핵군사력은 얼마든지 사용될 수 있기 때문에, 어느 국가든지 핵군사력을 보유함으로써 군사적 측면에서 자신의 전략적 위상을 크게 고양(高揚)시킬 수 있다고 판단하는 것은 결코 현실과 동떨어진 착각이 아니다. 예로써, 이스라엘은 핵군사력을 보유함으로써 수적으로 우세한 주변 아랍국가들의 재래식 군사력 효용성을 제한하면서, "주변국이 화생무기로 이스라엘을 공격할 경우에 그 국가는 그것보다 수천, 수만 배의 보복을 감수해야 할 것이다"라는 이스라엘군 지도자들의 역위협을 실천적으로 뒷받침하여 화생무기를 동원한 주변국, 특히 이라크(걸프전 당시)의 이스라엘 공격을 억제시키는 결과를 거두기도 했다. 이와 같이 한 국가가 보유한 핵 및 재래식 군사력은 그 가용성과 효용성면에서 상호 연관을 맺고 있으며, 특히 핵무기는 보유하고 있다는 사실만으로도 상대의 재래식 군사력 사용은 물론 화생무기를 동원한 비재래식 공격행위를 억제하는 '신통력'을 지니고 있다.

그렇다면 "어느 특정한 국가가 보유해야 할 핵이나 재래식 군사력의 규모는 어느 정도이어야 하는가?"라는 의문은 또다시 해결을 필요로 하는 문제로 남아 있다. 이를 해결하기 위하여 제시된 배수(倍數)이론이나 역량최대주의 또는 역량최소주의 접근방법 모두가 어느 특정 국가가 보유해야 할 군사력 규모에 대한 정확한 해답을 줄 수는 없다. 한 국가의 군사력 종류와 규모는 다분히 그 국가 자체의 역량과 그가 처한 군사적 상황, 그리고 그가 상정한 직접 혹은 잠재적 위협의 근원이 되는 다른 국가 및 국가들과 '변증법적 상관관계'를 맺고 있기 때문이다. 한 국가가 주변의 위협을 좀더 적극적으로 무력화시키기 위해서 강화된 군사력을 보유하면, 이것이 주변 위협의 성격과 수준을 변화시키는 요인이 될 수 있고, 그럴 경우에 또다시 보유 군사력의 종류와 규모를 조정해야 하는 다분히 변증법적인 상관성이 있다는 뜻이다. 따라서 한 국가의 군사력 종류와 규모의 설정 및 보유는 이러한 변증법적 변화와 요구를 반영하여 항상 '시의적절'(時宜適切)하게 결정되어야 할 사안이며, 이를 위해서 그 국가의 모든 지혜와 노력이 경주되어져야 함을 쉽게 알 수 있다.

3) 군사력 규모 결정 이론과 실제

어떤 종류의 군사력을 얼마만큼 유지해야 하는가를 산정하기도 어렵지만, 책정된 종류와 규모의 군사력을 시의적절(時宜適切)하게 건설하여 보유하는 것도 결코 쉬운 일이 아니다. 이른바, '다다익선'(多多益善)이라는 기준은 과거 막강한 군사력을 보유한 소련이 오늘의 러시아로 변한 사실에서 그 무모함이 노증(露證)되었고, '소소익선'(少少益善)이라는 다분히 작위적인 기준 역시 한때(1990) 이라크에 점령당하여 온갖 곤욕을 감당한 바 있던 쿠웨이트의 경험이 그 위험성을 증명해 주었다. 막강한 군사력만으로는 국가의 모습을 제대로 유지하기 어렵고, 여유 있는 경제력만으로도 국가의 체면과 위상을 제대로 지킬 수 없다는 명제를 소련에서 탈바꿈한 러시아와 이라크의 점령 대상이 되었던 쿠웨이트가 실제로 증명해 주었다면, 한 국가의 군사력 규모와 종류는 어느 것을 기준으로 책정·유지되어야 하는가를 먼저 검토해 볼 필요가 있다. 일반적으로 한 국가의 예산에서 국방비가 점유하는 비율을 기준으로 삼아 3% 수준을 제시하는 경우가 많다. 이 비율을 기준으로 삼을 경우, 당연히 각 국가의 예산 규모에 따라 국가들이 보유할 수 있는 군사력의 규모와 종류 및 수준도 각각 다르게 마련이며, 이러한 이유로 또 다른 소련이나 쿠웨이트의 존재나 출현 가능성은 여전히 남아 있게 마련이다. 너무 과다한 군사력을 보유한 바 있던 소련의 경우를 제외하더라도 빈약한 군사력을 유지할 수밖에 없는 약소국의 존재 가능성은 여전한 것이 현실이며, 이러한 국가 바로 곁에 또 하나의 이라크가 존재할 가능성 역시 떨쳐 버릴 수 없는 것이 현실이다. 이러한 약소국은 자국 국력의 한계를 초월하여 대규모의 군사력을 보유하는 것 자체가 불가능한 경우가 대부분이기 때문에, 또 다른 이라크가 나타나면 또 다른 쿠웨이트가 나타나리라는 것은 불을 보듯 뻔한 이치이다. 그렇다면 이와 같은 국가는 군사력을 보유하고 있으나 없으나 주어질 수 있는 국가의 운명은 크게 달라질 수 없는 본래적 한계를 지니고 있다고 보아도 무방하다. 따라서 자의적으로 군사력 규모를 축소할 수 있는 여지가 있었으나 그것을 실행하지 못하여 국가의 모습이 러시아로 변한 소련의 경우와는 달리, 국가의 태생적 한계로 인하여 강한 군사력을 보유할 수 없는 국가들은 다른 강대국이나 집단안보체제와 군사적인 유대관계를 구축함으로써 부족한 억제력을 보완하거나 위협 대처수단의 확보를 모색할 수밖에 다른 도리가 없다. 이와 같이 한 국가가 보유할 수 있는 군사력의 종류와 규모는 그 국가의 국력이 감당할 수 있는 범위와 수준 내에서 결정되는 것이 당연하나, 부족한 억제력의 보완이나 대처하기 어려운 위협의 대처를 위한 수단의 확보는 군사적인 강대국이나 집단 안전보장체제를 통하여 보장받는 것이 가용자원의 한계 속에서 국가의 생존을 유지하는 방편일 수밖에 없다.

그러나 전략주체로서의 국가는 스스로 생존을 보장하기 위하여 최소한의 보복이나마 가할 수 있는 군사력을 보유해야 한다는 점은 당연한 이치이다. 군사강대국들은 중진국이나 약소국들이 먼저 그들에게 군사력을 사용할 가능성이 미미하기 때문에, 필요시 이들 국가들에 대해서 언제든지 군사적인 수단을 사용할 수 있다고 보는 것이 타당하다. 경제적인 부를 축적하여 제국(empire)으로 불리어질 수 있었던 과거 강대국들은 막강한 군사력을 건설하고 그들의 세력권을 확대하기 위하여 이를 자의적으로 사용하다가 강대국이라는 위상마저도 포기해야 하는 운명을 자초한 경우가 있었다.[10] 이른바 이들 강대국들은 제국주의적 대외정책을 구체화하는 수단으로 군사력을 정도 이상으로 활용함으로써 그들의 기본인 경제력의 손상을 스스로 자초하여 강대국의 지위마저 포기해야만 했던 것이다. 오늘날에도 군사력을 유효한 대외정책수단으로 활용하는 강대국들의 이러한 성향은 그대로 존속되고 있다고 보아지기 때문에, 지금의 강대국들은 다른 군소(群小) 국가들에 대해서 군사력을 강압수단으로 활용하는 데 주저하지 않는 것이 사실이다. 따라서 이들 강대국들에 대해서 군사적인 중진국이나 약소국들이 잘 보호된 보복수단을 보유할 수 있다고 상정하는 것 자체가 현실성이 없을 수 있으며, 이러한 실상은 핵군사력 분야에서는 물론 재래식 군사력 면에서도 사실로 나타나 있다. 쿠웨이트를 원상으로 복귀시키기 위하여 다국적군이 실시한 걸프전(1991)에서나 알 카이다 조직원을 색출하고 그 조직 자체를 와해시키기 위하여 펼친 아프카니스탄 전투에서도 첨단 무기와 장비로 무장된 강대국 군대, 즉 미군과 다른 국가들의 군간에 전투력의 차이는 현저한 수준으로 드러나 있는 것이 사실이다. 결국 중진국이나 약소국들은 자신들의 생존을 위해서 필요한 잔존(殘存) 보복(報復) 능력을 확보하기 매우 어렵다는 말이 성립된다. 실상이 이러함에도 불구하고, 동물세계에서 고슴도치가 사자의 먹이가 되지 않기 위하여 자위책을 강구하듯이, 중진국이나 약소국들도 자위를 위한 나름대로의 군사력을 보유해야만 한다는 명제는 타협의 여지

10 Paul Kennedy, *The Rise and Fall of the Great Powers: Economic Change and Military Conflict from 1500 to 2000* (New York: Random House, 1987) 참조.

가 없어 보인다.

군사력 건설 및 보유와 연관하여 국가라는 전략실체가 실질적으로 대처해야 할 문제 중의 하나는 대량살상무기의 확산과 이로부터 파생되는 위협에 대해서 어떠한 군사적인 대처 방식과 능력을 어떻게 설정하고 구비하는 것이 현실적이고 타당한가에 대한 실효성 있는 해답을 찾는 일이다. 전략주체로서 국가는 핵무기의 보유가 그 군사적 위상을 고양시킨다는 사실을 인식하고 이의 보유를 주저하지 않고 있으며, 심지어 북한까지 탈이념적 국제사회에서 체제보장과 유지를 위한 외부의 개입과 지원을 획득하려는 의도하에 핵과 미사일 문제를 주요한 협상 및 공갈 수단으로 활용해 오고 있다. 이에 추가하여, 대부분의 국가들은 빈국(貧國)의 핵이라고 불리어지기도 하는 대량살상무기인 화학 및 생물학 무기를 개발하여 이를 보유함으로써 그들의 군사적인 위상을 강화하려 하고 있으며, 테러집단 역시 이를 개발·보유하려 하고 있다. 대량살상무기의 확산을 사실상 주도하고 있는 국가들은 또한, 자업자득(自業自得)의 논리에 의해서, 이들 무기의 확산으로 빚어지는 전략상황에 대처할 군사적 수단의 확보 역시 강요받고 있는 셈이다. 대량살상무기의 사용을 억제할 가장 효율적인 방안은 역시 대량살상무기를 보유하고 이의 사용을 위협하는 것일 수 있다. 그러나 이 방안은 세계적인 NPT체제의 제약으로 인하여 쉽게 구체화할 수 있는 성질은 아니다. 그렇다고 해서 대량살상무기를 이미 개발하여 보유하고 있는 강대국들이나 중진국들이 이러한 위협에 대한 조치를 취하는 것을 바라만 볼 수도 없는 것도 현실이며, 그렇기 때문에 자위책과 수단의 구비를 필요로 하는 것이 현실이다. '눈에는 눈, 입에는 입'이라는 차원에서 본 가장 효율적인 수단의 보유는 유보된 채로, 대량살상무기의 확산에 대처하는 효율적인 수단을 보유해야 하는 약소국들은 결국 수동적인 수단을 개발·보유하는 수밖에 다른 도리가 없는 것이 현실이다. 대량살상무기의 확산으로 비롯되는 위협을 대처해야 하는 국가들은 같은 종류의 억제수단 보유 자체가 유보된 상태에서 이에 대한 효율적인 방책과 수단을 확보해야 하는 문제를 해결해야만 할 입장에 처해 있다.

거의 모든 국가들이 직면한 다른 현실 문제는, 종교적이건, 종족적이건, 아니면 체제적이건 간에, 이념 및 테러와 마약 등에서 비롯되어 다양하게 분화된 위협과 이에 대한 군사적·군사 외적 대처 방안과 수단의 모색 및 보유라고 보아진다. 이러한 위협은 현상적인 국경이나 기존의 가치 등을 전면 부인하면서 시간 및 공간, 그리고 대상을 가리지 않고 거의 무차별적으로 가해지기 때문에, 이에 대한 대처 방책이나 수단도 이를 감안하여 수립·보유되어야 함은 두말할 필요가 없다. 가장 폭력적인 수단에서부터 가장 평화적인 몸짓까지를 자의적으로 동원하는 전복전(顚覆戰)은 이념이 다른 두 체제간에 치러지고 있으나, 이를 치르고 있으면서도 이것이 전쟁인지조차도 인식하지 못하는 경우가 있을 수 있으며, 극단적인 패배의식과 증오심에서 비롯되는 무차별 테러 역시 언제, 어디서, 어떠한 형태로 현재화될지 모르는 상태에서 자행됨으로써 그에 대한 대비책과 수단의 보유 및 운용 자체를 매우 어렵게 만들고, 국경, 이념, 성별 및 연령 등 모든 인위적인 요소를 무시하고 확산되고 있는 마약 역시 효과적인 대응책과 수단의 모색을 사실상 거부하고 있는 현실이다. 이른바 비대칭 위협이라고도 불리는 이러한 위협은 인간의 생존 자체에 대한 위협으로 간주될 수 있는 성질의 것이기 때문에, 그에 대한 효과적인 대응책과 수단의 모색 및 확보가 절실하나 이의 현실화는 매우 어렵거나 거의 불가능할 경우가 대부분일 수 있다. 장기적인 차원에서 이러한 위협에 대한 대처는 총체적이어야 하며, 전면적인 방책과 수단이 강구되어야 하나, 군사적인 대책과 수단의 모색과 확보는 시급한 것이 사실이다. 이 문제 역시 국가라는 전략주체가 이론보다는 실제적으로 해결해야 할 시급한 군사적인 과제가 아닐 수 없다.

이와 같이 국가는 국력의 손상을 초래하지 않는 범위와 수준에서 국가의 생존을 보장할 군사력을 보유해야 하며, 대량살상무기의 확산과 이에서 비롯되는 위협에 대처할 '차선'(次善)의 방책과 수단을 강구해야 하며, 이념 및 테러와 마약에서 파생되는 비대칭 위협을 무력화하기 위한 군사적 대책과 조치를 가능하게 할 군사력을 보유해야 할 전략적 책임을 짊어지고 있다. 대처해야 할 위협의 형태와 종류의 증가에 따른 군사력의 종류와 규모의 확대를 요구받고 있는 국가는 또한 국력과 가용자원의 한계를 인식하고 이러한 위협에 대처할 수 있는 군사력의 소요증가를 충족시켜야 할 곤혹스러움을 해결해야만 한다. 특히 국가가 직면한 비대칭 위협과 이를 대처할 군사력의 설정 및 보유는 단순화된 군사력 규모 결정이론의 적용을 사실상 거부하는 어려운 실제적 과제가 아닐 수 없다.

12. 현대전략의 실제

현대전략이 실제를 논함에 있어서, 전략이 실질적인 주체인 국가를 강대국, 중진국, 그리고 약소국으로 범주를 구분하여 이들의 전략적 행적(行蹟)과 행태(行態)를 분석해 보려는 데는 그럴 만한 이유가 있다. 전략의 주체로서 모든 국가가 상호간, 지역간, 그리고 세계 차원의 전략적 관계에서 행사할 수 있는 영향력이나 미칠 수 있는 영향이 다른 것이 분명하기 때문이다. 어느 국가는 자국의 생존조차도 스스로 보장하기 어려운 수준의 국력과 전력을 보유하고 있기도 하며, 다른 국가는 자국의 생존은 겨우 보장할 수 있으나 전략적 여력을 확보할 수 없는 처지에 놓여 있기도 하고, 또 다른 국가는 자국의 생존과 번영의 보장은 물론 지역적 또는 세계적인 차원에서의 영향력 행사와 전략적 안정도 변형시킬 수 있는 국가적 역량을 보유하고 있는 것이 현상적 현실이다. 따라서 일부 '망나니 국가'들은 예외로 하고, 대부분의 국가들은 자국들이 보유하고 있는 역량의 한계를 인식하고 이에 걸맞는 전략을 구사해오고 있기 때문에, 이들을 세계적 차원의 전략적 균형에 영향을 미칠 수 있는 강대국, 지역적으로 영향력을 행사할 수 있는 중진국, 그리고 자존(自存)을 위한 전략을 구사할 수밖에 없는 약소국으로 구분하여 이들의 전략적 행적과 행태를 분석하는 것이 타당할 것으로 보인다.

1) 강대국 전략의 변천

현대에서 강대국의 범주로 분류될 수 있는 국가는 미국과 소련 그리고 소련의 뒤를 이은 러시아를 들 수 있다. 두 차례에 걸친 세계대전에 참전하여 강대국의 면모와 실질을 드러내면서 유럽중심의 국제질서 흐름을 바꾸어 놓은 미국은, 특히 2차 세계대전의 한 축인 태평양전쟁(1941-1945)을 종식시키는 단계에서 핵무기를 사용한바 있는 전략주체로 등장하였다. 제2차 세계대전의 결과 강대국으로 등장한 소련 역시 미국 등 서방진영이 주도한 자본·자유주의와 다른 공산·사회주의체제를 표방하고 동쪽 진영을 이끌면서 핵무장을 서둘러(1949. 8) 강대국의 면모를 갖춤으로써 미국과 더불어 냉전체제의 한 극을 형성하기에 이르렀다. 그러나 20세기에 기록된 '가장 위대한 실패'(the greatest failure)로 공산주의 실험이 종료되고(1989-1990) 소련을 계승한 러시아가 미국과 '적대관계를 청산하고 새로운 우호관계'를 수립한 새로운 국제질서가 형성된 후에도, 전략적 차원에서, 소련의 뒤를 이은 러시아 역시 강대국의 범주에 속한다고 볼 수 있다.[1] 핵무기를 포함한 군사력 면에서, 러시아는 미국과 더불어 세계적 차원의 전략적 균형을 좌지우지(*左之右之*)할 수 있기 때문이다.

(1) 미국의 전략

전쟁을 통하여 독립을 쟁취한 미국은 군사력의 사용을 전제로 한 전략의 필요성과 효용성을 태생적으로 인정해 오고 있다. 이와 더불어 영국과 프랑스 간 대외적인 식민지 쟁탈전에서의 경쟁관계를

---

1 "··· Bush and Yeltzin formally declared Saturday that their nations no longer 'potential adversaries' and instead are trusted friends ···" "Bush, Yeltzin Issue Declaration of New Relations," *The Korea Times*, February 6, 1991.

활용한 외교적 노력으로 프랑스의 직·간접적인 지원을 확보함으로써 독립전쟁을 승리로 마감하여 영국의 식민통치를 종식시킬 수 있었던 미국은 외교의 중요성과 효용성 역시 간과하지 않았다. 특히 아메리카 대륙에서 유럽의 세력을 구축하기 위하여 천명된 몬로주의(Monroe Doctrine, 1823)의 실천적인 보장을 위해서도 미국은 군사력의 보유와 이의 사용을 상정한 효율적인 전략의 수립을 결코 소홀히 할 수 없었다. 그 후에 미국은 영토확장과 연관하여 전개된 서부개척과정이나 멕시코와의 전쟁(1846-1848), 내부적인 남북전쟁(1861-1865), 스페인과의 전쟁(1898), 그리고 중미지역에 적용된 강권정책(Big Stick Policy)의 수행과 집행을 위해서도 군사력을 동원하였다.[2] 두 차례에 걸친 세계대전을 수행하거나 2차 세계대전 후의 국지전(局地戰: local war)이나 요즈음의 대테러전(war against terrorism)을 치러 오면서 미국은 외교적인 노력과 군사력 사용의 필요성이나 효용성을 더욱 인정하고 있는 것 같다. 이와 같이 미국은 군사 및 군사 외적인 역량에 기초한 외교와 군사력의 보유와 사용을 전제로 한 전략의 실천적 가치를 높게 평가하고 있다.

미국의 전략은 미국의 국가적 위상과 미국이 설정한 국가적 목표에 따라 다양하게 전개되어 왔다. 독립전쟁으로부터 스페인과의 전쟁(1898) 이전까지 미국은 서부개척 등 내부확장을 통한 국가 건설과 아메리카 대륙 세력으로서의 대외적인 위상 확립을 위하여 군사력을 사용함으로써 세계적인 강국의 입지와 위상을 확립했다. 스페인과의 전쟁을 성공적으로 마감한 미국은 양차에 걸친 세계대전에 참전하여 세계적인 강대국의 입지(立地)를 확실하게 다졌으며, 2차 세계대전 이후에는 초강대국의 위치를 확보하였다. 특히 1990년대에 접어들면서,

---

2 R. Ernest Dupuy and Trevor N. Dupuy, *The Encyclopedia of Military History from 3500 BC to the Present* (New York, Hagerstown, San Francisco, London, 1977), pp. 708-725, 806-812, 868-905.

2차 세계대전 후 미국과 더불어 동쪽 진영의 맹주로서 군림하던 소련이 러시아로 변하고 공산권이 분해되자, 미국은 유일한 초강대국 입장에서 국제질서를 주도해 오고 있다. 특히 2001년 9월 11일 미국의 심장부에 자행된 것과 같은 테러행위를 근절하기 위하여 미국은 '테러와의 전쟁'을 선포하고 전 세계국가를 참여시키는 영향력을 행사하고 있으며, 아프카니스탄과 이라크에서 군사력의 직접 사용을 주저하지 않았다. 이와 같이 미국은 2차 세계대전 후 구축된 냉전적 대립구조에서는 소련과 더불어 초강대국으로서 자유 진영을 유지・대변하면서 공산권의 봉쇄를 주된 목적으로 설정한 전략을 구사하였고, 공산권이 붕괴되고 공산진영의 맹주격인 소련이 러시아로 변하여 미국과 협조관계를 천명한 후부터 현재까지는, 개별 국가간 혹은 국제적 차원에서 존재해 온 기존의 위협에 대한 대처는 물론, 지역의 패권을 장악하려는 '불량국가'나 무차별 폭력을 운용하여 특정한 목적을 달성하려는 '테러집단'으로부터 비롯되는 새로운 위협을 제거하려는 전략까지 구사해 오고 있다.

미국은 또한 미국이 택한 정책의 내용과 태세에 따라 전략의 중점을 전략환경에 맞게 설정하였다. 미국은 독립을 쟁취한 이래 국경이 확정될 때까지 서부 개척, 남북간 갈등 극복하는 수단으로 군사력을 사용하였고, 이와 병행하여 아메리카 대륙을 세력권으로 확보하려는 정책을 집행하기 위해서나 일본의 개방 및 중국으로의 진출이나 필리핀의 점유와 같은 또 다른 '서부개척'을 위해서도 군사력의 동원을 결코 주저하지 않았다. 두 차례에 걸친 세계대전에 참전하면서 미국은 독선적인 민족주의를 앞세운 '생존권'의 확대나 '공영권'의 구축 등 배타적인 세력권의 구축을 저지하기 위하여 전쟁수행의 당사자가 되기도 했다. 제2차 세계대전 후에는 동서간 이념대립으로 빚어진 냉전질서에서 미국은 서방진영의 맹주(盟主)로서 동쪽 진영의 확장을 저지하기 위한 봉쇄정책을, 군사 외적인 책략과 더불어 군사적인 전략이 보장하도록 막강한 군사력을 유지·운용해 왔다. 이와 같이 미국은 독립을 쟁취한 이래 거의 오늘에 이르기까지, '영역'(領域), '영향권'(影響圈) 등의 거부나 확보로 현실화되어지는 지정학적(地政學的) 논리에 근거한 정책을 뒷받침하는 전략을 구사해 왔다.

그러나 1990년대 들어서 동쪽 진영이 와해되고 동쪽 진영의 패자(覇者)인 소련이 러시아로 변하여 '대치적인 적대관계'보다는 '경쟁적인 협조관계'를 모색하기에 이르자, 미국은 '세력권(勢力圈: sphere of influence)의 확보'라는 지전략적(地戰略的) 논리보다는 '영향력(影響力: power of influence)의 확대'라는 '지정략적'(地政略的) 논리에 근거한 정책을 수립하고 이를 뒷받침할 전략을 모색하게 되었다. 특히 2001년 9월 11일 전략의 주체도 분명하지 않고 기반도 명확하지 않은 테러집단에 의해 미국의 심장부가 타격을 받게 되자, 미국은 과거의 것과 성격이 다른 전략주체, 즉 테러집단과의 새로운 전쟁을 선포하고 이를 수행할 전략개념을 수립하여 이를 집행하고 있다. 따라서 오늘의 미국은 과거부터 있어 왔던 지전략적인 논리에 근거한 전략보다는 새롭게 수립되어질 지정략적 논리를 바탕으로 한 새로운 전략개념을 정립하여 이를 추구하는 새로운 전략의 면모를 보여 주고 있다.

새로운 전략을 구사하는 오늘의 미국 전략은, 이른바 현대라고 지칭되는 시기에 전개된 미국 전략의 핵심과 성격을 고찰해 봄으로써 더욱 명쾌하게 이해될 수 있다.

미국은 현대가 지닌 몇 가지 특이한 성격을 고려하고 전략을 수립해 왔다. 전략적 측면에서 본 현대는 전쟁에 동원될 수 있는 수단의 하나로 등장한 무기체계의 하나가 정치적 수단으로서의 전쟁 본질을 거부하는 상황이 자연스럽게 정착된 시대를 지칭한다. 또 하나의 특징으로서, 정치·이념적 차원에서 살펴본 현대는 지향하는 가치가 판이하게 다른 이념을 바탕으로 두 개의 정치체계가 대립하거나 양립하게 된 시대적 특성을 지니고 있다. 개인의 자유를 신장하는 것에 초점이 맞추어진 자유·자본주의체제와 집단적 평등을 우선적으로 지향하는 공산·사회주의체제가 그것이다. 세 번째 특성으로서 현대는 정치집단으로 정착된 국가간 관계에서 본래적으로 존재해 왔던 강권정치(强權政治: power politics)의 속성은 그대로 지니고 있다는 점이다. 따라서 현대에서 초강대국의 위치를 유지해 오고 있는 미국은 핵무기체계를 동원한 '가공할' 전쟁의 현실화를 막고, 강권정치의 수단으로 운용되는 '현실적' 전쟁은 승리로 마감하면서, 미국과 다른 가치를 추구하는 공산·사회주의체제를 표방하는 정치집단의 확산을 저지하고, 모든 위협으로부터 자유·자본주의체제를 보호하면서 이를 신장하는 데 중점을 둔 대외정책과 전략을 수립하여 이를 실천적으로 보장하려 해 왔다.

미국은 유럽과 태평양 지역에서 치른 2차 세계대전을 승리로 마감하여 '생존권'이나 '공영권'이론으로 포장된 군사적 제국주의 정책과 전략을 표방한 독일과 일본의 위협은 제거하였으나, '집단의 평등'이라는 가치를 앞세운 공산·사회주의 확산이라는 새로운 위협에 대처해야만 했다. 이를 위해서 미국은 공산권의 맹주격인 소련을 위협하여 소련의 직접적 개입이나 간접적인 지원을 통하여 확대될 수 있는 공산권의 확장을 저지하고 이를 봉쇄(containment)한다는 기본적 정책기조 아래, 시기와 장소에 따라, 재래식 군사력을 직접 사용하거나 대량보복이라는 개념 아래 핵무기의 사용을 전제하기도 하고, 위협의 성격과 대상에 따라 다양하게 대응한다는 태세를 취하기도 해 왔다. 때로는 소련과 동구권의 보복공격을 통한 억제를 표방하기도 했으며, 공산권이 붕괴되기 직전에는 SDI(strategic defense initiative)와 같은 적극적인 방어개념을 구체화하여 기술적으로 상대우위를 점유하고 있던 전 자유진영을 동원하여 공산권을 압도하려는 구상을 실천적으로 뒷받침하려 했다.

공산권의 확장을 저지하고 이를 봉쇄하기 위한 미국의 전략

개념과 대비태세는 1990년 공산권이 붕괴될 때까지 유지되었고, 이를 실제 군사력으로 뒷받침하려는 노력도 지속되었다.

제2차 세계대전이 끝난 후, 미국은 나치 독일과 싸운 소련이 미국의 우방이 될 수 없다는 사실을 간파하고, 이를 봉쇄하려는 정책과 전략을 추구하였다. 그도 그럴 것이 소련은 그가 점령한 동구권의 확실한 장악은 물론, 독일 진영에 가담하여 싸운 오스트리아에서 자국이 점령한 지역을 결코 포기하려 하지 않았으며, 공산주의자들이 선거에서 패하고 오스트리아 정치지도자들이 동·서 어느 진영에도 속하지 않은 중립국가의 건설을 표방한 후에야 이를 받아들이는 '집착'을 보였으며, 양대 진영의 접경 지역에서 발생한 공산세력들의 활동을 직·간접적으로 지원하는 것을 마다하지 않았기 때문이었다. 그리스에서의 내전(1946. 9-1949. 10), 말레이시아 공산당의 반란(1948. 6-1989. 12), 인도차이나 전쟁(1945. 8-1954. 7), 필리핀 후크단의 반란(1946- 1993. 12), 중국의 내전과 중국 공산당 정권의 수립(1949. 10. 1), 한국 내에서의 폭동과 반란 등에 이어 베를린 봉쇄(1948. 6-1949. 5)까지 양대 진영간 접경지역의 어느 곳 하나 조용한 곳이 없었다. 미국은 이들 접경지역 국가들의 경제적인 상황을 호전시켜 공산주의자들이 활동할 수 있는 여지와 구실을 제공하지 않아야 한다는 개념 아래 서부 유럽에 대한 마샬계획과 더불어 막대한 경제원조를 여러 국가에 제공하였다. 그러나 소련의 지원과 중공의 후원을 받은 북한이 1950년 6월 25일 남한을 침공하여 한반도에서 전쟁이 발생하자, 미국은 이를 소련이 위성국을 통하여 그 세력권을 확대하려는 의도로 판단하고 적극적이고 직접적인 군사적 대응으로 이러한 소련의 확장기도를 차단하려 하였다. 이와 같이 미국은 공산권의 확장을 저지하기 위한 방책으로 공산권의 맹주로서 지역 공산주의자들의 무력사용을 지원하는 소련을 가시적으로 위협하여 이를 억제하는 봉쇄정책과 전략을 구체화한 계획(NSC-68)을 미국의 국력과 군사력으로 뒷받침하려 하였으며, 이에 필

요한 실질적인 증거와 자료는 한국전쟁(1950-1953)이 제공하였다.[3]

그러나 한국전쟁을 통하여 엄청난 고통과 희생을 감수하면서도 결과는 승리가 아닌 휴전으로 전쟁을 마무리할 수밖에 없었다는 점을 인식한 미국은 다른 방법과 수단으로 공산권을 봉쇄할 수 있는 새로운 전략을 모색하기에 이르렀다. 한국전쟁에서 북한과 중공을 앞세워 소련이 연출한 게임을 미국이 수행했다고 판단한 아이젠하워 정부는, 소련이 선정한 장소에서 소련이 사용한 수단이 아닌, 미국이 정한 규칙과 수단으로 소련을 위협함으로써 소련의 팽창의지를 꺾어 공산권의 확장을 봉쇄하겠다는 의도에서 '대량보복전략'(massive retaliation strategy)을 내세웠다. 소련이나 중공이 공산권을 확장하기 위하여 의도적으로 지상전을 전개하면, 이를 지원·조종하는 모스크바나 북경(北京)을 핵무기 등으로 대량 보복한다는 점을 전략개념과 내용 면에서 확실하게 명시하여 그들로 하여금 지상전 자체를 일으키지 못하게 함으로써 '힘들고 값비싼' 지상전 수행 없이 공산권을 봉쇄한다는 전략이다. 대량보복전략은 또한 공산권의 핵심에 대해서 대규모 보복을 가한다는 점을 명시함으로써 소련과 중공의 침략의지를 억제시킨다는 효과와 더불어, 이것이 실패할 경우에도 공산권의 봉쇄는 물론 이를 '축소'(roll back)한다는 효과까지 보장할 수 있는 전략이라는 공격성도 지적되었다. 이러한 이유로 이 정책과 전략은 '새로운 정책과 전략'(New Look Policy and Strategy)이라는 별칭을 부여받기도 했다.[4]

대량보복전략은 몇 가지 요인을 배경으로 출현하였다. 먼저 소련과 중공 등 공산권의 인적 우세를 손쉽게 무효화할 수 없는 지상

3 US State Department, *Foreign Relations of the United States(FRUS), 1950, I*, pp. 235-292; John Lewis Gaddis, *Strategies of Containment: A Critical Appraisal of Postwar American National Security Policy* (New York: Oxford University Press, 1982), Chapters 2, 3, 4, 5; Lawrence Freedman, *The Evolution of Nuclear Strategy* (New York: St. Martin's Press, 1983), pp. 69-75.

4 *The Evolution of Nuclear Strategy*, pp. 76-90.

전은, 엄청난 노력과 희생에도 불구하고, 미국에 유리한 결과를 안겨주지 못한다는 점이다. 막대한 전비와 감당하기 어려운 희생을 치르고도 한국전쟁을 승리(勝利)로 마감하지 못하고 전투행위만 중지한 휴전(休戰)으로 마감할 수밖에 없었던 미국의 고뇌가 바로 그것이었다. 두 번째로, 미국이 가진 기술적 우위를 백분 활용하자는 점이다. 당시 미국은 핵무기의 보유량이나 이를 운반할 수 있는 수단면에서 소련보다 월등한 우세를 확보하고 있었다. 이러한 우세를 바탕으로 미국은 소련이나 중공이 펼치는 지상전에 일일이 대적하기보다 이들을 먼저 강압하여 그들의 개전(開戰)의지를 박탈함으로써 공산권의 확장을 저지하고 이를 봉쇄하려는 미국의 의지를 먼저 강요하자는 전략태세의 다른 하나다. 세 번째로, 공산 측이 전개하는 지상전 위주의 전략에 맞대응하기 위한 군사력의 개발·보유보다 사용 가능한 전술핵무기의 개발 및 보유가 훨씬 경제적이라는 점이다. 여기에는 무기체계의 하나인 핵무기 역시 사용가능하고 전술핵무기가 이를 현실적으로 보장해 준다는 점을 전제로 하고 있었다.[5] 이와 같이 미국 아이젠하워 행정부가 제시한 대량보복전략은 지상전 수행에 따른 미국의 고뇌, 현실적인 경제성, 그리고 핵무기의 동원 가능성에 대한 적극성 등이 배경 요인으로 작용하여 그 개념이 구체화되었다.

그러나 이렇게 '무시무시한' 미국의 전략에도 불구하고, 세계 곳곳에서 전개되는 상황은 그렇게 단순하지 않았다. 말레이시아의 공산군 반란은 지속되었으며, 필리핀의 상황도 마찬가지였고, 특히 1954년 프랑스 대신 미국이 개입한 월남전의 상황은 더욱 복잡해지고 있었다. 특히 '정글'이라는 지형적 특성상 전선(前線) 없는 전쟁을 치를 수밖에 없던 미군은 게릴라전의 특성상 정규군과 민간인을 구분할 수 없는 가운데 포탄과 총탄이 어디서 날아오는지조차도 파악하지 못한 채 공격

5 *Ibid.*

과 방어작전을 수행하면서, 월맹군과 베트콩군의 주둔지는 발견하지 못하고 자신들은 노출된 지역에 주둔을 해야 하는 매우 곤혹스런 처지를 감수해야만 했다. 더구나 낮에는 월남군의 비위를 맞추다가 밤에는 베트콩에게 월남군이나 미군의 정보를 제공하는 특수한 상황에 처한 월남인들의 자구행위(自救行爲)를 막기 위하여 전략촌을 조성하여 이들을 수용하기도 했으나 별다른 효과를 거두지 못했다. 낮에는 월남 공화국, 밤에는 베트콩 인민공화국에서 살아야만 하는 월남인들은 장남(長男)은 월남군, 차남(次男)은 베트콩군으로 '파견'하여 한 가정의 '안보'를 보장하려 하는 '자구책'(自救策)의 강구도 결코 마다하지 않았으나, 이들의 행위를 나무랄 수만은 없는 '미묘한' 상황이 전개되어 가고 있었다. 일반 주민들을 상대로 한 베트콩의 설득, 회유, 테러, 암살행위를 근절시킬 수 있는 효과적인 전략과 전술을 모색하기란 결코 쉽지 않았기 때문이었다.[6] 이러한 상황에서 소련이 월맹군에게 지원해 준 야포와 중공이 베트콩에게 갖다 준 소총이 노획되었다고 모스크바나 북경을 핵무기로 공격할 수도 없는 노릇이었다. 실로 대량보복을 위협하여, 이른바 '인민해방전쟁'이라고 이름지어진 지역적 분쟁을 막고, 이의 수행을 면해 보려던 미국 대량보복전략의 실천적 한계가 드러났다.

이론적으로도, 대량보복전략이 비현실적이라는 비판이 여기저기서 제기되었다.[7] 이들은 소련의 군사력이 강화된 상태에서 공격적

6 Stanley Karnow, *Vietnam: A History* (New York: Penguin Books, 1984), pp. 124-127, 224-238; Guenter Lewy, *America in Vietnam* (New York: Oxford University Press, 1978), pp. 272-279; 陸軍士官學校 戰史學科, *世界戰爭史* (鳳鳴, 2001), pp. 542-562.

7 Bernard Brodie, "Unlimited Weapons and Limited War," *The Reporter* (November 1, 1954); William Kaufman, ed., *Military Policy and National Security* (Princeton University Press, 1956), pp. 21, 24-25; Robert E. Osgood, *Limited War: The Challenge to American Strategy* (The University of Chicago Press, 1957), pp. 26, 242; Henry Kissinger, *Nuclear Weapons and Foreign Policy* (New York: Harper and Row, Publishers, 1957).

인 '기세'만을 앞세운 전략은 현실적일 수 없으며, 궁극무기인 핵무기가 모든 종류와 규모의 위협에 대처하기 위한 수단으로 적합하지 않기 때문에, 미국의 전략은 현실전(現實戰)으로 자리를 잡아가고 있는, '인민해방전'이라고 불리든 '제한전'이라고 불리든 간에, 국지전(局地戰)과 유격전(遊擊戰)과 같은 특수전도 감당할 수 있어야 한다는 주장을 내놓았다. 이를 위해서 미국은 정책이나 전략상 목표를 제한적으로 설정할 필요가 있고, 지역적으로 국한되고 참여 정도와 수단이 제한된 현실적인 의미에서의 현실전을 '비현실적인' 대량보복이라는 위협을 통하여 회피하려는 것보다 이를 직접 수행할 능력을 보유해야만 현실전 수행도방지할 수 있다는 개념을 제시하였다. 이러한 상황에서, 1957년 10월 소련이 발사한 미사일(Sputnik)은 미국의 대량보복전략이 상정한 '선제 핵공격'의 기대 효용성에 심대한 타격을 입히면서 미국 전략의 재검토 필요성을 실질적으로 제기하였다. 이 결과, 1960년 미국 대통령 선거에서는 '미사일 갭'(missile gap or deterrence gap)과 재래식 군사력(conventional forces)과 이의 투입능력(an air- and sea-lift capability) 부족에 대한 논쟁이 쟁점으로 등장하였다.[8] 대량보복에 의한 소련의 억제와 공산권의 봉쇄라는 미국 전략의 실천적 한계를 극복할 새로운 전략개념과 능력 보유의 필요성이 제기된 셈이다.

새로 들어선 케네디 정부(1961. 1. 20)는 아이젠하워 정부가 수립한 대량보복전략이 실천적 효용성(效用性)과 개념적 융통성(融通性)을 지니지 못했다는 이유로 이를 전면 부정하였다. 소련이 우주를 향해 미사일을 먼저 쏘아 올린 상태에서 소련에 대한 대량보복으로 소련을 억제한다는 전략은 이미 실효성이 없고, 특히 모든 위협이나 분쟁을 직·간접적으로 지원·조종하는 근원지인 소련의 모스크바나 중공의 북경을 공격함으로써 위협을 제거하고 분쟁을 방지한다는 대량보복

8 Morton H. Halperin, *Contemporary Military Strategy* (Boston: Little, Brown and Co., 1967), pp. 43-55.

전략은 실효성뿐만 아니라 융통성도 전혀 없는 탁상공론(卓上空論)이라는 입장을 취했다. 이러한 근본적인 이유와 더불어, 중국이 소련의 위성국가가 아니고 다른 국가이익을 추구하는 독립국가라는 인식과 전략적 차원에서 중국은 미국에 직접 위협을 가할 정도는 아니라는 케네디 행정부의 판단이 모스크바와 북경을 같은 범주에 묶어 보복대상으로 삼은 대량보복전략을 거부한 이유에 추가되었다.[9] 그리하여 케네디 행정부는 미국의 전략이 핵이나 재래식 군사력의 운용에 있어서 높은 융통성을 지닐 수 있도록 다양한 종류와 수준의 대응력과 보복력으로 뒷받침되어야 하고 이를 실제로 운용할 수 있어야 한다고 보고, 핵군사력은 물론 재래식 군비 역시 다양한 채로 막강하게 유지해야 한다는 입장을 취했다.

미국 전략이 고도한 융통성을 지녀야 한다는 케네디 행정부의 입장은 핵 및 재래식전략에서 '억제를 위한 확증파괴'(the assured-destruction for deterrence), '다양한 위협에 대한 유연(柔軟)대응'(the flexible responses against the various threats), 그리고 '피해의 최소화'(the damage-minimization and limitation in the real war) 등으로 표현된 하위 개념으로 정리되었으며, 이를 보장하기 위한 실제 핵과 재래식 군사력의 보유를 필요로 하였다. 케네디 행정부는 확증 파괴 능력을 확보하기 위하여 대륙간 탄도탄(彈道彈)의 정확도를 높이고, 타격 목표도 인구집중 지역이나 산업중심지보다는 소련의 미사일기지나 군사시설을 중점적으로 공격할 수 있는 '대 군사력 공격태세와 능력'(the counter-force striking posture and capability)를 갖추어 소련에게도 같은 개념의 전략을 '간접적으로' 강요함으로써, 일단 유사시에 미국의 민간피해를 줄여 보려는 부수적 효과까지 확보하려 하였다. 그리고 개발된 기술력을 바탕으로 제한적인 대응을 전제로 한 '제한 핵전'(a limited nuclear

9 *Ibid.*; Desmond Ball, "Targeting for Strategic Deterrence," *Adelphi Papers, No. 185* (London: IISS, 1983), pp. 10-11.

war)"도 상정하였으며, 유격전(遊擊戰) · 국지전(局地戰) 등으로 다양화된 현실적인 제한전(制限戰)에서도 전쟁의 형태에 따라 그에 걸맞게 대응할 수 있는 재래식 군사력의 구비도 서두르게 되었다. 민간인 피해를 줄이기 위한 대미사일 방어(the anti-ballistic missile defense)망의 구축과 민간방어(civil defense)를 위한 준비도 게을리하지 않았다. 이 결과 미국의 핵군사력은 파괴력, 운반수단 및 정확도면에서 다양한 채로 증강 · 향상되었고, 재래식 군사력도 정규 및 비정규라는 범주에서 다양하게 강화되었다. 그리하여 미국은 막강한 핵탄두를 보유하고, 이를 운반하는 수단인 지상 발사 대륙간 탄도탄, 잠수함 발사 탄도탄, 그리고 장거리 폭격기 등의 성능을 개량하면서 정밀한 고공정찰 능력을 바탕으로 소련 내의 타격목표를 정확하게 선정하는 작업을 지속적으로 수행해 나갔다. 특수전 수행을 위한 특수부대(유격, 공수, 폭파 및 타격 등)가 재편성되거나 강화되었고, 육 · 해 · 공군이나 해병들의 전력도 강화되었다. 월남전에서 전개되고 있던 전황은 이러한 미국 정부의 노력을 더 한층 촉진시키는 촉매요인으로 작용하였다. 이와 같이 케네디와 이를 계승한 죤슨 행정부는 모든 종류와 형태의 위협에 대해서 거기에 적합한 군사적 수단으로 대응한다는 '유연대응전략'(柔軟對應戰略: the flexible-response strategy)을 실천적으로 보장하기 위하여 핵 및 재래식 군비를 강화하였다.

그러나 막대한 비용과 노력을 기울여 여러 종류와 형태의 위협에 대처하기 위하여 모든 노력과 조치를 취했음에도 불구하고, 월남전에서의 미국의 정치 · 군사적 입지는 강화되지 못했다. "얼마만큼의 비용과 노력을 투입하면 얼마만큼의 결과와 효과가 보장되어야 한다"(a cost-effect theory)는 펜타곤(the McNamara Pentagon)의 계산은 잘 맞지 않았다. 얼마만큼의 비용과 노력이 더 필요한지도 불명(不明)하였고, 또한 그만큼의 비용과 노력을 투입해도 기대한 것만큼의 결과를 거두거나 효과가 있을지도 분명하지 않은 상황이 월남에서 전개되고 있었다.

특히 도시보다는 군사기지를 주 목표로 삼겠다는 미국의 입장표명에도 불구하고, 소련은 여전히 서부 유럽은 물론 미국의 워싱턴이나 뉴욕 등 대도시를 타격 목표에서 제외할 의지와 기미를 전혀 보여 주지 않았고, 대군사력 공격을 위주로 하는 전략태세는 선제 타격의 유혹을 완전하게 떨쳐 버릴 수 없다는 논리적 비판이 등장하기도 하였으며, 현실적으로, 인구집중지역인 도시 목표를 제외시키는 것이 전략상 타당한가 하는 문제도 도외시할 수 없었다. 특히 확증파괴 능력의 보유를 강조하는 미국 전략은, 결과적으로 소련의 유사한 대응을 촉진시켜 '상호공멸'(mutual assured destruction)의 결과를 확실하게 보장하는 전략이 된다는 비판 역시 외면할 수 없었다.[10] 월남전에서의 전황전개와 이론상 문제제기로 미국의 전략은 그 개념과 태세면에서 또 다른 적응을 강요당하게 되었다.

현실적으로도, 소련 역시 확증파괴 능력을 보유함에 따라, 미국과 소련이 직접 핵을 주고받을 경우에 전 지구상의 생물체가 사라지는 결과를 내다 볼 수 있게 되었다. 특히 양국은 세계 어느 곳에나 핵탄두로 공격할 수 있는 운반수단으로서 1,500-2,700기에 달하는 대륙간 탄도탄을 보유하고, 이들에게 다탄두를 장착하여 한 개 이상의 목표를 동시에 공격할 수 있는(MIRV: Multiple Independently Targetable Re-entry Vehicle; 다탄두 핵 유도탄) 운반체계까지 갖추기에 이르렀다. 이른바 미·소 양국의 과잉살상 능력(overkill capability)의 보유와 이에 따라서 현실화된 '공포의 균형'으로 불리는 이러한 핵교착(nuclear stalemate) 상태는, 군사적으로 핵무기체계의 강화를 사실상 무의미하게 만들었고, 정치적으로는 군사력의 하나인 핵무기체계의 우열이 실제 정치적인 영향력의 강화로 연결될 수 있는 개연성을 약화시키는 현상을 초래하였다. 특히 이러한 핵 교착은 상대의 보복능력을 완전하게

---

10 Lawrence Freedman, *The Evolution of Nuclear Strategy*, pp. 245-256.

박탈할 수 없는 상태를 빚어내어 전면핵전이 발발할 경우에 상호공멸(相互共滅)이라는 결과를 감수할 수밖에 다른 도리가 없게 되었으며, 대량보복을 통한 상대의 억제는 물론, 위협의 종류와 성격에 따른 유연한 대응의 실효성도 보장받기가 쉽지 않게 되었다. 이제 미국은 미국의 핵독점이나 핵 및 재래식 군사력 우위를 상정하고 수립한 전략개념인 대량보복(大量報復)이나 유연대응(柔軟對應)을 보다 현실적인 개념으로 대치하여 이에 근거한 전략을 수립해야 할 요구에 직면하였다.

미국의 닉슨 행정부(1969. 1)는 핵전력 우위를 전제로 한 확증파괴(確證破壞: assured destruction)와 모든 종류와 형태의 위협에 대해서 모두 대응하는 유연대응(柔軟對應: flexible response)을 통하여 절대적 억제를 달성한다는 개념을 핵전력의 확실한 균형(unambiguous parity)을 수용한 전제하에 핵 및 재래식 위협에 대해서 광범위한 융통성(wide flexibility)을 확보하고 다양한 제한대응(制限對應: controlled response)을 미리 책정해 놓음으로써 현실적인 억제를 보장한다는 개념으로 바꾸고, 확실한 균형과 광범위한 융통성에 기반을 둔 새로운 전략을 정립하려 했다. 다른 말로 바꾸어, 군사적 우월감에 근거한 선제공격이나 군사적 패배감에서 비롯될 수 있는 '이판사판(理判事判)식 공격'의 현실화 가능성을 배제하여, 억제가 실패했을 경우에 확증공멸(確證共滅: assured mutual destruction)로 귀결될 수밖에 없는 '여지가 없는 전략'(strategy reaching a 'dead end')을 대신할 '여지가 있는 전략'(strategy having options)을 모색하려 했다. 새로운 미국 행정부의 이러한 노력의 당위성은 미국과 소련이 이미 과잉살상능력(過剩殺傷能力: over-killing power)을 보유하고, 어느 국가도 상대의 보복능력을 일거에 제거할 수 없다는 상황인식과, 따라서 군사적 우위를 바탕으로 한 전략은 현실적 실효성의 한계가 있으며, 정책을 뒷받침하는 전략도 정책으로 보완될 때 그 실효성이 보장될 수 있다는 상황판단에 근거하고 있었다.[11]

군사적 균형이 조성되었다고 판단한 현실적 상황인식과 이에 바탕을 두고 전략을 수립해야 하고, 이러한 전략도 정책으로 보완되어야 그 실효성이 보장된다는 정치적 판단은 여러 가지 조치로 구체화되었다.

군사적으로, 미국은 전담억제(專擔抑制: unilateral deterrence)를 대신하여 분담억제(分擔抑制: multilateral deterrence) 개념을 정립하였다. 이 개념은 실질적으로 다단계 억제를 상정하였으며, 이를 위하여 국지적 위협은 위협에 직면한 당사국이 억제하거나 대처하고, 지역적인 위협은 지역국가들과 미국이 구축한 동맹기구가 이를 억제하거나 무효화시키고, 세계적 차원의 위협은 미국의 전략 핵 및 재래식 군사력까지 동원하여 이에 대응한다는 구상에서 비롯되었다. 이러한 미국의 전략은 미군의 희생을 줄이고 미국의 경제적 부담을 경감시키면서 진영 중심의 세계전략에서 미국의 재량권과 위상은 강화하고 현실적인 억제와 대응의 효과는 보장한다는, 이른바 신고립주의적 전략개념인 셈이다. 그리하여 미국은 확실한 억제력은 확보하면서도 소련과의 군비제한 협의(SALT I of 1972)를 통해서 비교적 안정적인 '공포의 균형'을 모색하고, 이를 대미사일 방어체제(ABM Treaty of 1972)를 제한하여 상호 핵공격에 취약한 상태를 유지함으로써 보장하려 했다. 그러나 소련이 모스크바에 대미사일 방어망을 구축하고, 1974년 다탄두 미사일을 개발함에 따라 새로운 전략의 신뢰성에 의문이 제기되기도 했으나, 소련의 질적인 군사력 강화 자체를 받아들이고 새로운 군비제한 협의(SALT II)를 계속하여 군사력의 우위에 근거한 절대억제(absolute deterrence)보다 충분억제(sufficient deterrence)를 보장하는 체제를 구축하려 했다. 재래식 억제와 전쟁수행 자체도 당사국, 지역동맹기구, 그리고 미국의 전략 예비군을 운용한 다단계 억제와 전쟁수행을 전제로 '총력군'(the whole

---

11 *The Evolution of Nuclear Strategy*, pp. 359-371.

total forces)의 개념을 구체화하여, 미국이 궁극적인 핵우산은 제공하겠으나, 재래식 위협이나 공격에 대한 기본적인 억제 및 방어 책임은 위협이나 공격을 받은 당사국에 있다고 밝히면서 월남·한국·일본에 있는 미 지상군의 지속적인 감축을 선언한, 이른바 '닉슨 독트린' (Nixson Doctrine, or Guam Doctrine, 1969)에 근본을 두었다.[12] 이와 같이 미국의 닉슨 행정부는 군사적인 절대우위를 바탕으로 한 절대억제보다는 군사적 균형을 안정적으로 유지하면서 충분한 상대억제를 보장하는 전략을 구사하려 했다.

충분성(sufficiency)에 기반을 둔 군사적인 차원의 전략도 정책에 의해서 보완되어야 한다는 의도하에 닉슨 행정부는 '정치적인 긴장완화'(political détente)도 모색해 나갔다. 닉슨 정부는 타이완의 유엔 축출은 반대하였으나, 중국의 유엔 가입 찬성을 공식화하고(1971. 8. 2), 유엔이 중국의 유엔 가입과 타이완의 축출을 가결했을 때도(1971. 10. 25. 76:35로 가결), 미국에 대한 적대감을 표시한 아프리카 대표들의 개인적 태도만 문제 삼았을 뿐, 그 결과는 수용하는 입장을 취했다. 한 걸음 더 나아가, 미국의 닉슨 대통령은 1972년 2월의 마지막 8일 동안 일정으로 중국을 방문하여 중국과의 국교를 정상화시키고, 월남과 타이완에서의 궁극적인 미군철수를 담은 공동성명을 발표하기도 했다.[13] 미국은 미국과 '적대관계'를 숨기지 않고 동쪽 진영의 맹주(盟主) 노릇을 하고 있던 소련과 '대치상태'를 유지하면서 '실용주의' 정책을 택하고 있던 중국과 정상적인 국가관계를 복원시킴으로써, 세계적 차

---

12 *United States Foreign Policy, 1969-1970: A Report of the Secretary of State* (Washington, D.C., 1971), pp. 35-37; Thomas A. Bailey, *A Diplomatic History of the American People*, 10th ed. (Englewood Cliffs, N.J.: Prentice-Hall, Inc., 1980), pp. 922-924.

13 *A Diplomatic History of the American People*, pp. 925-928; For the text of communique, see, *Department of State Bulletin, LXVI* (March 20, 1972), pp. 435-438.

원에서는 소련의 정치 및 전략적 입지를 손상시키고, 지역적으로는 월남전을 종식하기 위한 미국의 입장을 강화하는 두 가지 목적을 달성하려 하였다. 그러나 미국은 이러한 정치적 긴장완화 분위기에서도 월남정부를 무력으로 전복하기 위하여 대규모 정규군을 투입한 월맹에 대해서는 하노이와 하이퐁을 폭격하고 기뢰를 부설하여 소련이나 중국의 해상지원을 봉쇄하는 조치를 취하고(1972. 5. 8) 캄보디아에 병력을 직접 투입하여 월맹군의 지상투입을 차단하는 등 강경한 군사적 응징을 마다하지 않았다. 그리고 월남전의 월남화 계획을 추진하여 월남 스스로 자국을 방위하도록 조치하면서 월남에서 미군을 철수시키려 하였다. 닉슨 대통령은 또한 모스크바를 방문하여 소련과 전략무기 제한과 미사일방어체계에 대한 협정을 체결하기도 했다(1972. 5. 26).[14] 중임(重任)에 성공한 닉슨 행정부는 월남에서 휴전을 성사시키고(1973. 1. 27. 프랑스 파리에서 협정서명), 미국·소련·중국·영국·프랑스를 포함한 12개국의 휴전안 보장을 확인한(1973. 3. 2) 후에 월남에서 미군을 철수하였다.[15] 이와 같이 닉슨 행정부가 대변하는 미국은 군사적인 수단을 주로 운용하는 전략을 정치적 긴장완화와 같은 군사 외적인 배열과 합의로 보강하는 태세를 취했다.

닉슨 대통령의 불명예스런 퇴진으로 등장한 포드 행정부 역시 전략과 정치의 보완적 연관을 그대로 유지하는 전략과 태세를 유지해 나갔다. 소련이 1974년 다탄두미사일(MIRVs)을 개발하자, 1972년에 소련과 합의한 전략무기제한협정(SALT I)이 아무 효력이 없다는 국내

14 *Department of State Bulletin, LXVI* (June 26, 1972), pp. 918-920; For the texts of the two agreements, see *Department of State Bulletin, LXVII* (November 20, 1972), pp. 595-604; *A Diplomatic History of the American People*, pp. 928-933.

15 월남전의 월남화가 완료되기 전에 미군이 철수하고, 미국 국회가 월남 정부의 지원을 거부함에 따라 월맹의 대규모 공격을 받은 월남은 1975년 4월 30일 월맹군에 항복하고 말았다. *A Diplomatic History of the American People*, pp. 943-946, 952-953.

적인 비판이 일기도 했지만, 전략무기체계상 미국과 소련 사이에 기술적인 차원의 균형까지 이루어졌다는 점이 명백한 사실로 드러나게 되었다. 명실상부한 전략적 균형을 안정적으로 유지하기 위한 조치의 하나로 포드 행정부는 인권이나 인적·물적 교류면에서도 소련과 협의가 필요하다는 판단하에, 1975년 7월 핀란드의 헬싱키에서 동·서 진영 35개 국가들과 더불어 1940년 이후에 발틱 3국과 같이 소련이 취득한 영토나 소련이 장악한 동구권 국가들의 현상, 다시 말하여 소련의 지역적 세력권을 인정해 주는 대가로 소련으로 하여금 동·서 진영간 인원·정보·사상의 자유로운 교류를 포함한 기본적인 인권을 존중한다는 합의를 도출하였다. 35개국이 서명한 이 합의는, 반체제 인사들에 대한 소련의 교묘한 다른 통제수단과 조치의 강구로 실질적인 효과는 크게 거두지 못했으나, 이른바 헬싱키체제(the Helsinki Regime of 1975)를 탄생시켜 양대 진영간 긴장완화의 상징이 되었으며, 사실상, 동구권의 붕괴가 이로부터 시작되었는지도 모를 일이었다.[16] 소련의 영향권을 인정한 대가로 동·서 진영 간 인적·지적 교류의 물꼬를 튼 소련과의 '모호한 긴장완화'(dubious détente) 배열에도 불구하고, 포드 행정부는 다른 지역에서의 도발적 행위(the Mayaguez Crisis in Cambodia, May 12, 1975; The Korean Tree Crisis in Korea, August 18, 1976)에 대해서는 과감한 군사작전이나 엄청난 무력시위를 통하여 억류된 상선과 선원을 구출하거나 공식적인 사과를 받아내는 단호함을 과시하였다.[17] 이와 같이 포드 행정부도 핵전쟁의 억제를 위한 전략태세와 준비를 갖추면서 정치적 긴장완화를 통한 억제의 안정성을 증진시키는 한편, 필요시에는 운용 가능한 군사력을 직접 사용하거나 무력시위를

16 *A Diplomatic History of the American People*, pp. 950-951.

17 Richard G. Head, Frisco W. Short, and Robert C. McFarlane, *Crisis Resolution: Presidential Decision Making in the Mayaguez and Korean Confrontations* (Boulder, Colorado: Westview Press, 1978), pp. 101-215.

통한 직접 전략을 구사하는 것을 주저하지 않았다.

인권문제를 앞세운 대외정책 표방으로 미국의 우방국가들까지 어리둥절하게 만들었던 카터 행정부(1977. 1)도, 본질적으로는 닉슨-포드 행정부와 유사한 정책 및 전략개념과 태세를 유지하였다. 인권을 존중하지 않는다고 판단된 아프리카 등 여러 국가에 원조를 중단하고, 한국에 대해서도 미 지상군을 철수하겠다는 위협과 함께 인권 상황의 개선을 요구하였다. 소련에 대해서도 헬싱키협약(1975)에서 규정한 대로 반체제 유태인들의 자유로운 출국과 인권의 존중 등을 요구하였으나, 소련은 "미국 내 흑인이나 소수민족들의 인권이나 존중하라"는 반응을 보이면서 인권문제를 구체적으로 명시한 새로운 협약의 서명(1978년 초, 유고슬라비아의 베오그라드에서 헬싱키협약 서명국가 대표들의 모임)을 거부하였다. 이러한 설전에도 불구하고, 미국과 소련은 정치적으로 완화된 긴장을 다소 고조시키는 것을 원치 않았고, 상호 전략무기를 감축하는 것이 유익하다는 인식을 바탕으로 군비제한 협의(SALT II, 1977)를 도출할 수 있었으며, 인권문제를 제쳐놓고, 미국은 중국과 1979년 1월 1일부로 외교관계를 수립하기도 했다. 그러나 중동지역에서 카터 행정부는 이스라엘과 이집트 간 평화를 중재하여 결실을 맺는 결과를 기록하기도 하였으나(1978. 9. 17), 1979년 봄에 이란에 이슬람 정권이 출현하여 미국 외교관이 인질로 감금되는 사태가 빚어지기도 했다.[18] 특히 인질로 감금된 미국 외교관을 구출하기 위한 작전에서는 대통령 자신의 세부적인 군사작전 간섭으로 미군 헬리콥터들이 충돌하여 자체 피해만 입은 채 실패한 수모를 감수해야만 했다.[19] 종교적 차원에서 제시된 인권문제를 내세운 카터 행정부의 대외

---

18 *A Diplomatic History of the American People*, pp. 964-967.

19 하나의 예로써, 카터 대통령은 육군 헬리콥터 조종사 대신 해군과 해병 조종사를 선호하여 이들에게 특공대원의 육상투입 임무를 부여했으나, 사막지역에서의 먼지에 익숙하지 못한 이들 조종사들이 서로 충돌하는 사태가 발생하여 미군 병력이 희생되는 사고가 발생하였다.

정책은 닉슨-포드 행정부가 시작하여 정착시킨 정치적 긴장완화를 약간 훼손시키기도 했으나, 카터 행정부의 핵전략은 초기 최소억제(minimum deterrence) 개념을 내세우면서 제한핵전(limited nuclear war)의 개념을 거부한 카터 대통령의 '유약한' 성향을 극복하고, 군사목표뿐만 아니라 정치적·경제적 목표를 제한적으로 공격하는 것과 정찰결과에 따라 목표의 재선정도 가능할 정도로 지속적인 제한핵전수행능력을 향상시켜 억제의 실천적 신뢰성을 향상시키는 계획(Presidential Directive 59, July 1980)까지 추진하기에 이르렀다. 그리하여 핵전에서도 재래식전쟁에서와 마찬가지로 상대 군사목표 공격과 아군의 피해를 최소화하는 군사행동을 추구해야 한다는 구체화된 핵 전략개념까지 수용하게 되었다.[20] 이와 같이 카터 행정부의 전략도, 인권문제라는 초정치·전략적 가치의 추구로 약간의 혼란이 초래되기는 했으나, 군사력 운용을 전제한 전략도 화해와 평화정착을 목표로 한 정치적 배열로 보완되어야 그 실효성이 보장된다는 개념에 기초한 것으로 볼 수 있다.

그러나 중국과의 관계를 복원하고 소련과 전략무기 제한 협정(SALT I)체결 등의 정치적 긴장완화를 구체화시킨 당사자(Henry Kissinger)나 카터 행정부의 국방장관(Herald Brown)도 소련과의 합의나 협정의 실효성에 대한 의문을 제기하면서, 오히려 군비경쟁을 가속화하여 소련의 양적 우세를 무력화하는 것이 더 효과적인 군비제한이라는 점을 시인할 정도로 소련에 대한 미국 정책 결정자들의 불신은 대단한 수준이었다. 1974년 중국의 북경으로 가던 키신저는 "소련의 미사일이나 핵탄두 숫자를 줄이게 할 수 있는 '유일한' 방법은 획기적으

20 Harold Brown, *Department of Defense Annual Report Fiscal Year 1980* (January 1979), p. 76; Desmond Ball, "Developments in US Strategic Nuclear Policy under the Carter Administration" (California: Seminar on Arms Control and Foreign Policy, 1980); Richard Burt, "US stresses limited nuclear war in sharp shift on military strategy," *International Herald Tribune*, August 7, 1980, quoted in *The Evolution of Nuclear Strategy*, p. 392-395, 439.

로 미국의 국방비를 증액시켜 이러한 상태를 몇 년간 유지하여 소련으로 하여금 미국이 그들과 합의한 상한선을 초월하여 군비경쟁을 강행할 것이라는 확신을 심어 주는 것이었을지도 모른다"(The only way we could have talked about lower numbers was to drastically increase defence spending and to hold the increase for a number of years, long enough to convince the Soviets that we were going to drive the race through the ceiling with them …)라고 밝힐 정도였다.[21] 인권신장과 평화정착의 기수로 자처한 카터 행정부에서 국방장관을 역임한 브라운도 "우리가 군비를 강화할 때는 그들도 강화한다. 그리고 우리가 군비를 강화하지 않을 때도 그들은 강화한다"(When we build, they build, and when we don't build, they build)라는 말로 소련과의 합의는 아무런 소용이 없다는 점을 명확하게 했다.[22] 특히 SALT I 협상에 참여했던 키신저의 한 보좌관(Hal Sonnenfeldt)은 "군사적으로 중요한 사안은 협상이 불가능하고, 협상이 가능한 것은 군사적으로 중요한 사안이 아니다"(What is militarily significant is not negotiable and what is negotiable is not militarily significant)는 말로 소련과 협상의 한계를 지적하고 있다.[23] 이와 같이 전략의 실효성을 보장하기 위하여 소련과의 정치적 긴장완화를 통한 보완책을 강구했던 당사자나 협상에 참여했던 실무자, 그리고 이를 더욱 신장시키려던 카터 행정부의 국방책임자 모두가 정치적 긴장완화(political détente)가 전략을 보완해 준 효과에 대해서 부정적인 시각을 숨기려 하지 않았다.

소련과의 긴장완화를 '근사하게' 표현하기 위하여 닉슨 대통령이 인용한 '데탕트'(détente)라는 용어는 "과거 유화정책과 얽혀진 공

---

21 Michael Charlton, *From Deterrence To Defense: The Inside Story of Strategic Policy* (Cambridge, Mass.: Harvard University Press, 1987), p. 49.

22 *From Deterrence To Defense*, p. 76.

23 *From Deterrence To Defense*, p. 100.

존의 불행한 정책을 지칭한 하나의 허황된 프랑스 말에 불과하다"(the new label was simply a fancy French name for the unhappy old policy of coexistence, combined with appeasement)라는 입장을 밝힌바 있던 레이건(Ronald Reagan)이 대통령이 되어 이끈 미국 정부의 전략은 그 성격이 과거의 것과는 달랐다. 소련을 '악의 제국'(evil empire)으로 규정하여 소련에 대한 기본적인 시각을 감추지 않은 레이건 대통령은, 1983년 3월 23일 그가 행한 연설에서, 미국의 철저한 방어력으로 소련의 공격력을 무효화시키려는 전략구상을 내놓았다. 이른바 전략적 방어구상(SDI: Strategic Defense Initiative, 또는 Star Wars)이라고 불린 이 핵전략은 공격보다는 방어, 그렇기 때문에 확증파괴(assured destruction)보다는 확증생존(assured survival), 따라서 죽음이 아닌 삶에 근거한 핵심개념을 가지고, 소련의 확증파괴 능력을 무효화시킴으로써 소련의 핵무기 사용을 억제한다는 전략구상이었다.[24] 이러한 레이건 대통령의 새로운 핵전략 구상은 소련은 물론 거의 모든 핵중진국들의 반대에 직면했다. 핵공격에 대한 '취약성의 균형'(balance of vulnerability)에 의하여 상대의 핵무기 사용을 억제한다는 개념에 근거하여 이들이 개발해 놓은 핵공격 능력을 무효화시킨다는 것은 또 다른 핵무기체계의 경쟁을 의미하며, 이를 위한 막대한 비용의 지출은 이들에게 엄청난 부담이 아닐 수 없고, 서방 국가들은 기술력이 상대적으로 월등한 미국에 대해서 '종속적인' 위치를 감내해야 한다는 정치적 '껄끄러움'까지를 감수해야 하기 때문이었다.[25] 미국 내에서도, 전략상 100%의 방어는

---

24 Herbert F. York, "Nuclear Deterrence and the Military Uses of Space," *DAEDALUS*, *Vol. 114, No. 2*, *Weapons in Space, Vol. I: Concepts and Technologies* (Spring 1985), pp. 17-32, 특히 p. 17.

25 David Holloway, "The Strategic Defense Initiative and the Soviet Union," *DAEDULUS*, *Vol. 114, No. 3*, *Weapons in Space, Vol. II: Implications for Security* (Summer 1985), pp. 257-278; Christoph Bertram, "Strategic Defense and the Western Alliance," *Ibid.*, pp. 279-296; "Foreign Perspectives on the SDI," *Ibid.*, pp. 297-313.

불가능하다는 논란과 더불어, 기술적으로도 완전한 전략적 방어체계를 구비하는 데 어려움이 있고, 이러한 방어체계의 안전성을 완벽하게 보장할지도 의문이라는 관점에서 이러한 구상을 반대하는 여론이 있었으나, 소련은 이보다 더 심각한 처지에 놓여 있었다. 미국이 이 전략구상을 검토하는 과정에 서방진영의 거의 모든 국가는 물론 한국까지도 참여를 권유받을 정도로 많은 지원국을 동원할 수 있었던 데 반하여, 이에 맞선 소련은 공산진영 내 어떠한 국가의 재정적·기술적 지원을 기대하기 어려운 처지에 놓여 있었다. 따라서 미국의 레이건 대통령이 전격적으로 제안한 '상호공멸'이 아닌 '상호생존'을 보장할 수 있다는 전략적 방어 중심의 이러한 전략구상은 실질적으로 많은 국가들을 매우 곤혹스럽게 만든 충격을 안겨 주었다.

그러나 미국 레이건 행정부가 내세운 방어 중심의 핵전략 구상이 군비경쟁을 가속화시킬 것이라는 우려와 이에서 비롯된 반대의견에도 불구하고, 역설적으로, 이러한 전략적 방어구상은 미국과 소련 사이에 전개되어 왔던 '핵군비 경쟁'을 오히려 '핵감축 경쟁'으로 전환시킨 계기를 제공하였다. 군사력을 여기저기에 투입하면서 공산진영의 맹주 노릇을 해 온 소련은, 특히 소련의 '월남전'인 아프칸 내전(1979. 12. 25-1989. 2. 15)을 치르면서 지출한 막대한 전비와 공산사회주의체제가 지닌 본래적인 자생력 결핍에 기인한 경제적 빈곤상태에 직면하고 있었다. 소련이 극복해야 할 경제적 궁핍은 그가 보유한 막강한 핵군사력이 해결해 줄 수 있는 성질의 것이 아니었으며, 이러한 상태에 있던 소련은 엄청난 경비와 고도의 기술력이 요구되는 새로운 전략적 방어체계를 구비하기 위한 또 다른 군비경쟁에 뛰어들기가 거의 불가능한 처지에 놓여 있었다.[26] 공격적이건 방어적이건 간에 핵군사력을

---

26 소련 경제는 1960년대는 5%의 성장률을 기록했으나, 70-75년에는 4%, 75-80년에는 3%, 그리고 80년대에 들어와서는 2%로 둔화되는 퇴조를 기록하였다. *韓國經濟新聞*, 1988. 10. 12.

강화시키는 것보다는 빵을 구입하기 위하여 식품점 앞에 늘어선 사람 숫자를 줄이는 것이 급선무였다. 특히 1985년 3월 11일 소련 공산당 서기장에 취임한 고르바초프(Mikhail Gorbachev)는 '인간의 얼굴을 가진 사회주의'를 지향하는 소련체제 구축을 목표로 '개혁과 개방'을 표방하면서, 일방적으로, 핵실험 중지를 선언(1985. 8)하기도 했다. 레이건 미국 대통령과의 2차 정상회담(Reykjavik, 1986. 10)에서 고르바초프는 5년 안에 대륙간 탄도 미사일 숫자를 1,600개로 줄이고, 핵탄두도 6,000개로 감축하고, 유럽에 배치된 중거리 핵전력(Intermediate Nuclear Foreces)을 철수하기로 합의하면서 미국이 구상하고 있던 전략적 방어구상의 실험실 연구를 제외한 우주공간이나 현장에서의 실험실시는 반대하였다.[27] 이어서 고르바초프는 미국과 중거리 핵전력 폐기협정에 서명하고(3차 정상회담, 워싱턴, 1987. 12), 아프카니스탄에서 소련군의 철수를 단행하면서(1988. 5), 동유럽 주둔 소련군 50만을 감축한다는 선언과 함께(1988. 5), 화학무기의 폐기 선언까지 마다하지 않았다(1989. 1). 이와 같이 레이건 미국 대통령의 '이상적이고 도전적인' 전략적 방어구상에 근거한 새로운 핵전략은, 이로써 비롯될 수 있는 새로운 군비경쟁보다는 내부체제의 자생력 확보와 식품가게 앞에 늘어선 '사람줄'을 짧게 하거나 없애는 것이 더 시급하다는 소련 공산당 서기장 고르바초프의 현실인식과 더불어, 미국과 소련 간 군비축소의 계기를 제공하였다.

레이건 행정부(1981. 1-1989. 1)로부터 과감하면서도 야심적인 전략구상(SDI: Strategic Defense Initiative or Star Wars)과 미국과 소련 간에 조성된 군비축소 분위기를 동시에 물려받은 부시 행정부(1989. 1-1993. 1)는 새롭게 전개된 전략환경에 길맞는 전략개념의 정립과 이의 실천적 보장을 위한 조치를 강구해야만 했다.

---

27 "Now, Super-Zero?: Gorbachev makes NATO an offer it can't easily refuse," *Time* (April 27, 1987), pp. 24-27.

미국의 부시 행정부는 소련과 사이에 형성된 화해 분위기를 한껏 활용한 조치들을 취해 나갔으며, 소련 역시 내부 자생력을 고양시키는 데 방해가 되는 대외 개입을 중단하고 군비를 축소함으로써 미국과의 관계개선을 도모하려 했다. 미국은 소련의 화학무기 포기 선언에 상응한 조치로 미국이 비축하고 있던 화학무기를 1997년까지 폐기하겠다고 선언하고, 소련의 동구권 주둔군 50만을 감축하겠다는 다짐과 함께 아프카니스탄에서 소련군을 철수시킴으로써 9년간의 전쟁을 종식시키는 등의 조치를 취함에 따라, 이동 미사일 중심(Mobile Missile)의 핵전략으로 과거 레이건 대통령이 극적으로 제안한 'Star Wars'계획을 대신하겠다고 선언하면서, 유럽에서의 대규모의 전력을 감축하자는 제안을 내놓았다.[28] 미국과 소련은 또한 양국이 합의한 INF조약(the INF Treaty effective on June 1, 1988)에 따라 1,269기의 중거리 미사일을 파기하는 조치를 취하기도 했다.[29] 미국과 소련 사이에 조성된 군비축소와 화해 분위기는 소련이 주도하던 동구권에 직접적인 변화를 가져와, 다당제의 헝가리 공화국이 수립되어(1889. 10. 18), '브레주네프 독트린'을 거부하고 이곳에 주둔하고 있던 소련군의 철수를 요구하기에 이르렀으며, 동독의 국경이 개방되어(1989. 11. 9) 사실상 베를린 장벽이 무너지는 현상이 일어나, 동쪽 진영의 '변증법적' 변화를 재촉하였다.[30] 소련의 고르바초프 역시 동쪽 진영의 '군기'(軍紀)를 잡을 목적으로 세계 각국에 군대를 파견함으로써 개별 국가의 주권보다 진영의 결속을 다져왔던, 이른바 '브레주네프 독트린'을 공식적으로 폐기하고, 교황청을 공식 방문하여 관계를 정상화하는 정치·외교적인 조치까지 취했다. 실로, 미국과 소련 사이에 조성되어 가고 있던 군사적

---

28 *朝鮮日報*, 1989. 1. 10; 1. 24; 2. 15; 3. 6; *東亞日報*, 1989. 3. 6; *The Korea Times*, March 8, 1989; "부시, 유럽 대규모 감축 제의," *朝鮮日報*, 1989. 5. 30; 31.

29 "US, Soviets Destroy 1,269 N-Missiles," *The Korea Times*, June 2, 1989.

30 *朝鮮日報*, *東亞日報*, 1989. 10. 19, 23, 11. 9, 10.

긴장완화 및 정치적 화해분위기는 어떤 학자나 전문가도 예측하지 못했을 정도로 그 속도와 정도가 빠르고 깊게 구체화되었다.

미국과 소련 사이에 정착된 긴장완화와 화해분위기는 새로운 국제질서를 빚어낸 태동력(胎動力)이 되었다. 폭풍우가 몰아치는 말타(Malta)섬 연해에 정박된 소련의 호화여객선(Maxim Gorky호) 상에서 개최된 정상회담(1989. 12. 2, 3)에서 양국 원수는(Bush and Gorbachev) 미국과 소련의 대립으로 빚어진 냉전(Cold War)의 종식을 선언하고, 양국간 "새로운 전쟁은 없다"고 선포하기에 이르렀다.[31] 이른바 '얄타(Yalta)체제'라고도 일컬어지기도 한 냉전질서는 고르바초프 소련 수상이 "소련은 미국에 대해서 결코 열전을 시작하지 않겠다"는 다짐과 함께 역사 속으로 사라지고, '말타(Malta)체제'라고도 불리는 새로운 국제질서가 태동(胎動)하였다. 이로써 미국과 소련의 대립으로 빚어진 냉전의 명분상 구조는 변질되었으나, 이들 두 국가가 이끌어 온 양 대 진영과 그 주변 지역에서의 소요와 군사활동은 쉽게 가라앉지 않았다. 미국은 2만의 병력을 파나마에 투입하여 미국에 대해서 '주먹질'을 해대며 마약을 밀수하는 '파나마의 무법자' 노리에가를 체포하는 군사작전을 실시하여, 결국 그를 미국의 법정에 세움으로써 '미국식 브레주네프 독트린'이라는 비난과 외교적 부담을 감수하면서까지 미국민의 생명과 안전을 보호하려는 행동을 마다하지 않았다.[32] 이와는 대조적으로, 소련이 맹주 역할을 해 오던 동구권은 스스로 붕괴되어 갔다. 헝가리의 변질과 베를린장벽의 붕괴에 이어 루마니아에서도 24년간의 공산독재체제가 무너지고, 차우셰스쿠 부부는 생포되어 처형되기도 한 정변이 일어나기도 했다.[33] 자유진영 내에서는 '민기'(民紀)가 잡히고,

---

31 *The Korea Times*, December 3, 4, 1989; *朝鮮日報*, *東亞日報*, 1989. 12. 3, 4.

32 "美, 파나마 侵攻," *조선일보*, 1989. 12. 21; "美, 파나마 武力장악" "美 '목의 가시 뽑기' 전격作戰," *동아일보*, 1989. 12. 21.

33 "루마니아 24년 독재 몰락," *동아일보*, 1989. 12. 21, "루마니아 42년만의 크리스마스 캐럴," *동아일보*, 1989. 12. 25, "차우셰스쿠夫婦 處刑," *동아일보*, 1989.

공산진영에서는 '민정'(民政)이 수립되어 진영간 결속으로 유지된 진영 내 '군기'(軍紀)가 빠짐으로써 새롭게 태동된 질서가 그 모습을 갖추기 시작했다. 실로, 소련의 변질에서 비롯되어 정착되려는 새로운 국제질서는 이념을 앞세운 냉전과는 다른 성질의 것이었다.

냉전구조에서 상호 대립적 관계를 유지해 오던 동서 양대 진영이 퇴색되자, 어느 지역 내의 패권(霸權)과 이권(利權)을 장악하려는 지역 패권국가들의 움직임이 전략의 대상으로 부각하였다. 전사상 가장 실패한 전쟁으로 기록된 이란-이라크 전쟁(1980. 9. 22-1988. 8. 20)에서 먼저 이란을 공격한 이라크의 후세인은 경제적 손해와 인명 손실은 물론 정치적 위신까지 추락되는 엄청난 피해를 감수해야 하는 곤궁한 지경에 처하게 되었다.[34] 경제적 이권의 확보와 정치적 위신을 회복하기 위한 목적으로 후세인은 1990년 8월 2일 5개 사단의 병력으로 쿠웨이트를 공격하여 이틀만에 이를 점령하고, 쿠웨이트를 이라크의 19번째 주로 편입해 버렸다.[35] 이라크가 걸프지역의 '깡패국가'(hegemon state)를 자처하고 나선 셈이다. 이에 대해서 미국과 소련은 한 목소리로 이라크의 즉각적인 철수를 요구하게 되었고, 유엔도 이를 적극 지지하면서 외교·경제 봉쇄조치를 포함한 결의안을 채택하였으나 효과를 거두지 못하자, 결국 유엔 안전보장이사회는 1990년 11월 29일 이라크에 대한 다국적군(多國籍軍)의 무력사용을 승인하고, 1991년 1월 15일까지 이라크가 이를 이행하지 않을 경우에 모든 필요한 수단을 동원하여 쿠웨이트에서 이라크군을 축출한다는 결의안을 통과시켰다.[36] 이라크가 유엔 결의안을 이행하지 않음에 따라, 미군을 주축으로 구성된 다국적군은, 소련의 묵인 아래, 쿠웨이트를 해방하기 위한

---

12. 26.

34 陸軍士官學校 戰史學科, *世界戰爭史*, pp. 615-657.

35 *世界戰爭史*, pp. 658-690.

36 *世界戰爭史*, pp. 660-667.

군사작전을 실시하기에 이르렀다. 과거 지역분쟁이 미국과 소련의 직접 및 간접적인 대결로 규정되어 온 사실과는 판이한 현상이 빚어지게 되었다.

걸프전(1991. 1. 17-2. 28)을 주도적으로 수행한 미국은 전쟁의 목적을 결정적으로 달성하기 위한 전략을 수립하여 이를 정치적 배열과 군사력으로 뒷받침하였다. 먼저, 미국은 이라크의 쿠웨이트 침공이 탈냉전적 국제질서에 도전적 위협이 된다는 점을 강조하면서 원상회복을 위한 노력에 아랍진영의 국가들까지 포함한 다국적군을 형성함으로써 다국적군과의 대결을 아랍세계의 성전(聖戰: Jihad)으로 승화시키려는 이라크의 정책의지를 무효화시켰다. 두 번째로, 미국은 다국적군의 무력사용이 최초의 수단과 방법이 아니라 군사 외적인 방법과 수단이 소진(消盡)된 후에 택한 마지막 성질의 것이라는 점을 입증하기 위하여 유엔이 통과시킨 결의안과 이를 거부한 이라크의 행동을 기록으로 남기는 정치·외교적 단계를 밟아 나갔으며, 다국적군의 군사행동 역시 유엔이 통과시킨 결의안에서 그 명분상 이유를 찾았다. 세 번째로, 미국은 제2의 월남전화를 방지하기 위하여 군사력의 축차적 투입을 피하고 집중적인 투입을 위한 충분한 전력을 확보한 후에 군사작전을 개시하였다. 네 번째로, 이라크군에 비하여 미군이 지니고 있는 기술적·전술적·전략적 우위를 극대화하는 방향으로 군사력의 사용시기·방법 등을 설정하였다. 이에 따라 첨단 장비의 상대적 장점을 활용하면서 주간보다는 야간, 춘계작전보다는 동계작전을 택했으며, 전통적으로 구사해 온 우회·포위는 물론, 기습·기만·양공·양동작전도 구사하였다. 다섯 번째로, 미국은 처음부터 지상군을 투입하는 작전 형태대신 우세하고 정확한 공중화력으로 이라크군의 지휘·통제 조직을 마비시키고, 병참선을 차단함으로써 이라크군의 눈과 귀를 멀게 하고, 전투력을 충분히 약화시킨 다음에 지상작전을 펼치는 전략을 수립하고 이를 집행하였다. 여섯 번째로, 미국은 걸프전을 성전으로 승화시켜 아랍국가들까지 가담한 다국적군의 전열을 흐트러뜨리려는 이라크가 미사일 등으로 이스라엘을 공격할 것에 대비하여 이스라엘의 방공능력을 강화시키고 경제원조까지 제공하는 정치적 배려도 잊지 않았다. 이로써, 미국은 충분한 공중전력을 투입하여 이라크의 지상전력을 거의 탈진시킨 후에 이를 공격하는 섬멸전략으로 '끝까지 버티어 반격에 나서겠다는 이라크의 지구전략'을 완전하게 무력화시켰다. 그리하여 미국은 38일간의 공중공격과 100시간의 지상작전을 수행한 후에 쿠웨이트를 해방하고 일방적인 종전을 선포하는 쾌거(快擧)를 획득하였다.[37]

이른바 탈냉전기(the post-Cold War era)에 치러진 걸프전(1991)은 새로운 국제질서가 구축되어 가고 있던 현대의 전략상 몇 가지 중요한 명제를 남겼다. 첫째, 국가간 관계에서 이념이나 종교 및 종족적인 유대나 연대의 중요성이 퇴색되었다. 이라크의 후세인은 '형제국가라고 자칭했던' 아랍권의 회교국가인 쿠웨이트를 점령하여 지역적 패권을 장악하려 했고, 이에 대해서 미국을 비롯한 자유진영 국가들은 물론, 이라크를 지원하던 소련이나 기타 아랍국가들도 과거의 유대나 당시의 연대 가능성을 배제하고 다국적군에 가담하거나 이라크의 침략 행위를 비난하는 대열에 서슴없이 동참하였다. 둘째, 전략상 특징 중의 하나로 간주되어 온바 있듯이, 군사력의 사용에 의한 현상의 변경이나 회복이 결코 쉽지 않다는 점이다. 쿠웨이트를 쉽게 점령한 이라크는 이를 기정사실화하기 위하여 쿠웨이트를 이라크의 영토로 선포했으나, 중동의 석유자원에 대한 접근 용이성의 확보와 이를 위해서 중동 지역이 어느 한 패권국의 영향권에 속하는 것을 거부하는 다른 국가들이 이를 결코 용납하지 않았다. 그러나 잠정적이나마 변경된 현상을 원상으로 복귀시키는 것도 전쟁이라는 과정을 거친 후에야 가능했던 것이다. 셋째, 전략상 군사력의 사용에 적용되어 왔던 우회와 포위 · 집중 ·

---

37 *世界戰爭史*, pp. 658-679.

기습·기만·양공과 양동을 포함한 공격 등의 중요성은 실제 군사작전을 통하여 입증되었으며, 병참 보급의 절대성과 무기와 장비면에서 기술적 우위의 효용성 역시 실증적으로 증명되었다. 넷째, 현대에 있어서 군사력 사용의 명분상 이유도 매우 중요하며, 때로는 이러한 명분이 전후 질서의 성격을 좌우하는 기본이 된다는 점이다. 걸프전 이후 이라크의 후세인 정권은 무너지지 않았으나, 이라크는 남과 북에 설치된 비행금지구역(북쪽의 쿠르드족 보호와 남쪽의 종파 보호 명분) 설치로 삼등분(三等分)되었으며, 원유의 판매 등의 경제활동도 유엔의 감시를 받아야 하는 국가로 변질되기에 이르렀다. 다섯째, 그러나 군사행동으로 쿠웨이트만 해방시키고, 후세인의 축출이나 이라크 정권의 변질은 이라크 국민 몫으로 남겨 놓은 결과, 후세인의 내부 철권 독재체제는 더욱 악화되어 더욱 참혹하게 펼쳐진 이라크 국민들의 참상을 바라만 보아야 하는 안타까움을 결과로서 남겨 놓았다. 따라서 완전한 승리로 마감하지 않은 전쟁은, 한국전쟁(1950-1953)에서와 같이, 어떠한 수단과 방법으로도 해결할 수 없는 엄청난 부작용을 빚어낸다는 사실을 걸프전이 보여 준 셈이 되었다. 이와 같이 걸프전은 이념이나 종교보다는 국가이익 중심으로 펼쳐지는 새로운 국제질서의 기본 성격을 드러내 보이고, 전통적인 전략의 기본명제들의 효용성을 다시 한번 입증해 주면서, 현대 제한전의 결과적 한계를 증거로써 말해 주었다.

현대 제한전으로서 걸프전을 성공적으로 마무리했다고 판단한 미국은 소련과의 전략핵무기 감축을 가속화하고, 대량살상무기의 확산을 방지하면서, 새로운 국제질서 속에서도 발발할 수 있는 걸프전과 같은 지역분쟁을 어떠한 수준으로 어떻게 대처해야 하는가에 중점을 둔 전략개념과 수단을 구비하려 했다. 미군을 주축으로 한 다국적군이 걸프전을 치르는 동안 중립적 입장을 취했던 소련은 걸프전이 끝난 다음에는 쿠웨이트와 이라크 국경에서 휴전을 감시하기 위하여 군대를 파견하고 소련군은 미군과 더불어 유엔의 평화유지 임무를 공동으로 수행하게까지 되었다.[38] 소련의 모스크바를 방문한 미국의 부시 대통령은, 1991년 7월 31일, 소련 고르바초프 대통령과의 정상회담에서 미국과 소련은 7년간에 걸쳐서 전략핵탄두를 30% 이상 감축하고, 10개 이상의 다탄두 핵미사일 개발을 중지한다는 내용을 골자로 한 전략핵무기감축조약(Treaty on Strategic Arms Reduction)에 서명함으로써 군비경쟁 대신 군비감축으로 전환시키고, 중동에서의 평화구축에 양국이 협력한다는 다짐까지 했다.[39] 미국과 소련은 이제 냉전적인 적대관계를 탈냉전적인 협조관계로 전환시키면서 핵무기 감축과 지역분쟁과 같은 재래식전쟁의 억제를 위해서도 협력하는 새로운 전략관계를 정착시켜 나갔다.

그러나 급속한 소련의 위상변화와 이에 불만을 가진 군부의 쿠데타에 의해서 한때 권좌에서 축출되기도 한(1991. 8. 19-22) 고르바초프는 더 이상 '인간의 얼굴을 가진 사회주의'체제 구축을 위한 개혁과 개방을 주장하거나 미국과의 관계에서 더 이상 영향력을 행사할 수 있는 입장이 아니었다. 소련의 공산당은 와해되고(1991. 8. 26), 소비에트 의회가 소련 연방의 해체를 승인하였으며(1991. 9. 5), 소련 연방이 해체되자(1991. 12. 15), 고르바초프가 설 자리가 없어진 셈이 되었다.[40] 소련을 대신한 러시아는 유엔에서의 소련의 위치를 차지하고, 미국 역시 강대국으로서 러시아의 지위를 인정하였으며, 소련 대신 러시

---

38 "US, Soviet Troops Engage In 'Desert Teamwork'," *The Korea Times*, May 11, 1991.

39 "Bush, Gorbachev Sign Treaty on Strategic Arms Reduction: 2 Nations to Co-Sponsor M-E Peace Talks in Oct.," *The Korea Times*, August 1, 1991; "START 주요 내용: 7년간 3단계로 전략核 30% 감축," *한국일보*, 1991. 7. 31.

40 "Gorbachev Ousted," *The Korea Times*, August 20, 1991; "Gorbachev Back in Power-Thanks Yeltsin, Soviet People," *Ibid.*, August 23, 1991; "Communist Party Collapes," *Ibid.*, August 27, 1991; "Soviet Congress OKs Break-up of Centrally-Controlled State," *Ibid.*, September 6, 1991; "Gorbachev Resigns," *Ibid.*, December 16, 1991.

아, 그리고 고르바초프 대신 러시아의 대통령 옐친을 상대하게 되었다.[41] '인간적인 사회주의'를 주장한 고르바초프를 대신하여 '자유·민주주의'를 주창한 옐친 러시아 대통령은 미국과의 긴밀한 교류에 더욱 적극적이었기 때문에, 미국과 러시아는 한층 고양(高揚)된 협조관계를 정착시켜 나갈 수 있었다.

미국과 소련 및 이를 계승한 러시아와의 냉전적 대립의 해소는 두 나라간 관계뿐만 아니라 세계적 차원의 국제관계에서도 긍정적 변화를 불러왔다.

유엔은 걸프전을 준비하고 이를 수행하는 동안 걸프만 지역이 패권을 노리는 후세인이 이라크 정권을 응징하는 데 필요한 당위적 명분을 제공하였으며, 쿠웨이트의 원상이 회복된 후에도 후세인이 대량살상무기를 보유하거나 또 다른 침략의도를 실행에 옮길 수 없도록 이라크의 석유수출 등의 경제활동을 엄격하게 제한하는 조치들을 취하면서, 남부지역의 회교종파나 북부지역 쿠르드족의 생활권을 보호하고 (No-fly Zone 의 설정), 이를 유엔의 결의안이 아닌 미국과 영국의 군사력이 보장하도록 하는 조치를 취했다. 일정 지역의 현상과 평화를 유지하기 위하여 적극적인 조치를 마다하지 않은 유엔은 유엔 사상 최초로 안전보장이사회 정상회의를 개최하고(1992. 1. 31), 평화구축·평화유지·군비통제면에서 유엔의 역할을 강화함으로써 건실한 집단안보체제를 발전시켜 나가는 데 적극적으로 개입하겠다는 선언문을 발표하기도 했다.[42] 유엔이 지지한 다국적군의 성공적인 걸프전 수행은 무력사용에 의한 현상변화와 이에서 비롯된 지역의 평화파괴를 인정하지 않겠다는 유엔의 결의가 선언문의 형식으로 천명된 셈이다.

---

41 "US to Grant Russia Superpower Status," *The Korea Times*, December 25, 1991.

42 "UNSC Reaffirms Commitment To Collective Security System-Members Vow To Work to Prevent Nuclear Spread" "Text of Final Declaration for UN Summit," *The Korea Times*, February 2, 1992.

미국의 부시 대통령은 과거 소련의 지위와 권한을 계승하고 유엔 안전보장이사회 정상회의에 초강대국 정상으로 참석한 러시아의 옐친 대통령을 미국 대통령 별장(Camp David, Maryland)으로 초청하여 미국과 러시아 간 새로운 관계를 정립하는 계기를 만들었다. 여기에서 옐친은 미국과 더불어 전략적 미사일 방어체제(SDI or Star Wars)를 구축하는 노력에 동참할 수 있다는 의사와 더불어, "오늘의 군사교리에서 러시아는 미국을 가상적국으로 간주하지 않는다. 따라서 러시아와 미국은 동맹국이 되기를 바란다"는 직설적인 표현으로 미국과의 관계 개선을 희망했다. 이 결과 두 정상은 새로운 관계에 관한 성명(Camp David Declaration of New Relations)을 발표하면서, "미국과 러시아는 더 이상 상호 가상적국으로 간주하지 않으며, 신뢰할 수 있는 우방"이라고 선언하였다.[43] 이러한 양국간 관계 정상화는 미국의 핵전략에도 반영되어 1991년 서명한 전략무기 감축협상(START: Strategic Arms Reduction Talks)에서 합의한 수준(미국: 8,500, 소련: 6,500개의 핵탄두)보다 더 감축하기로 합의가 가능하였다. 러시아와 핵전력 감축 협상과정에서 미국의 부시 행정부는 러시아에 대해서 핵우위(核優位)를 추구하지 않겠다는 입장을 밝히기도 했다. 워싱턴에서 미국과 러시아 대통령은 양국이 파트너 관계임을 천명하고, 중간단계를 거쳐 양국은 3,000-3,500개의 핵탄두(미: 3,500, 러: 3,000개)로 감축하기로 하고, 다탄두 ICBM은 전량 폐기하기로 합의하였다.[44] 그리고 이러한 협력분위기에 발을 맞추어, 1992년 7월 2일, 미국의 부시 대통령은 해외(유럽과 한국)에 배치된 지상 및 해상 발사 전술핵탄(2,400개)을 미국 영토로 철수했다는 선언을 하였으며, 러시아와 전략핵 감축 합의를 담은 새로

---

43 "US, Russian Presidents Meet" "Bush, Yeltsin Issue Declaration of New Relations," *The Korea Times*, February 2, 6, 1992.

44 "미국, 대러시아 核優位 추구안해," *한국일보*, 1992. 6. 14; "US, Russia to Make New N-Cuts," *The Korea Times*, June 18, 19, 1992.

운 조약(START II Treaty)은 그가 직접 모스크바를 방문하여 옐친 대통령과 더불어 1993년 1월 3일 정식으로 조인하였다. 미국과 러시아 간에 조인된 이 조약으로 양국은 핵무기의 2/3를 감축하기로 합의하였고, 따라서 양국의 핵전력은 30년 전 수준으로 낮아졌으며, 양국은 10개 이상의 다탄두 미사일의 핵공격을 피할 수 있게 되었다.[45] 실로 미국과 러시아의 핵감축 합의는 양국뿐만 아니라 전 세계 다른 국가들에게도 '신선한' 충격을 안겨 주면서 그에 따른 전략적 적응을 요구하였다.

미국의 부시 행정부는 소련과 새로운 관계를 모색하여 냉전적 대립관계(Yalta체제)를 탈냉전적 국제질서(Malta체제)로 바꾸고(1989), 이렇게 조성된 새로운 질서 속에서 지역분쟁으로 등장한 걸프전(1991)을 성공적으로 수행하여 지역 패권국의 등장을 거부하면서, 소련의 뒤를 이은 러시아와 전략핵을 대폭 감축하기로 합의함으로써 핵전쟁의 공포를 완화시켰으나, 핵확산 금지와 지역분쟁의 억제와 수행, 그리고 테러리즘과 연관된 새로운 전략의 구축은 다음 행정부에 과제로서 남겨 놓았다.

미국의 클린턴 행정부(1993-2001)는 러시아와의 핵감축문제, 지역분쟁문제, 그리고 핵확산금지와 연관되어 나타난 북한 핵문제와 전 세계적으로 확산된 테러와 마약 등의 기존 문제와 새로운 위협에 대한 적절한 전략과 역량의 보유를 해결해야만 했다. 클린턴 행정부는 러시아가 새 방위정책을 발표하면서 핵선제공격 포기를 명시적으로 밝힘에 따라, 양국은 미사일의 상호겨냥을 중지하기로 하고, 우크라이나

---

45 "US Completes N-Withdrawal: Most of Them Based in Europe, South Korea," *The Korea Times*, July 4, 1992; "美·러 전략核 감축 調印," *한국일보*, 1993. 1. 4. 이 합의에 따라, 2003년까지 미국은 ICBM: 500기, SLBM: 1,628기, Bomber: 1,272기 등 총 3,500개의 핵탄두를, 러시아는 ICBM: 531기, SLBM: 1,744기, Bomber: 725기 등 총 3,027개의 핵탄두를 보유하게 되었다. "No More Lies-Ever," *Newsweek* (June 29, 1992), pp. 18-19.

공화국에 위치한 1,800개의 핵탄두도 폐기하기로 했다.[46] 러시아와의 핵감축 합의에 이어 미국 클린턴 행정부는 중국과도 상호 핵겨냥을 하지 않기로 합의하였다.[47] 또한 미국은 소말리아에 이어 유고슬라비아의 분쟁에 NATO군과 더불어 평화유지군을 파병하기로 결정하여 지역분쟁에 적극 개입하는 전략을 가시화했다. 그리고 중동이나 한반도 지역에서 발발할 수 있는 재래식전쟁에 관해서도 두 개의 전쟁을 승리로 마감한다는 Win-Hold-Win 개념을 제시하고, 이러한 개념이 Win-Hope-Win이 될 수 있다는 비판을 의식하여 현지 주둔 미군의 임전태세와 전력을 강화하고, 주방위군의 동원태세를 고양시켜 이를 현실적으로 보장하기로 했다.[48] 이를 위해서 미국은 10개의 육군사단, 20개의 공군비행전투단, 12척의 항공모함, 그리고 17만 4천 명의 해병대를 유지하기로 하고, 즉각적인 대응을 위해서 유럽에 약 10만, 동아시아 지역에 9만 8천여 명을 배치하면서, 통상 미국이 한 지역분쟁에 6개 사단을 파견한 경험에 비추어 주방위사단의 전투수행 능력향상을 도모하고, 현지 국가의 대비태세 강화 및 첨단무기의 개발과 운용 등으로 병력부족을 보완하기로 했다.[49] 이와 같이 미국은 러시아와는 핵감축, 러시아를 제외한 과거 소련 연방국들과는 핵폐기 합의를 도출하면서, 유고슬라비아와 같은 분쟁 지역에는 유엔 및 나토와 더불어 평화유지군

---

46 "Basic Provision of the Military Doctrine of the Russian Federation," Special Report, *Jane's Intelligence Review* (January 1994), pp. 6-12; "Clinton agrees to take missiles off targets in Yeltsin talks," *The Korea Herald*, January 14, 1994; "러시아 核선제공격 포기," *한국일보*, 1993. 5. 18; "미, 러시아 미사일 상호겨냥 중지," *한국일보*, 1994. 1. 14.

47 "美-中 핵미사일 상호 조준 해제," *동아일보*, 1998. 6. 28; "U.S., China agree not to target each other with nuclear missiles," *The Korea Herald*, June 29, 1998.

48 "Bottom-Up Review: Pentagon Charts Plans for Future Force Structure," September 1, 1993; Dov S. Zakheim, "The potential nightmare of win-hold-win strategy," *The Korea Herald*, July 15, 1993.

49 "Bottom-Up Review."

을 파견하고, 두 지역에서 동시에 재래식전쟁을 치를 수 있는 군사력을 보유한다는 전략을 수립하였으며, 예산문제로 군 병력의 규모를 축소하는 상황 아래에서도, 미군의 지휘·통제·통신·컴퓨터·정보·정탐 및 정찰(C4ISR: command, control, communications, computers, intelligence, surveillance, and reconnaissance)능력과 체계는 최상으로 유지하고 상대의 것은 최대한 파괴 교란시켜 전장의 주도권을 확보한 후에 전투를 수행함으로써 신속하고도 경제적인 승리를 보장함으로써, 적극개입(active engagement), 즉각적인 대응(immediate response), 그리고 미래 대비(prepare the future)라는 말로 압축되는 군사전략을 실질적으로 뒷받침하려 했다.[50]

그러나 미국의 클린턴 행정부가 해결해야 할 '골치아픈' 문제 중의 하나는 북한 핵문제를 포함한 핵확산금지의 실제 집행이었다. 북한은 후원국인 소련과 중국이 한국과 국교를 정상화하는 현상이 전개되자, 자체의 생존수단 및 교섭수단으로서 핵무장과 미사일의 개발·보유 및 수출을 통하여 체제의 유지는 물론 탈냉전적 국제질서에 냉전적 방식으로 적응하려는, 다분히 '모순적' 정책과 전략을 보장하려 했다. 이를 바탕으로 북한은 '강성대국 건설'이라는 선전문구를 남발하여 내부의 결속을 다지고 분열이나 폭발을 방지하면서, 한국과 한반도 관련 주변국들을 위협하여 필요한 경제지원을 '강요'하고, 냉전적 위협수단과 기술을 중동 지역에 수출하여 외화를 벌어들이는 다각적인 '몸부림'을 마다하지 않아 왔다. 미국 클린턴 행정부는 이러한 북한을 핵확산 금지라는 전 세계적인 전략과 한반도와 동북아시아 지역의 안정유지라는 두 가지 차원에서 접근하면서 '핵개발 동결과 지원' '위협과 대비'라는 두 가지 측면에서 북한 핵문제를 해소시키려 했다.

먼저 미국은 북한의 핵을 제거하기 위하여 북한이 주장하고

---

50 *The Quadrennial Defense Review* (1997) signed by General John M. Shalikashvili, Chairman of the Joint Chiefs of Staff.

있는 핵보유 필요성에 대한 구실을 제거하려는 노력을 기울이면서, 남북한 간의 안정적 관계유지를 원했다. 북한을 침공하려는 의도하에 실시한다고 북한이 주장해 온 한·미 합동군사훈련(Team Spirit)을 유예하거나 중단시키고, 이를 각 부문별 훈련으로 대치하였다. 미국이 한반도에 전술핵을 보유하고 있기 때문에 북한도 핵무기를 보유해야 한다는 주장을 무효화시키기 위하여, 미국은 전 세계적으로 감행된 핵무기 감축과 더불어, 한반도에 배치된 전술핵을 철수시키고, 이를 한국의 대통령으로 하여금 공개하도록 했다.[51] 그러면서 남북한 간의 긴장완화 조치와 한반도의 비핵화 공식 천명을 요구하여 남북한 간 한반도 비핵화 선언과 화해와 불가침 및 교류·협력에 관한 합의서까지 출현하게 하는 데 지대한 역할을 수행하였다.[52] 핵무기확산 방지와 한반도의 안정유지를 위한 미국의 양보는 엄청난 수준이었다.

그러나 핵개발 의혹을 활용한 결과로 한·미 합동군사훈련을 중지시키고, 한국에서 미국의 전술핵까지 철수시키는 '전과'(戰果)를 달성한 북한은 대화상대로서의 한국을 제외하고, 실제 이익이 없는 국제기구인 IAEA가 핵연료 재처리 시설을 발견하자, 이의 핵사찰도 거부하면서 미국을 압박하는 수단으로 NPT 탈퇴의사를 표명하였다. 미국이 1993년 6월 북한과의 고위급 회담개최에 동의할 수밖에 없는 상황을 조성한 북한은 'NPT 탈퇴를 보류'한다는 입장만을 표명함으로써 대화의 상대로서 한국을 제외시키고, 사찰 상대로서 IAEA를 제치면서 미국이 주도하려던 유엔 안보이사회의 경제 제재까지 불발로 그치게 만들면서 미국의 대표를 협상 테이블에 앉게 하는 '성과'(成果)까지 달성하였다. 북한이 핵을 보유하여 이를 사용한다는 것은 북한 체제의

---

51 盧泰愚 大統領의 「核不在 宣言」, 1991. 12. 18. 國防軍史硏究所, *國防條約集 第二輯 (1981-1992)*, pp. 714-715.

52 "南北 사이의 和解와 不可侵 및 交流·協力에 관한 合意書" "韓半島 非核化에 관한 共同宣言," 1992. 2. 19. *國防條約集 II (1981-1992)*, pp. 714-719.

종말을 자초하는 결과가 될 것이라는 위협에도 불구하고, 어쩔 수 없이 협상에 임한 미국은 북한과 핵동결에 합의하고(1994. 10. 21), 이 대가로 경수 원자로(Light Water Nuclear Reactor)를 건설해 주기로 약속하면서(1995. 12), 이것이 완료될 때까지 매년 50만 톤의 중유(重油)를 공급해 주기로 했다.[53] 한국과 IAEA 등을 활용하여 미국과 직접 협상을 벌인 북한은 한국에서 미국의 전술핵을 철수시키고, 한·미 합동군사훈련(Team Spirit)도 중지시키고, 경수로 건설과 중유까지 확보하면서 미국의 경제적 제재조치까지도 해제하도록 하는 '쾌거'(快擧)를 달성하였다. 이와는 대조적으로 한국과 일본에 대해서는 "전쟁이 나면 서울은 불바다가 될 것"(1994. 3. 19)이라는 폭언과 "만약 북한에 식량을 지원하지 않으면 한국과 일본은 핵탄두를 장착한 4개의 북한 미사일을 대적해야 할 것이다"(1996. 4. 26)라는 망언(한 경제관료)을 서슴지 않았다.[54] 실로 냉전적 수단의 하나인 핵개발 및 핵무기 보유의혹을 활용한 북한의 정책과 전략은 괄목할 만한 효과가 있었다.[55]

그러나 협상에 있어서 호혜성(reciprocity), 결과의 이행과 검증에 중점을 두고 협상 자체의 과정보다는 합의사항의 집행을 강조하는 미국 부시 행정부(2001. 1. 20)의 대 북한정책과 전략은 과거의 것과는 달랐다. '회담에 참가하느냐 하지 않느냐' 하는 문제에서부터 'NPT에서 탈퇴하느냐 아니면 탈퇴를 유보하느냐' 하는 중간 절차와 핵폐기가 아닌 핵동결과 미사일 시험발사 중지 등의 약속만으로 미국과 한국과의 합동군사훈련 등을 취소시키고, 한반도에서 미 전술핵을 철수하도록 하면서 인도적인 외부지원은 물론 미국으로부터 경수로 건설지원·

---

53 "北·美, 18개월 만에 核타결, …21일 조인—北, 특별사찰·核동결 약속," *한국일보*, 1994. 10. 19.

54 Larry A. Niksch, *North Korea's Nuclear Weapons Program*, CRS Issue Brief (Congressional Research Service, The Library of Congress, November 30, 1998), p. 6.

55 전반적인 분석은 온창일, "핵과 미사일 문제를 앞세운 북한의 정책과 전략," *STRATEGY 21, 제3권, 제1호* (2000. 7. 15), pp. 180-204 참조.

중유공급을 보장받은 바 있던 북한에게 합의사항의 집행과 검증 없이는 아무런 보상도 상정할 수 없다는 미국의 부시 정부 출현은 곤혹스런 사태의 전개가 아닐 수 없었다. 그리고 북한과 같은 약소국이 미국의 행동을 자의적으로 좌지우지(*左之右之*)할 수 없다는 부시 행정부의 대북한 인식과 북한정권과 북한주민을 별개로 취급하는 미국의 대북한 정책은 주민들의 '충성경쟁'을 부추기는 김정일 북한 정부에게는 '껄끄러운' 사안일 수밖에 없었다. 그리하여 북한은 부시 행정부에 대해서는 클린턴 정부와 합의한 미사일 시험발사와 핵동결을 파기할 수도 있다는 '위협'을 전하고, 한국에 대해서는 "남북한이 합심하여 한반도에서 미군을 몰아내자"는 '제안'을 내놓으면서 미국과 한국을 압박하는 태도를 취했다.[56] 그러나 이러한 북한의 '공갈과 제안'에 대해서 미국은 냉담한 반응을 보이면서 북한의 행위가 그들 자신들에게 결코 도움이 되지 않는다는 점을 밝힘으로써 과거와 다른 북한의 태도 변화를 요구하였다.[57]

미국 부시 행정부는 북한 등과 같은 국가들의 핵보유를 봉쇄하려는 정책 및 전략과 더불어 기존의 핵보유국들의 미국에 대한 핵공격을 초기 단계부터 여러 단계에 걸쳐 무력화시킬 수 있는 미사일 방어망을 구축하는 것에 정책과 전략의 중점을 두었다. 과거 레이건 대통령이 주장한 전략적 방어체계를 갖추는 것이 기존 핵보유국들의 선제 핵공격과 '불량' 국가나 세력들의 핵사용을 무력화시킬 수 있다는 판단 아래 부시 행정부는 미사일 방어망 구축의 필요성을 강조하였으

---

56 "N.K. threatens to scrap missile, nuclear accords," *The Korea Herald*, February 23, 2001; "Pyonyang says two Koreas should drive U.S. troops of peninsula," *Ibid.*, March 22, 2001; "Pyongyang cancels joint ping-pong team with South," *Ibid.*, March 29, 2001.

57 "N.K. threat to end arms freeze 'counterproductive': Rice," *The Korea Herald*, February 24, 2001; "Powell says U.S. has much to offer N. Korea if missile deal is reached," *Ibid.*, March 8, 2001; "U.S. Pacific military commander labels North Korea No. 1 enemy," *Ibid.*, March 22, 2001.

며, 이러한 노력에 러시아는 물론 미국의 동맹국들의 참여도 가능하다는 입장을 밝혔다. 과거 레이건의 제안에 대해서와 마찬가지로, 러시아는 다른 차원의 군비경쟁을 촉발시킨다는 이유와 미국의 독주에 대한 우려를 표시하면서 기존의 핵무기 감축이 우선이라는 주장을 내놓았고, 중국 측도 다자 균형이 파괴될 우려가 있다는 점을 들어 부시 행정부의 제안에 대해서 반대했으며, 미국의 동맹국들 역시 미국에 대한 기술적 '종속관계'를 우려하면서 자국의 핵공격능력을 무력화시키기보다는 이를 활용한 다변 억제가 현실적으로 경제적이라는 점과 새로운 차원의 군비경쟁에서 자국들이 처할 취약한 입장을 고려하여 '어정쩡한' 입장을 취했다.[58] 그러나 미국은 러시아 및 우방국과의 협상은 거치되 반드시 미사일 방어체계를 구축한다는 개념아래 NMD(National Missile Defense)라는 용어 대신 보다 보편적인 MD(Missile Defense)를 사용함으로써 다른 국가들의 거부감을 완화시키는 노력을 기울였다.[59]

이러한 가운데, 미국의 정책과 전략에 결정적으로 영향을 미칠 사건이 발생했다. 미국 국력의 상징인 펜타곤과 뉴욕의 무역센터가 테러분자들이 납치한 여객기의 공격을 받고, 백악관으로 향하던 여객기는 승객들의 용감한 행위로 다른 곳에 추락한 사태가 바로 그것이었다.[60] 미국 심장부에 대한 테러 공격은 태평양전쟁(1941-1945) 초기 일본군이 자행한 진주만 기습(1941)보다 더 큰 충격을 미국 정부와 국민들에게 안겨 주었다. 미국의 부시 대통령은 즉시 보복을 약속했으며,

---

58 "NMD가 21세기파워 결정짓는다," *동아일보*, 2001. 2. 6; "U.S., Russia agree to arms talks: Powell, Ivanov strike deal on NMD, weapons treaties," *The Korea Herald*, February 26, 2001.

59 "Pentagon chief uses one-day blitz to press case for missile defense--U.S. Defense Secretary Donald Rumsfeld and Russian President Vladimir Putin shake hands as they meet for talks in Moscow Monday," *The Korea Herald*, August 14, 2001.

60 "World Trade Center, Pentagon attacked: Two airplanes crash into N. Y. icon in apparent act of terrorism; explosion collapses towers," *The Korea Herald*, September 11, 2001.

이에 따라 미군은 작전태세를 가다듬어 나갔다.[61] 미국 국민들의 80% 이상이 전쟁도 불사하겠다는 의지를 표출하였으며, 테러리즘과 테러리스트들이 미국의 새로운 적이 되었다.[62] 미국은 국가가 아닌 테러 집단과 이를 지원하는 모든 정치집단과의 전쟁에 돌입함으로써 전선(戰線)이 전 지구로 확대된 전혀 새로운 전쟁을 시작했다.[63]

미국이 상정한 우선 목표는 미국에 대한 테러행위를 조장·조정한 빈 라덴과 그의 추종자들에게 은신처와 훈련장을 제공하고 이들을 지원한 아프가니스탄의 탈레반(Taliban)정권을 붕괴시키는 것이었다. 빈 라덴과 그 추종자들을 인계하라는 미국 정부의 요구를 무시한 아프가니스탄의 탈레반 정권이 최후까지 항전(抗戰)하겠다는 의지를 명백하게 표명하자, 미국과 영국 연합군은 아프가니스탄 내 30개의 표적에 대한 공격을 시작으로(2001. 10. 7) 탈레반 정권을 붕괴시키기 위한 대 테러작전을 개시하였다(Op. Enduring Freedom).[64] 아프가니스탄 작전에서 미국은 탈레반 정권과 대항해서 싸워 온 북부동맹(Northern Alliance)군에게 화력과 보급지원을 통하여 이들을 도우면서 미국과 영국군을 주축으로 형성된 다국적군의 특수부대를 투입하여 테러리스트와 그 후원세력 제거를 목표로 '표적 지향적인 비정규작전'을 수행해 나갔다. 이들 특수부대원들은 각개 요원은 일개 단위부대의 역할을 수행할 수 있으며, 이를 위해서 이들은 최고 지휘부와 직접 교신을 할

---

61 "Bush promises retaliation: Secretary Powell says U. S. is at war, military is prepared," *The Korea Herald*, September 13, 2001.

62 "美국민 80%이상 '전쟁도 不辭해야,'" *동아일보*, 2001. 9. 13; "U.S. gears for war against terrorists: Bush to request mobilization of National Guard, Reserve members," *The Korea Herald*, September 15, 2001.

63 "Bush vows 'every resource' to combat global terrorism," *The Korea Herald*, September 22, 2001.

64 "Bush warns Taliban 'time is running out'" "Taliban vow to 'fight to the last'," *The Korea Herald*, October 8, 2001; "U.S., Britain say 30 targets hit in initial strike against terrorism," *Ibid.*, October 9, 2001.

수 있을 정도의 첨단장비로 무장되어 있었다. 산악지역에 산재되어 있는 동굴 하나하나를 수색하면서 테러분자들을 색출해야 하는 이들에게는 최고의 전투재량권과 즉각적인 대응능력이 허용되어야만 하기 때문이었다. 최고의 첨단무기와 장비로 무장된 특수부대요원을 전장에 투입한 미군은 105mm 곡사포와 40mm 기관포, 20mm 발칸포까지 장착된 '날아다니는 포병' 격인 'Gunship'(AC-130: 300mph, 1,300 miles range)으로 탈레반 기지와 테러리스트 훈련장 그리고 동굴진지를 공중에서 공격하였다.[65] 빈 라덴을 생포하거나 사살하지는 못했지만, 다국적군의 지원을 받은 북부동맹군은 2001년 11월 13일 수도인 카불(Kabul)에 입성했고, 12월 11일에는 빈 라덴군이 항복함으로써 아프가니스탄 정규작전은 2개월 만에 종결되었다.[66] 과거 소련군과의 전쟁(1979. 12. 25-1989. 2. 15)에서 9년간이나 싸워 소련군을 격퇴시킨 경험이 있던 탈레반 정권이었기 때문에, 제2의 월남전이 될 것이라는 전문가들의 분석 및 예견과 달리, 미국과 영국군은 1개월 만에 탈레반 정권을 붕괴시키고, 2개월 만에 아프가니스탄 전쟁을 마무리하는 경이적인 전과를 기록하였다.

미군과 영국군이 주축이 되어 수행한 아프가니스탄 정규작전이 두 달 만에 양국군의 승리로 막을 내리자, 러시아군 참모부와 미국 언론들이 가장 난감한 처지에 놓이게 되었다. 미 지상군이 투입되자마자 제2의 베트남 악몽에 시달릴 것이라고 판단한 러시아군 참모부와 참전 군인들은 할 말을 잃었고, 러시아군과 거의 같은 시각을 지니고 탈레반군의 저항능력을 과대 평가했던 미국 언론 역시 변명의 여지가 없기는 마찬가지였다.[67] 소련군 참전자들은 아프가니스탄 지역은 험준

65 "Gunship pounds Taliban sites: Washington confirms use of special-forces low-flying AC-130," *The Korea Herald*, October 17, 2001.

66 "Northern Alliance move into Kabul: As Taliban troops flee capital before opposition fighters advance," *The Korea Herald*, November 14, 2001; "Bin Laden forces agree to surrender," *Ibid.*, December 11, 2001.

한 산악과 악천후로 천혜(天惠)의 요새(要塞)로 수천 미터의 고산지대에서 장갑차와 전차는 아무 쓸모가 없었고 강풍 앞에서 헬리콥터 역시 맥을 못춰, 아프간은 '침공군의 무덤'이라는 점을 들어 아프간전쟁이 제2의 베트남전이 될 것이라고 판단했다. 미국 언론 역시 이러한 자연조건을 들어 베트남전의 악몽을 우려했으며, 탈레반 정권과 군의 잠재력을 높이 평가한 반면, 북부 동맹군의 전력이 별것 아니라고 판단했고, 첨단무기와 정밀 고폭탄의 위력을 과소평가하여 미국이 또 다른 베트남전을 수행하지 않을까 하는 우려를 떨쳐 버리지 못했던 것이다.[68] 그러나 미군은 특수전 병력을 공수 투입하고, 이들에게 공중 포병(Gunship AC-130)을 동원하여 산악지역에서도 정밀 고폭탄이나 유도폭탄과 포탄을 투하하거나 발사하여 이들에게 충분한 화력지원과 보급을 보장하여 산악·동굴전에서 승리를 확보했다. 그러면서 아프간 주민들에게는 폭탄 대신 식량을 투하하여 이들을 탈레반군으로부터 분리하는 심리전도 수행함으로써 승세를 굳혔던 것이다. 실로 아프간에서 다국적군을 이끌었던 미군은 최초의 대테러전쟁을 '예상을 뒤엎은' 승리로 마감했다.

아프간전쟁에서 미군이 쟁취한 신속한 승리는 구소련군이나 러시아군 참모부, 미국 언론만 난처하게 만든 것은 아니었다. 미국과 더불어 다국적군을 구성했던 미국의 동맹국들도 난처한 입장에 처하긴 마찬가지였다. 걸프전(1991)을 치른 지 10년이 지난 후, 미국과 다른 국가들과의 전력차이가 엄청나다는 사실이 아프간작전에서 입증되었기 때문이다. "다국적군의 작전에서 미군이 98%, 영국군은 2%의 전투를 수행하는 동안, 일본 함선은 인도양상에서 돌아다니고만 있었다"라고

---

67 "美 지상군 투입 순간부터 제2베트남 악몽 시작될 것: 舊蘇 아프칸戰 참전군 3人의 증언," *동아일보*, 2001. 10. 6.; "전쟁 이겼지만 우린 부끄럽다: *WSJ(Wall Street Journal)* '美언론 보도 5가지 오류' 정리," *동아일보*, 2001. 12. 28.

68 *Ibid*.

표현할 정도로 아프간전쟁에서 미군은 결정적인 역할을 수행했다.[69] 이것은 미국이 미국 다음으로 열거되는 9개국들의 국방예산을 전부 합한 것 이상으로 투입하여 전력증강과 첨단화를 추진해 온 결과로서, 미군이 아프간에서 투하한 95%의 폭탄이 정밀 유도폭탄일 정도로(걸프전에서는 6%) 미군의 전력은 질적인 차원에서도 다른 동맹국군을 압도했다. 이에 따라 어떤 외교정책 전문가는 "미국이 그 군사력을 외교의 다른 수단으로 활용하지나 않을까" 하는 우려를 표시하기도 했다.[70] 다국적군의 일원인 독일과 프랑스는 전투병력 파병을 절실하게 요청받지 않았다는 '불쾌감'을 삼켜야 했고, 현지에 함정을 파견한 일본 역시 별다른 임무가 주어지지 않은 '모멸감'을 감수해야만 했다. 아프간전쟁은 이와 같이 미국의 재래식 군사력 또한, 화력이나 질적인 면에서, 상대를 찾기 힘들 정도로 막강해졌다는 사실을 입증해 주었다.

아프간전쟁을 승리로 마감한 미국의 부시 행정부는 테러리스트와 이를 지원하는 국가들을 악(惡)으로 규정하고, 이들을 상대로 한 대테러전에 있어서 '선제타격'의 필요성을 강조하였다. 테러리스트들이 미국이나 미국민을 공격할 때까지 기다리지 않고 이들과 이들을 지원하는 정치집단들을 미리 제거하겠다는 정책적 의지를 감추지 않았다. 특히 부시 대통령은 유엔의 무기사찰을 거부하면서 부시 대통령의 대형 초상화를 깔아 놓고 이를 밟으면서 걸프전 승전(11차) 기념일 행사장에 들어서는 지도부에 대해서 무기사찰을 수용하고 테러집단들을 지원하지 말라는 경고를 보내고, 북한에 대해서도 핵개발을 조건 없이 포기하라는 경고성 메시지를 전했다.[71] 특히 부시 대통령은 그가 국회

69 "A superpower shows the world its calibre," *The Financial Times*, December 8/9, 2001.

70 *Ibid.*

71 "President Bush warns Iraq must accept return of U.N. weapons inspectors," *The Korea Herald*, January 18, 2002; "U.S. warns Iraq, N.K. to stop N-weapons programs," *Ibid.*, January 26, 2002.

에서 발표한 연두교서(年頭敎書: The State of Union Speech; 2002. 1. 29)에서 이란·이라크·북한을 '악의 축'(an axis of evil)으로 규정하고 이들 국가들은 미국이 주도하는 대테러전의 대상이 될 수도 있다는 점을 명확히 했다.[72] 그리고 미국 국무부는 전 지국적 차원의 테러리즘을 "테러집단이나 조직이 일반인들에게 영향을 미치게 하기 위하여 무고한 일반인을 상대로 한 계획적이고 정치적인 폭력을 행사하는 범죄행위"로 규정하고, 이와 싸우기 위한 정치·외교·재정·정보·법 및 군사적인 대처와 조치를 규정하고, 전 세계적으로 활동하고 있는 테러집단들을 망라한 보고서를 발간하였다.[73] '망나니 국가'와 테러집단들을 적시한 미국은 이들을 제압하기 위한 방안으로서 '선제 타격'을 배제하지 않았다. 미국 육군사관학교 졸업식에 참석한 부시 대통령은 테러리스트로 의심되는 목표에 대해서 미국은 '선제타격'(preemptive strike)을 가하겠다는 의지를 밝혔으며, 펜타곤 역시 이를 구체화하였다.[74] 초강대국으로서 선제타격도 배제하지 않겠다는 미국의 전략은 약소국의 입장에서 보면 미국이 주도하는 '예방전쟁'(preventive war)이 강요될 수도 있다고 보아야 하기 때문에, 약소국가들은 미국의 선제타격으로 빚어질 전쟁까지 감수할 각오를 하지 않는 한 테러리스트를 지원하거나 이를 허용할 수 없다는 점을 받아들여야만 했다. 국경이 없는 전쟁인 대테러전을 수행함에 있어서 미국의 부시 행정부는 테러집단에 대한 '선제타격'이라는 개념을 도입함으로써 테러의 근원을 미리 제거하여 미국과 미국인들을 '선제적'으로 보호하겠다는 전략을 수립

72 "Bush puts N. Korea, Iran, Iraq on notice in war on terrorism," *The Korea Herald*, January 31, 2002.

73 Office of the Secretary of State, Office of the Coordinator for Counterterrorism, Department of State, *Patterns of Global Terrorism: 2002*, Pub. No. 23456, April 2003.

74 "Bush says preemptive strikes available," *The Korea Herald*, June 3, 2002; "Pentagon plan focuses on preventive strikes: 'Defense Planning Guidance' for 2004 to 2009," *Ibid*., July 15, 2002.

하였다.

국제적인 대테러전을 수행함에 있어서 미국은 러시아와의 협조관계를 증진시키는 노력도 기울였다. 러시아와 핵전력을 감축시키는 합의를 도출하고, 미사일의 상호조준까지를 폐지한 미국은 미국의 본토방어를 위주로 한 NMD(National Missile Defense) 대신 불량국가나 테러집단들의 핵공격을 원천적으로 무력화시킨다는 개념을 중시한 MD(Missile Defense)체계 구축에 러시아의 동참을 권유하기도 했다. 그리고 대 테러전쟁을 효율적으로 수행하기 위한 조치로 NATO와 러시아 간에 협의회를 구성하기로 합의하여 러시아를 파트너로 삼음으로써 40여 년간의 냉전(冷戰)을 명실공히 종결시켰다.[75] 과거 동구권 국가들이 NATO에 가입하고, 러시아와 협의체까지 구성함에 따라 NATO는 이제 유럽의 안전을 보장하는 유일한 집단안보기구로 탈바꿈하게 되었다. 이러한 협조분위기 속에서 미국의 부시 대통령과 러시아의 푸틴 대통령은, 2002년 5월 24일 모스크바 크렘린궁에서 당시 미국과 러시아가 보유하고 있는 6,000개의 핵탄두를 앞으로 10년 내에 1,700개에서 2,200개로 감축하기로 한 핵감축조약에 서명하였다.[76] 이와 같이 미국은 러시아와 핵전력을 감축시키기로 합의하여 핵전쟁의 위협을 제거하고, 악의적인 핵공격에 대처하는 방안을 같이 모색하는 한편, 러시아와의 협조관계를 제도화하여 전 지구적인 테러리즘에 공동 대처하는 분위기를 정착해 나갔다.

대량살상무기(WMD: Weapons of Mass Destruction)의 확산을 저지하기 위한 미국의 전략은 두 가지 유형으로 구분되어 구체화되었다. 부시 대통령이 악의 축으로 규정한 이라크와 북한을 취급하는 방

---

75 "NATO, Russia reach historic deal" "U.S. to begin missile defense work in June," *The Korea Herald*, May 16, 2002; "40년 冷戰의 장례식," *동아일보*, 2002. 5. 16.

76 "Bush, Putin sign nuclear arms pact: U.S., Russian leaders herald new era in relations," *The Korea Herald*, May 25, 2002.

식에서 이 두 가지 형태가 드러났다. 직접 군사력을 투입하여 후세인을 제거하고 새로운 정부를 구성하려 한 이라크 경우와 다자간 회담을 통하여 핵을 제거하고 이를 통해서 북한의 안보 불안을 해소시키면서 필요한 지원을 제공하려는 북한의 경우가 바로 그것이다. 이러한 미국의 전략상 구분은 중동과 동북아시아의 지역적 특성, 이 지역에 존재하는 국가별 구성과 이들간의 역학관계를 고려한 미국 국가이익의 비중 및 차이 그리고 미국의 군사력 사용 가능성 여부와 이것이 가져다 줄 수 있는 파급효과의 호오(好惡)에 관한 미국의 전략적 판단에 기인하고 있다. 중동지역의 '말썽꾸러기' 후세인을 방치하는 것보다 이를 제거하는 것이 이 지역의 안정유지는 물론 대테러전에 유리하다고 판단하여 군사력을 직접 사용한 미국은, 직접적인 무력사용을 완전하게 배제하지는 않고 있으나, 러시아・중국・일본 등의 강국들이 주변국으로 위치하고 있는 한반도의 안정은 이들 국가들과의 공조를 통하여 확보되고 북한의 핵도 이를 통해서 무력화시키는 것이 바람직하다는 판단을 내리고 있다. 이 결과 대량살상무기의 확산을 저지하기 위한 중동과 한반도 지역에 대한 미국의 정책과 전략이 다른 유형으로 구체화되고 있다.

미국은 이라크에 대해서 직접 군사력을 사용하였다. 부시 미 대통령은 과거 걸프전(1991)에서와 같이 미 국내외의 지지를 확보한 후에 이라크에 대한 공격을 실시하려 했다. 부시 행정부는 먼저 미국 의회의 지지를 받았다. 미국 하원은 2002년 10월 10일 296-133으로 무력사용을 포괄한 이라크 제재안을 통과시켰으며, 다음날 미 상원은 이 결의안을 77-23으로 가결하였다.[77] 그러나 독일과 프랑스가 반대한 상태에서 러시아와 중국도 이라크에 대한 무력사용을 반대했기 때문에 부시 미 대통령은 유엔 안전보장이사회의 지지는 확보하지 못했다. 상

77 "Congress passes Iraqi resolution: Bush receives broad authority to exercise military forces," *The Korea Herald*, October 12, 2002.

황이 이러함에도 불구하고 부시 대통령 부자의 대형 초상화를 바닥에 깔아 놓고 이를 밟고 지나가면서 걸프전 '승전' 기념행사에 참석하는 이라크 지도부와 국민들을 공포에 떨게 하면서 대량살상무기의 개발과 보유를 포기하지 않고 있는 후세인과 그 정권을 제거하려는 부시 대통령과 행정부의 결의는 미국민의 광범위한 지지를 받고 있어서 어느 국가도 이를 훼손시키지 못했다. 이라크의 완전한 무장해제를 촉구한 통첩시한을 2시간 15분 넘긴 2003년 1월 19일 오후 10시 15분(워싱턴 시간; 이라크 시간: 20일 오전 6시 15분, 한국시간: 20일 낮 12시 15분), 미국의 부시 대통령은 이라크공격 명령을 하달했다(Op. Iraqi Freedom). 미군의 공격은 이라크의 후세인 대통령이 숨어 있을 가능성이 있다고 추정한 '기회 표적'(target of opportunity)에 대한 40여 발의 크루즈미사일 공격으로 시작되었다. 부시의 연설대로 "이라크를 무장해제하고 그 국민을 해방시키기 위한 전쟁개시 명령"이 내려졌다.[78]

미군은 과거 걸프전(1991)과는 다른 전략과 전술을 택했다. 걸프전에서 쿠웨이트 해방을 목표로 설정하고 이를 위하여 형성된 다국적군을 지휘한 미군은 월남전의 악몽이 재현되지 않도록 충분한 군사력을 대거(大擧) 투입하여 결정적인 승리를 단시간에 거두려 했다. 그리하여 첨단 무기와 장비로 무장된 50여 만의 병력을 집결시켰으며, 보급 역량도 최소한 50일 작전이 가능하도록 비축하였고, 막강한 육·해·공 화력도 동원하였으며, 특히 전쟁기간도 사막 폭풍이 없는 1·2월로 정하여 사막 폭풍이 불어닥치는 3월 초까지 전쟁을 종결시키려 했고, 작전시간도 첨단무기가 보유한 상대적 장점를 최대한 활용하기 위하여 주간보다 야간을 택했다. 그리고 작전수행방식도 다국적군의 피해를 최소화하려는 의도로 장기간의 대규모 공습으로 이라크군의 지휘·통신망은 물론 보급능력 자체도 무력화시키고, 이로써 이라크군의

78 "美, 바그다드 4차례 공습: 후세인 은신처에 크루즈 40發," *조선일보*, 2003. 3. 21.

전의와 사기까지 박탈한 후에 지상작전을 실시하려 했다. 이러한 개념 아래 실시된 걸프전에서 미군은 38일간의 공습과 100시간의 지상작전으로 전쟁목적을 달성(쿠웨이트 해방)하고 일방적인 종전을 선언하기에 이르렀다. 그러나 후세인 정권의 붕괴와 이라크인의 해방을 목적으로 설정한, 이른바 2차 이라크전(2003. 3. 20-5. 1)에서 영국군과 더불어(폴란드, 오스트레일리아군 포함) 조출한 다국적군을 구성한 미군은 신속한 진격으로 이라크군의 조직적인 저항을 불가능하게 만들어 주요 거점 도시를 점령해 가면서 이라크를 해방시킨다는 개념 아래 2개의 정규사단(3육군사단, 1해병사단)을 주축으로 진격하고, 북부지역에서는 크루드군과 합동작전을 전개하여(173 여단) 양측에서 이라크군을 압박하는 작전을 수행하고, 4사단과 101공중강습사단을 예비로 확보하여 시가지 전투나 기타 임무를 수행하도록 하였다. 특히 특수부대를 투입하여 후세인이나 그의 측근 및 이라크 지도부 요원의 색출과 생포 및 사살 임무를 수행하도록 했다. 첨단장비와 막강한 화력으로 뒷받침된 이러한 전략과 전술은 대단한 효과를 거두어 미군은 개전 21일째인 2003년 4월 9일 바그다드를 사실상 함락하는 쾌거를 달성하였다.[79] 이 결과, 미국의 부시 대통령은 2003년 5월 1일, 미국의 항공모함(USS Abraham Lincoln)상에서 "이라크는 해방되었다"(Iraq is free)라는 선언과 함께 승리를 선포하였다.[80] 후세인 지지세력들의 저항을 완전하게 무력화시키기 위한 작전은 계속되고 있으나, 후세인 정권은 사라지고 다른 모습의 이라크가 출현할 것이라는 기대와 희망은 프랑스·독일·러시아·중국 등의 반대를 무릅쓰고 이라크 작전을 감행한 미국군과 영국군 주축으로 구성된 다국적군이 가져온 작전 결과임에는 틀림없다. 이와 같이 2차 이라크전쟁을 주도한 미군은 군사력의 집중보다는 이의 신속한 투입을 우선한 전략과 전술을 구사하여 군사적 승리를 쟁취하

---

79 "바그다드 사실상 함락," *조선일보*, 2003. 4. 10.

80 "Special Report: Presidential Address," *NBC News via AFN Korea*, May 2, 2003.

였다.

이라크와는 대조적으로, 이라크전쟁 기간 동안 군사적 도발행위를 자행하지 못하도록 엄포를 놓으면서도 '여기저기 거처를 옮기면서 숨던 북한의 김정일을 공격하지는 않은' 미국은 북한 핵문제는 군사 외적 방법으로 해소가 가능하다는 입장을 취하고 있다.[81] 기본적으로, 미국 부시 대통령은 북한 정부가 핵이나 미사일을 개발할 것이 아니라 북한 주민을 굶지 않게 하는 것이 더욱 급선무이며, 그렇지 않기 때문에, 북한 정부가 '악(惡)의 한 축'이라는 입장을 굽히지 않고 있다. 북한 핵을 해소하는 데 군사력 사용을 완전하게 제외하지는 않고 있지만, 미국은 이라크 문제와는 달리 북한 핵문제는 미국만의 문제가 아닌 중국·러시아·일본의 문제이기도 하다는 입장을 취하고 있다. 북한의 폐연료봉 봉인이 해체되고, NPT 탈퇴가 발효(2003. 4. 10)되는 상황에서도 미국은 북한의 공갈이나 협박에도 아무런 조치를 취하지 않으면서 북한이 핵무장을 강행할 경우에는 해상봉쇄도 검토 가능하다는 입장을 감추지 않았다.[82] 북한 정권에 대한 거부감을 가감(加減) 없이 표출하고 있는 미국 부시 행정부는 다자회담을 주장하였고, 북한이 중국의 중재를 통하여 러시아·중국을 포함한 6자회담을 받아들이자, 미국은 2003년 9월 중에 호주 등 11개국과 더불어 호주 동북방 산호해(Coral Sea) 해상에서 북한으로 드나드는 무기와 마약 등 물자를 차단하는 합동해상훈련을 계획하여 북한에게 핵무장과 미사일 수출 및 마약의 밀거래를 중단하라는 강력한 메시지를 전달하는 노력도 기울였

81 "Rumsfeld warns N. Korea: U.S. military can handle 2 smultaneous regional wars," *The Korea Herald*, December 25, 2002; "Bush downplays N. Korea threat: U.S. President says nuke problem can be solved diplomatically," *Ibid*., January 3, 2003; "Bush strikes out at N. Korean leader," *Ibid*., January 4, 2003.

82 "美 '北核 강행땐 해상봉쇄 검토'" "파월 '北에 협박·공갈당하지 않겠다: 미사일 수출 선박 나포 등 강경발언, 北은 마약 등 범죄로 돈을 버는 정권'," *조선일보*, 2003. 5. 1.

다.[83] 이와 같이 북한의 핵무장을 중단시키고, 미사일의 수출이나 마약 등의 밀거래를 차단하기 위하여 미국은 외교적 노력을 기울이면서 해상봉쇄에 필요한 훈련계획 등을 통하여 군사적 조치 가능성도 배제하지 않았다.

심장부에 대한 테러공격으로 과거 진주만 기습(1941. 12. 8)보다 더 큰 충격을 받은 미국과 이를 대변한 부시 행정부의 정책과 전략은 과거와는 다른 성격과 개념에 근거하여 수립되었다. 먼저 미국은 "위협을 밝혀내고 그 위협이 미국 내에 도달하기 전에 이를 분쇄함으로써 미국의 안과 밖에서 미국, 미국인, 미국의 국가이익을 지킨다" (defending the United States, the American people, and our interests at home and abroad by identifying and destroying the threat before it reaches our borders)는 개념을 정립하고, 이를 현실적으로 보장하기 위하여 식별된 위협에 대한 선제타격을 방법으로 설정하였다.[84] 이를 위해서 국제사회의 지원을 확보하는 노력을 기울일 것이나, 필요할 경우, 미국의 자위를 위하여 독자적인 행동도 불사하겠다는 입장도 천명함으로써 미국은 테러 등을 포괄한 '현실적인 위협'에 대해서는 수단을 가리지 않고 독자적인 선제행동도 삼가지 않겠다는 정책 및 전략 태세를 취했다. 여기에 동원될 수 있는 수단으로서 미국은 폭약 없는 폭탄의 개발과 5KT급 전술핵무기의 개량 및 이의 효과적 사용까지 포함하고 있다.[85] 전략적 방어를 위해서 미국의 부시 행정부는 러시아와 앞으로

---

83 "北, 6자회담 전격수용" *조선일보*, 2003. 8. 1; "U.S. to Send Signal to North Koreans in Naval Exercise," *The New York Times*, August 18, 2003.

84 The White House, *The National Security Strategy of the United States* (September 17, 2002), p. 6.

85 "美, 소형 核무기 금지법안 폐기" "美, 소형 核무기 개발 추진: 北·이란 등 核개발 저지에 필요," *조선일보*, 2003. 5. 12; "CBU-107"이라고 불리는 폭약 없는 폭탄은 무게 500파운드(454kg)로 내부에 길이 38cm(350개), 17.8cm(1,000개), 10cent 동전크기(2,400개) 등 3종류의 텅스텐 강철막대가 장전되어 있으며, 이를 F-15E, F-16, B-52 등에서 투하할 수 있고, 이 안의 금속 조각들이 회전장치로 가속되어 1088km/hr의 속도로 목표물을 파고 들어 옥상의 안테나 등을 폭음 없이 파괴할 수 있다. *중앙일보*, 2003. 5. 21.

10년 내에 전략 핵탄두를 현재의 6,000개에서 1,700-2,200개로 감축하고, 가능하다면 동맹국과 러시아 등과 협력하여 미사일 방어체계(MD)를 갖추고, 그렇지 않을 경우에는 미국 단독으로 이 체계를 갖추어 '불량국가'나 '테러집단'의 가능한 핵공격을 선제적으로 무력화시키고, 차후 유일 초강대국으로서 명실상부(名實相符)한 면모(面貌)를 갖추려 하고 있다. 아프가니스탄과 이라크전 경험상 미국은 두 개의 지역분쟁도 성공적으로 수행할 수 있다는 개념 아래 군사력의 첨단화와 경량화를 촉진시키면서 무기와 장비의 개량은 물론 보급품의 개선에도 많은 노력을 기울이고 있다.[86] 부시 대통령에 이어 44대 미국 대통령으로 취임한(2010. 1. 20) 오바마(Barack Hussein Obama) 대통령은 미국의 강력한 물리적 군사력(hard power)과 더불어 미국의 이상과 가치를 내세운 연성국력(soft power)을 동원하여 미국이 당면한 문제를 해결하려는 정책 및 전략의지를 표명했으나, 아프간 전쟁에 미군 30,000명을 증파하는 결정을 내려야만 했다(2009. 12. 7). 탈레반을 소탕하고 아프간 전쟁을 마감하기 위해서다.

두 차례에 걸친 세계대전을 치르면서 세계 초강대국으로 자리를 굳힌 미국은 2차 세계대전 후에는 이념과 체제를 달리한 국가들의 집단인 동쪽 진영의 맹주(盟主)로 등장한 소련과 거의 총체적 대립 관계를 유지하면서 그에 걸맞는 정책과 전략을 구사해 왔다. 기존의 가치와 체제를 공산·사회주의체제로 바꾸기 위하여 모든 방책과 수단의 동원을 마다하지 않은 공산권의 팽창을 저지하기 위하여 미국은 한국전쟁(1950-1953)이 마감될 무렵까지, 이른바 봉쇄정책(containment policy)을 뒷받침할 수 있는 전략을 현실적으로 보장하려 했으며, 이를 위해서 미국의 군사력을 대폭 강화시킬 계획(NSC-68)을 수립하고 한국전쟁 수행을 빌미로 이를 추진해 나갔다. 그러나 엄청난 노력에도 불

---

86 하나의 예로, 미군 병사들이 언제 어디서나 따뜻한 식사를 할 수 있도록 휴대식량의 포장을 첨단화하는 노력까지 기울인다(AFRTS NewsMinute, 2003. 8. 15).

구하고 한국전쟁을 승리가 아닌 휴전으로 마감할 수밖에 없게 되자, 미국은 이러한 종류의 위협을 현재화시킨 중심(모스크바나 북경)을 미국의 핵전력으로 강타하는 개념의 '대량보복전략'(massive retaliation strategy)을 수립하여 한국전쟁에서 경험한 곤혹스러움 자체를 제거하려 했다. 이에 대해서 공산권은 이른바 '인민해방전쟁'이라는 개념을 내세워 미국의 대량보복의 개념에 부합되지 않은 전복전(顚覆戰)을 실시하였다. 월남전으로 대표되는 이러한 성질의 전쟁에서 소련에서 제공한 소총과 야포가 노획되었다고 해서 모스크바를 핵무기로 공격할 수는 없었다. 그리하여 1960년대 미국은 모든 성질과 형태의 위협에 이에 상응하는 방법과 수단으로 대응한다는 개념과 내용의 '유연대응전략'(flexible response strategy)을 현실적으로 보장하기 위하여 막대한 군사비를 투입하여 모든 부문에서 상대적으로 우세한 군사력을 건설하려 했다. 모든 부문에서 우세한 군사력을 건설하기 위해서 필요한 막대한 예산의 배정은 한계가 있다는 점을 인식한 1970년대 미국 정부는 '점진적 대응과 억제전략'(gradual response and deterrence strategy)을 수립하여 당사국군, 현지 주둔 미군 병력과 미국이 보유한 전략군의 역량을 포괄한 군사역량으로 위협에 대응하거나 이를 억제한다는 전략태세를 구축하였다. 1970년대까지의 미국 전략은 확증파괴력에 의한 보복을 통하여 위협을 억제하거나, 현재화된 위협으로서 현실전(現實戰)을 승리로 마감함으로써 미국의 위상과 국가 이익을 보장한다는 전략이었다. 그러나 1980년대의 레이건 정부는 핵심이 다른 전략을 구체화하려 했다. 대량보복이나 확증파괴력에 의한 보복이 아닌 선제 방어적 공격으로 상대의 공격 자체를 무력화시키거나, 이것의 현재화 자체를 억제하는 '전략적 방어전략'(strategic defense strategy)을 현실적으로 보장하려 했다. 이를 보장하기 위해서 핵전략에서는 미사일 방어체계(missile defense or strategic defense)를 갖추려 했고, 재래식전략에서는 전선을 상대측에 고정시켜 전쟁을 승리로 마감하려는 '공지협동전투'(air-land battle)개념에 입각한 전투수행을 교리화했다. 새로운 개념의 미국 전략은 당연히 새로운 차원의 군비경쟁을 수반하였고, 새로운 군비경쟁보다는 식료품가게 앞에서 기다리는 사람들의 숫자를 줄여야 하는 소련 정부의 변질을 촉구하였다. 역설적으로, 미국 레이건 정부의 과감한 전략개념과 이를 뒷받침하기 위한 막대한 군사비 지출 감수가 소련과의 군축을 가능하게 만들면서, 결국 소련 연방이 해체되고 소련이 러시아로 변하면서 2차 세계대전 이래 수행해 온 냉전(冷戰)을 마감시킨 촉발 요인이 되었다. 이제 소련을 대신한 러시아는 미국의 적대적 상대가 아닌 협력적 동반자라는 점을 공개적으로 표명하기에 이르렀고, 미국 역시 이를 정책과 전략에 반영하는 태세를 취하게 되었다.

미국과 변화된 소련 및 그 뒤를 이은 러시아와의 협조관계는 급속하게 진전되었다. 1990년대부터 오늘에 이르기까지 미국은 변하려는 소련과 냉전체제(Yalta체제)를 탈냉전체제(Malta체제)로 전환시키고, 소련을 대신한 러시아와는 상호 핵전력 감축과 더불어 평시 상호조준을 하지 않기로 하는 등의 합의에 도달하여, 양적인 면에서, 핵전력은 과거 30년 전 수준으로 감축되었고 양국군이 합동군사훈련도 실시할 수 있게 되었으며, 걸프전(1991)에서는 공동보조를 취할 수 있게 되었다. 그리하여 미국은 '다원화된 개입과 억제'(multiple engagement and deterrence) 개념 아래 핵전쟁의 억제와 지역분쟁의 억제 및 수행을 위한 전략을 수립하였다. 핵무기를 감축하여 핵의 선제타격 가능성을 낮추고, 지역 내 패권국(覇權國)의 출현을 저지하거나 제거함으로써 전략적 균형을 유지시켜 강대국 간 충돌 가능성을 제거하면서, 이를 위한 정치적·군사적 조치와 능력을 갖추려 하고 있다.

냉전의 종식에 따른 새로운 국제질서 아래에서 미국의 정책과 전략개념을 새롭게 바꾼 것은 2001년 9·11테러사건이라고 해도 과언이 아니다. 심장부에 대한 예기치 못한 테러공격을 받은 미국은 미국·미국인, 미국의 이익을 저해하는 위협에 대해서는 미국 밖에서 이를 '선제타격'(preemptive strike)하겠다는 전략개념을 수립했으며, 핵억제 역시 미사일 방어체계를 구축하여 '불량 핵 보유국이나 집단'들의 핵공격을 무력화시키겠다는 '능동적 억제'(active deterrence) 개념 아래 미사일 방어체계 구축을 위한 동맹국 및 러시아 등의 협조를 모색하고 있다. 테러와 같은 비대칭 위협이 현실화될 때까지 기다리지 않고 이를 먼저 제거하겠다는 확고한 정책의지와 전략개념으로 미국은 테러리즘의 온상이며 테러리스트들의 훈련장과 은신처를 제공한 아프가니스탄의 탈레반 정권을 제거하였고, 테러의 지원과 대량살상무기의 보유를 지속적으로 추구해 온 이라크의 후세인을 몰아냈다. 이들 군사작전 수행을 위하여 미국은 최신의 첨단무기와 장비를 동원하였고, 고도로 훈련된 특수병력을 투입하였다. 두 전쟁을 군사적 승리로 마감한 미국은 명실공히 세계 유일(唯一)의 초강대국 위치를 과시하였으나, 정규 군사작전 승리 후에 더욱 과격해지는 저항세력들의 폭탄테러 등을 제거해야 되고, 군사적 승리 후에 보장해야 할 안정적 질서유지를 위해서는 다른 국가와 집단들에 대한 많은 정치·심리적 요인의 고려가 필요하다고 보아진다.

(2) 소련 및 러시아의 전략

혁명에 이은 군사 쿠데타로 재정러시아를 무너뜨리고(1917) 정권을 쟁취한 볼셰비키가 수립한 소련(소비에트 사회주의 공화국 연방, 1922. 12. 30)은 군사력을 포함한 폭력 사용의 필요성과 효용성을 본래적으로 인식하고 있었다. 특히 러시아혁명과 더불어 치른 내전(1917. 1-1922. 10)을 통하여 소련은 대내외의 위협에 대처하기 위하여 군사력 보유와 사용이 필수 불가결한 요소라는 사실을 체득하였다. 그리고 소련이 지향하는 이념과 체제의 내부 정착과 대외적 확산을 위해서도 군사력이 매우 유용한 수단이라는 이론과 논리를 설득력 있게 수립해 놓고 있었다. 이 결과 소련의 지도자들은 정치의 한 도구로 전략을 위치시켰고,

전쟁이나 무력의 직접사용을 '수단을 달리한 정치행위'로 간주한 클라우제비츠의 충실한 제자들이 되었다. 이와 같이 소련은 군사력의 사용을 전제로 한 전략의 중요성을, 국가 차원에서, 체험적으로 받아들이고 있었다.

유럽과 태평양 지역에서 미국, 영국 등 연합국 편에서 나치 독일과 군국주의 일본을 항복시킨 소련은 2차 세계대전이 종결된 후에는 이념과 체제가 다른 미국을 주축으로 한 서방국가들과 새로운 차원의 전면적 대결을 마다하지 않았다. 이른바 냉전이라고 불린 동서대결에서 소련은 2차대전의 결과로 확보된 동구권의 장악이나 독일과 일본의 패배로 힘의 공백 상태가 조성된 지역에서의 영향권 확대를 위해서 군사력을 사용하는 것을 주저하지 않았다. 미국의 막강한 국력과 군사력을 염두에 두지 않을 수 없었던 소련은, 그러나 미국과의 정면대결이나 직접적인 보복은 회피하면서 세력권이나 영향력을 확대해야 하는 현실을 고려해야만 했다. 북한의 김일성 정권을 앞세워 치른 한국전쟁(1950-1953)에서 소련은 북한군을 전차와 전투기 등으로 무장시키고 훈련은 물론 작전지도까지 실시하면서도 겉으로는 아무 일도 하지 않은 것처럼 위장함으로써 유엔의 평화유지 노력을 지원한다는 명분을 내세워 한국전쟁에 개입한 미국과 직접적인 충돌을 피하려 했으며, 월남전(1955-1975)에서는 '인민해방전쟁'이라는 개념 아래 이를 위해 투쟁하는 월맹을 돕는 것이 정당하다는 논리를 전개하면서 무기와 장비를 지원하면서도 지상군 투입과 같은 직접개입은 회피했다. 전 국력을 기울여 군사력을 배양한 소련은 미국과의 차이를 좁혀 확증파괴(assured destruction)에 의한 직접적인 보복능력까지 보유하고, 제한적이나마 대미사일 방어체계(ABM)도 갖추게 됨으로써 1972년에 미국과 군비제한 조약(SALT I, ABM Treaty)도 체결하고, 1975년에는 1940년 이래 소련이 확보한 영토와 세력권도 인정받는 약속(Helsinki Accords)까지 받아냈으나, 진영(陣營)의 결속을 위해서 막대한 군사력을 운용하고 대외 원조를 활용해 온 결과 소련 체제가 지녀야 할 자생력에 지나친 손상을 자초하고 말았다. 그리하여 소련은 외부의 위협이 아닌 내부 모순으로 국가적 운명을 달리하는 결과를 감수해야만 했으며, 이러한 결과는 전략이 담당할 영역 밖에서 비롯되었다.

제2차 세계대전이 종결된 후부터 1950년대 중반에 이르기까지 소련 전략은 세력권의 확대와 이로써 확보된 진영 내에서의 독점적인 영향력의 행사에 그 목표를 설정하고 서방진영의 패자(覇者)인 미국과의 대결에서 이념적, 정치적 승리를 쟁취하려 했다. 이 기간 동안 미국에 대한 위협수단을 보유하지 못한 소련은 미국의 서구 동맹국을 볼모로 삼아 소련에 대한 미국의 직접적 보복을 불가능하게 만들고, 동쪽 진영의 주변 위성국을 이용하거나 이들 국가들 내 반체제 정치집단의 지원을 통해 그 세력권을 확장해 나가면서 미국의 봉쇄 및 대량 보복개념에 근거한 정책과 전략을 현실적으로 무력화시켰다. 특히 소련이 제조한 수소탄과 1957년 10월 발사한 미사일(Sputnik)은 미국의 대량보복전략이 상정한 '선제 핵공격'의 기대효과를 사실상 무효화함으로써 핵무기체계의 미국 독점을 거부하였고, 월남에서 진행되고 있던 '전선(戰線)과 전사(戰士)가 따로 없는 이상한 전쟁'은 대량보복을 전제로 한 미국 전략의 실효성마저 박탈하여 소련이 지향하고 있던 이념과 체제에 대한 자신감도 부풀려 미국에 대한 이념적 승리까지 점칠 수 있게 만들었다.

미국과의 총체적인 경쟁에서 자신감을 가지게 된 소련은 미국과 더불어 1960년대에 막강한 군사력을 보유한 강대국의 면모를 갖춤으로써 공산진영 내 각 국가의 주권보다는 진영의 결속을 더욱 중시하는 '브레주네프 독트린'(Brezhnev Doctrine)까지 강요하였으며, 다탄두(多彈頭) 미사일(MIRV)까지 개발하여 핵군사력면에서도 확증파괴 능력을 보유함으로써 미국과 더불어 초강대국의 면모를 갖추게 되었다. 1962년에 미사일을 쿠바에 배치시켜 미국에 대한 과감한 전략을 구체화시키는 것을 주저하지 않았던 소련은 이를 협상수단으로 활용하여 터키에 위치한 미군 미사일의 철수를 강요하였고, 미국 역시 낡은 미사일을 교체해야 할 시점을 활용하여 이를 받아들임으로써 쿠바 미사일위기를 해소시킬 수 있었다.[87] 1960년대 미국이 월남전에 막대한 노력과 비용을 쏟아 부으면서 허덕거리고 있을 때, 소련은 군비를 계속 증강하여 미국이 월남전을 종결시킬 필요가 있다고 판단할 즈음엔, 재래식 군사력은 물론 핵전력면에서도, 미국과 거의 대등한 수준을 유지하게 되었다. 이 결과, 1972년 소련은 미국과 전략무기 제한 협상을 벌일 수 있었고(SALT I), 소련이 우월한 위치를 점유하고 있던 미사일 방어조약(ABM Treaty)도 체결함으로써 명실공히 미국과 더불어 초강대국의 위치를 차지하게 되었다. 그리고 1975년에는 1940년 이래 소련이 확보한 세력권까지 인정받은 헬싱키체제(the Helsinki Regime)도 출현시키기에 이르렀다. 국력과 체제면에서 자신감에 벅찬 소련은 아프가니스탄의 사회주의 정부를 지원하기 위하여 직접 군사력을 투입하여 '소련의 월남전'(1979. 12. 25-1989. 2. 15) 수행도 마다하지 않았다. 이와 같이 국력과 체제에 대한 소련의 자신감은 인적·지적·물적 교류를 허용하는 헬싱키체제도 수용하고, 사회주의 진영의 확대까지 시도하는 '과감한 정책과 전략'의 집행도 가능하게 만들었다.

그러나 공산진영의 맹주국(盟主國)으로서 진영의 결속을 다지는 대외정책과 이를 군사력 사용으로 뒷받침하려는 전략은 소련 내외(內外)의 심각한 도전을 불러왔다. 서구와의 인적·지적 교류에 따른 부작용을 상쇄하기 위한 소련 정부의 이념적 결속강화 조치는 인권문제에 대한 카터 미 행정부(1977-1981)의 비난을 불러왔고, 미국 억제를 목적으로 확증파괴 능력의 제고(提高)를 위한 군사력 강화는 카터 행정부를 계승한 레이건 행정부(1981-1989)의 전략적 방어에 기초한 새로운 전략개념(Strategic Defense Initiative: SDI or Star Wars)과 이에서 비

---

87 Graham T. Allison, *Essence of Decision: Explaining the Cuban Missile Crisis* (Boston: Little, Brown and Company, 1971), pp. 39-143.

롯될 수 있는 다른 차원에서 예상되는 군비경쟁의 위험성을 초래하였다. 아프가니스탄전쟁 수행으로 늘어나는 인명피해와 막대한 전비지출은 소련 국민들의 정신적, 물질적 고민과 고통을 증가시켜 심각한 국내문제를 더욱 심각하게 만들었다. 소련 경제활동은 위축되고, 이에 따라 일상생활에 필요한 식료품과 일용품의 품귀현상은 심화되어 소련 국민들의 생활수준이 향상되기는커녕 오히려 퇴보를 거듭함으로써 미국과의 체제경쟁에서 소련의 상대적 위치는 왜소해져만 갔다. 따라서 소련은 공산진영의 패권국(覇權國) 위치를 지키면서 미국과 또 다른 군비경쟁을 지속하기보다는 소련 경제를 활성화시키고 소련 국민의 생활수준을 향상시키기 위하여 정책과 전략의 혁명적 전환(轉換)을 강요받게 되었다.

소련 공산당 서기장에 취임한(1985. 3. 11) 고르바초프는 새로운 군비경쟁보다는 '인간의 얼굴을 가진 사회주의'를 건설하기 위하여 군비를 축소해야 하고, '개혁과 개방'을 통하여 소련 체제의 자생력을 배양하면서 경쟁력을 증진시켜야 한다는 판단 아래 일방적인 핵실험 중지를 선포하는(1985. 8) 행동으로 미국의 '도전적인 전략방어 구상과 전략'의 현실화를 막으려 했다. 이러한 고르바초프의 일방적인 선언은, 전략적으로, '취약성의 균형'(balance of vulnerability)과 '상호 확증파괴'(mutual assured destruction)의 개념 아래 구축된 소련의 핵군사력의 효용성을 계속 유지하는 데 목적을 두고 발표되었으나, 정치적으로는 소련 체제의 자생력과 경쟁력을 고양시키기 위해서는 미국과의 군비경쟁보다는 협조관계를 유지하는 것이 필요하고, 소련 체제 자체의 '변증법적 변질'이 공산진영의 결속을 위한 외부 개입보다 더욱 중요하다는 적극적인 정책표명의 시작이었다. 소련 정책 및 전략의 '혁명적' 변화는 미국과의 핵전력 감축을 촉진시켜 소련을 '악의 제국'(evil empire)이라고 지칭한 레이건 미 대통령과 핵전력 감축(1986. 10: 5년 안에 미사일 1,600개, 핵탄두 6,000개로 감축), 유럽에 배치된 중거리 핵미사일(INF) 철수 및 폐기(1987. 12)에 합의하고 아프가니스탄에서 철수를 단행하면서(1988. 5) 동부 유럽 주둔 소련군 50만을 감축한다는 선언(1988. 5)과 함께 화학무기의 폐기를 공언하기도 했다(1989. 1). 레이건 행정부의 계승한 부시 행정부(1989. 1-1993. 1)는 소련의 정책 및 전략의 변화를 주시하면서 레이건 대통령이 극적으로 제안한 'Star Wars'계획 대신 이동 미사일(Mobile Missile) 중심의 핵전략을 택하기에 이르렀다. 미국과 소련 사이에 조성된 군비축소와 화해분위기는 동구권에 직접적인 영향을 미쳐 다당제를 기반으로 한 공화국이 헝가리 정부가 수립되고(1889. 10. 18), 이 정부가 헝가리 주둔 소련군의 철수를 요구하고 이를 소련 정부가 수용함에 따라 '브레주네프 독드린'이 종언을 고하기에 이르렀다. 동독의 국경이 개방되어(1989. 11. 9) 사실상 베를린 장벽이 무너지면서 동구권이 붕괴되는 이념적 지각변동(地殼變動)이 일어났다. 실로 어떠한 전문가도 예측하지 못한 새로운 현실이 전개된 셈이다.

과거 양대 진영의 맹주국(盟主國)인 미국과 소련 사이의 관계 변화는 새로운 국제질서를 탄생시켰다. 양국 정상(Bush and Gorbachev)은 폭풍우가 몰아치는 말타(Malta)섬 근해의 소련 호화여객선(Maxim Gorky호)상에서 정상회담을 갖고(1989. 12. 2-3), 양국간에 더 이상의 전쟁은 없다는 점을 밝힘으로써 냉전의 종식을 선언했다.[88] 이른바 '얄타(Yalta)체제'라고 불린 냉전구조는 '말타(Malta)체제'라고도 불릴 수 있는 탈냉전질서로 대치되었다. 새롭게 태동된 국제질서 속에서 미국 중심으로 구성된 다국적군에 의해서 치러진 걸프전(1991. 1. 17-2. 28)에서 소련은, 외교적으로 주도적인 중재에 나서기도 했으나, 현상을 원상태로 돌려놓아야 한다는 면에서는 미국과 동일한 입장을 취했다. 과거 지역분쟁에서와는 다른 모습이었다. 특히 걸프전 후에는 미국과

---

88 *The Korea Times*, December 3, 4, 1989.

소련군이 휴전을 감시하는 역할을 공동으로 수행하기도 했다.[89] 모스크바에서(1991. 7. 31) 양국 정상은 7년에 걸쳐 전략핵탄두를 30% 이상 감축하고 10개 이상의 다탄두 핵미사일(MIRV)의 개발도 중지한다는 내용의 전략핵무기감축조약(Treaty on Strategic Arms Reduction)에 서명함으로써 군비경쟁 대신 군비축소를 문서화하였다. 미국과 소련의 양국 관계의 변화와 이에서 비롯된 새로운 국제질서, 그리고 이를 뒷받침하기 위한 양국의 정책과 전략의 변화는 실로 극적이었다.

미국과 소련의 관계 변화와 새로운 국제질서의 출현은 소련의 변질도 재촉하였다. 급속한 소련의 국제적 위상 변화에 불만을 가진 소련 군부에 의해서 감행된 불발(不發) 쿠데타(1991. 8. 19-22)는 고르바초프의 운명과 소련의 모습을 완전하게 바꾸어 놓았다. 소련의 공산당은 와해되고(1991. 8. 26), 소련 연방의 해체가 가결되었으며(1991. 9. 5), 실제로 소련 연방이 해체되자(1991. 12. 15) '인간의 얼굴을 가진 사회주의 건설'을 위하여 소련 체제의 개혁과 개방을 주도했던 고르바초프도 설 자리를 잃게 되었다. 새로이 등장한 러시아가 소련을 대신하여 강대국의 위상을 인수하였고, 사회주의체제를 유지하려던 고르바초프 대신 '자유·민주주의'를 주창한 러시아의 옐친 대통령이 미국 부시 대통령의 상대가 되었다. 실로, 개혁과 개방을 통하여 다른 사회주의국가를 건설하려던 고르바초프는 자신도 걷잡을 수 없이 진행된 '또 다른 러시아혁명'의 제물이 된 셈이다.

새로이 등장한 러시아는 과거 제정러시아와는 물론 소비에트 러시아 연방과도 판이하게 다른 모습과 정책, 그리고 전략을 드러냈다. 과거 1917년 볼셰비키혁명의 결과 사회주의인민공화국(socialist soviet republic)으로 바뀐 러시아는 주변의 소수민족국가를 병합하여 사회주의 러시아 연방을 결성하였다. 연합국의 일원으로 2차 세계대전의 전승국

89 "US, Soviet Troops Engage In 'Desert Teamwork'," *The Korea Times*, May 11, 1991.

이 된 소비에트 러시아는 유럽의 동쪽을 전리품으로 잡아 서방진영에 대한 완충지대로 만들었다. 이른바 동쪽 진영(Eastern Bloc)을 형성하여 이 진영의 맹주(盟主) 노릇을 자임하고 나선 소비에트 러시아는 진영의 결속(bloc bondage)을 진영 내 개별 국가의 주권보다 더 중시하여 자국의 군사력을 임의로 사용하는 정책과 전략을 구사하였다. 그러나 이를 대신한 러시아의 정책과 전략은 소비에트 러시아 연방에서 발틱 3국과 벨라루스, 우크라이나, 카자흐스탄, 우즈베키스탄 등이 제외된 모습만큼이나 소련의 것과 달랐다. 러시아는 진영이나 그 안에서의 맹주 역할을 중단하고, 미국을 비롯한 다른 국가들과도 협조관계를 유지하며, 군사력은 외교정책의 수단으로 활용하기보다는 자국의 안보를 보장하고 국제 및 지역의 평화유지 수단으로 보유한다는 정책과 전략을 가시화하였다.

새롭게 등장한 러시아는 새로운 탈냉전적 국제질서에 걸맞게 러시아 중심적인 정책과 전략을 수립하여 이를 집행해 나갔다. 미국과 러시아 정상은 "미국과 러시아가 가상적국이 아니고 신뢰할 수 있는 우방"이라고 선언(Camp David Declaration of New Relations)할 정도가 되었다.[90] 양국은 중간단계를 거쳐 핵탄두를 3,000-3,500개로 감축하고, 다탄두 ICBM은 전량 폐기하기로 합의하였다.[91] 미국은 해외에 배치된 전술핵탄을 철수하고(1992. 7. 2), 양국 정상은 핵전력 수준을 30년 전 수준으로 감축한다는 조약에 서명(START II Treaty, 1993. 1. 3)하는 행사를 모스크바에서 거행하기도 했다.[92] 러시아는 새로 등장한 미국 클

90 "US, Russian Presidents Meet" "Bush, Yeltsin Issue Declaration of New Relations," *The Korea Times*, February 2, 6, 1992.

91 "US, Russia to Make New N-Cuts," *The Korea Times*, June 18, 19, 1992.

92 이 조약에 의하면, 2003년까지 미국은 ICBM: 500기, SLBM: 1,628기, Bomber: 1,272기 등 총 3,500개의 핵탄두, 러시아는 ICBM: 531기, SLBM: 1,744기, Bomber: 725기 등 총 3,027개의 핵탄두를 보유하기로 했다. "No More Lies-Ever," *Newsweek* (June 29, 1992), pp. 18-19.

린턴 행정부와 핵선제공격을 포기하고 상호조준을 하지 않기로 합의하였으며, 소말리아와 유고슬라비아에 평화유지군을 파견하기로 하는 등 미국과 NATO와의 협조관계를 구축해 나갔다. 이와 같이 러시아는 과거 동구권 국가들이 NATO에 가입하여 러시아의 안전에 위협을 줄 수 있는 상황전개는 경계하였으나, 미국과 다른 국가 등과 우호적 협조관계를 유지하고 이들의 협조를 받음으로써 새로운 러시아의 자생력과 경쟁력을 신속하게 갖추려는 정책과 전략을 추구했다.

러시아의 군사정책과 전략 역시 자국 중심의 탈냉전적 성격을 지니고 있었다. 러시아 안전보장회의의 심의를 거쳐 1993년 11월 2일 대통령령 1833호로 공포된 '러시아 군사독트린의 기본규정'(Decree No. 1833: The Basic Provisions of the Military Doctrine of the Russian Federation)은 러시아의 최우선 국가이익은 다른 국가의 안전을 손상시키지 않고 이들과 호혜적인 국가간 관계를 유지하는 것이라고 천명하면서 러시아는 어떠한 국가도 적으로 간주하지 않고, 러시아와 이의 시민·영토·군, 그 밖의 부대 또는 동맹국에 대한 무력공격의 경우에도 개별적 혹은 집단적 자위를 위한 경우를 제외하고는 어떠한 나라에 대해서도 군사력을 사용하지 않는다는 점을 명시하였다.[93] 이에 따라 러시아는 전쟁에서의 승리보다는 이의 억제에 중점을 두고, 이를 위해서 정치적인 화해와 억제를 중시한다는 입장을 밝히기도 했다. 이를 위해서 러시아는 핵군사력은 물론 재래식 군비의 상호감축(mutual reduction of nuclear and conventional arsenal)이 필요하다는 정책 및 전략 태세도 제시했다.[94] 이러한 군사정책과 전략기조는 핵이건 재래식 전쟁이건 전쟁은 승리할 수 있고 승리해야 한다는 개념아래 모든 상황

93 "Decree No. 1833: The Basic Provisions of the Military Doctrine of the Russian Federation," Approved by the Russian Security Council and President Boris Yeltsin on November 2, 1993, Special Report No. 1, *Jane's Intelligence Review* (January 1994).

94 *Ibid.*

하에서의 공격작전을 강조하던 과거 소비에트 러시아의 것과는 판이하게 다른 것이었다.[95]

옐친에 이어 러시아의 대통령이 된 푸틴 역시 미국 등 다른 나라들과의 관계를 안정적으로 유지하면서 러시아의 대내외적 안전과 자생력 고양을 보장하려 하고 있다. 푸틴은 심장부에 대한 테러공격을 받고(2001. 9. 11) 테러리스트들과의 전면적인 전쟁을 선포한 미국과 보조를 같이 하고, 이를 위해서 미국이 채택한 '선제타격'(preemptive strike)의 전략개념에 대해서도 거부감을 표시하지 않으면서 미국과의 관계를 다져 왔으며, 과거 동구권국가들이 대거 NATO에 가입하는 상황진전에 대해서도 크게 우려하지 않고 오히려 NATO와 협의회를 구성함으로써 40여 년의 냉전(冷戰)을 종결시키기도 했다.[96] 러시아는 빈 라덴을 포함한 알 카에다 테러리스트를 소탕하고 이를 지원하던 탈레반 아프가니스탄 정권을 무너뜨리기 위하여 펼친 아프간 전쟁을 묵인하였고, 테러집단들의 핵공격을 무력화시킨다는 개념을 중시한 MD (Missile Defense: 미사일 방어체계. NMD에서 National이라는 용어를 제거함)체계 구축에 동참을 권유하는 미국의 요구를 완전하게 외면하고 있지는 않다. 러시아의 푸틴 대통령은 미국이 주도한 이라크전쟁(2003)을 반대하기는 하였으나 후세인에 대한 채권을 포기하는 것을 주저하지 않았고, 후세인 축출 후에 전후 처리에 골머리를 앓고 있는 미국의 지원요청을 외면하지 않는 '실리(實利) 위주의 정책과 전략'을 구사하고 있다. 특히 러시아는 핵군사력 감축면에서도 인색하지 않아 미국의 부시 정부와 앞으로 10년 내에 양국 보유 핵탄두 수를 6,000개에서 1,700-2,200개로 감축하기로 합의하기도 했다(모스크바, 2002. 5. 24).[97]

---

95 핵전상황하에서의 공격작전을 연구한 논문으로서 "Chapter IV: The Employment of Nuclear Weapons and Destruction of the Enemy by Fire," in A. A. Sidorenko, *The Offensive* (Moscow, 1970), pp. 109-137 참조.

96 "NATO, Russia reach historic deal," *The Korea Herald*, May 16, 2002; "40년 冷戰의 장례식," *동아일보*, 2002. 5. 16.

핵무기확산 방지를 위하여 러시아는 다른 한반도 주변국가들과 더불어 6자회담(북경, 2003. 8. 27-30)에 참석하여 북한의 핵무장을 반대하는 입장을 취하기도 했다. 이와 같이 사회주의라는 이념적 요소를 제거한 러시아는 대외적으로 호혜적 상호보완관계를 유지하고, 이를 통하여 실리추구의 정책과 전략을 구사함으로써 국가적 이익을 보장하려 하고 있다.

실로, 20세기를 통하여 국가의 체제・정책・전략면에서 총체적인 변화를 겪은 러시아는 다양한 성격과 모양의 전략을 구사해 오고 있다.

2차 세계대전의 결과 사회주의 통제체제에 대한 자신감과 더불어 강대국의 면모를 갖춘 소비에트 러시아는, 미국의 막강한 국력과 군사력에 대한 경외감에도 불구하고, 공세적인 태세를 취하여 자국의 이미 확보된 세력권을 공고하게 다지면서 이에 인접한 지역에 대한 영향력을 증진시켜 가능하면 세력권을 확대하려는 정책과 전략을 채택했다. 베를린 봉쇄(1948. 6-1949. 5), 베를린폭동 진압(1953. 6. 16-21), 헝가리혁명 제압(1956. 2-11), 폴란드의 폭동 진압(1956. 6. 28-7. 4), '프라하의 봄'으로 알려진 체코의 개혁 저지(1968. 1-12) 등에서 소비에트 러시아는 직접 군사력을 사용하여 세력권을 공고하게 하려 하거나 진영 내 국가들의 체제변질 요소를 제거하면서 체제변질의 현실화 가능성을 제거했다.[98] 특히 소비에트 러시아 연방은 동맹국의 하나인 쿠바의 안보를 보장하기 위한 수단으로 미사일을 직접 배치하는 모험(1962)도 감행할 정도로 적극적인 정책과 전략을 구사하였다. 미국을 직접 위협하는 수단이 충분하지 못한 1950년대와 1960년대에 막강한

---

97 "Bush, Putin sign nuclear arms pact: U.S., Russian leaders herald new era in relations," *The Korea Herald*, May 25, 2002.

98 *20世紀 地球村戰爭*, pp. 468-478.

지상군에 의한 유럽의 안보 위협으로 미국을 견제하려 한 소련은 미국과 거의 대등한 전략적 보복능력을 구비한 1970년대에 들어서도 그의 세력권과 인접해 있던 지역인 아프가니스탄에서의 군사력 사용(1979. 12-1989. 3)도 마다하지 않는 적극적인 전략을 채택하였다. 이와 같이 소비에트 러시아는 1970년대에 이르기까지 군사력의 사용이나 이를 통한 전쟁도 불사하는 적극적인 전략을 구사하였으나, 이러한 적극적인 전략의 집행 결과가 스스로에게 가져다 준 체제 자체의 자생력 손상은 새로운 전략의 모색을 요구한 결정적인 요인이 되었다.

고르바초프에 의해서 대변되는 소비에트 러시아의 새로운 리더십은 체제의 개혁과 개방을 통하여 손상된 국가와 체제의 자생력을 회복하려는 의도로 군사력을 사용하거나 증강하기보다는 이를 감축함으로써 보다 안정적인 전략적 대외균형을 모색하려 했다. 이로부터 소련은 미국과의 군비경쟁 대신 군비감축 경쟁을 진행시키면서 때로는 일방적인 군비감축이나 동구권에서의 병력철수도 마다하지 않았다. 그러나 고르바초프는 그가 추구한 정책과 전략으로 소비에트 러시아 연방의 해체를 촉진시켜 그가 시작한 개혁과 개방으로 그 자신의 정치적 입지를 포기해야 하는 처지에 놓이게 되었다. 소련을 대신한 러시아는 사회주의를 사실상 폐기하고 자유·자본주의를 채택함으로써 이념적인 요소가 제거된 국가 정책과 전략을 수립하였다. 이로써 러시아는 국가 생존과 이익을 우선하는 정책과 이를 뒷받침하는 전략을 천명함으로써 미국을 비롯한 다른 국가들과 호혜적인 경쟁관계를 유지해 오고 있다. 다른 말로 표현하여, 자위권을 보장하기 위한 자위력(自衛力)으로서 군사력을 유지한다는 점을 확실하게 밝혀 군사력을 대외정책의 가용 수단으로 활용해 온 과거 동쪽 진영의 맹주국(盟主國)으로 행세했던 소비에트 러시아의 '브레주네프 독트린'을 거부하였다.

볼셰비키혁명으로 이념적으로 다른 색채를 띠고 국제사회에 등장했던 소비에트 러시아와 이념적인 요소가 제거된 오늘의 러시아의 정책과 전략은 실로 혁명적인 차이를 드러내 보였다. 그러나 러시아가 과거 군사력을 직접 사용할 목적에 부합되게 상정한 '작전전략'이라고 지칭한 범주의 개념은 실천이론으로서 전략의 개념과 수직적, 수평적 체계정립에 각별한 기여를 했다고 보인다.

2) 중진국 전략의 개념과 실제

세계적 차원의 전략적 균형에 영향을 미칠 수 있는 군사력을 보유하고 이를 운용하는 국가를 강대국이라고 분류한다면, 지역적 전략균형에 직·간접적인 영향을 미칠 만한 군사력을 유지하고 있거나 그럴 만한 잠재력을 보유하고 있는 국가를 중진국이라고 부를 수 있을 것이다. 이러한 부류(部類)의 국가로서 영국, 프랑스, 인도, 중국, 일본 등을 들 수 있다. 이들 중 과거·현재·미래의 위상과 역할을 고려해 볼 때, 중진국으로서 과거 진영 중심의 국제정치 구도 속에서도 비교적 독자적인 입장을 개진해 온 프랑스와 중국을 예로 들어 이들 두 국가의 전략개념과 실제를 분석해 보겠다.

(1) 프랑스의 전략

나폴레옹(Napoleon Bonaparte, 1769-1821)의 영광과 제2차 세계대전(1939-1945) 초기의 참담한 패배를 동시에 기억하고 있는 전략주체인 프랑스의 전략은 그 개념과 실제면에서 결코 단순하지 않다. 민족국가로서 전략주체의 위상을 한껏 고양시킬 수 있었던 시절에 대한 미련과 변화를 외면하고 융통성이 결여된 전략에의 집착으로 빚어진 참패를 감수해야 했던 프랑스는 국가의 위신과 자존을 동시에 보장할 수 있는 전략을 모색하려 했다. 제2차 세계대전 후 미국과 소련이 이념적으로 세계를 동·서로 분할하여 냉전이라는 국제질서를 빚어낸 상황에서도 두 차례에 걸친 세계대전을 통하여 연합국과 형성한 연합전선의 한계와 효용성을 체험한 프랑스는 독자적인 전략의 수립과 이를 보장해 줄 수 있는 군사력 보유의 중요성을 결코 간과하지 않았다. 특히 핵군사력이 상대의 군사적 행동을 억제하기 위한 수단의 하나로 등장한 현대에 들어서 프랑스의 국가적 안전을 보장하겠다고 나선 미국이 프랑스의 안전을 보장하기 위하여 그 수도인 워싱턴의 안전을 희생하겠는가 하는 이론적인 의문의 해답을 찾기 어려운 프랑스는 독자적인 전략의 수립과 이를 뒷받침할 독자적인 군사력을 보유하려는 노력을 기울였다. 이러한 노력에도 불구하고, 국력·국토·군사력의 근본적인 한계를 극복할 수 없는 프랑스는 미국 주도하에 결성된 NATO와 정치적·군사적으로 분리된 이중적인 관계를 유지해 오고 있으나, 군사적으로는 전방과 후방, 재래식전쟁과 핵전쟁, 그리고 실전과 가상전을 별개로 상정하면서도 이를 분리해서 대처할 수 없는 현실적인 고뇌를 벗어나지 못해 왔다. 여기에 전략주체로서 프랑스의 전략이 독자적이면서도 의존적이고, 현실적인 것 같으면서도 비현실적인 특성을 지니고 있는 이유가 있는지 모른다.

미국과 영국군 주축으로 형성된 연합군의 노르망디상륙작전(1944. 6. 5) 수행으로 국가의 모습을 되찾을 수 있었던 프랑스는 국가적 명예회복은커녕 자위를 위한 독자적 전략수립 자체가 불가능한 형편에 놓여 있었다. 이른바 제4공화국(1946-1958)이라는 이름하에 모습을 다시 갖춘 프랑스는 독자적인 방위력과 전략수립을 위한 정책과 전략 의지를 실현하기 위해 노력했으나, 현실적인 여건과 능력의 뒷받침을 받지 못한 단계에 머물러 있을 수밖에 없었다. 한국전쟁(1950-1953)을 수행하면서 미국이 NATO를 군사적으로 강화하려던 1951년 4월, 프랑스 정부는 미국과 영국 그리고 프랑스 사이에 공동협의체(Big Three of the Alliance)를 구성하여 유럽 방위와 세계 정책을 조율하자는 제안을 내놓기도 하였으며, 1954년 프랑스 군사지도자들 역시 NATO에서 미국의 독자적 핵결정에 대한 우려를 표명하고, 영국과 프랑스가 서부유럽 방위를 위한 미국의 핵군사력 사용 여부 결정과정에 직접 참여해야 한다는 점을 밝히면서, 소련의 보복능력이 증가함에 따라, 유럽 방위를 위한 미국의 전략적 보장의 신뢰성 약화를 우려하기도 했다.[99] 독자적인 방위를 위한 정책과 전략의 수립 필요성과 유럽 방위를 위한 미국의 의존도를 감소시키려는 노력에도 불구하고 이를 뒷받침할 수 있는 국력과 군사력을 보유하지 못한 프랑스는 어쩔 수 없이 서부유럽과 자국의 방위를 미국에 의존해야 하는 한계를 극복할 수 없었다.

특히 이집트의 수에즈운하 국유화로 비롯된 제2차 중동전(1956. 10. 29-11. 15)에 영국 및 이스라엘과 더불어 참가한 프랑스는 소련은 물론 미국으로부터의 비난을 감수해야만 했고, 미국과 같은 강대국의 이해가 프랑스의 것과 일치하지 않는다는 사실을 간파할 수 있었다. '수에즈의 수모'(the Suez humiliation of 1956)는 프랑스 지도자들로 하여금 미국에 대한 방위 의존도를 줄이고 소련의 공갈·위협에 대한 취약성을 감소시키기 위하여 핵무장이 필요하다는 판단을 내리도록 한 직접적인 계기를 제공했다. 1956년 말, 프랑스 국방장관은 핵폭발 실험계획을 승인함으로써 1954년 프랑스 정부의 핵무장 결정을 실질적으로 뒷받침했으며 1958년 4월, 프랑스 수상(Félix Gaillard)은 "1960년 프랑스가 최초의 핵실험을 실시한다"는 결정을 내리기도 했다.[100] 이와 같이 제4공화국하의 프랑스는 독자적인 전략수립과 이를 보장하기 위한 핵무장을 서두르게 되었다.

그러나 프랑스 제4공화국 정부는 자국의 안보와 서부유럽 방어를 위하여 미국이 주도한 NATO에 크게 의존할 수밖에 다른 도리가

---

99 David D. Yost, *France's Deterrent Posture and Security in Europe, Part I: Capabilities and Doctrine*, *Adelphi Papers, No. 194* (London: IISS, Winter 1984/5), pp. 1-6.

100 *France's Deterrent Posture and Security in Europe, Part I: Capabilities and Doctrine*, p. 4.

없었다. 월맹을 포함한 인도지나반도와 알제리에서의 식민전쟁을 치르고 있던 프랑스는 NATO 내 개입을 최소화하면서 동맹 내에서 프랑스의 위상을 최대로 보장하기 위하여 영국과 더불어 공동협의체를 구성하자는 제안을 내놓기는 했으나 이를 강요할 입장은 되지 못했다. 따라서 프랑스는 동맹관계에 있던 미국과의 정책 및 전략적 입장 차이에도 불구하고, 자국의 안보상 미국과 NATO에 대한 의존도를 완전하게 줄일 수는 없었으나, 이를 줄이기 위한 핵무장을 서두르면서 인도지나 개입을 종식시키고 알제리에서의 식민전쟁을 신속하게 마무리하려는 정책의지를 지니고 있었다.

제5공화국(1958-1969)의 수반으로 등장한 드골 대통령은 독자적인 전략수립과 대책마련을 구체화했다. 소련의 보복력 강화가 서유럽 방위에 대한 미국 핵보장 신뢰성을 약화시킨다는 점을 지적한바 있던(1952) 드골은 프랑스 방어를 위한 독자적인 핵군사력의 보유와 정치적 조치를 위한 행보를 밟아 나갔다.

이러한 드골의 조치는 정책과 전략, 군사, 그리고 대외 군사개입 측면에서 구체화되었다. NATO에 대한 정책과 전략면에서, 드골은 1958년 미국의 아이젠하워(Dwight D. Eisenhower) 대통령, 영국의 맥밀란(Harold Macmillan) 수상에게 각서를 발송하여 동맹국 핵무기에 대한 전 지구적인 계획과 통제를 위하여 3국 협의체 구성을 제안했다. 그러나 미국과 영국은 프랑스 제안에 대해 별로 관심을 표명하지 않았고, 특히 미국은 미국의 전략으로 유연대응(flexible response)을 기조로 한 개념을 제시하였으며, NATO 회원국들의 방위를 위해 미국의 핵무기를 사용할 수 있다는 입장을 밝히면서 핵무기 사용에 대한 유럽 국가들의 자동적 승인을 내포하는 듯한 지침을 내놓았다(the NATO's 1962 Athens Guidelines). 드골은 이러한 미국의 전략개념과 NATO의 지침이 핵공격으로부터 미국의 본토는 성역으로 남겨 놓은 채 전쟁 자체를 유럽 지역에 국한시키게 되는 결과를 감수해야 된다는 점을 지적하면서 이를 거절했다.[101] 군사적으로, 드골은 프랑스 자체의 방위를 위한 독자적 군사역량을 보유하려는 노력을 기울였다. 전술핵무기를 개발하기로 한 1963년의 결정이나 이를 '경고사격'(warning shot) 개념에 근거하여 사용하겠다는 1964년의 결정은 전후 프랑스가 유지해 온 억제전략의 신뢰성을 증진시켜 프랑스 방어를 위한 독자적 역량과 영역을 확보하려는 노력의 하나였다. 드골은 또한 서독 지역에서 치러지는 초기 전투에서 프랑스군은 예비대의 역할을 수행한다는 점을 밝혀 재래식 전력사용에 있어서도 독자적인 입장을 유지하려 했다.[102] 드골은 대외 군사개입을 종식시켜 프랑스 자체 방어를 위해서 프랑스 역량을 집약시키는 노력도 기울였다. 디엔피엔푸전투의 패배(1954)로 월남에서 철수할 수밖에 없었던 프랑스는 북아프리카 알제리에서 식민전쟁을 수행하고 있었다. 프랑스는 1820년대부터 알제리를 식민지로 만들려던 프랑스는 1930년 군대를 파견하여 1937년에는 알제리를 프랑스에 병합함으로써 알제리 해방전선의 병력과 전쟁상태에 돌입하였다. 이 전쟁에서 승산이 없다고 판단한 드골은 이 문제에 대한 국민투표를 실시하여(1961－프랑스: 찬성 74.4% 알제리: 62.8%) 이를 종식시켰다(1962).[103] 이와 같이 드골은 정책 및 전략수립, 군사역량 강화, 그리고 대외 군사개입 종식 등을 통하여 프랑스 자체 방어를 위한 독자적인 영역과 입장을 강화해 나갔다.

프랑스 방어는 프랑스 자체의 결정에 따라 이루어져야 한다는 드골의 구상은 1966년 3월 프랑스가 NATO에서 탈퇴한다고 선언함으로써 현실화되었다. NATO 회원국들에게 배포된 각서에서 프랑스 정부는 주요 사안에 대한 문제를 외국의 결정에 내맡겨야 하는 NATO의 통합구조는 프랑스의 핵심적 국가 이익에 배치될 뿐만 아니라 국가

---

101 *Ibid*., p. 5.
102 *Ibid*., p. 5.
103 金幸福 外 共編, *20世紀 地球村戰爭* (兵學社, 1996), pp. 479-483.

적 행동의 자유를 스스로 속박하는 결과를 강요하는 것이라는 점을 명백하게 밝혔다. 다른 말로 표현하여, 프랑스는 미국이 미국 본토에 대한 핵보복을 감수하면서까지 프랑스의 안보를 위해서 프랑스의 가상적국(예: 소련)에 대해서 핵공격을 가할 수 없는 이상 미국이 주도하는 NATO에 회원국으로서 남아 있으면서 미국의 결정에 동참함으로써 프랑스의 안보가 위태로워질 수 있는 경우를 감수할 필요가 없다는 정책 및 전략적 판단 아래 그에 걸맞는 정책 및 전략을 구체화한 셈이다. 미국이 상정한 위협이 프랑스의 것과 일치할 필요도 없고, 그럴 수도 없다는 전략적 상황 인식에 바탕을 두고 내린 결정이었다. 이러한 조치에 따라 프랑스는 서독에서 NATO의 전진방어 노력에 대한 혜택을 누리면서도 초기 전역에 대한 개입 여부, 정도 및 형태는 자국이 직접 결정하겠다는 정책 및 전략 의지를 분명하게 천명했으며, NATO가 상정한 가상적국에 대해서도 정치적으로 '비적대적인 관계'(non-belligerent relations)를 유지할 수 있는 여지를 남겨 놓았다.[104]

NATO를 탈퇴한 프랑스는 자국이 수립한 독자전략을 독립적 억제(independent deterrence), NATO 동맹국들과의 협조(co-operation with the allies), 정치적 비적대정책(non-belligerency option) 등의 범주에서 보장하려 했다.

프랑스 전략, 특히 핵전략의 핵심은 억제가 다국적적(multi-national)일 수 없다는 개념에 이론적 근거를 두고 있다. 이 근거는 어떤 국가든지 다른 국가의 안보를 위하여 자국에 대한 핵보복을 감수하고서 핵무기를 사용할 수 없다는 가정을 받아들인 결과다. 미국의 유연대응전략을 표방함에 따라 프랑스는 그가 내세운 전략의 핵심이 현실적인 설득력을 갖게 되었으며, 이를 실질적으로 보장하기 위한 군사력의 보유가 필수적이라고 보았다. 이를 위해서 프랑스는 서독 지역에

---

104 *France's Deterrent Posture and Security in Europe, Part I: Capabilities and Doctrine*, pp. 5-6.

서의 최초 전투(forward battle) 참여를 위한 재래식 군사력, 침공군의 공격의지를 시험하면서 프랑스의 대항의지와 필요시 확전(擴戰)의지를 천명하는 데 필요한 전술핵무기(tactical nuclear weapons), 그리고 전략적 타격을 위한 전략핵무기(strategic nuclear weapons)를 보유하려 했다. 그러나 프랑스는 프랑스 방어를 위해서 재래식 무기보다는 핵무장에 더 큰 비중을 두고 군사력을 갖추어 나간다는 방침을 확실히 했다. 전략 핵무기를 통한 독립적인 방어를 기본개념으로 한 프랑스 전략은 1972년 프랑스가 발간한 방위백서를 통하여 공식화되었다.[105]

그러나 자국의 핵군사력 위주로 자국을 방어하겠다는 프랑스 독자(獨自)전략은 완전하게 독자적일 수만 없다는 현실적인 한계를 안고 있었다. NATO 회원국, 특히 서독에서의 군사작전이 성공적이지 못할 경우에 프랑스 단독으로 자국의 안전을 보장할 수 있을 것인가, 또, 프랑스가 필요하다고 판단할 경우에도, 서독 지역에서 전개되는 전투에 프랑스가 전술 핵무기를 사용할 수 있을 것인가 하는 문제는 프랑스가 독자적으로 보장하거나 결정할 성질의 것이 아니라는 점이다. 따라서 프랑스의 안보는 동맹국들의 성공적인 작전에 의존하는바 결코 적지 않으며, 프랑스가 보유한 군사력의 국외 사용은 NATO 동맹국, 특히 작전을 주도하는 미국의 결정에 좌우된다는 뜻이다. 지역적으로 NATO 동맹국과 인접하고 있는 프랑스의 방어가 완전하게 독립적일 수 없다는 한계를 극복하기 위하여 프랑스는 NATO의 군사위원회 등과 같이 정치·군사적 성격이 뚜렷한 조직에는 참가하지 않으면서도 최고정책결정기구(the North Atlantic Council)와 정치, 경제기구(the Economic Committee, Various Political Committees) 등에는 직접 참여하고, NATO 각 군사령부에는 연락장교를 파견하며, 정치적으로 덜 민감한 해군합동훈련 등에는 참여하는 선택적 협조관계를 유지하고 있다.

---

105 *Livre blanc sur la défense nationale, tome I, 1972*, pp. 8-9.

이와 같이 프랑스는, 전략적으로, 강대국이 아닌 중진국으로서, '비례적 억제'(proportional deterrence)에 근거한 자국 전략의 실천적 효율성을 NATO 및 그 동맹국과 '선택적 협력'(selective co-operation)을 통하여 보장하려 하고 있다.

프랑스는 또한 자국 중심의 전략을 정치적 '비적대성'(non-belligerency)을 표방함으로써 그 실효성을 보강하는 노력도 기울였다. NATO 동맹국들과의 협조는 재래식 군사력 범주에 한하고, 핵무기는 제외하는 군사적 조치를 취한 프랑스는 모든 군사력 사용의 자동개입을 거부하면서 어떠한 경우에도 프랑스군은 프랑스군 지휘체계에 의해서 작전을 실시한다는 점을 명백히게 밝힘으로써 비적대적인 프랑스 전략을 제시하였다. 이러한 전략태세에 따라, 프랑스는 NATO와의 협조 가능성은 열어 놓은 채, NATO의 대규모 군사기지나 영공의 통과는 허용하지 않는 태도를 취하여 이러한 전략태세를 가시적으로 보장했다.[106] 이와 같이 프랑스는 자국의 안보를 위하여 독자적인 결정권의 보유와 이를 뒷받침할 수 있는 전략태세를 정치·군사적인 조치로 보장하려 했다.

프랑스는 독자적인 전략의 수립과 그 태세를 보장하기 위하여 그에 상응하는 군사력의 보유를 필요로 했다. "프랑스가 파괴된다면 적도 그만큼의 손실을 입을 것이다"라고 정의된 '비례적 억제' 개념을 현실적으로 보장하기 위해서는 그만큼의 보복능력의 보유가 필수적이다. 이 능력은 질적으로 잔존 가능성이 높은 핵무기와 이를 운반할 수 있는 다양한 수단의 구비를 요구하고 있다. 이를 위해서 프랑스는 사하라사막 지역과 남태평양 지역에서 핵실험을 실시했고, 전폭기(Mirage 등)를 비롯한 공중운반수단과 핵잠수함을 주축으로 한 수중 투발수단, 그리고 지하에 구축된 기지에서 발사하는 탄도미사일 등을 보

106 *France's Deterrent Posture and Security in Europe, Part I: Capabilities and Doctrine*, pp. 9-13.

유했다. 지하의 유도탄 발사기지는 140톤의 개폐문이 500m 근방에서 폭발하는 1MT급의 핵탄에 견딜 수 있도록 설계되었고, 공중 및 해상 미사일 발사수단도 다양하게 구비하는 것을 계획하였다. 그러나 국가적 역량의 한계 속에서 핵무기체계를 갖추어야 하는 프랑스는 상대국의 핵 군사목표보다는 인구집중 지역이나 산업시설을 주 목표로 삼아서(counter-value strategy) 억제를 달성하려 했다. 이러한 이유에서 프랑스는 1963년의 부분적 핵실험금지 조약(Partial Test Ban Treaty, 1963)에 반대했으며, 프랑스와 영국의 핵군사력을 제외시키고 미국과 소련 간에 합의된 SALT I(the 1972 Soviet-American ABM Treaty가 핵심)을 환영했다. 미국과 소련 간의 이 합의가 프랑스 전략 핵군사력의 질적, 양적 확장을 저해하지 않을 것이기 때문이었다. 프랑스는 또한 민간방위(civil defense)체계도 강화하여 잔존(殘存)의 신뢰성을 향상시키는 노력도 기울였다.[107] 이와 같이 프랑스는 전략 및 전술 핵무기체계의 잔존역량을 확보하고 민간방위체계를 강화하여 억제의 신뢰성을 높이려 했으며, 이러한 노력은 1992년 프랑스 대통령 미테랑(François Mitterand)이 핵실험 중지를 선언할 때까지 지속되었다.

독자적인 프랑스 전략은 그 효용성에 대한 논란이 없진 않았으나 프랑스의 국내정치 질서와 프랑스 국민정서상 돌이킬 수 없는 선택이 되었다. 유명한 프랑스의 한 학자 아롱(Raymond Aron)은 비례적 억제 개념은, NATO 내 프랑스의 정치적 입지를 강화하면서 국제적인 위신을 높이기는 하였으나, 소련과 같은 핵강국의 잔존 보복력을 완전하게 제거할 수 없는 한 프랑스의 완전파괴를 상정하지 않을 수 없고, 이러한 이유로 현실적인 효용성을 보장받기 어렵다는 입장을 취했다. 그러나 이 전략을 옹호한 다른 이론가들은 서유럽이나 프랑스의 방어에 대한 미국의 핵보장이 완벽할 수 없는 한 프랑스로서 채택할 다른

---

107 *France's Deterrent Posture and Security in Europe, Part I: Capabilities and Doctrine*, pp. 13-19.

선택은 없으며, 프랑스가 보유한 핵군사력이 장차 유럽 자체 방어에 필요한 통합전력 형성의 핵(nucleus)이 될 수 있다는 점을 강조했다. 이러한 이유에서 프랑스는 독자적인 전략을 뒷받침할 수 있는 전략·전술 핵무기는 물론 재래식 군사력까지 갖추어야 된다는 점을 주장했고, 이를 프랑스 국민정서와 정치현실이 받아들이게 되었다.[108] 더구나 소련 연방과 동구권의 붕괴로 빚어진 동서냉전의 종식과 이에 따른 NATO의 확장 및 변질로 과거 동구권국가들까지 회원국이 된 상황전개는 프랑스가 지녀온 독립적인 전략개념에 대한 현실적인 의미를 더 한층 부여해 주기에 이르렀다.

이른바 탈냉전적 국제질서 아래에서도 프랑스는 프랑스의 독자적 방어를 위해서나 유럽의 독립적 위치를 유지하기 위해서 핵무기를 필요로 한다는 점을 명백하게 밝혔다. 1972년의 『방위백서』를 대신한 1994년 『방위백서』에서 프랑스는 유럽 통합이 가시화됨에 따라 유럽의 방위는 유럽 국가들 스스로 책임져야 하며, 이를 위해서 신뢰성 있는 핵무기체계의 보유가 필수적이라는 점을 밝히고 있다.[109] 그러면서도 프랑스는 냉전적 국제질서에서 미국이 제공한 핵우산을 제공할 의사가 없음을 천명하면서 유럽국가들은 '협조된 억제'(concerted deterrence, shared deterrence, mutual deterrence 등)에 근거한 전략개념을 심각하게 고려할 필요가 있다고 주장했다.[110] 특히 UN이 핵확산금지조약(NPT)을 만장일치(166개국)로 무기한 연장시키고, 이에 근거하여 포괄적으로 핵실험을 금지시키려 함에 따라 프랑스는 핵실험이 포괄적으로 금지되기 전에 필요한 핵실험을 실시하여 실효성 있는 핵무기를 보유하려 했다. 이러한 정책적 판단 아래, 1995년 6월 13일 프랑스 대

108 *Ibid.*, pp. 29-60.

109 *Livre blanc sur la défense* (1994), p. 78.

110 Pascal Boniface, "French Nuclear Strategy and European Deterrence: 'Les Rendz-vous Mangués,'" *Contemporary Security Policy, Vol. 17, No. 2* (August 1996), p. 232.

통령 시라크(Jacques Chirac)는 '일련의 제한된 핵실험'(a limited series of nuclear tests)을 실시하겠다고 선언하기에 이르렀다.[111] 그리고 여섯 차례에 걸친 핵실험을 강행했다.[112] 이런 과정에서 1995년 11월 UN 총회는 반 이상의 국가들이 프랑스의 핵실험을 비난하는 결의안을 통과시켰으며, 특히 15개 EU 국가들 중에서 11개국(영국 반대, 독일 · 스페인 · 그리스 기권)이 이에 찬성하는 결과를 빚어냈다.[113] 이에 프랑스 대통령은 프랑스의 동반자는 유럽 15개국이 아니고 영국, 독일, 스페인 등 프랑스의 인접국이라는 점을 밝혀 다른 유럽국가들에게 정치적 불만을 전달함과 동시에 유럽 방위를 위해서도 프랑스의 독립적 위치를 훼손시키려 하지 않았다.[114] 이와 같이 프랑스는 독자적인 방위를 위한 전략과 이를 보장할 건실한 핵무기체계를 보유하기 위하여, 국제적 혹은 주변국들의 반발에도 불구하고, 필요한 실험과 절차를 수행하는 등 독자적 행보를 서슴지 않았다.

핵실험을 통하여 확인된 신뢰할 수 있는 전략 및 전술 핵무기를 보유함으로써 자국의 방위를 보장하려 하는 프랑스는 재래식 군사력을 감축하고, 이의 효과적 운용을 위해서 인접국, 특히 독일과의 협조를 제도화하는 등 NATO와의 군사협력을 강화하는 조치를 취했다. 프랑스 정부(Jacques Chirac 대통령)는 징병제를 폐지하고 50만에서 35만으로 병력을 감축하고, 지상 발사 핵미사일도 폐기하여 예산을 절감하는 한편 독일군과 혼성부대를 편성하고, 유럽 지역의 안전을 보장하기 위한 유럽군단(Eurocorps)에 프랑스 병력을 배속시키면서 NATO의 군사위원회에도 복귀하는 등의 조치를 취했다.[115] 미국과 소련의 화해

---

111 *Ibid.*, p. 227.

112 "France sets off nuclear blasts," *Korea Herald*, September 7, October 29, 1955; "프랑스 핵실험 종료 선언 (6차)," *한국일보*, 1996. 1. 31.

113 "French Nuclear Strategy and European Deterrence," *op. cit.*, p. 234.

114 *Le Monde*, February 24, 1996, quoted in *Ibid.*, p. 235.

115 "佛, 징병제 폐지, 兵力감축" "佛, 대대적 軍개편 배경, 내용," *한국일보*, 1996.

로 NATO의 성격과 본질이 바뀐 상태에서 프랑스는 자국의 방위를 위한 독자성을 포기하지 않으면서 독일과 더불어 유럽 방위를 위한 주도적 역할을 수행하려는 전략의지를 현실화시켜 나갔다. 이에 프랑스는 유엔의 결의안에 근거한 걸프전(1991)에 제6경 기갑사단을 파견하고, 코소보전쟁(1999)에 NATO 연합군의 일원으로 참전하기도 했다.[116] 그러나 2003년 미국의 주도하에 수행된 이라크전쟁(Op. Iraqi Freedom)에는 참가하지 않는 독자적인 입장을 취함으로써 미국과의 공조보다는 프랑스의 국가 이익을 우선하는 정책과 전략을 구체화했다. 오늘날 프랑스는 해·공군 위주로 편성된 전략핵군(7,000명)과 육군(137,000명), 해군(45,600명), 공군(64,000명)과 독일과 남태평양(New Caledonia)·인도양·프랑스령 가이아나 등지에 주둔하는 병력(17,300명) 등을 포함하여 약 30여만의 현역과 10여만에 이르는 준현역병력을 보유하여 독립적인 전략의 실효성을 보장하려 하고 있다.[117]

핵중진국으로서, 세계적인 전략수립과 집행면에서, 강대국과 맞먹는 영향력을 행사하려는 프랑스의 정책과 전략은, 나폴레옹의 영광과 2차대전에서의 굴욕을 기록으로 동시에 간직하고 있는 국가적 입장만큼이나, 때로는 모순적이고 때로는 비현실적인 내용을 담은 특이한 성격과 모양새를 지니고 있다.

프랑스는 국가로서 자국이 기록해 놓은 영광과 굴욕의 역사 속에서 국가적 위세나 이익을 보장하는 데 있어서 연합전선의 한계를 체험했다. 나폴레옹이 지휘한 프랑스 군대 앞에 어이없이 무너진 대프랑스 연합군의 모습을 보았고, 전차를 앞세운 독일군의 전격전 개념에 입각한 공격작전 앞에서의 영·불 연합군의 무력함도 겪었다. 미국을 주축으로 형성된 연합군의 진격으로 국가의 모습을 되찾기는 했으

2. 23; 24.

116 陸軍士官學校 戰史學科, *世界戰爭史* (鳳鳴, 2001), pp. 658-703.

117 IISS, *The Military Balance 2002 · 2003*, pp. 39-42.

나, 이는 총력전(總力戰)에서 독일의 동원물자와 능력이 고갈된 결과적 산물이라는 인식을 지울 수가 없었다. 이러한 경험적 인식에도 불구하고 1966년까지의 프랑스는 미국의 핵 억제력과 미국이 주도적으로 결성한 동맹체인 NATO의 방위력에 자국의 방위를 보장받아야만 될 처지에 놓여 있었다.

그러나 1960년대에 들어선 미국이 유연대응(flexible response)이라는 선택적 억제를 전략의 주개념으로 정형화하기에 이르자, 프랑스는 자국의 방위는 물론 서유럽의 방어를 위한 미국 핵 억제의 현실적 한계를 인식하게 되었고, 군사적 차원에서, NATO를 탈퇴하여 독자적인 전략수립과 이의 실천적 보장을 위하여 핵무기를 위주로 한 군사력의 보유를 서두르게 되었으며, 프랑스를 성역(聖域: sanctuary)으로 전제한 전략개념을 제시했다. 프랑스만 성역으로 보존하겠다는 프랑스의 전략개념은 특히 서독 지역에서의 NATO군 작전의 성공 여부와 직접적으로 관련되어 있으며, 핵무기 공격에서 프랑스만 제외될 수 있다는 전제는 사실상 무의미하기 때문에, 이론적으로나 실천적으로, 그 현실성이 보장될 수 없는 성격을 지니고 있었다. 이러함에도 불구하고 프랑스는 최초 전투에서 예비대 역할을 수행한다는 가능성을 인정함으로써 NATO군의 초기 작전의 성공을 거들어 프랑스 국경을 보존한다는 '의지'와 '비례적 억제'(proportional deterrence)만이라도 보장할 수 있는 핵군사력을 보유하여 프랑스를 성역으로 보존하겠다는 '전략' 그리고 이를 정치적 비적대정책으로 보장하겠다는 '정책'을 내세움으로써 자국 전략의 이론적, 실천적 타당성을 옹립하려 했다. 특히 동·서 냉전의 종식으로 빚어진 국제질서 속에서 프랑스는 5대 강국이 포괄적 핵실험금지를 합의(CTBT, 1996. 9. 10)하기 전에 6차례에 걸친 핵실험을 강행함으로써 신뢰성 있는 핵무기체계의 보유를 도모하였고, 보복을 전제로 한 프랑스 전략이 자칫 무력화될 수 있는 전략상황이 전개될 수 있는 위험성 때문에 미국이 주도하는 미사일 방어체계(MD)의 구축과 실전 배치를 반대하였으며, 재래식 군사력의 약화를 감수할 수밖에 없던 자국의 입장을 감안하여 미국이 주도하는 대규모 지상전 수행 자체를 반대하면서 이라크전(2003) 참전을 거부하기도 했다. 그러면서도 프랑스는 강대국으로서 국제정치적 입지를 그대로 유지하려는 정책적 의지를 가시화하고 있다.

이러한 배경과 상황에서, 군사적 중진국으로서 프랑스 전략이 때로는 이율배반적이고 실천적 타당성이 결여된 듯한 성격과 양상을 지니게 되었고, 왜 그렇게 구체화되었는가 하는 이유를 찾아볼 수 있다.

(2) 중국의 전략

찬란한 고대 문명을 빚어낸 중국은 그 긴 문명의 역사 속에서 수많은 전쟁을 치러 왔다. 중국 내부의 왕조변화와 제후국들 간의 전쟁에서부터 주변 및 외부 민족들과의 전쟁 등 3,700여 회의 전쟁을 역사에 남겨 놓았다.[118] 전쟁의 성격도 다양하여 과거 백제·고구려의 정벌이나 청 태종의 조선 침공과 같은 침략전도 있었고, 흉노나 몽고 및 만주족의 침공을 맞아 싸우거나 이들 외부 민족에게 굴복한 방어전도 있었으며, 춘추전국시대 이래 왕조 및 여러 제후들 간의 왕권이나 패권 쟁탈전과 국부군과 공산군이 벌인 국·공 대결(1927-1949)과 같은 내전도 있어 왔다. 전쟁수행 방식 역시 강한 군사력으로 직접 공격하거나 방어하는 형태의 것과, 약한 군사력으로 강한 군사력을 마모시켜 이를 패배시킨 경우도 있었으며, 임진·정유왜란(1592-1598)이나 한국전쟁(1950-1953)에서와 같이 인접국을 돕는 원정작전을 수행하는 등 다양하게 전개되어 왔다. 국경문제로 빚어진 인도와의 전쟁(1962), 월

---

118 中國 國防大學, *中國 戰略論*, 박종원, 김종운 譯 (서울: 팔복원, 2001), p. 29. 이후 *中國 戰略論*으로 인용함.

맹을 응징하려는 목적으로 실시된 월맹과의 전쟁(1979)은 물론 두 개의 중국을 기정사실화하려는 의도를 분쇄한다는 의도로 실시된 금문도 포격(1958)과 대만 내 분리 독립주의자들에게 경고를 보낸다는 개념으로 실시된 무력시위 및 미사일발사시험(1995-1996) 등 중국은 군사 외적 목적 달성을 위하여 군사력을 사용하거나 이의 사용을 위협하는 행위를 마다하지 않았다. 이와 같이 수많은 전쟁을 치러 온 중국은 군사력 사용의 효용성을 결코 간과하지 않았으며, 이에 필요한 전략의 이론적 · 실천적 연구를 결코 소홀하게 취급하지 않았다.

수많은 전쟁을 기록으로 남긴 중국은 적지 않은 병서(兵書)를 양산해 냈다. 많은 병가(兵家)들이 저술한 병서는 2,000여 종에 달했으며, 이 중에서 500여 종이 지금까지 전해지고 있다.[119] 특히 춘추 말기의 『손자병법(孫子兵法)』은 후대에 가장 영향을 많이 미친 전쟁과 전략 및 전술이론의 명저(名著)로 꼽힌다. 전쟁이란 함부로 채택하는 수단이 아니라는 기본명제 아래 싸우지 않고 이기는 것이 최선(不戰而屈人之兵 善之善)이라는 점을 제시한 『손자병법』은 전쟁수행을 위해서도 벌모(伐謀) · 벌교(伐交) · 벌병(伐兵) · 공성(攻城) 등 여러 가지 전략수단 중에서 상대로 하여금 전쟁을 도모하지 못하게 하는 벌모(伐謀)를 상책으로 지적하였다. 전쟁을 수행함에 있어서도 속전속결(兵聞拙速)의 소중함과 "적을 알고 나를 알아야 한다(知彼知己 百戰不殆)"는 점을 중시하고, 상대적인 군사력의 규모에 따른 작전형태도 적시하였으며(十則圍之 五則攻之 倍則分之 敵則能戰之 不若則能避之 등), 작전수행에 있어서도 상대의 약점을 공격해야 한다(避實而擊虛)는 기본원칙과 상대를 속이기 위한(兵者詭道) 여러 가지 작전형태도 제시하였다. 특히 『손자병법』은 상대의 정황을 파악하기 위하여 간첩(鄕間, 內間, 反間, 死間, 生間 등)도 운용하여 전쟁에 소요되는 경비와 희생을 줄여야 한다는

---

119 *中國 戰略論*, p. 17.

점도 지적했다.[120] 이외에도 중국에는 "뒤에 위치한 지휘관이 앞에 있는 적보다 더 무서워야 병사들이 앞으로 나아간다"는 점을 지적한 『오자(吳子)』를 비롯한 수많은 병서들이 전해 오고 있다. 실로 『손자(孫子)』를 비롯한 중국의 병서는 정략(政略), 전략(戰略), 전술(戰術)의 모든 영역을 다룬 '금과옥조'(金科玉條)를 머금고 있다.

그러나 근대의 중국은 발달된 무기로 무장된 서구 열강과 서구 문명을 재빨리 흡수하여 탈바꿈한 일본의 침공에 국가적 수모를 감수해야만 했다. 중국은 주변 변방민족들(흉노, 몽고, 만주족 등)의 침공에 대처하기 위하여 만리장성을 쌓기도 하고 직접 지배를 받기도 하였으나(元, 淸) 영국과 두 차례에 걸친 아편전쟁(1839-1842, 1856-1860)을 치른 후에 중국(淸)은 '잠자는 사자'에서 '잠자는 돼지' 격으로 전락되어 서구 국가들의 요리대상이 되었다. 특히 서구 문물을 받아들여 국가의 모습을 변모시킨 일본과 벌인 청일전쟁(1894-1895)에서 패배를 당한 중국은 조선에 대한 배타적 우위를 상실하고, 일본의 조선합병(1910)과 만주점령(1931-1933)까지 감내해야만 했다. 그동안 중국은 청(淸)에서 중화민국(中華民國)으로 국체가 바뀌었으나(武昌 蜂起 1911. 10. 11), 대외 위협에 능동적으로 대처할 군사 내·외적 능력을 갖추지 못한 상태에서 외국의 직접·간접 잠식과 전면적 침공에 거의 무방비 상태로 노출되었다. 특히 중국은 공산당이 남창봉기(南昌蜂起, 1927. 8. 1)를 계기로 홍군(紅軍)을 조직하여 이른바 '토지혁명전쟁'(1927-1937)을 시작하게 되자 내전상태에서 일본군의 침공(1937)을 맞이하게 되었다. 실로 내우외환(內憂外患)의 소용돌이 속에 휘말린 중국은 전략주체로서의 면모를 갖추기조차 어려운 실정에 처해 있었다.

궁극적으로, 중국을 대변하게 된 중국 공산정부는 중국 대륙을 석권하기까지 수행한 전쟁과 그 후에 치른 대외전쟁을 통하여 자국이

---

120 *中國 戰略論*, pp. 17-18; *武經七書*, 孫子十家註 卷 1-13; 中國人民革命軍事博物館 編著, *中國戰爭發展史, 上* (北京: 人民出版社, 2001), pp. 83-89.

보유한 군사력과 그들에게 주어진 상황에 맞는 전략을 구사해 왔다.

토지혁명전쟁으로 이름 지어진 기간 중(1927-1937) 중국 공산당의 홍군은 자신의 전력은 보존하면서 국부군(國府軍)의 전력은 소모시킨다는 개념 아래 "농촌을 근거로 도시를 포위하여 전국을 장악한다"는 총체전략을 설정하였다. 이를 위해서 우선 농공(農工)이 무장하고, 농촌에 혁명근거지를 형성하면서 이를 확대시키고, 도시로 연하는 도로를 차단하거나 장악하여 도시를 고립시키고 포위하여 전략적 근거지를 확장해 간다는 전략을 수립하였다. 농촌의 혁명 근거지를 확대하고 확보된 도농(都農) 근거지를 확장하기 위하여 홍군(紅軍)은 상대를 유인하여 깊숙하게 끌어들이고(誘敵深入), 자신의 병력은 집중하며(兵力集中), 운동전을 수행하고(運動戰遂行), 기회를 포착하여 신속하게 상대를 섬멸하는(速決殲滅) 적극적 방어전을 수행했다. 실천적 차원에서 이를 보장하기 위하여 홍군은 "적이 진격하면 우리는 물러서고(敵進我退), 적이 머무르면 교란하고(敵駐我擾), 적이 피로하면 치고(敵疲我打), 적이 퇴각하면 추격한다(敵退我追)"는 전략·전술을 택했다.[121] 이와 같이 중국 공산당의 홍군은 이른바 토지혁명전쟁 기간 중(1927-1937), 자신의 전력은 보존하면서 상대의 전력은 마모시키고, 농촌을 중심으로 한 혁명기지와 이를 중심으로 확보된 전략 근거지를 전국적으로 확대하여 중국을 장악한다는 목표를 세우고, 이를 위해서 유격(遊擊) 전략·전술 개념에 입각한 작전을 수행했다.

일본과 전쟁상태에 돌입한 후 홍군은 국부군과 통일전선을 형성하여 복합전략에 입각한 전쟁을 수행하였다. 홍군은 국민당 군대와 통일전선을 구축하여 지구전을 수행하고, 그들이 주축이 되어 유격전을 실시하다가 유리한 조건하에서는 운동전을 소홀히 하지 않음으로써 자신들의 전력은 보존하면서 상대, 즉 일본군은 물론 국부군의 전

121 *中國 戰略論*, pp. 134-135.

력도 소모시킨다는 전략을 구사하였다. 다시 말하여 내선상에서는 지구적 방어전을 수행하고, 외선상에서는 속결적 공격전을 실시하여 자력은 보호하고 상대의 전력은 소모시킨다는 전략을 구체화하였다. 따라서 항일전쟁 기간 동안에 홍군은 진지전, 유격전, 운동전을 배합 실시하여 상대에게 소모전을 강요하면서 때로는 섬멸전을 수행한다는 복합전략을 수립하고 이를 실행하려 했다.[122] 이와 더불어 중국 공산당 지도부는 '국·공 합작'을 일본 패망 후에 '반드시' 펼쳐질 '국·공 대결'의 준비단계로 활용하는 것을 결코 간과하지 않았다. 국부군과의 협조를 통하여 미국이 지원하는 무기와 탄약의 확보는 물론 국부군 내부의 약점을 극대화시키거나 주요 간부들을 포섭하는 노력을 게을리하지 않았으며, 국부군과의 결전에 대비한 전략 및 전술을 가다듬는 계기로 삼았다. 이와 같이 중국 공산군은 항일전쟁에서 일본과 싸우면서 유격전을 통하여 자신의 전력은 보존하고, 국부군과 일본군의 정면대결을 조장하여 양측의 전력은 소모시키는 복합전략을 구체화했으며, 작전지역에서의 국민적 지지와 동원을 확실하게 확보해 나가는 정략(政略)도 동시에 구사했다.

항일전쟁을 치르는 과정에서 중국 공산당이 수립하여 적용한 이러한 복합전략은 일본 패망 후에 국부군과 정규전을 수행할 수 있을 정도로 홍군(紅軍)의 규모는 확장시킬 수 있었으나, 무기와 장비의 열세는 극복할 수 없었다. 항일전을 치르는 동안 공산당의 지휘를 받은 팔로군(八路軍)과 신사군(新四軍)을 주축으로 한 홍군은 "유격전을 기본으로 하고 유리한 조건하에서의 운동전을 놓치지 않는다"는 전략으로 60% 이상의 일본군과 95% 이상의 만주국 군대인 170여만 명 이상을 소멸시켜 항일전을 승리로 마감하면서 자신은 127만 명(주력군과 지방군)의 정규군과 민병대 268만 명, 1천만 명 이상의 자위대를 보유하게

---

122 *中國 戰略論*, pp. 94-95, 136.

되었다.[123] 그러나 이들 병력의 무기와 장비는 낙후되어 미국이 제공한 무기와 장비로 무장한 430여만의 국민당군과 비교하여 열세한 전력을 유지하고 있었다. '인민해방군'이라고 지칭된 홍군은 내전 최초 1년간 유격전 개념에 입각한 전략적 방어를 실시하였다. 성격상 자위(自衛)전쟁을 수행한 중국 공산군은 요심전역(遼瀋戰域: 요서・심양 전역), 회해전역(淮海戰域: 회수 이북・해주 전역), 평진전역(平津戰域: 북경・천진 전역) 등 3대 전역에서 지역확보보다는 국민당군의 전력(戰力: 有生力量)을 섬멸하는 전략으로 100여만이 넘는 국민당군을 소멸시켰으며, 내전 3년 차에는 병력도 280만으로 증강되어 전략적 공세를 취하여 '우세한 병력을 집결하여 각개 섬멸하는 전술'로 국민당군과 결전을 벌이게 되었다.[124] 결국 중국 공산당은 1949년 10월 1일 공산정부를 수립하고, 1949년 말 800여만 명에 이르는 국민당군의 저항을 극복하고 중국 대륙을 석권하였으며, 그 병력도 정규군 500여만 명, 민병 550만 명과 수천만 명의 자위대를 보유하는 규모로 확장되기에 이르렀다.[125] 이로써 중국 내전은 종식되었으나 중국은 대륙과 대만으로 양분된 상태에서 현재에 이르고 있다.

중국 대륙에 공산정부가 수립(1949. 10. 1)된 지 일 년이 넘지 않은 시점(1950. 6. 25)에서 일어난 한국전쟁(1950. 6. 25-1953. 7. 27)은 신생 중국 정부에게 여러 가지 정책・전략적인 결정을 강요했다. 기나긴 전쟁상태(1927-1949)를 거친 후에 중국 대륙을 차지한 중국 공산정부는 대만의 흡수라는 정치・전략적 문제뿐만 아니라 석권한 중국 대륙 내에서도 국가건설(nation building)에 필요한 정치・경제적 과제를 해결해야 할 처지에 놓여 있었으며, 이러한 대내외적인 문제와 과제를 해결하기 위하여 신생 중국 공산정부는 내부적인 노력과 자원을 동원

123 *中國 戰略論*, p. 136.
124 *中國 戰略論*, pp. 95, 128.
125 *中國 戰略論*, p. 136.

해야 함은 물론 외부적인 지원, 특히 소련으로부터의 '동지적인' 지원이 절실하게 필요했다. 따라서 소련의 지시와 전폭적인 지도·지원을 받는 북한이 시작한 한국전쟁은 중국에게 '강 건너 불'이 아니었으며, 특히 중국과 접경(接境)한 한반도의 지·전략적 위치는 중국을 한국전쟁의 방관자로 남겨 놓지 않았다. 동·서 냉전이라는 세계적인 대립구조 속에서도 중국은 한국전쟁을 결코 외면할 수 있는 입장이 아니었다. 이러저러한 이유로, 중국은 한국전쟁의 시작·수행·종료의 전 과정을 통하여 후원자(後援者)·지원자(志願者)·당사자(當事者)·대행자(代行者) 등의 다양한 역할을 수행했다.

지원군(志願軍)이라는 명목으로 병력을 직접 파병하기 전에도 중국은 한국전쟁에 깊숙이 개입했다. 중국은 소련이 일면 부추기면서 지원하고 승인한, 북한의 무력침공계획을 받아들이고, 북한의 병력을 강화시키는 노력의 하나로 중국 내전에 참전하여 전투경험을 쌓은 3개 사단규모의 조선인 부대와 지휘관들을 북한에 제공했다. 소련의 스탈린은 미 지상군이 개입할 경우에도 소련은 직접 전쟁에 참가할 수 없다는 점과 이러할 경우를 대비하여 중국의 모택동(毛澤東)에게 전쟁계획을 설명하고 협조를 확보할 것을 모스크바를 방문한(1950. 3. 30-4. 25) 김일성에게 '지시'했다. 이를 이행하기 위하여 북경을 방문하여(1950. 5. 13-15) 미군의 개입 가능성을 '일축(一蹴)하다시피 하는' 김일성(金日成)에게, 미군이 개입할 경우에 38선에 대해서 미국과 합의를 한 바 있던 소련보다 미국과 아무런 관련이 없는 중국이 북한을 원조하기가 수월할 것이라는 점을 밝힌, 모택동은 도시공격을 위해서 시간을 낭비하지 말고 적 전투력 격멸에 모든 역량을 집중하라는 '선배 동지'로서의 충고도 빼놓지 않았다.[126] 또한 미 지상군이 한국전에 개입

126 Roshin's cable to Stalin, May 16, 1950, Archives of the President of Russia, quoted in Evegeniy P. Bajanov and Natalia Bajanova, *The Korean Conflict, 1950-1953: The Most Mysterious War of the 20th Century — Based on Soviet Secret*

한 후, "적이 38선을 돌파할 경우에 대비하여 9개의 중공 사단을 한만(韓滿)국경에 집결시키는 것이 옳다"는 스탈린의 전문(1950. 7. 5)을 받은 중국 지도부는 신속하게 행동을 취했다.[127] 모택동의 요구에 의해 7월 7일, 10일에 소집된 중앙군사위원회는 7월 13일 동북변방군(東北邊防軍)을 편성하기로 결정하였고, 모택동은 이에 동의했다. 이 결정에 따라 중공군은 하남(河南) 지역에 배치되어 있던 13병단(13兵團: 38, 39, 40軍)과 42군, 포병 1, 2, 8사단 등 25만 5,000명으로 동북변방군을 조직하여 단동(丹東), 집안(集安), 본계(本溪) 등지에 위치시키기로 계획하고 8월 상순에 배치를 완료하였으며, 9월 6일에는 50군도 여기에 편입시켜 전력을 강화하면서 9월 30일까지 전투준비를 완료할 것도 지시했다.[128] 이와 같이 중국은 외견상 평온을 유지한 가운데서도 한국전쟁에 직접 개입할 경우에 대비하여 필요한 조치들을 구체화시켜 나갔다.

북한을 구출하기 위해서 보내는 병력의 공중엄호를 소련에게 요구했던 중국은, 스탈린의 확실한 보장을 받지 못한 채 '지원군'(志願軍)이라는 명목으로 이들을 파견할 수밖에 없었으나, 공중지원을 받지 못한 상황에서도 전력을 보존하면서 전투를 수행했다. 소련의 확실한 공중엄호를 받지 못했으면서도 중국이 병력을 한반도에 파견한다는 결정은 북한의 국가적 실체를 보존하는 것이 중국을 보위하는 길이라고 판단했기 때문이다. 다른 말로 표현하여, 중국의 한국전 개입 목적은 '순망치한'(脣亡齒寒)이라는 일반적인 중국의 대한반도 정책개념을 상

Archives (unpublished), pp. 50-53.

127 大韓民國 外務部 譯, *韓國戰爭 關聯 蘇聯極秘外交文書* (이하 *蘇聯極秘外交文書*), *4*, pp. 81-82; Coded message N 3172, July 5, 1950, Stalin to Zhou Enlai; N 3231, July 8, 1950, Stalin to Mao Zedong; N 3805, July 13, 1950, Stalin to Mao Zedong and Zhou Enlai, quoted in *The Korean Conflict, 1950-1953: The Most Mysterious War of the 20th Century*, pp. 86-87.

128 逢先知 · 李捷 著, *毛澤東 與 抗美援朝* (北京: 中央文獻出版社, 2000), pp. 3-6.

황에 맞게 구체화한 '항미원조(抗美援朝), 보가위국(保家衛國)'이었다.[129] 이에 부가하여 중국은 소련과 더불어 '동지적'(comradely) '보호자적'(paternalistic)인 영향력을 행사하려는 정치적 의도도 보유하고 있었다. 이를 달성하기 위하여 중국은 전장(戰場)에서 승리(勝利)를 쟁취(爭取)해야 했으며, 이를 위한 전략과 전술을 수립해야만 했다. 중공군은 공중엄호가 없는 상태에서 이동간 병력보존을 위하여 '야간행군 주간휴식'의 행군방식을 선택했고, 군사작전은 주간보다는 야간(夜間), 정면 대신 측·후방(側·後方)을 택했으며, 작전방식은 '분리와 소멸' 개념 아래 부분적인 진지전(陣地戰)과 운동전(運動戰)을 배합 실시했으며, 후방 유격전(遊擊戰)도 생략하지 않아 한국군과 미군을 주축으로 구성된 유엔군 간 전선의 균형을 파괴함으로써 이들의 '유색역량'(有色力量)을 소멸시키려 했고, 초기 공세로 작전공간을 확보한 중공군은 뒤이어 다섯 차례에 걸친 공세작전을 펼쳐 전세를 전환시킨 후에 전장(戰場)에서의 '군사투쟁'과 더불어 휴전 회담장(會談場)에서의 '정치투쟁'을 병행 실시하여 한국전쟁을 유리한 조건하에서 마무리하려는 군사외적인 노력도 병행 실시했다. 특히 한국 이승만(李承晩) 대통령의 휴전 반대와 이를 행동으로 표시한 반공포로석방(反共捕虜釋放, 1953. 6. 18) 조치를 응징하기 위하여 중공군은 대규모 공세작전 실시를 주저하지 않았다.[130] 이와 같이 중국은 충분한 지상 및 공중 화력지원을 받지 못한 상태에서도 한국군과 미군을 주축으로 구성된 유엔군의 일방적인 승리를 거부하고 북한을 보존하여 중국의 보위를 위한 '완충지역'(buffer zone)을 확보하는 데 필요한 전략, 전술을 모색하여 이를 전장에서 구사했다.

---

129 中國人民解放軍 軍事科學院 軍事歷史研究所 編著, *中國人民志願軍 抗美援朝戰史* (北京: 軍事科學出版社, 1988); 韓國戰略問題研究所 譯, *中共軍의 韓國戰爭史* (서울: 世經社, 1991), p. 1.

130 溫暢一, *韓民族戰爭史* (서울: 集文堂, 2001), pp. 831-1031.

그러나 직접 개입 이후 중국이 거의 주도적으로 수행한 한국전쟁은 중국과 중공군에게 결코 가볍지 않은 충격을 안겨 주었다. 먼저 중공군의 '분리와 소멸' 전략·전술에 맞선 '유인과 섬멸' 개념에 입각한 미군 전략·전술의 효용성이 대단했다는 점이다. 새로이 미 8군사령관으로 부임한 리지웨이(Matthew B. Ridgway) 대장은 연결되고 협조된 전선의 유지를 강조하면서 특정 지역의 고수를 위하여 희생을 감수하지 말고 과감하게 철수를 실시하여 전력을 보존하고, 중공군의 공격기세가 둔화되기 시작하면 즉시 반격을 실시함으로써 그들의 재편성 시간을 박탈하면서 우세한 화력을 동원하여 이들을 섬멸한다는 개념의 작전방침을 설정하는 '지역의 확보가 아닌 중공군의 살상'에 중점을 둔 전략·전술을 택했다. 기동력과 지상, 해상 및 공중 화력의 절대적 우세를 확보하고 있던 미군의 전략·전술이 중공군의 것보다 더욱 위력적이었다. 이 결과 중공군의 희생은 상대적으로 더욱 심각하여 작전의 주도권 확보보다는 작전의 지속 자체가 결코 쉽지 않을 정도였다.[131] 다른 하나는 미군은 장개석 군대와는 판이하게 다르다는 인식과 더불어 현대전을 수행하기에는 중공군의 전력이 턱없이 부족하다는 판단이 바로 그것이었다. 중공군은 전방작전을 수행하면서도 북한의 동·서 양 해안에 대한 유엔군상륙작전을 염두에 두고 상당한 수준의 병력을 배치해야만 했으며, 설전(舌戰: 休戰會談)과 혈전(血戰: 軍事作戰)을 수행하는 동안에 중국은 미국의 핵사용 위협과 중국 대륙의 해상봉쇄 위협을 가볍게 지나칠 수만은 없었다. 전략적으로 쉽게 사용할 수 없다는 이유로 핵무기를 '종이 호랑이'로 보았으나, 한국전쟁을 통하여 중국은 이 '종이 호랑이'가 '진짜 호랑이'로 변하여 물 수도 있다는 가능성을 인식하였다. 해상과 공중에서의 전투를 거의 포기한 상태에서 지상(地上)전투만을 수행한 중공군은 인력의 우세에만 의존하여

131 *韓民族戰爭史*, pp. 875-884.

싸우는 전술(人海戰術)이 얼마나 많은 희생을 감수해야 되는가를 알게 되었으며, 소련으로부터 공급되는 무기와 장비만으로는 월등한 무기와 장비로 무장한 미군과 대적하기가 결코 쉽지 않다는 사실도 체험하게 되었다. '모든 권력은 총구로부터 나온다'는 개념 아래 군사력의 정치·이념적 효용성을 평가해 온 중국 지도부는 소총이나 박격포의 총구(銃口)나 포구(砲口)만으로는 국가로서의 체면과 위신을 유지할 수 없다는 사실을 체험하게 된 셈이다. 이를 통해 중국 지도부는 중공군의 전력을 획기적으로 강화시키고, 이의 명실상부한 현대화가 절실하다고 내다보았다.[132]

중국도 '호랑이' 대열에 끼어야 하겠다는 중국 지도부의 인식은 바로 핵개발정책으로 현실화되어 중국의 핵무장을 가속화시켰으며, 중국을 핵강국으로 변모시켜 놓았다. 손쉽게 사용하기 어렵다는 점을 지적하면서 핵무기를 '종이 호랑이'라고 지칭한바 있던(1946) 모택동은 한국전쟁을 치르면서 이것의 정치적 효용성을 인정한 후, "지금의 세계에서 우리는 타국의 업신여김을 받지 않으려면 핵무기를 갖지 않으면 안 된다"고 말하면서 1958년 핵무기를 개발하기로 결정했다.[133] 이 결정에 따라 중국은 핵개발을 서둘렀고, 1964년에 핵실험을 실시함으로써 '호랑이' 대열에 합류했다.[134] 핵개발에 가속도가 붙은 중국은 1960-70년대에 원자탄, 수소탄을 제조하고 이의 운반체도 개발하여 인공위성까지 쏘아 올림으로써 '양탄일성'(兩彈一星)을 보유하게 되어 핵강대국의 핵 독점을 해소하면서 자국도 핵강국이 되었다.[135] 대만을 축출하고 유엔의 안보이사회의 상임이사국 자리까지 차지한 중국은 5대 핵강국의 위치까지 국가적 지위가 격상되었으나, 프랑스와 마찬가

---

132 *中國 戰略論*, pp. 137, 272-273.

133 *毛澤東 軍事文集* (北京: 軍事科學出版社, 中央文獻出版社, 1993), p. 365; *中國 戰略論*, pp. 272-273에서 引用.

134 *中國 戰略論*, p. 379.

135 *前揭書*.

지로, 1996년 포괄적 핵실험 금지조약(CTBT: Comprehensive Nuclear Test Ban Treaty)이 채택되기 전까지 필요한 실험을 실시하여 핵탄두의 크기를 줄이고 운반체의 추진연료를 액체에서 고체로 바꾸어 보다 '의젓한' 핵강국의 면모를 갖추려 했다. 이러한 계획에 따라 중국은 주변국의 강력한 항의에도 불구하고, 필요한 핵실험을 실시하는 것을(1993. 10. 5; 1996. 6. 8; 7. 29 등) 망설이지 않았다.[136] 결국 중국은 유엔이 CTBT를 통과시키기(1996. 9. 10) 전에 계획된 핵실험을 실시함으로써 핵강국으로서 국가적 위상을 확실하게 했고, 유인 우주선까지 쏘아 올려(2004) 우주개발에도 참가하는 위력을 과시했다. 이제 세계 어느 국가도 중국을 업신여길 수 없게 되었으며, 중국은 1994년에 러시아, 1998년에는 미국과 핵무기의 선제(先制) 불사용(不使用)과 상호(相互) 불조준(不照準) 협정을 체결할 정도로 국력(國力)에 걸 맞는 대접을 받게 됐다.[137]

중국은 또한 재래식 군사력의 강화와 현대화 노력도 게을리 하지 않는다. 중국은 필요시 사용을 전제로 재래식전력을 보유하고 있다. 러시아와 인접한 국경지역의 북부지역, 대만을 상대로 한 동남부, 대월맹 및 인도와의 분쟁에 대비한 서남부, 그리고 전략예비인 중부로 구분하여 지상군(160만 명)을 배치하고, 무기와 장비의 개선 노력도 기울이고 있다.[138] 서사군도(西沙群島)에 이어 남사군도(南沙群島: Flatly Islands) 및 조어도(釣魚臺 혹은 釣魚島－Diaoyu Islands: 일본은 尖閣群島－Senkaku Islands)를 확보하고 200해리 경제수역을 지키기 위하여 적지 않은 규모의 해군(25만 명)과 공군력(42만 명)을 유지하고 이들의 무기체계도 현대화시키고 있다. 중국 대륙 남단으로부터 1,000km 떨어진 남사군도를 장악하기 위하여 작전 반경 1,500km의 전폭기 Su-27기

136 *한국일보*, 1993. 10. 6; 1996. 6. 9; 7. 30.
137 *中國 戰略論*, p. 402.
138 "China will update army," *The Korea Herald*, July 23, 1996.

종(현재 70 Su-27, 20 Su-27UBK 보유)을 러시아로부터 도입했고, 작전 반경 1,700km인 MIG-31도 공동 생산하기로 했으며, 해군 역시 연안경계(coast guard)에서 근해방어(adjacent sea defense)로 임무를 확대하고, 그에 걸맞는 항공모함 · 순양함과 해군기 등을 보강하려 하고 있다. 그리하여 중국은 21세기 초까지 42-48기의 함재기를 탑재할 수 있는 두 척의 중형 항공모함 건조계획은 가지고 있으나, 이를 호위할 충분한 해군력이 미비할 경우, 적대국의 미사일공격에 취약하여 중국의 전략적 위상을 높이기보다는 체면이 손상될 수 있다는 점을 심각하게 고려하고 있다.[139] 중국은 자국의 직접적인 국가이익을 보호하고 증진하기 위하여 사용 가능한 재래식 군사력을 강화하면서 현대화시키려는 노력을 경주하고 있다.

중국이 현재 유지하고 있거나 유지하려는 군사력은 중국이 수행한 실전 경험과 중국이 관찰한 현대전에 대한 관점, 그리고 앞으로 중국이 치를 수 있는 전쟁에 관한 판단 등에 기초하여 중국이 지향하는 정책과 전략을 현실적으로 보장하는 수단의 성격을 띠고 있다. 인민해방전쟁이라는 개념으로 기나긴 중국내전(1927-1949)을 승리로 마감한 중국은 전쟁은, 어떠한 형태이건 간에, 필요한 것이고 그렇기 때문에 피할 수 없는 '투쟁현상'의 하나로 간주해 왔다. 이러한 개념에서 한국전쟁(1950-1953)을 치르고 난 후, 1958년 중국은 두 개의 중국을 기정사실화하려는 의지를 분쇄한다는 명분 아래 금문도(金門島)와 마조도(馬祖島)를 포격하기도 했고, 1962년, 국경문제를 해결하기 위한 인도와의 전쟁을 마다하지 않았으며, 1979년에는 서사군도(西沙群島)를 점령하기 위하여 군사력을 사용하고, 1979년 월맹을 응징하기 위한 군사작전도 감행했다. 그러나 중국은 한국에서의 전쟁 및 월맹과의 전쟁을 통하여 강대국과 약소국과의 전쟁에서도 강대국이 신속하게 전쟁을

139 IISS, *The Military Balance 2002 · 2003*, People's Republic of China; Di Hua, "중국의 안보정책 대안," *전략연구* No. 1 (1996), p. 91.

마무리하지 못하면 전과(戰果)나 피해(被害)의 다소를 불문하고 패배한 것과 다름없다는 사실과 국지적 분쟁이 세계전쟁으로 확대되지는 않는다는 점을 교훈으로 도출하였다. 그리하여 1985년 중국 중앙군사위원회는 세계적 차원의 전쟁은 피할 수 있고 현실적으로 치르게 되는 전쟁은 국지·한정전(local and restricted war)이라는 입장을 취하면서 중국의 군사정책과 전략은 어떻게 하면 중간급 규모의 국지전을 억제하고, 소규모의 국지 제한전을 '신속한' 승리로 끝낼 것인가에 그 중점이 주어져 왔다. 특히 1991년 걸프전에서 미국을 주축으로 구성된 다국적군이 42일간 진행된 전쟁을 100시간의 지상전투만 치르고도 승리로 마감했다는 사실은 중국에게는 충격이 아닐 수 없었다. 이에 중국은 군사력 건설형태를 인력밀집형보다는 과학기술밀집형으로 전환시켜야 한다는 인식을 지니고 군의 현대화를 추진하고 있다.[140] 이와 더불어 중국은 군사력은 정치·이념적 수단으로 얼마든지 활용할 수 있다는 개념을 그대로 유지하여 1995년과 1996년에는 대만의 분리·독립주의자들의 대만 정권 장악을 저지하기 위한 위협으로 미사일발사시험과 대규모의 상륙작전 연습을 실시하는 무력시위를 삼가지 않았다. 이러한 사실에 비추어 볼 때, 중국이 조어도(釣魚島) 영유권을 둘러싼 일본과의 '상정 가능한' 충돌에서 군사력을 직접 운용할 가능성을 배제하지 않을 수 있다는 관측을 가능하게 했다.

이와 같이 중국은 자국의 국가적 위상과 정치적 영향력을 유지하고, 국가 이익을 옹호하기 위하여 신뢰성 있는(reliable) 핵군사력을 보유하여 핵전을 방지하고 중급의 국지전, 예를 들면 러시아나 인도와의 전쟁 등은 억제하며 소규모 국지전, 예로써 대만이나 영토 및 영해 영유권 분쟁 당사국들과의 국지전은 승리로 마감할 수 있는 군사력을 유지한다는 군사정책과 전략을 수립하고 있다. 이를 위해서 중국은 이

140 *中國 戰略論*, p. 137.

를 보장할 수 있는 군사력을 '현대·첨단적으로' 강화하고 유지하여 회피할 전쟁을 최대한 억제하고, 수행해야 할 전쟁에서 반드시 승리하려는 입장을 취하고 있다. 이 과정에서 중국은 "적을 알고 나를 알면 모든 전쟁에서 위태로움이 없다(知彼知己 百戰不殆)"라는 노선 아래 "자신을 보존하고 적을 소멸시키는 것(我存滅敵)"을 근본으로 삼고, 필요시 적시에 전략개념 자체도 바꾸는 것을 주저하지 않으며, 작전형식과 작전방법을 민활하게 운용함으로써 "작은 대가로 전쟁목적을 신속하게 달성(兵聞拙速)"하려는 전략태세를 취하고 있다.[141]

역사적으로, 전략주체로서 중국의 국가 모습은 여러 가지로 변화되어 왔으며 그에 따른 전략 역시, 그 개념과 실제면에서, 다양하게 전개되어 왔다.

중국은 여러 가지 국가 모습을 지녀 왔다. 설화적이긴 하나 전략은 물론 정치조차도 현실적인 의미를 드러내지 않았던 요순(堯舜)시대(기원전 2070년 이전)의 모습에서부터 전략의 전성기인 춘추전국시대(春秋: 기원전 770-476; 戰國: 기원전 475-221), 전략(戰略)은 물론 합종연횡(合縱連横)과 같은 모략(謀略)까지 횡행(横行)했던 진(秦: 기원전 221-206)왕조 이후 전개된 제후국(諸侯國)들의 각축(角逐)시대(기원전 206-420)와 남북조(南北朝)시대(420-589)를 거쳐 그 이후에 전개된 통일왕조국가시대(隋: 581-618 이후) 등 중국의 국가적 실체는 실로 다양했다. 또한 전 시대에 걸쳐 주변의 다른 종족들과 끊임없는 투쟁관계를 유지해 오면서 만리장성(萬里長城)을 쌓기도 하고, 주변 종족간 상호견제를 통한 안정을 도모하려는 정책(以夷制夷)을 구사하기도 했다. 때로는 순망치한(脣亡齒寒)의 논리에 따라 주변국의 보호를 위해서 직접 지원(壬辰倭亂 朝鮮出兵)에 나서기도 했으나, 원(元: 1206-1368)이

---

141 *中國 戰略論*, p. 138.

나 청(淸: 1644-1911)국의 경우와 같이 다른 종족의 통치를 감수했던 경우도 있었다. 실로 전략주체로서 중국은 매우 다양한 모습을 보여 주었다.

전략주체로서 국가의 모습이 다르게 나타나 왔던 만큼이나 중국의 전략은 복합적인 성격과 양상을 띠었으며, 정책과 정략과의 밀접한 연관(聯關) 속에서 싸우지 않고 이기는(不戰而屈人之兵) 모략(謀略) 차원의 전략에서부터 능숙한 실전수행(兵者詭道, 兵聞拙速, 避實擊虛, 近遠無示 등)에 근거한 직접 및 간접 전략에 이르기까지 모든 형태의 전략이 구체화되어 왔다. 그러나 통일왕조국가 형성 이후에는 상무(尙武)보다는 숭문(崇文)에 치중하여 주변 민족의 중국지배 왕조국가까지 등장하게 되었으며, 이러한 경향은 동·서양의 이질적 문화가 충돌하고 서양 물질문명의 위력이 입증됨에 따라 중국의 국가적 모습을 이지러지게 한 근원적 요인으로 작용했다. 군사력이 비등(比等)한 중국 내 제후국들 간 유용했던 전략이 주변국과의 전쟁에서 그 효용성의 한계가 드러났으며, 발달된 무기와 장비로 무장한 서양 국가들과의 전쟁에서는 더욱 그러했다. 이와 같이 중국은 전략주체로서의 국가적 모습이 여러 가지로 바뀌어 오면서 복합적인 성격과 형태의 전략을 구사하여, 때로는 그 실천적 효용성을 입증했기도 했으나, 주변국들이나 서방 국가들과의 전쟁에서 나타났듯이, 월등한 군사력 차이에서 비롯된 실용적 한계를 극복하지는 못했다.

기나긴 역사에서 중국은 결코 짧지 않은 내전(國共內戰: 1927-1949)을 통하여 새로운 전략주체로서 등장했다고 해도 과언이 아니다. 일그러진 국가의 모습을 바로잡아 보겠다는 중국인들의 노력(自生自强)은 국리민복(國利民福)의 달성에 관한 방법론 차이로 공산당과 국민당 세력으로 양분되어 정착되었다. 이들 두 정치집단 간에 펼쳐진 내전은 20여 년이 넘게 지속되었다(1927-1949). 최초 한 줌이 채 되지 않은 인원으로 형성된 공산당은 강한 군사력을 유지할 수가 없었기 때문에 엄청난 전력의 열세하에서 살아남고 싸워서 이겨야 하는 전략과 전술을 고안해 내야만 했다. 먼저 중국 공산당은 농촌을 근거지로 확보하여 농지를 몰수하고, 지주(地主)들의 횡포와 가난에 시달려 온 농민들이 이를 공유(公有)하도록 하는 토지개혁을 단행함으로써 농민들의 지지를 얻으면서 근거지를 확보해 나갔다. 그리고 공산당 및 전사(戰士)들과 이들을 불가분(不可分)의 관계(물고기와 물)로 밀착시키면서 근거지를 공고하게 구축하는 정책을 수행했으며, 이렇게 확보한 근거지를 확장해 나감으로써 도시를 포위하는 정략(政略)을 고안해 냈다. 국민당과의 접전에서는 유격전(遊擊戰)을 실시하여 상대의 전력을 마모(磨耗)시키면서 자신의 전력(戰力)은 보존하고, 상대가 충분하게 약화되었다고 판단할 경우에는, 어느 때라도, 병력을 집중하여 이들을 타격(打擊)하고 추격하는 유격전략(遊擊戰略)을 수립했으며, 이를 구체화한 전술(敵進我退, 敵駐我擾, 敵疲我打, 敵退我追)을 택했다. 중국 공산당은 일본군과의 전쟁에서는 국민당과 국공합작(國共合作)을 통한 연합전선을 형성함으로써 한숨 돌리면서 자신의 전열을 정비하고, 국민당 군의 조직과 사기를 와해시키는 공작(工作)을 실시하면서 동시에 항일전(抗日戰)을 통하여 전기(戰技)를 가다듬는 노력을 기울였다. 그리하여 태평양전쟁(1941-1945)에서 일본이 항복한 후 중국 공산군의 전력은 현저하게 강화되었으며, 국민당군과의 내전에서 초기의 전략적 방어단계를 지난 후에는 국민당군과 결전을 벌여 이들을 대륙에서 축출할 정도였다. 중국 공산당과 군은 이른바 '인민해방을 위한 전쟁'을 수행한다는 명분을 내세워 '농촌에서 도시를 포위한다'는 우회정략(迂廻政略)과 이를 실천적으로 뒷받침할 유격전략(遊擊戰略)을 구사하여 중국대륙의 공산화인 정치·이념적 목표를 달성함으로써 열세한 상태에서는 '생존과 투쟁' 필요시에는 '적과의 동침', 가능할 경우에는 '적과의 결전' 등 주어진 상황에 걸맞는 정략(政略)과 전략(戰略)을 고안하여 이를 현실화시켰다.

그러나 중국이 참가한 한국전쟁(1950-1953)은 중국에게 새로운 전략적 적응을 요구했으며, 중국은 이를 수용하여 자국을 강대국으로 탈바꿈시켜 오늘에 이르고 있다. 한국전쟁은 '종이 호랑이'가 '진짜 호랑이'로 변하여 물 수도 있다는 가능성을 중국에게 일깨워 주어 국가간 사회에서 중국이 '제대로 대우를 받기 위하여' 핵무기를 개발해야겠다는 정책의지를 갖게 했으며, 중공군의 현대화 필요성을 제기했다. 또 중국이 직접 수행했거나 관전한 1970년대 이후의 전쟁은 중국에게 첨단 과학기술의 중요성을 보여 주면서 현실적으로 전개되는 국지전에서 신속·정확한 승리의 쟁취가 중요하다는 인식을 심어 주었다. 그리하여 중국은 군의 현대화와 첨단기술의 개발에 국가적 노력을 기울여 왔으며, 이제는 우주개발에 참여할 능력까지 보유하는 결과를 가져왔다. 오늘날 중국은 억제해야 할 전쟁(핵전쟁과 중급의 국지전)과 승리해야 할 전쟁(국지 제한전)을 구분하여 이들 경우에 대비한 군사력과 이를 운용할 전략을 수립해 놓고 있다.

3) 약소국 전략의 개념과 전개

전략적 차원에서 본 약소국은 그 국가의 전략적 노력이 자국의 보존과 방위에 집중될 수밖에 없는 범주의 국가를 말한다. 자구(字句)로 보아서, 약소국은 국력이 약하고 국토가 작은 국가를 말한다. 여기에서 국토가 작다는 것은 쉽게 이해될 수 있으나, 국력이 약하다는 명제는 여러 가지 차원에서 입증이 되어야 할 성질의 것이다. 인구·국가의 자원·국가의 생산력(GNP, GDP, 또는 인구 1인당 GNP 혹은 GDP) 등의 항목에서 기준을 설정하고, 그 기준 이하의 국가를 약소국으로 분류할 수도 있다. 인구의 많고 적음, 국가의 잠재 및 현재적 자원의 다과(多寡), 그리고 인적·물적 자원을 동원하여 실제로 국가가 생산해 내고 있는 국가 및 국내 총 생산력과 이를 인구로 나눈 개인별 생산력의 대소(大小) 등을 기준으로 설정하여 약소국을 선정해 낼 수 있다.[142] 물론 유형적 국력 요소뿐만 아니라 인구의 자질, 정부 등 국가조직의 효율성, 외교관계의 수준 등 무형적 요소 등도 고려할 수 있으나 그 국가의 생산력과 연관이 있다고 판단할 기준설정이 아주 곤란한 이들 요소들은 국가군(國家群)을 구분하는 데 크게 도움을 줄 수 없는 것으로 보인다. 그러나 전략적 차원에서 보면, 국력의 다과(多寡)나 국토의 대소(大小)보다는 자국의 보존과 방위에 중점을 둔 정책과 전략 태세를 견지(堅持)하고 있는 국가를 약소국의 범주로 분류하여 분석하는 것이 타당할 것으로 본다. 따라서 이들 약소국들은, 세계적이건 지역적이건 간에, 패자(覇者)적 지위를 추구하지 않거나, 추구할 수 없는 성격의 국가라고 보아도 무방하다.

어떠한 이유에서든지 약소국은 자국의 보존과 방위를 전략의 우선목표로 정하고 있다. 이들 국가는 제한적인 인적·물적 자원을 가지고 현재적·가상적 위협에 대비하여 국가라는 실체의 생존을 보장하고 터전을 보존해야 하며, 국가 이익을 보호·증진해야 하는 상황에 처해 있다. 그리하여 이들은 당면하고 있는 위협에 자국의 전략이나 군사력으로 대처할 수 없는 경우가 대부분이며, 그렇기 때문에, 모든 다른 국가들과 호혜적인 관계를 유지할 수 있는 정치적 중립(中立)을 표방하거나, 강대국 위주로 구성된 진영에 속하면서도 가담 정도를 낮게 유지하여 주변국들로부터 비롯되는 적대적 위협의 강도(强度)를 줄이려는 노력을 기울인다. 또한 주변의 모든 국가들이 적대적일 경우에는 강대국과 동맹관계나 긴밀한 유대관계를 유지함으로써 부족한 억제력을 차용하거나 필요한 무기와 장비를 조달하는 보완적인 조치를 채

---

142 Klaus Knorr, "Constraints on the Defense of a Small Country," Center for Strategic Studies, Tel Aviv University, *The Defense of Small and Medium-Sized Countries, Paper No. 17* (August 1982), pp. 1-12.

택한다. 이러한 군사 외적인 배열이나 조치를 취함으로써 약소국들은 부족한 인적, 물적 자원과 제한된 군사력으로 자국의 실체적 생존과 국가 이익을 보장하려 한다.

약소국들은 적극적(積極的), 능동적(能動的), 그리고 소극적(消極的)인 전략개념과 태세를 유지하며 이를 보장하기 위한 군사력의 규모와 내용도 다르게 유지하고 있다. 정도의 차이는 있으나, 주변의 전략주체가 거의 적대적인 국가들로 구성된 가운데 자국의 생존을 스스로 보장해야 하는 이스라엘은 선제타격(先制打擊: preemptive strike)은 물론 예방전쟁(豫防戰爭: preventive war)까지 포함한 적극적인 전략 개념과 태세를 취해 왔으며, 모든 도전에 응징(膺懲)과 보복(報復)으로 대응하는 전략과 전술을 구사해 오고 있다. 정치적으로 중립을 표방하면서, 제한적인 군사작전 수행개념과 군사력을 보유하고, 방대한 대피시설을 유지하여 핵공격에도 대비함으로써 비교적 능동적으로 자국의 생존을 능동적으로 보장하려는 국가(예: 스웨덴. 그러나 1994. 5. 9. 새로워진 NATO에 가입함으로써 중립 포기)도 있다.[143] 정치적 중립을 표방하고, 군사적으로, 어느 국가도 결코 쉽게 자국을 점령하지 못하도록 하는 전략개념·태세를 갖추고 이를 능력으로 뒷받침하면서 신속한 동원과 철저한 향토방위체제, 그리고 모든 국가들에 대해서 호의적인 중계자 역할을 자임(自任)함으로써 자국의 생존을 소극적으로 보장하려는 국가(예: 스위스)도 있다. 또한 과거 연방으로 존재했던 유고슬라비아와 같이, 주변 강대국의 유고 침공과 점령은 막을 수 없으나, 전 국민이 전사(戰士: 빨치산)가 되어 점령군과 싸워 이들을 퇴각시킴으로써 자국의 생존을 보장하려는 또 다른 소극적인 자존자위(自存自衛) 전략개념과 태세를 유지한 약소국도 있다. 이와 같이 약소국들은 그들의 실체를 보존하기 위하여 그들이 처한 상황과 보유한 능력에 따라 적극

143 "스웨덴, 핀란드 中立포기: 나토 「평화동반관계」서명…군사訓練 참가 가능," *한국일보*, 1994. 5. 10.

적, 능동적, 소극적 전략 개념 및 태세, 그리고 이를 실천적으로 보장할 수 있는 군사 내외적 능력을 보유하고 있다.

(1) 이스라엘

유태인 국가인 이스라엘은 피맺힌 역사와 사연들을 머금고 1948년 5월 14일에 실체(實體)로 등장했다. 기원 후 70년 로마의 압제로 팔레스타인을 떠났던 유태인들은 세계 각지로 분산되었고, 여러 지역에서 집단을 이루어 농경(農耕)보다는 유통(流通)산업에 종사하면서 비교적 풍족한 생활을 영유했으나 의무(義務)는 도외시한 채 이익(利益)만을 추구한다는 현지 주민들의 힐책(詰責)은 면할 수가 없었다. 현지 주민 및 국민들과의 이러한 갈등은 드디어 유태인 집단 학살(19세기 초반 러시아에서 비롯된 pogrom)이라는 형태로 조직화되어 나타났고, 유태인들은 이에 대응하여 시오니즘(Zionism)을 주창하면서 팔레스타인에 그들의 보금자리를 구축하려 했다. 유태인들은 축적된 재력(財力)을 활용하여 팔레스타인 지역의 토지를 취득하여 이를 집단농장(kibbutz)으로 가꾸면서 생활영역을 확대해 나갔으나, 이들 주변에 거주하고 있던 아랍인들의 공격을 받아야만 했기 때문에 이들은(kibbutsnik) 생산(生産)과 생존(生存)을 스스로 보장하기 위하여 '삽과 괭이'는 물론 '총과 칼'도 보유해야만 했다(Haganah라고 불리우는 자치방위조직).[144] 거의 독립적인 자위(自衛)능력을 갖춘 이러한 집단농장은 그 경계를 따라 '멋대로의' 모습으로 확장되어 나갔다. 그러나 유태인들은 히틀러의 나치 독일에 의한 대규모 학살은 피할 수 없었으며, 전 세계 거의 모든 국가의 묵인 아래 600만이 넘는 유태인들이 조직적으로 학살되었다. 제2차 세

144 Haganah는 방어(defense)라는 유태인 말로서, 영국 통치하 팔레스타인 지역의 유태인 자위조직이었으며, 후에 이스라엘군의 모태(母胎)가 되었다. Yigal Allon, *The Making of Israel's Army* (New York: Bantam Books, 1970), pp. 3-33.

계대전 후, 유태인들에게 저지른 죄악과 죄의식을 '떨쳐 버리고 싶은 심정'에서 비롯되었을 수도 있는 동기에서 국제사회는 유태인국가를 건설하기로 합의하여 이스라엘이 국가로 등장하기에 이르렀다. 비록 국토의 모양새는 열린 '개미집'과 같은 형상을 띠었으나, 이스라엘은 유태인들의 소망이었다. 이와 같이 이스라엘은 기막힌 역사와 피맺힌 사연들을 머금은 채 지구상에 국가로서 그 모습을 드러내기에 이르렀다.

이스라엘이 받은 최초의 독립선물은 주변 아랍 7개국의 공격이었다. 이스라엘 정부가 독립을 선포한 다음날(1948. 5. 15), 주변 아랍 7개국 3만 5,000여 명의 군대가 이스라엘 공격을 감행하였고, 이렇게 시작된 전쟁은, 1948년 11월 18일 유엔에 의해 휴전이 성립되었으나 1949년 2월 24일까지 계속되었다. 주변 아랍국가들의 1/40에 불과한 70여만의 유태인들은 아랍군보다 더 많은 병력을 동원하여 초기의 고전을 극복하고, 전쟁 전보다 5,900㎢의 땅을 더 확보했다(초기의 영토는 14,900㎢).[145] 이렇게 시작된 중동전은 많은 아랍 피난민들을 발생시켰고, 여러 차례 치른 다른 중동전의 서전(緖戰)이었으며, 지금도 진행되면서 장차 종식될 기약도 분명하지 않는 '테러와 보복'을 통한 피로 얼룩진 대결상태의 서막(序幕)이었다.

독립과 더불어 전쟁을 치러야 했던 이스라엘은 적극적인 전략으로 자국의 생존을 보장해야만 했다. 특정 목표에 대한 선제타격(preemptive strike)은 물론 예방전쟁의 개념에 입각한 전쟁수행까지 결코 마다하지 않는 전략개념과 태세를 유지해 왔다. 이집트 나세르(Nasser 대통령)가 수에즈운하를 점령하고 이스라엘 선박의 통행을 봉쇄하자(1956. 10) 이스라엘은 시리아와 요르단 전선을 안정시킨 다음, 즉시 공수부대가 주요 지점을 통제하면서 주력인 기갑부대를 종심 깊게 투입하여 시나이반도를 점령했다. 미국과 소련의 중재로 이스라엘

---

145 육군사관학교 전사학과, *세계전쟁사, 개정판* (서울: 황금알, 2004), pp. 474-475.

군은 시나이반도에서 철수하고 UN비상군이 진주하였으나, 이스라엘은 군사작전과 전과를 통하여 속전(速戰) 전략 및 전력(戰力)을 과시했다. 전력의 약세가 드러난 이집트가 소련으로부터 무기를 도입하면서 군사력을 강화해 나가자, 이스라엘은 이집트의 전력이 더욱 강화되기 전에 이를 섬멸하여 또 다른 전쟁을 막는다는 예방전쟁(preventive war) 개념에서 이집트는 물론 요르단과 시리아까지 공격하여 이들 국가들에게 전쟁을 강요했다(3차 중동전쟁: 일명 6일전쟁, 1967. 6. 5-10). 견제와 절약, 기습과 집중, 그리고 제한적 공격을 통하여 3면 전역(戰域)의 전투를 성공적으로 마감한 이스라엘은 시나이반도, 요르단 서안, 그리고 골란고원을 점령하여 국토의 3.5배나 되는 영토를 획득했으며, 요르단을 전투에서 이탈시킬 수 있었다. 후에 이집트가 주도한 10월전쟁(1973. 10. 6-10. 24. 일명 4차 중동전, 10일전쟁, 욤 키푸르 전쟁)에서도 이스라엘은 시리아 전역을 안정시킨 후에 전력을 집중하여 이집트 수에즈(Suez)에 교두보를 확보하는 전과를 거두었다.[146] 그러나 이스라엘은 미국의 중재를 받아들여 시나이반도를 이집트에 반환하고 평화관계를 수립함으로써 요르단에 이어 두 방면을 안정시킬 수 있었다. 이로써 이스라엘은 제거할 수 없는 존재가 됐다. 특히 이스라엘은 핵무기를 개발하여 10월전쟁 시에는 이의 사용까지 고려한 적이 있으며, 150개 정도의 핵탄두와 이를 운반할 수 있는 미사일(Jericho 1: 사정거리 500km; Jericho 2: 사정거리 1,500-2,000km)도 보유하고 있다.[147] 이와 같이 이스라엘은 예방전쟁 개념에 입각한 재래식전쟁까지 마다하지 않는 적극적 전략과 핵무기체계를 보유하여 국가로서 그 실체를 보전해 왔다.

전쟁에서의 승리를 바탕으로 스스로 국가의 존립을 보장한 이스라엘도 그 전쟁의 결과로 빚어진 주변국들의 적개심과 이를 바탕

146 육군사관학교 전사학과, *세계전쟁사*, pp. 475-486.

147 IISS, *The Military Balance 2003 · 2003*, Israel.

으로 한 아랍인들의 테러에 대한 다른 차원의 전략 모색이 필요하게 되었다. 독립 이후 어느 한때도 테러의 위협을 떨쳐 버릴 수 없는 이스라엘은 '보복과 응징'이라는 방식으로 팔레스타인과 아랍인들의 테러행위를 근절시키려 해 왔다. 그러나 이스라엘에 대한 테러가 근절되기는커녕, 그 범위가 확산되고 그 수준이 더욱 극렬해지면서 오늘에 이르고 있으며, 이스라엘을 지원하는 미국도 테러 대상에 포함되어 2001년 9월 11일에는 국력의 상징인 펜타곤(Pentagon, Washington, D.C.)과 세계무역센터(World Trade Center Twin Building, New York) 건물이 공격을 받고, 워싱턴의 백악관(the White House)은 가까스로 공격을 면하는 참사를 당했다. 군사적인 수단과 이를 사용한 전략만으로 근절시키기 어려운 테러는 군사 외적인 대책과 배열의 필요성을 요구하고 있으나, 이것 역시 그 효용성을 절대적으로 보장받을 수 없는 상황이 전개되어 가고 있다는 점이 문제가 아닐 수 없다. 그리하여 이스라엘은 테러에 대한 '보복과 응징'을 위주로 한 전략개념과 계획을 그대로 적용하고 있으며, 이를 자위권의 차원에서 정당화해 오고 있다.

그러나 장기적으로, 이스라엘은 주변국들과 군사적 보복보다는 정치적 타협을 통한 해결책을 모색해야만 할 것으로 보이며, 아랍국가들 역시 이스라엘의 국가적 실체와 권위를 인정하고 공존(共存)의 지혜를 발휘해야만 이들 모두가 테러와 보복의 악순환을 차단할 수 있을 것으로 보인다. 이러한 과정에서, 이스라엘과 아랍 양측간 증오와 불신을 해소시킬 수 있는 심리·문화적 방책은 물론 이스라엘과 이집트 간 평화를 주선한 것과 같은 미국의 중재노력도 필요하고, 국제적인 지원도 동원될 필요가 있다. 이러한 의미에서, 테러와 보복으로 이어지는 '피의 악순환'에서 벗어나기 위해서 이스라엘은 군사적 차원이 아닌 총체전략 수준의 전략개념과 능력을 보유하여 이를 지혜롭게 운용해야 되리라 본다.

이와 같이, 이스라엘은 선제타격과 예방전쟁까지 마다하지 않는 적극적 방어전략 개념과 이를 보장할 수 있는 재래식 및 핵군사력을 보유하여 '성공적으로' 국가적 실체를 보존해 왔다. 그러나 이러한 적극 방어전략의 성공은 현실적으로 유효한 전략을 거부하다시피 하는 새로운 위협, 즉 테러행위를 노증(露證)시켰으며, 이에 대한 총체적인 전략의 모색을 이스라엘에게 강요하고 있다. 여기에 지금까지 이스라엘이 구사해 온 전략의 효용과 한계가 있으며, 이스라엘의 국가적 고민이 있다. 테러행위가 민족·종교·이념·이해·감정(희망보다는 절망·절규) 등의 모든 요소를 머금고 현재화(現在化)된 위협의 형태라고 본다면, 이에 대한 방책이나 전략 역시 이들 요소들을 고려하면서 실전적인 효용성이 보장되어야 하기 때문이다.

(2) 스웨덴

서구 진영의 언저리에서 동쪽 진영의 패자(覇者)인 과거 소련과 인접해 있던 스웨덴의 방어전략과 능력은 다른 하나의 자국보존 방식을 보여 주고 있다.

전략주체로서 스웨덴은 전쟁의 역사에서 결코 무시할 수 없는 위치를 차지하고 있다. 종교전쟁으로서 30년간 지속된 30년전쟁(1618-1648)에서 스웨덴의 왕 구스타부스(Gustavus II Adolphus, 1594-1632)는 18년간(1630-1648) 6차에 걸친 전역에서 훈련과 기동을 통하여 화력과 병력을 집중시키는 전략과 전술을 구사함으로써 근대전의 창시자로 등장하였다.[148] 강국의 면모를 갖춘 스웨덴의 찰스 12세(Charles XII, 1697-1718, 'the last Viking'으로도 불림)는 발틱해의 패권

---

148 육군사관학교 전사학과, *세계전쟁사*, pp. 79-82; Hermann Kinder and Werner Hilgemann, trans., by Ernest A. Menze with maps designed by Harald and Ruth Bukor, *The Anchor Atlas of World History, Vol. I: From the Stone Age to the Eve of the French Revolution* (Garden City, NY: Anchor Books, 1974), p. 255.

쟁탈전(The Great Northern War, 1700-1721)에서 러시아의 피터 대제(Peter I, 1672-1725)를 곤경에 빠뜨리기도 했다.[149] 북방전쟁에서 러시아에게 패배한 스웨덴은 발틱해의 패권을 상실하긴 했으나 전쟁사에서 그들이 남겨 놓은 행적(行蹟)은 결코 가볍지 않았다. 이러한 전통과 긍지는 국력의 한계를 인식하고 국가로서 그 존재를 보존하려는 스웨덴의 전략을 능동적(active)인 성격과 특징을 지니게 만든 요인으로 작용했다.

스웨덴은 모든 위협에 대해서 능동적으로 대처한다는 개념을 기반으로 전략을 수립했다. 먼저 스웨덴은 동·서 대결에 휘말리지 않기 위하여 정치적 중립을 선포했다. 물론, 스웨덴은, 동구권이 붕괴되고 소련이 러시아로 탈바꿈하여 새롭게 변모한 NATO와 평화동반관계 협약에 서명함으로써 냉전적 국제질서에서 유지해 온 중립정책을 포기했으나(1994. 10. 9), 냉전적 대립구조하에서는 구태여 진영을 선택함으로써 입을 수 있는 피해를 회피하려는 국가전략 차원에서 중립정책이 적절한 대외정책이라고 판단했다. 그러나 과거 노르웨이가 나치 독일군의 침공에 제대로 대항하지 못한 채 점령당한 사실과 소련군의 침공을 받았을 때 지형적 특성을 활용하여 소련군에게 치명적인 타격을 입힌 핀란드의 사례를 익히 알고 있던 스웨덴은 강대국의 침공군에 대해서도 민활(敏活)한 군사작전을 펼친다는 능동적 개념 아래, 스위스와는 달리, 비교적 큰 규모의 상비군(현재 3만 3,900명)을 유지해 왔다. 그러면서 스웨덴은 민·관·군은 물론 정부와 의회의 긴밀한 협조를 통하여 단기, 중기, 장기의 위협을 분석하고 이에 대처할 효과적인 대응전략을 모색하여 이를 구체적으로 뒷받침했다. 그리하여 핵전쟁에 대비하여 대규모의 지하대피시설을 구축해 놓고 있으며(630만 명; 총 인구: 890만 명), 결코 적지 않은 규모의 예비병력도 확보하고(26만 2,000명),

149 찰스 12세는 피터 대제에게 패하여 터키로 망명했다가 다시 전장에 등장했으나 1718년 전사했다. *The Anchor Atlas of World History*, Vol. 1, p. 271.

국민이 47세까지 향토방위의 의무를 수행하도록 하고 있다.[150] 경제적인 방법으로 모든 위협에 방어적으로 대처한다는 개념에 바탕을 둔 스웨덴 전략은 약소국이 택할 수 있는 전략 중에서 능동적인 특징을 띠고 있다.

거의 모든 형태의 위협에 대해서 능동적으로 대처하고 이를 위해서 필요한 군사력을 보유한다는 스웨덴 전략은 스웨덴에 대한 무력침공 자체를 사전에 억제하고 무력침공이 자행될 경우에 스스로 자국을 지킨다는 능동적인 방어전략이다. 이 전략은 침공군을 완전하게 패배시키지는 못하지만 '침공 자체를 매우 값비싸게 만들어 이를 자행하지 못하게 하는'(to make it–aggression–too costly for him–any aggressor–try) '최소 비용 억제'(marginal cost deterrence) 개념에 근거를 두고 수립되었다. 특히 스웨덴은 지하대피시설에 식량은 물론 전략물자와 연료 그리고 난방 유류(油類)까지 보관하여 장기간의 핵전 상황에도 대비하고 있다. 그리하여 스웨덴은 '최악의 시나리오'(worst case scenario) 대신 '가장 가능한 경우'(most probable case)를 상정하여 이에 대비하고, 이를 위해서 국가의 모든 요소별 역량을 집중함으로써 '총체방어전략'(total defense strategy)의 모델을 택하고 있다.[151]

(3) 스위스

침공과 영토의 점령 자체를 어렵게 만들어 강대국의 무력공격을 자제시켜 자국을 보존하려는 스위스의 전략도 약소국이 선택할 수 있는 방어전략의 한 전형을 보여 주었다.

---

150 IISS, *The Military Balance 2002 · 2003*, Sweden.

151 Harry B. Hollins, Averill L. Powers, and Mark Sommer, *The Conquest of War: Alternative Strategies for Global Security* (Boulder, San Francisco, & London: Westview Press, 1989), pp. 81-82.

산악과 호수로 구성된 국토를 가진 스위스는 대규모의 군사 작전이나 군사력 투입이 사실상 불가능한 지형적 특성을 지니고 있으며, 스위스는 이러한 자연적 조건에 적합한 전략을 수립하고 이를 보장하려 해 왔다. 정치적으로 중립을 표방한 스위스는 이 정책을 군사 능력으로 보장하는 '무장중립'(armed neutrality) 태세를 유지해 왔다. 소수의 상비군(현재 3,500여 명)을 유지하고 있는 스위스는 19-20세 사이의 청년들은 15주간의 필수 훈련을 받고, 그 이후 22년 동안(42세)에 3주간의 보충훈련을 의무적으로 받도록 했으며, 50세까지는 어떠한 형태로든지 국가방위를 위해서 주어진 역할을 수행하도록 규정하고 있다. 스위스는 또한 48시간 동안에 남자 인구의 80%에 이르는 65만 명을 동원할 수 있는 동원체제를 갖추고 있고, 이들은 소총과 탄약, 그리고 군복 등을 가정에 가지고 있으며, 지방사냥대회 등을 통하여 평시 훈련과 사격훈련을 실시하면서 전시에는 향토방위 임무를 수행하는 역할을 수행한다.[152] 이처럼 스위스는 싸울 수 있는 국민들을 총 동원하여 국토의 전부를 방위하는 '전면방어'(general defense) 개념의 전략을 구체화하고 있다.

동원된 인력으로 구성된 스위스군(육군: 32만 400명; 공군: 3만 600명)의 무기와 장비는 그 성격이 방어적이나 산악전투에 적합하도록 무장되었다. 스위스 육군은 기동거리는 짧으나 무게가 가볍고 가변적이어서 산악전투에 적합한 전차를 보유하고 있으며, 효과적인 대전차 장애물과 성능이 우수한 대공화기 또한 보유하고 있다. 화포 역시 융통성이 있으면서 중량이 가벼우며, 포탄과 함께 산악 은폐된 지역에 배치되어 지역방어작전을 효과적으로 지원할 수 있도록 배치되어 있다. 항속거리가 짧은 전투기와 수송기 등을 보유한 공군도 주요 접근로를 효과적으로 통제할 수 있는 곳에 이를 배치해 놓고 있으며, 헬

152 *The Military Balance 2002 · 2003*, Switzerland; *The Conquest of War*, p. 80.

리콥터는 산악지역에 병력을 신속하게 투입할 수 있는 수송수단으로 활용하고 있다. 특히 스위스군은 주요 교량 · 도로 · 터널 · 산악 협로(峽路) 등 3,000-6,000여 개의 주요 지점을 설정해 놓고 이들을 중앙통제하에 폭파할 수 있도록 하여 침공군의 진격을 방해하는 체제를 구축해 놓고 있으며, 진격이 거부된 상태에서 분리된 침공군을 동원된 향토 시민군(local militia)이 공격하여 이를 격멸하는 전략도 수립해 놓고 있다.[153] 이와 같이 스위스는 공격을 포함한 방어 및 거부 작전을 통하여 국토 전부를 방위하는 '전면방어' 개념과 태세를 취하고 있다.

또한 스위스는 이러한 군사적 '전면방어' 전략을 비군사적인 조치로 보강하는 노력도 기울이고 있다. 상대를 위협하기보다는 '단념'(斷念: dissuasion)시켜 침공을 막으려는 스위스는 국가간 관계에서 보다 호의적인 중재 역할을 자청하여 이를 신뢰할 수 있는 수준 이상으로 수행함으로써 세계 모든 국가들이 스위스를 보존하는 것이 그들에게 필요하다는 인식을 갖도록 하여 국토를 보존하려 하고 있다. 이러한 중재는 자본의 보관, 이체 등과 외교적 협상, 그리고 인도적인 지원 등 모든 국가들에게 도움을 줄 수 있는 사안(事案)들이다.[154] 실로 스위스는 그가 수립한 '전면방어' 전략을 전면적으로 보장하려 노력해 오고 있다.

스위스는 단호하고 끈질긴 저항능력을 보유함으로써 '있을 법한 침공'(potential aggression)의 비용을 높게 만들어 침공을 단념시키고, 모든 국가나 주요 기관들에게 필요한 편의를 제공하여 스위스와 평화적 관계 유지가 더욱 바람직하다는 인식을 이들에게 심어 줌으로써 국가적 실체와 국토의 전부를 온전하게 보존하는 전략을 구사해 오고 있다.

---

153 *Ibid.*

154 *The Conquest of War*, p. 81.

(4) 유고슬라비아

연방의 모습을 띠고 있던 유고슬라비아가 겪었거나 겪을 수 있었던 국가적 경험은 자국의 국가 전략수립을 위한 실증적 자료를 제공했다.

제2차 세계대전 시 헝가리와 불가리아를 위협적으로 설득하여 동맹 측에 가담시킨 나치 독일은, 유고슬라비아에서 반독(反獨) 봉기가 일어나 친소(親蘇) 정부가 들어서고 소련과 불가침조약까지 체결하는 사태가 발생하자(1941. 3. 25), 소련 침공에 앞서 발칸지역을 안정시키기 위하여 유고와 그리스 침공을 감행했다. 소련 침공 준비로 인하여 대규모의 병력을 차출할 수 없었던 독일은 우선 최초 목표를 공격할 병력만 집결되면 즉시 공격을 개시하는 전법(Flying Start Tactics)을 택했다. 다른 말로 표현하여, 병력의 축차적 투입에 의한 공격으로 상대적으로 전력이 약할 경우에 축차적인 병력의 손실만 자초(自招)할 수 있는 '바람직하지 않은' 작전수행방식이었다. 그러나 유고군은 이렇게 비정상적인 전술을 택한 독일군에게도 형편없이 패배하는 결과를 기록했다. 방어전선의 유지는커녕 동원된 55만여 명의 병력 가운데 33만 4,000여 명이 독일군에게 포로로 붙잡혀 버렸다. 독일군은 (피해: 558명) 작전개시(1941. 4. 6) 10일 만에(4. 15) 유고군의 조직적 저항을 종식시키고, 12일 후에(4. 17) 유고슬라비아의 항복을 받아 내는 쾌거를 달성했다.[155] 이러한 독일군의 쾌거는 유고군에게 너무나 치명적인 수치(羞恥)였음은 두말할 필요가 없었다.

연합군의 승리로 마감된 2차 세계대전 후, 유고슬라비아는 소련이 맹주(盟主)였던 동쪽 진영의 가장자리에 위치하여 자주노선(自主路線)을 택하고 있었으나, 이로 인해서 소련군의 침공과 같은 직접적 위협에 노출된 상태를 감수해야만 했다. 진영(陣營)의 결속을 위하여

---

155 육군사관학교 전사학과, *세계전쟁사*, pp. 307-308.

체코와 헝가리에 군대를 진출시켜 자주적 정부를 갈아 치운 소련이 자주노선을 택하고 있던 유고슬라비아 정부를 가만히 보고만 있지는 않을 것이라는 예상은 그렇게 현실과 동떨어진 것이 아니었기 때문이다. 다행스럽게도, 지역적으로 소련과 직접 경계를 마주하고 있지는 않았으나, 진영의 결속(結束)을 진영 내 각국의 주권(主權)보다 우선시하는 소련의 정책(후에 정형화된 the Brezhnev Doctrine)과 이를 위해서 군사력을 임의로 각국에 파견하는 것을 주저하지 않았던 소련을 맹주(盟主)로 '모시고' 있는 한, 유고슬라비아는 또 다른 체코와 헝가리 사태의 발생을 우려하지 않을 수 없었다. 이와 같이 2차대전 중에는 물론 전후에도 유고슬라비아는 곤혹스런 상황에 놓여 있었다.

나치 독일과 같은 강국의 침공을 받았고, 소련과 같은 강대국의 침공 가능성을 항상 고려해야만 했던 약소국이었기에 유고슬라비아는 자국의 생존을 스스로 보장할 전략의 수립과 이를 뒷받침할 전력을 구비해야만 했다.

유고슬라비아는 '전면국민방어'(General People's Defense)라는 개념의 전략을 수립했다. 이 전략은 유고슬라비아 국민 모두가 모든 방법으로 국가의 실체를 보존하고 국토를 방어한다는 개념과 실천논리에 근거를 두고 있다. 그리하여 유고슬라비아 헌법(憲法)은 "절대로 항복하지 않는다"(no surrender)는 조항을 지녔다. 유고슬라비아 국민 모두는 침공군이나 점령군에게 어떤 형태로든지 타격을 가하면서 이들의 침공을 격퇴하거나 이들이 점령을 포기할 때까지 대항해야 하는 의무를 이행해야만 했다. 강국이나 강대국보다 월등하게 열세한 군사력을 보유하고 있던 유고슬라비아는 이들 국가들의 침공이나 점령 자체를 억제시키거나 막지는 못하더라도 침공이나 점령이 많은 피해와 희생을 감수해야만 한다는 사실을 인지(認知)하도록 하는 군사적·정치적·심리적·경제적·문화적 저항방식을 설정해 놓음으로써 사전에 이들이 침공을 자제하거나, 그렇지 못할 경우에는, 사후에라도 이를 중단하도록 강요하는 전략을 택했다.[156] 이러한 전략개념에 입각하여 점령군을 괴롭힌 유고슬라비아 국민들은 나치 독일군의 무자비한 보복을 감수해야만 했고, 소련군에 대한 '상정 가능한 저항'(an imaginable possible resistance) 역시 이들의 엄청난 보복을 감수할 수밖에 없던 상황이었으나, 열등한 군사력을 보유한 유고슬라비아로서는 다른 도리(道理)나 전략(戰略)을 모색할 수가 없었다. '전면국민방어'라고 지칭할 수 있는 유고슬라비아의 전략은 '계획적이거나 원칙에 의한'(by design and principle) 결과라기보다는 '필요에 입각한'(by necessity) 산물(産物)이었다.

유고슬라비아는 전면적 국민방어라는 전략을 실천적으로 보장하기 위하여 비교적 대규모의 상비군을 유지하였으나 강국이나 강대국의 무력침공에 대항할 수 있는 정도가 아니었기 때문에, 초전(初戰)에 패배할 수밖에 없던 정규군을 포함한 전 국민이 '빨치산이나 게릴라전'(partisan and guerrilla warfare)을 수행할 수 있는 개인적 · 집단적 역량을 갖추도록 했다. 그리하여 유고 국민들 모두는 게릴라로서 습격 · 기습(주간, 야간) · 기동타격 · 요란작전 등을 능란하게 수행할 수 있도록 준비했으며, 침공군이나 점령군을 기만하거나 이들에게 허위정보를 제공하여 이들의 작전수행이나 주둔 자체를 더욱 곤란하게 만드는 비정규작전을 구사하는 것도 결코 마다하지 않았다. 이러한 유고슬라비아의 전략은 민 · 군이나 전 · 후방도 구별하지 않았으며, 남녀노소(男女老少)의 구분도 없었고, 유고의 전 국민이 전사(戰士)로서 전 국토라는 전장(戰場)에서 모든 군사적 · 군사 외적 수단과 방법을 동원하여 침공군이나 점령군과 싸우는 유고식 전면전(全面戰)을 상정한 성격의 전략이었다. 이러한 의미에서, 국력과 군사력의 한계를 인식하고 어쩔 수 없는 상황에서 고안(考案)된 유고슬라비아의 전략은 국가와 국민의 가용한 역량을 총 동원하여 국가를 보위하고 국토를 보존하기 위한 총

156 *The Conquest of War*, p. 82.

체전략인 셈이다.

이와 같이 과거 연방으로 구성된 유고슬라비아는 전 국민을 전사(戰士)로 간주하여 국체(國體)를 보존하려는 전략을 수립하여 이를 실천적으로 보장하려 했다. 국민 개개인이 끝까지 저항하여 침공이나 점령을 막거나 중지시키려는 개념의 이러한 전략은 유고 국민들로 하여금 투쟁의지를 더욱 강하고 예리하게 다듬게 만들어, 후에 연방이 해체되어 분립되는 과정에서 종교간·인종간·연방간의 대립을 더욱 첨예하고 처참하게 만든 원인적 요소가 되기도 했으나, 전략주체인 유고슬라비아의 전략 개념과 유형은 약소국이 택할 수 있는 전략으로서 또 다른 하나의 전형(典型)을 보여 주고 있다.

13. 군비통제와 전략

1) 군비와 전략

군비(軍備: armament)는 전략(戰略: strategy)의 수단이다. 전략의 목적이 전장에서의 승리를 쟁취하여 상대에게 자신의 의지를 강요하는 것이었던, 군비의 사용을 위협함으로써 상대로 하여금 군사력 사용을 못하게 만드는 것이었던 간에 군비는 전략의 수단으로서 확고한 위치를 차지해 왔다. 그러나 군비와 전략 간의 이러한 개념적 관계가 일방적인 것은 아니다. 전략의 목적달성 수단이 군비였음은 두말할 필요 없이 있어 온 개념적 관계였으나, 군비의 상태와 수준에 따라 전략의 목표가 얼마든지 달라질 수 있는 여지는 항상 남아 있었고, 그렇기 때문에 군비의 종류와 수준 그리고 예상되는 운용 결과가 전략의 목적과 내용을 규제하는 경우 역시 항상 존재해 왔다. 전략과 군비의 이러한 관계는, 정책이 전략의 목표를 결정해 주기는 하나 전략의 실천적 뒷받침을 보장받지 못하는 정책은 현실적으로 무의미하거나 오히려 위험스러운 것과 같이, 상호 변증법적인 성격을 지니고 있다. 군비는 전략의 산물이요 수단이지만, 전략은 군비의 종류와 수준에 따라 좌지우지(左之右之)되는 실천논리라는 점이다. 전략과 군비 간 이러한 상호의존적 관계에도 불구하고, 한 전략주체가 전략적으로 이를 추구했거나 아니면 그냥 갖추게 되었거나 보유하고 있는 군비는 그가 수립한 전략의 직·간접 수단으로 활용되어 왔다.

전략이 전략주체들(국가 및 동맹체 등) 간에 존재하는 상대적인 개념의 투쟁논리라면, 이를 실천적으로 뒷받침하는 수단으로서 군비는 양적으로나 질적으로 강화되기 마련이다. 창칼에서 시작하여 활 등이 무기로서 오랫동안 사용되어 왔고, 한때는 큰 활(長弓)의 살상률이 너무 높다고 이의 사용 금지를 호소하는 경우까지 있었으나, 그 후에도 무기는 계속 발달되었다. 총, 화포, 대포는 물론 이를 장착하여 지상에서 신속하게 기동하는 전차(戰車)와 이들 무기를 장착하고 공중을 나르는 전폭기가 등장함으로써 전쟁은 평면적인 지면에서 공중까지 확장됨에 따라 입체전(立體戰)으로 변했고, 미사일까지 등장한 현재는 우주공간도 전장(戰場)으로 간주되기에 이르렀다. 특히 사용할 수 있는 무기로 개발되어 태평양전쟁(1941-1945) 말기에 실제 사용된 바 있고, 후에 더욱 개선된 핵무기는 이를 동원한 전쟁을 정책이나 다른 상위 차원의 수단으로 간주할 수 없는 엄청난 파괴력을 지니게 되었다. 다른 말로 표현하여, 핵무기체계는 정책수단으로서의 전쟁본질론을 무의미하게 만들었으며, 핵무기를 동원한 전쟁은 전략적인 것보다 철학적 차원의 문제를 제기함으로써, 인간이 자신들의 생존 자체를 스스로 거부하는 판단을 내리지 않는 한, 이의 현재화(現在化)를 막기 위한 수준의 지혜를 요구하게 되었다.[1] 실로 현재의 전략주체들이 보유한 군비는 전략적 성질이 아닌 철학적 차원의 문제까지 제기할 수 있는 수준으로 발달되어 강화되었다.

인간이 개발해 온 군비의 파괴력과 정확도가 증가하고, 이들 중 일부가 손쉽게 사용하기 어려운 성격을 띠게 됨에 따라 전략주체들은 군비의 효율적인 사용은 물론 이의 지혜로운 불사용을 그들의 전략

---

1 Bernard Brodie, *Strategy in the Missile Age* (Princeton, N.J.: Princeton University Press, 1965); Bernard and Fawn M. Brodie, *From Crossbow to H-Bomb* (Bloomington, London: Indiana University Press, 1973).

개념에 포괄하게 되었다. 이른바 재래식무기라고 불리면서 지금도 운용되고 있는 군사력도 엄청난 파괴력과 정밀한 정확도를 바탕으로 그 사용효과를 극대화하고 있기 때문에 이의 사용 역시 손쉽게 결정할 사안은 아니다. 그러나 정상적인 전략주체들은 상대가 상황에 대한 오판(誤判)이나 군사적 승리에 대한 과신(過信)으로 무력을 사용할 수 있는 가능성을 완전하게 떨쳐버리지 못한 데서 비롯되는 불안감을 극복해야 할 과제를 안고 있다. 따라서 전략주체들은 손쉽게 운용할 수 없는 핵무기체계의 '우발적 사용'을 억제하고, 재래식 군사력 사용도 자제시킬 수 있는 제도적 장치의 필요성을 인식하게 되었다. 이러한 장치를 통하여 군사적 투명성을 제고함으로써 정확한 상황판단을 유도하고, 군사적 승리에 대한 낙관적 판단을 삼가게 하여 군사적 충돌을 가급적 회피하려는 노력이 구체화되어 전략주체 간 군비 축소, 제한이라는 개념에 입각한 배열이 가시화되어 왔다.

군사적 충돌을 막기 위한 실천적인 협상과 배열에도 불구하고, 군비의 사용에 근거한 전략의 중요성은 경감되지 않은 것이 사실이다. 어떤 의미에서 보면, 군비 증강과 강화의 결과 전략주체들이 과잉살상능력(過剩殺傷能力)을 보유하게 되었거나, 상대적 의미에서 전략적 우세 자체가 큰 의미를 가질 수 없을 때, 역설적으로, 군비 축소나 제한 등의 조치가 필요하다는 인식을 갖게 될 수 있기 때문이다. 특히 초강대국의 하나인 소련이 정책수단으로 군사력을 임의로 사용하면서 또 다른 초강대국 미국과 맞대응하기 위하여 엄청난 군비를 개발하여 보유하게 되었으나, 자생력의 손상을 자초하였고, 미국 역시 군비 감축의 필요성에 직면함으로써 미국과 소련과의 군축(軍縮) 조치는 극적이면서도 대담하게 현실화되었던 것이다. 이에 부기하여 미국과 소련은 상호 전략적 우세를 견제할 수 있는 제도적 장치를 구축하여 또 다른 군비경쟁과 이에서 비롯될 수 있는 자해행위(自害行爲)를 되풀이하지 말자는 '무언의 거래'(tacit bargaining)까지 성공시킬 수 있었다. 미국과 소련 간에 구축된 이러한 군축 합의는 직접적으로 상호 적대관계에 놓여 있는 다른 전략주체들 간에도 구축될 수 있는 장치로서 고려될 수 있으나, 군비강화의 여지가 남아 있다고 보는 양 전략주체들 간에는 먼저 상대가 전략적 우세를 추구하지 않는다는 실천적 보장이 없는 한, 군비 축소나 제한 조치가 합의된다 하더라도, 그 실효성이 의문시되는 것도 피할 수 없는 현실이다. 이러한 전략주체들 간에는 군비의 강화와 이의 운용에 기반을 둔 전략의 필요성은 퇴색되지 않았고, 따라서 전략의 집행수단으로서 군비의 중요성 역시 외면할 수 없는 상태로 남아 있다.

2) 군비축소와 군비제한, 그리고 군비통제

전략의 수단으로서 군비강화(armament)의 중요성이 강조되어 온 만큼 평화의 조건으로서 군비해제(disarmament) 역시 강조되어 온 것이 사실이다.

이상적인 평화주의자들은 '총칼을 벼리어 삽과 괭이로 만들자'는 구호 아래 '순수한' 평화의 구축을 주장해 왔다. 군비 자체를 폐기함으로써 안전(security)을 확보하겠다는 평화이론은 군비를 강화하여 안전을 보장하겠다는 전략이론과 같은 목적을 추구한다고 볼 수 있다. 그러나 군비경쟁은 물론 무기의 존재 자체가 안전을 위협한다고 보는 평화론은 군비의 사용으로 빚어지는 안전의 파괴는 군비만이 이를 막을 수 있다는 전략론과는 분명 다른 입장을 취하고 있다. 아마 이러한 이상적 평화론은 설화 속에서 현실로 존재했던 중국 요순(堯舜)시대의 평화를 이론상 제시하고 있을지도 모른다. 이러한 이상과 현실의 괴리를 인식한 입장에서 평화를 보장하는 방법으로 당장 무장을 해제하는 것이 불가능하다면, 예를 들어 치명적이고 공격적인 군비를 축소하는 방법이나 방어적이고 덜 치명적인 군비만 보유하는 식으로 군비를 제한하여 위협의 정도를 낮춤으로써 안전을 보장하는 단계를 거치자는 논리가 대두되기도 했다. 군비축소(軍備縮小: arms reduction)나 군비제한(軍備制限: arms limitation)으로 함축된 이러한 제안과 이론들은 결국 군비해제(武裝解除: disarmament)를 목표로 삼고 있으나, 현실적으로 축소나 제한의 단계를 설정함으로써 단숨에 평화를 보장하려는 이상주의적 평화론의 '순진성'을 보완하려 했다.

그러나 1990년대 이후 냉전적 대립관계를 해소한 미국과 소련, 소련의 뒤를 이은 러시아가 과잉살상능력(過剩殺傷能力)을 축소하는 과정에서 이루어 낸 군축합의 및 이행과 같은 예외적 사례가 기록되어 있긴 하지만, 군비축소나 군비제한을 위한 합의도출이나 이행도 결코 쉽지 않은 것은 자명하다. 자신들은 치명적이고 공격적인 군비를 보유하기를 원하면서 상대가 그러한 종류의 무기나 장비를 보유하지 못하도록 막으려는 것을 당연하게 생각하는 것이 전략주체들의 기본 속성일 수밖에 없기 때문이다. 우화적(寓話的) 예로 국제연맹(League of Nations) 시절 각 국가들의 행위를 관찰한 한 전문가(Salvador de Madariaga)가 묘사한 정글에서의 군축회담 광경은 매우 시사적이다. "어느날 맹수들이 모여 군축회담을 개최했다. 옆에 있는 황소를 힐끗 쳐다본 독수리는 모든 뿔을 다 잘라 버리자는 제안을 했다. 황소는, 옆의 호랑이를 곁눈질로 쳐다본 후, 모든 발톱을 짧게 자르자고 했다. 코끼리를 노려보고 있던 호랑이는 상아(象牙)를 아예 뽑아 버리거나 짧게 잘라 내자고 주장했다. 독수리를 유심히 보고 있던 코끼리는 모든 날개를 잘라 내는 것이 필수적이라고 말했다. 동료 맹수들을 전부 돌아본 곰은 "왜 그렇게 불충분한 조치만을 주장하는가? 우리가 우호적이고 형제적인 포옹을 하는 데 방해가 되는 모든 무기를 다 제거하는 것이 어떤가!" 하고 소리쳤다."[2] 군축이나 군비 제한 회담은 전략주체 자신의 전략적 우위를 확보하거나 확고하게 하려는 의도에서 진행되는 경우가 대부분이었고, 그렇게 때문에, 다른 방법에 의한 군비경쟁의 하나로 간주될 수 있었다. 따라서 군비해제를 목적으로 삼은 군비축소나 군비제한 회담에서 합의 도출도 어렵고 합의된 내용이 실제 집행되기도 거의 불가능한 것이 사실로 기록되어 왔다.

군비의 종류와 수량의 감축이나 제한으로는 전략적인 안정을 유지할 수 없는 상황이 전개되자 군비와 연관된 모든 문제를 대상으로 삼아 보다 현실적이고 실천적인 안정을 유지시킬 수 있는 새로운 개념을 정립할 필요성이 대두됐다. 전략주체들이 보유하고 있거나 보유하려는 무기나 장비의 축소 또는 제한만으로 전략적 안정을 확보할 수 있다고 판단할 수 있었던 과거와는 달리, 현대는 이들이 보유하고 있는 군비를 어떻게 사용하려 하는가 하는 의도와 이에 필요한 훈련은 물론 보유하려는 군비의 성격과 이를 위한 예산배정 및 통제체제의 안전성 등도 전략적인 안정을 유지하는 데 관찰해 보아야 할 항목으로 등장하기에 이르렀다. 무기의 파괴 및 살상률(殺傷率)과 정확도가 증대되었고 장비의 효율성이 크게 개선되었기 때문이다. 또 다른 하나의 이유는 군비의 축소나 제한이 사실상 어렵다는 점이다. 지금까지 군비를 축소하거나 제한하려는 '정략적 또는 맹목적' 노력들이 거의 전부 효과를 거두지 못한 채 각 전략주체들이 보유한 무기와 장비의 파괴력과 성능은 계속적으로 개선되어 왔던 것이 사실이다. 전략적 안정을 유지하기 위하여 관찰해야 할 항목이 증대된 상황전개와 단순한 군비축소나 제한이 실효성을 보장받지 못해 왔다는 경험은 군비의 축소나 제한보다는 포괄적이면서도 실효성이 보장되는 새로운 개념의 정립을

---

2 Salvador de Madariaga, *The Blowing Up of Parthenon* (New York: Frederick A. Praeger, 1960), p. 70; Quoted in John W. Spanier and J. L. Nogee, *The Politics of Disarmament* (New York: Frederick A. Praeger, 1962), p. 15; Y. Harkabi, *Nuclear War and Nuclear Peace* (Jerusalem: Israel Progrom for Scientific Translations, 1966), p. 199.

요구하게 되었다. 이것이 군비통제(軍備統制: arms control)라는 개념으로 현실화되었다.

3) 군비통제와 현대전략

군비의 사용이나 이의 위협을 통하여 전략적 안정을 유지하는 것이 전략의 목적이고, 군비의 내용과 사용개념 등을 적절하게 통제하여 전략적 안정을 유지하는 것이 군비통제의 목표라고 본다면, 전략과 군비통제는 상충(相衝)되는 개념이 아니다. 오히려 군비통제는 군비의 준비·내용·사용개념 등을 사전에 협의·통제하여 군사적인 투명성(military transparency)을 고양(高揚)시켜 군사력 사용이나 이의 위협 효과에 대한 객관적 상호평가나 인식을 가능하게 만들어 부질없는 군사력 사용이나 이의 위협을 자제하게 함으로써 전략의 목적달성을 더욱 보장하는 역할을 수행한다고 볼 수 있다. 다른 말로 표현하여, 군비통제체제는 무모한 군사력의 사용이나 실효성 없는 사용 위협을 통하여 군사 외적 목적을 달성하려는 오류를 범하지 않게 하고, 개별 전략주체가 보유한 자체 군비를 객관화하여 승리에 대한 환상적 집착을 갖지 않도록 함으로써 전략적 안정을 안정적으로 유지시키는 역할을 수행한다는 뜻이다. 따라서 적극적으로 전략적 안정을 유지하려는 전략은 군비통제체제가 가져다 줄 보완적 결과를 필요로 하게 되었다.

군비해제(disarmament)를 궁극적인 목적으로 표방하고 있는 군비통제(軍備統制: arms control)는 그 개념 속에 군비축소(軍備縮小: arms reduction)와 군비제한(軍備制限: arms limitation)을 머금고 있으면서 다른 요소들의 통제도 포괄하고 있다. 공격적인 성격의 보유 무기와 장비를 축소한다거나 이러한 무기의 개발 및 보유 자체를 제한하는 것, 그리고 이의 운용개념과 전진배치를 금지하는 것이 우선적으로 포함된다. 병력과 무기의 제한, 보유하고자 하는 군비의 성격과 예산의 공개와 통제, 그리고 화생방무기와 같은 비인도적인 무기체계의 생산·보유 금지 등도 군비통제의 항목이 된다. 평시의 교육훈련 개념과 실제 군비통제체제 취약성의 보완 혹은 건실성의 확보, 상호 감시 및 교류체계의 상설 운용 등도 빼놓을 수 없는 항목이다. 핵무기이건 재래식 무기체계이건 간에 새로운 무기의 개발·시험·배치 등이 현실적으로 공개되고 제한되며, 이를 위한 감시체제의 상설 운영이 포함될 필요가 있다. 특히 우발적 핵전쟁이나 재래식전쟁을 막기 위하여 초강대국 간, 강대국 간, 그리고 가상 적대국 간에 비상연락망(hot line)의 구축과 운용도 군비통제체제의 중요한 요소가 된다.[3] 이외에도 양자간, 다자간, 지역간 또는 세계적인 차원의 집단안보체제 역시 효과적인 군비통제체제의 주요한 하나의 축이 될 수 있다. 이와 같이 군비통제는 전략과 더불어 전략적 안정을 확보·유지하는 데 없어서는 안 될 체제로 등장했다.

결코 치를 수 없는 형태의 전쟁인 핵전쟁을 억제해야 할 현대전략은 군비통제의 보완적 역할을 절대적으로 필요로 하고 있다. 핵전쟁에 관한 한, 기습(奇襲)이나 비장(秘藏)의 무기라는 개념을 받아들일 수 없는 한 그렇다. 재래식전쟁은 전쟁에서의 승패에 따라 전후에 전개되는 새로운 안정이나 평화의 성격이 결정되기 때문에 기습이라든지 이를 달성하기 위한 비장의 무기라는 개념에 현실적으로 커다란 의미를 지니고 있었다. 그러나 핵전쟁에 관한 한, 물론 상대의 보복이나 공격능력을 한꺼번에 무효화시킬 수 있는 제일 가격(the first strike)이나 이러한 능력(the first strike capability)의 선제 사용에 따른 승패의 이론상 유용성은 배제하지는 않고 있으나, 전쟁에서의 이기고 지는 것이 전혀 의미가 없다는 점을 상정하기란 그리 어려운 일이 아니다. 따

3 Y. Harkabi, *Nuclear War and Nuclear Peace*, pp. 184-197.

라서 이러한 핵전쟁과 여기에 동원될 수 있는 핵무기체계에 대한 투명성과 공개는 인간의 생존 자체를 위하여 필수적으로 확보해야 할 요소가 아닐 수 없다. 그래야만 핵전쟁에서의 승리에 대한 환상적 집착이나 예방전쟁 개념에 입각한 핵무기의 선제 사용은 물론 이판사판(理判事判)식의 무모한 사용도 억제하여 핵전쟁을 막을 수 있는 것이다. 군비통제체제는 핵전쟁에 동원될 수 있는 핵무기체계의 실상과 사용 효과를 서로 파악하도록 유도하여 이의 사용 자체를 억제시키는 데 결정적 역할을 수행하며, 따라서 현대전략의 필수적인 부분인 셈이다.

재래식전쟁을 취급하는 현대전략에서도 군비통제체제 구축의 필요성이 결코 소홀하게 취급될 수 없다. 현대 재래식 무기체계도 그 파괴력과 정확도가 엄청나게 개선되어 선별적인 무력화는 물론 대규모의 파괴도 가능해졌기 때문이다. 따라서 현대 재래식전쟁도 전쟁 당사국들에게는 엄청난 재앙과 고난을 안겨 주면서, 무기체계의 무국적성(無國籍性)으로 인한 엄청난 경비지출로 개인들에게는 경제적으로 빈곤과 시련의 악순환 속에서 헤어나지 못하게 만드는 결과를 가져다 주는 것이 통상이다. 전쟁의 결과로 달성되는 군사 외적인 목적이 오히려 또 다른 비대칭 위협(unparalleled form of threat: terror and/or sabotage, and drugs)의 원인을 제공하는 결코 바람직하지 않은 현상이 빚어지기도 한다. 중동지역에서 이스라엘의 성공적인 전쟁수행이 아랍인들의 테러를 불러오는 것과 같은 현상이 전 세계적으로 확산되어 나타날 수 있는 가능성을 배제할 수 없는 한 그렇다. 그리하여 군비통제체제를 통하여 각 전략주체들이 전략상 자신의 위치를 정확하게 파악하고 무력사용 자체를 자제하도록 하여, 핵전쟁이든 재래식전쟁이든지 간에, 전쟁을 수단으로 활용하려는 의도를 갖지 않도록 하는 것 역시 현대전략의 중요한 부문이 됐다.

전략주체가 초강대국이건, 강대국이건, 중진국이건, 아니면 약소국이건 간에 전쟁을 수단으로 활용하는 것이 바람직하지 않다는 명제를 부정하지 않는 한 현대전략에서 군비통제 개념과 논리가 차지하는 비중은 결코 가벼운 것이 아니다.

그러나 군비통제의 필요성이 바로 이의 실천적 효용성을 보장해 주지는 못한다. 군비를 축소·제한하는 것은 물론 군비에 대한 상세한 정보의 공개와 다른 항목들의 자료 공개 및 교환에 대한 합의 도출도 어렵고, 합의된 사안에 대한 이행이나 이의 검증은 더욱 어렵다는 것은 이론적으로나 경험적으로 널리 알려진 사실이다. 또한 합의된 사안에 대한 확실한 검증(檢證: verification)과 위반사항에 대한 제재조치가 뒷받침되지 않은 군비통제는 오히려 상호불신만 더욱 불러오는 결과를 낳는다. 이러한 부정적인 결과를 빚어내지 않기 위하여 상대적인 군비통제 회담에 참여하는 전략주체들은 먼저 군사적인 투명성(military transparency)을 보장해야만 한다. 이 사안이 보장되지 않을 경우 군비나 이와 연관된 사항에 대한 자료의 신빙성이 훼손되며, 그럴 경우, 어떠한 합의사항도 무의미하고 군비통제 회담 자체가 무산되는 것이 명확하기 때문이다. 군사적 투명성이 확보되어 모든 사안이 논의되고 그것에 대한 합의가 도출될 경우에도 합의된 사안에 대한 검증장치 그리고 합의위반 시 제재조치 등에 대한 또 다른 합의와 이의 집행의지와 수단이 있어야 한다.[4] 이와 같이 군사적 투명성의 확보와 검증장치와 과정에 대한 기술적, 의지적 문제가 해결되어야 군비통제의 회담이나 합의가 현실적인 의미를 갖게 된다.

결국 군비통제는, 절대적이건 상대적이건 간에, 회담에 참여하는 전략주체, 즉 국가들 간에 상대적 위상과 군비의 차이를 인정한 바탕 위에 안정적인 전략균형 유지가 바람직하다는 것이 전제되어야만 실천적 효과를 거둘 수 있다. 전략적 차원에서 전략주체로서 국가는 초강대국, 강대국, 중진국, 약소국 등으로 구분되며 그 국가의 위상에

---

4 Michael Sheehan, *Arms Control: Theory and Practice* (Oxford, New York: Basil Blackwell Ltd., 1988), pp. 123-136.

따라 외부의 위협대처 방책과 전략 역시 다르게 마련이다. 이들 국가들 사이에서 진행될 수 있는 군비통제 회담이나 합의 역시 상대와 군비의 성격과 종류에 따라서 얼마든지 다른 내용과 검증방식이 도입될 수 있다. 회담방식도 양자(兩者), 다자(多者), 또는 집단(集團)적 회합을 택할 수 있고, 군비통제 내용도 핵이나 재래식 군사력을 다 포함할 수 있으며, 핵 또는 재래식 군사력을 분리하거나 분리된 군사력 중에서도 특정 종류나 분야를 별도로 논의하여 합의하고 이의 이행상태를 검증하는 절차를 밟을 수도 있다. 검증방법도 우주감시위성을 이용하거나, 감시단이 현장을 직접 방문하거나 상주하여 감시할 수도 있으며, 상호간 충분한 투명성과 신뢰가 구축되어 있을 경우에는 정기 또는 특별보고서를 통하여 검증을 실시할 수도 있다. 이러한 협의과정과 검증방식을 통하여 군비통제 합의 및 검증이 이루어진다.

그러나 군비통제체제는 군사적 투명성에 바탕을 두고 군비에 대한 모든 자료를 공개하는 것을 전제로 하기 때문에 사실상 '취약성의 균형'(balance of vulnerability)을 통하여 전략적 균형을 안정적으로 유지하자는 장치인 셈이다. 전략주체 자신의 군비상 취약점과 상대의 취약점을 동시에 공개함으로써 상호간에 무력사용으로 인한 무모한 전쟁을 일으키지 말자는 '무언의 합의'(tacit agreement)를 전제로 삼고 있는 조치가 바로 군비통제체제라는 말이다. 이러한 묵시적인 합의에도 불구하고, 군비통제가 반드시 성공한다는 보장이 없는 한, 궁극적으로 군비통제의 합의와 검증의 실천적 보장은 '공포의 균형'(balance of terror)으로 특징지어질 수 있는 전략이 담당해야 할 부분이다. 군비통제 합의가 검증과정에서 지켜지지 않았다는 사실이 드러날 경우에, 이를 다시 강요하거나 거기에 대한 제재를 가할 수 있는 궁극적인 수단은—정치, 외교, 경제적 제재수단의 효용성이 다 소진된 후—군사적 수단일 수밖에 없기 때문이다. 따라서 성공적인 군비통제는 결국 전략이 담당할 몫이 된다.

결국 군비통제체제가 현실적인 의미가 있고 그 결과가 성공적이려면, 먼저 그 체제에 참여하는 전략주체들이 상호존중과 공존의 철학적 기조를 받아들이고, 성실하고 투명하게 공개된 자료들을 검토하여 실천 가능한 합의를 도출하고, 이를 충분하게 검증할 수 있는 절차와 장치를 가동시킬 수 있는 전략태세를 갖추어야 한다. 그렇지 않을 경우에 군비통제체제는 다른 방법에 의한 군비증강 단계로 악용될 수 있는 소지가 얼마든지 있다. 여기에 양자간이건 다자간이건 또는 집단적이건 간에 군비통제체제의 효용성 보장 여부가 달려 있다고 본다.

14. 새로운 위협과 새로운 전략

1) 새로운 형태의 위협

전략적 차원에서 새로운 형태의 위협으로 꼽을 수 있는 것은 이념, 마약, 그리고 테러라고 본다. 새로운 형태의 이러한 위협은 파괴적인 방법으로 현상적(現象的), 내재적(內在的) 균형을 깨트리려 한다. 이러한 형태의 위협이 가장 영향력 있는 전략주체인 국가와 결합되었을 경우에 위협의 정도가 더욱 심화되어 그 폐해(弊害)의 파급효과가 증대되기 때문에 이와 같은 비대칭(非對稱) 위협에 대처하거나 이를 무력화시키기 위한 전략개념과 실현방식을 수립해야 할 필요성이 대두되었다.

이념적 대립에서 비롯된 냉전적 대립구조 속에서 이념은 보편적인 위협으로 간주되었으나, 이른바 탈냉전적 국제질서 아래에서의 이념은, 변화된 상황 속에서도 색채만 약간 바뀌고 그 내용은 변하지 않고 있다는 점에서, 새로운 형태의 위협으로 등장했다. 특히 지향하는 가치체계가 다른 두 체제가 국가라는 형태의 권력구조를 지니면서 서로 대립하고 있는 지역에서는, 궁극적으로 다른 체제를 전복시키기 위한 전복전(顚覆戰: subversive war)이 이제까지와는 다른 접전(接戰) 형태로 진행되어 왔다. 제2차 세계대전의 결과로 강요됐던 분할을 동쪽이 서쪽으로 흡수되는 과정을 거쳐 이를 해소한 독일, 한때나마 합의에 의하여 통일정부를 구성했던 남·북 예멘이 제대로 화합을 이루지 못하여 다시 분열되었다가 북예멘군이 실제로 남예멘을 정복함으로써 분단을 해소한 실례, 미군과의 연합전선을 붕괴시키고 대규모로 군사력을 사용하여 남쪽 체제를 전복시킨 월맹의 경우와는 달리, 한반도에는 아직도 이념과 체제를 달리한 두 정부가 존재하여 어설픈 대립 및 협조관계 속에서 때로는 상대를 이용하고 때로는 상대에게 공갈·협박을 마다하지 않으면서 취할 것을 취하고 배제할 것을 배제하는 등의 모습을 연출하는 괴상한 상호관계를 유지하고 있다. 국리민복(國利民福)과 국태민안(國泰民安)을 능률적으로 추구하면서 탈냉전적 질서 아래서 자국의 정치적·경제적 위상을 높여 가는 다른 지역들의 국가들과는 달리, 냉전의 고도(孤島)에서 흘러간 좌·우익(左·右翼), 보수(保守), 진보(進步) 타령을 '사뭇 진지하게' 구가(謳歌)하고 있는 두 개의 정치집단을 가진 한반도에서는 분명 이념(理念)이 새로운 위협으로 등장해 있는 것이 현실이다.

인간의 고통이 존재한 역사만큼이나 긴 시간 동안 사용되어 온 마약도 오늘날에는 전략의 고려 대상이 될 만큼 위협적인 대상으로 변했다. 실제로 마약은 개인적인 차원에서 고통을 이기거나 중병의 치료과정에서 발생되는 고통을 해소시키는 재료로 광범위하게 사용되었다. 중남미 고원지대의 척박한 토지에서 농산물을 재배하면서 힘든 노동에서 비롯된 개인적인 피로감과 무력감을 극복하기 위하여 그곳 주민들은 코카인 잎새를 질근질근 씹으면서 하루를 보내기도 하고, 시대와 장소를 초월하여 개인의 육체적 고통으로부터 오는 정신착란 등을 방지하고 해소하기 위하여 마약을 의약으로 사용하기도 했으며, 개인적 쾌락이나 염세적인 기호품으로 마약을 사용해 온 것 역시 사실이다. 이러저러한 이유로 마약의 수요는 증대되었고, 어떠한 경우에는 어느 국가의 부(富)와 자산(資産)을 빼내는 수단으로 마약이 사용되어 전쟁(예를 들면, 영국과 중국 청왕조 간의 阿片戰爭, 1839-1842; 1856-

1860)이 치러지기도 했다. 특히 오늘날에는 이러한 마약이 어떠한 테러집단이나 테러국가들의 재원조달 수단으로 활용되는 경우도 많아져 이에 대한 적절한 전략수립과 이의 집행이 요구되는 현실이 전개되었다. 이러한 현실은 마약의 소비를 증대시키는 노력과 더불어 이의 판매를 조직적으로 촉진시키기 때문에 국력의 한 요소인 인적 자원의 자질을 저하시켜 국력을 훼손시키는 직접적인 요인이 되어 전략주체인 국가에게 위협을 가하는 대상이 되고 있다.

원인이 어디에 있든, 현대전략이 다루어야 할 직접적인 형태의 새로운 위협은 테러리즘과 테러행위다. 테러행위 역시 인류의 역사와 그 기원을 같이 하고 있다. 개인적 원한에 기인한 테러, 개인 또는 집단적 차원의 권력쟁탈 수단으로 자행된 테러, 개인 또는 집단적 이익을 보장하고 반대세력을 제거하기 위한 방편으로 운용된 테러, 종교나 이념적인 증오심에서 원인을 찾아볼 수 있는 테러, 종족이나 문명 간 대립과 이질성에서 비롯된 테러 등 다양한 형태의 테러행위가 인류의 역사 속에 점철되어 있다. 전통적으로 존재해 온 산발적이거나 개별적인 이러한 테러행위와는 달리, 오늘의 테러는 조직화된 무장테러집단에 의해서 자행되며, 그 대상도 무차별적이라는 데 과거와는 다른 성격과 양상을 띠고 있다. 테러를 행하는 이유도 어떠한 국가를 지원했다든지, 어떠한 전쟁에 참여했다든지 하는 것에서부터 어떠한 체제를 유지하고 있는 국가가 싫다든지 그 국가가 다른 국가에 비해서 상대적으로 자원을 너무 많이 소모하고 있다든지, 아니면 세계적으로 주도적인 권한을 행사하려 한다든지 하는 등 구체적이기보다는 막연한 성질의 것들도 포괄하고 있다. 때로는 현재 서구(西歐)가 주도하고 있는 문명세계에 대한 도전으로도 비춰지는 이러한 테러행위는 그 피해범위와 파괴 정도가 넓어지고 높아지고 있다. 특히 핵무기체계의 취약성과 개발된 기술의 확산으로 테러집단이 대량파괴 무기를 보유할 가능성이 높아짐에 따라 이러한 결과가 가져올 위협의 정도는 더욱 심각한 수준에 이르렀다.

이와 같이 국제적 상황이 변했는데도 변하지 않고 있는 이념적 대립으로 빚어진 위협, 오랜 기간 존재해 온 마약이 테러조직이나 불량국가들의 재원조달 수단으로 변질되고 이의 판매촉진망이 국제화됨에 따라 대두된 위협, 그리고 여러 가지 복합된 원인과 이유에서 자행되는 테러행위와 이를 조정하는 테러조직의 확산에서 비롯되는 무차별 파괴행위 등은 현대전략이 감당해야 할 새로운 형태의 위협으로 등장했다.

2) 이념대립과 전복전(顚覆戰)

이념대립으로 점철된 동·서 냉전시대에서 나타난 이상한 형태의 전복전(顚覆戰)은 상대 체제 전복을 목적으로 한 사실상의 전면전이다. 전통적인 의미의 전쟁은 전쟁기간, 전쟁에 동원되는 수단과 타격대상이 비교적 분명했다. 전쟁은 정규 병력간 직접적인 접전이 진행되는 기간 동안 지속되었고, 전쟁에 동원되는 수단은 군사력을 포함하여 폭력적인 성격이었다. 이때 일반 국민들에게 전통적으로 진행되었던 심리전(心理戰)은 계속되었으나, 일반 국민들은 대부분 동원의 대상이 되거나 후방지원 임무를 주로 수행했다. 그러나 전복전에서는 상대 체제가 전복(顚覆)될 때까지 진행되며, 동원된 수단도 가장 폭력적인 군사력의 전면동원에서부터 평화적인 수단은 물론, 전복시키고자 하는 상대체제하의 조직화된 반체제 세력과 통일전선(統一戰線) 구축과 더불어 심지어 전복시키고자 하는 체제와 합작(合作)이나 연합전선(聯合戰線)까지 형성했으며, 전쟁에서 공격의 대상은 상대의 정부, 이를 지원하는 동맹세력, 그리고 이를 지지하는 일반 국민들에 이르기까지 체제 전복에 방해가 되는 모든 세력과 요소를 망라하여 설정됐다. 전쟁을 주도하는 원기지(原基地)의 견실성 여부, 통일전선의 효용성, 그리고 상대 체제의 지원세력 유무에 따라 전쟁수행방식이나 동원수단도 가장 폭력적인 수단에서부터 가장 평화적인 수단까지를 동원하는 이와 같은 전복전(顚覆戰)은 실로 이상한 형태의 전쟁이다.

전복전은 고려 요소와 요인에 따라 몇 단계로 구분하여 분석할 수 있다. 공산·사회주의체제를 지향하는 국가군(國家群)이 시작한 전복전은 먼저 그 국가 자체를 견고한 기지로 강화하는 노력에서부터 비롯되었다. 동독, 남부 예멘, 월맹, 그리고 북한 등은 자국민들의 사상을 일치시키기 위하여 사상적으로 부적합하거나 부적절한 인물들을 숙청하거나 탈출을 방조하는 방법으로 이들을 제거하였고, 일반 국민들에게는 공산사회가 노동자·농민의 천국이 될 것이며 모든 사람이 평등하게 살 수 있는 낙원이 될 것이라는 점을 선전하였으며, 이러한 선전에 '현혹'되지 않는 사람들에게는 무자비한 테러를 가함으로써 '일벌백계'(一罰百戒)의 수단으로 활용하는 것도 주저하지 않았다. 두 번째 단계로서, 전복시키고자 하는 체제 내의 반정부 세력들을 조직화하여 이들을 반체제 세력으로 결집시켜 나갔다. 이러한 과정에서 핵심 주동자들을 상대국에 파견하거나 현지의 이른바 '열성분자' 등을 활용하여 이들 반체제 세력을 조직화했다. 세 번째 단계로, 강화된 본 기지와 조직화된 반체제 세력과 통일전선을 형성하여 '외동내응'(外動內應)의 전선(前線)을 형성해 나갔다. 이를 위해서 수많은 첩자와 핵심(核心)분자들을 활용했고, 결코 적지 않은 자금(資金)도 투입했다. 네 번째로, 통일전선 형성으로 상대의 체제가 충분히 약화되었다고 판단될 때는 제한적인 군사력을 산발적으로 사용하면서 상대 국가가 구축하고 있는 동맹관계의 연합전선을 와해시키기 위하여 이 국가나 정부를 '파쇼 정부'나 '허수아비 정부'라고 비난하면서 이들이 자행한 부정부패를 '침소봉대'(針小棒大) 하여 민심을 유리(遊離)시키고, 동맹국에게는 지원의 명분과 구심점을 유지하지 못하게 하여 상대가 구축한 연합전선을 와해시키는 노력을 기울인다. 다섯 번째로, 연합전선도 와해되고 민심도 충분히 이탈되었으며, 군사력까지 충분히 약화되었다고 판단되면, 대규모로 군사력을 사용하여 상대 체제를 전복시키는 마지막 단계를 밟는다. 전복전의 이와 같은 진행단계는 구태여 연속적으로 진행할 필요는 없으며, 상황에 따라, 모든 단계를 동시에 진행시켜 여러 개의 전선(前線)을 유지하면서 각종 군사 및 군사 외적인 활동을 수행할 수 있고, 특정한 단계를 생략할 수도 있는 경우가 얼마든지 있을 수 있다. 그리고 모든 단계에서 폭력적 수단은 물론 평화적인 수단까지 동원하여 전쟁을 진행시키면서 모든 방책과 수단 사용을 마다하지 않는다. 실로, 전복전은 성격·양상·단계·동원수단 등에서 이해하기 어려운 전쟁이며, 때로는 치르고 있는지도 모르면서 치르는 전쟁인 셈이다.

월남전은 전복전의 전형으로 치러져 그 결과까지 현실화됨으로써 종결된 전복전(顚覆戰)으로 기록되었다고 볼 수 있다. 최초 기지가 확보되고, 그 기지가 확장되어 공고하게 다져지고, 전복시키고자 하는 체제인 월남 내 반체제 세력이 결집되어 강화되면서 본기지와 보조기지 사이에 통일전선이 형성되어 밀착된 반면, 월남과 미국 및 연합국 사이에 형성된 연합전선은 이격(離隔)되어 약화됨으로써 다시 복원될 가능성이 없게 되었다. 월남전의 주체로서 이러한 상황을 전개시킨 월맹은 대규모 군사력을 사용하여 월남군을 격파하고 월남 체제를 전복해 버렸다. 이러한 과정에서 월맹은 모든 가용한 폭력 및 평화적 수단과 방법을 동원하였으며, 군사적인 전선은 물론 모든 부문에서 전선을 형성하여 대월남 총력전을 전개하였다. 이러한 의미에서 월남전은 완성된 전복전의 전형이라고 보아진다.

먼저 프랑스의 인도지나 식민통치를 반대하던 호지명(胡志明)은 1941년 북부 월남 지역으로 잠입하여 팜반동(Pham Van Dong), 보구엔지압(Vo Nguyen Giap)과 더불어 '월남독립연맹'(the Vietnam Independence League: the Viet Nam Doc Lap Dong Minh, 약칭 the

Vietminh, 越盟)을 결성하고, 1945년 5월경까지 북부 월남의 6개 성을 장악하여 최초 기지를 확보했다. 태평양전쟁(1941-1945) 후, 북위 16도선 북쪽에서 일본군의 무장해제를 마친 중국군이 철수하자 월맹은 이 지역의 통치권을 행사했다. 그러나 전후 전승국으로서 월맹 지역까지 통치하려던 프랑스와 대치하였으며, 디엔비엔푸전투에서 프랑스군을 역포위하여 승리를 거둠으로써(1954. 5. 7) 한국전쟁(1950-1953) 후에 개최된 제네바회담(1954. 4. 26-7. 21)에서 17도선 이북지역을 장악하는 세력으로 인정되었으며, 프랑스군이 장악하고 있던 이남지역까지 포함하여 1957년 7월까지 남북 월남에서 총선거를 실시하여 단일정부를 수립한다는 약속까지 확보하였다. 그러나 프랑스를 대신하여 월남에 개입한 미국은 이 지역에서 공산주의 확산을 저지하려는 목적으로 17도선 남쪽에 월남정부를 수립하고 총선거를 거부했다.[1] 이때부터 월맹은 본격적으로 대남 전복전(顚覆戰)을 시작했다.

월맹은 북부 월남인 본기지를 조직화하고, 월남 지역에 보조기지를 구축하여 공동보조를 취해 나갔다. 월맹은 지주로부터 토지를 몰수하여 집단생산체제로 바꾸고, 프랑스 식민통치에 협조했던 개인들을 숙청했으며, 전 국민들을 조직화하여 사실상 북부 월남 지역을 병영국가(兵營國家)로 만들었다. 남북 월남 총선거를 거부한 월남 정부는 메콩강 지역의 베트민 조직을 소탕하였으나, 이 과정에서 더 많은 적을 만들어 월남 내 공산세력을 더 확장시킨 결과를 자초(自招)하고 말았다. 이에 월맹은 1959년 5월 559부대를 조직하여 캄보디아를 거쳐 월남에 이르는 육상통로인 '호지명 접근로'(the Ho Chi Minh Trail)를 확장하도록 했고, 759부대로 하여금 월남에 이르는 해상통로를 개척하도록 하여 남쪽의 공산주의자들과 접촉을 강화해 나갔다. 호지명의 지시에 따라 월맹은 남쪽에 '월남민족해방전선'을 결성하였고, 1960년

1 Stanley Karnow, *Vietnam: A History* (New York: Penguin Books, 1984), pp. 124-127; 224-233.

12월 20일 이를 공식화했다.[2] 이제 월맹은 전복전 수행을 위하여 원기지와 보조기지를 확보하고 이들 두 기지 사이에 통일전선까지 형성했다.

월맹은 월남 정부와 월남인들을 이간(離間)시키고, 이들을 포섭하거나 제거하는 활동과 더불어 미군의 자문을 받는 월남군을 공격하는 군사작전을 동시에 진행시켰다. 베트콩은 먼저 지역 월남인들에게 추앙(推仰)을 받는 촌장(村長)이나 교사(教師)들을 암살했다. 지역주민들로 하여금 월남 정부에 등을 돌리게 하는 데 이들이 방해가 되기 때문이었다. 정부에서 임명한 촌장과 교사들이 암살당하자 월남 정부는 군인들을 지역 촌장으로 임명할 수밖에 없었고, 이들 촌장들은 삼엄한 경계 속에 때로는 미군 고문관들과 같이 생활하면서 낮에만 활동했다. 이러한 이유로, 베트콩들은 이들을 '미국의 앞잡이'라고 비난하면서 밤에는 지역을 실제로 통치하였기 때문에 실제 지역주민들은 촌장이나 월남 정부 관리보다는 베트콩과 더욱 자주 마주치게 되었다. 그리하여 낮에는 '월남공화국', 밤에는 '베트콩공화국'이 되는 지역이 점점 확대되어 갔다.[3] 이 지역에서 베트콩은 일반 민간인들을 상대로 설득·회유·테러·암살 등의 방법을 동원하여 이들을 포섭하거나 제거하는 작업을 전개하여 1957년에서부터 1972년까지 민간인 3만 7,000여 명을 암살하고, 5만 8,000여 명을 납치·구금하기도 했다.[4] 이와 더불어 월맹은 호지명 접근로를 통하여 정규군을 월남에 투입시켜 미군의 자문을 받는 월남군을 공격하기 시작했다. 이와 같이 월맹은 여러 개의 전선(前線)을 형성하여 정규군과 베트콩을 투입함으로써 다면

---

2 *Vietnam: A History*, pp. 225-226; 237-238. 여기에서 월남 정부는 '월남민족해방전선'을 월남 내 공산분자(共産分子)라는 뜻으로 비하시켜 '베트콩'(the Vietcong: the Vietnamese Communists)이라고 불렀다.

3 *Vietnam: A History*, pp. 237-238.

4 Guenter Lewy, *America in Vietnam* (Oxford, New York, Toronto, Melbourne: Oxford University Press, 1978), pp. 272-279.

적(多面的)인 작전을 수행해 나가기 시작했다.

월남에서 공산주의자들과의 성전(聖戰: a crusade against communism)을 치른다는 개념하에 미군이 본격적으로 개입하자 월맹은 미군을 비롯한 연합군, 월남군, 월남 정부 및 주민, 그리고 다양한 언론 매체를 통하여 미국 국민을 상대로 한 여러 개의 전선을 형성하고 복합적인 작전을 전개하여 '월맹에게 유리한 평화'를 확보했다. 월남 작전지역의 특성상 고립작전을 수행할 수밖에 없던 미군 및 연합군과 월남군 중에서 약한 상대를 먼저 공격하여 미군과 분리시키고 난 후 미군을 공격하고, 월남인들에게는 회유와 테러를 병행 실시하여 월남 정부와 분리시키거나 제거하고, 월남전의 잔학상을 폭로하여 미국민들의 월남전 지원 의지를 약화시키는 전투전·정치전·심리전을 동시에 수행했다. 미국 내의 반전 여론이 고조됨에 따라, 미국은 '월남전의 월남화'(Vietnamization of the Vietnam War)를 통한 명예로운 종전을 모색하게 되었다. 미국은 1968년 5월 말 파리회담을 시작하였으나 월맹은 회담 기간 중에도 집중적인 공세를 취하여 월남군의 전력강화를 저지했다. 미국은 1973년 1월 28일 파리평화협상에서 조약을 체결하고 미군을 철수시켰으나, 미국이 18년 동안 5만여 명 이상의 희생과 500억 달러 이상의 전비를 지출하면서 겨우 확보한 평화는 미국의 계속적인 지원 없이는 지속되기 어려운 평화였다.[5]

그러나 월남의 평화는 오래 지속되지 못했다. 미국 내 여론에 민감한 미국 국회가 지원을 차단했기 때문이다. 결국 월맹은 전면적인 무력공격을 감행하여 1975년 4월 30일 월남의 항복을 받아 냄으로써 월남 정부와 체제를 전복시켰다. 전형적인 전복전인 월남전이 마감된 셈이었다.

월맹과 미국은 월남에서 개념과 차원을 달리한 전쟁을 치렀

---

5 國防軍史硏究所, *越南派兵과 國家發展* (1996), pp. 145-295; 주월 한국군사령부, *越南戰綜合硏究* (1974), p. 379.

다. 월맹이 복합적인 전복전을 수행한 데 반하여, 미국은 군사적인 수단과 방법에만 주로 의존하는 전통적인 전쟁을 수행했다. 월남전이 마감된 1975년 4월, 하노이에서 한 미군 대령과 월맹군 대령이 나눈 대화는 매우 시사적이었다. "당신들은 전장(戰場)에서 우리를 이긴 적이 없다"는 미군 대령의 말에 잠깐 생각을 한 월맹군 대령은 "그럴지도 모르겠다. 그러나 그것은 아무 상관없는 말이다"라고 대답했다.[6] 전장에서의 군사적 승패가 전쟁의 승패와는 별로 상관이 없었다는 말이다. 실로 월남전은 '이상한' 전쟁이었다. 이와 같이 월남전은 군사적인 수단과 방법에 의존한 전통적인 전략만으로는 이념대립에서 비롯된 전복전을 제대로 수행하는 것은 물론 성공적인 결과를 보장할 수 없다는 교훈을 남겨 놓았다.

한반도에서 한국전쟁(6·25 전쟁, 1950-1953) 전후로 전개되었거나 되어 온 남북대립도 정상적인 차원의 분석이 거의 불가능하다.

일본이 항복하기 전 북한에 진주한 소련군의 보호를 받던 김일성과 공산주의 세력들은 북한을 '소련화'(sovietization)시키면서 박헌영을 중심으로 구성된 남노당(南勞党) 세력까지 규합하여 남한을 '해방시킨다'는 이념적 목표를 설정했다. 1948년 유엔의 승인을 받은 한국정부가 수립되자, 북한 역시 공산권의 축복을 받는 정부를 수립하여 한반도에는 이념을 달리한 두 개의 국가와 정부가 출현했다. 소련의 적극적인 지원을 받고 있던 북한은 자국의 군사력을 증강시키면서 남한 내 혼란과 한국 정부에 대한 불신을 극도로 조장하는 정책과 전략을 실천해 나갔다. 소련으로부터 군사, 경제적 지원을 확보하기 위하여 소련 수상 스탈린에 대한 '동지적' 충성심을 감추지 않았던 김일성은 남한 내 혼란과 불신을 더욱 조장하기 위하여 월북한 남노당 요원들을 게릴라로 훈련시켜 남파(南派)했다. 김일성 정권은 또한 스탈린의 지시

---

6 Harry G. Summers, Jr., *On Strategy: Critical Analysis of the Vietnam War* (New York: A Dell Book, 1982), p. 21.

에 따라 남북한 통일을 위한 평화적인 몸짓을 마다하지 않으면서 군사력을 증강시켜 나갔으며, 남한 정부가 구호로 주장하는 '북진통일'의 공격성을 비난하여 남한에 대한 미국의 군사적 지원을 차단하는 노력도 기울였다. 특히 1950년 초 미국 국무장관(Dean G. Acheson)이 한반도가 미국이 전담하는 극동 방위선에서 제외되었다는 사실을 밝히자, 북한의 김일성은 스탈린의 승인을 받아 남침준비를 서두르면서 한국의 대비태세를 이완시키기 위하여 평화적인 몸짓을 더욱 강화해 나갔다. 그러나 1950년 6월 25일 남한을 침공한 북한군은 예상과는 달리 미군을 비롯한 유엔군과 직접적인 전투를 수행해야 했고, 9월 15일 실시된 인천상륙작전 후에는 조직적인 전투조차 수행할 수 없을 정도로 거의 와해되는 처지로 전락했다. 중공군의 직접 개입으로 전쟁 전의 상태를 회복한 북한은 '남조선 해방'이라는 이념적 목표를 접어 둔 채, 군사적인 승리 대신 휴전(休戰)이라는 결과를 받아들여야만 했다.

북한은 북한군이 증강됨으로써 한국군이 충분히 약화되었고, 한국 내 혼란과 정부에 대한 불신이 고조(高潮)되어 이른 바 '혁명역량'이 충분하게 조성되었으며, 미군의 직접개입 가능성도 희박하고 개입한다 하더라도 북한군의 침공으로 변경된 현상을 되돌려 놓을 수 없을 것이라고 판단하여 군사력을 직접 사용하였으나, 미군이 주축이 된 유엔군의 신속한 개입으로 결국 약간 조정된 전쟁 전의 상태를 확보하는 것으로 만족하고 전쟁을 마감할 수밖에 없었다.

한국전쟁(6·25전쟁, 1950-1953) 후에도 '남조선 해방'이라는 이념적 목표를 포기하지 않은 북한은 남한에 대해 '새로운 전쟁'을 수행해 나갔다. 북한의 김일성 정권은 먼저 한국전쟁 실패의 책임을 물어 박헌영을 중심으로 한 남노당(南勞党)원을 숙청했다. 그리고 중국계 연안파와 소련파 등도 숙청하고, 이 과정에서 소련과 중공의 간섭을 배제하기 위한 방편(方便)으로, 이른바, 주체사상(主體思想)을 전면에 내세웠다. 그러면서 남북한 병력을 10만으로 감축하자는 제안을 내놓으면서도 북한 전역과 주민 전부를 혁명의 기지와 전사로 만들자는 기치 아래 북한을 요새로 만들어 나갔다. 이러한 내부 숙청과 결속작업을 마친 북한은 1960년대부터, 월맹이 월남에 대해서 수행하고 있던 것과 같은 방식으로, 남한 내 혼란과 무질서를 조장하기 위하여 대남 침투와 습격작전을 강화했다. 그러나 이러한 대남작전에도 불구하고 그의 파급효과가 미흡하고 한미간의 군사협조체제가 오히려 강화되자, 1970년대 북한은 한국 내 반정부 세력을 반체제 세력으로 결집시키는 노력과 더불어 한국 정부와는 "7·4남북공동성명서" 등을 발표하여 화해 분위기를 조성하고 민족의 자주적 주체성을 강조하면서도 대남침투용 땅굴을 파기 시작했다. 국제적 위상이 격상된 한국의 대외 신인도(信認度)를 떨어뜨리기 위하여, 1980년대, 북한은 미얀마 아웅산 테러와 KAL기 폭파 등과 같은 공공연한 테러행위도 서슴지 않아 한국이 주도하는 외교행위(사회주의국가 미얀마와의 교류 확대)와 국제행사(1988년 세계올림픽대회 등)를 방해하려 했다. 이러한 다면적인 방해공작에도 불구하고 한국에 대한 북한의 상대적 위상은 왜소해지기 시작했으며, '남조선 해방'이라는 이념적 목표 달성 방법과 수단의 재검토도 요구됐다.

특히 북한의 전통적 후원자인 소련이 한국과 국교를 정상화하면서 러시아로 변하고, 중국마저 한국과 국교관계를 수립하게 된 1990년대에 북한은 전복전 수행의 본기지가 빈약해지는 상황을 우선적으로 타개해야만 했다. 본기지를 강화시키는 방편으로 북한은 미국과의 관계개선과 지원의 확보를 도모하기 위하여 그들이 개발해 온 핵과 미사일 문제를 들고 나왔고, 남한 내 반체제 세력의 결속을 위해서는 비용이 많이 드는 직접 개입보다는 '민족과 자주'라는 개념에 순종하는 한국 내 자생적 동조세력의 확충과 조직화와 더불어, 핵과 미사일을 활용하여 한국 내 대북 적대세력을 위협하는 방식을 택하여 한국에서의 지원도 '스스럼없이' 확보하려 했다. 그리하여 북한은 한국과 비핵화공동선언(1991. 12. 31)을 발표하여 한국의 핵개발 가능성을 차단하고, 한국 내 미군의 전술핵도 철수시키면서 미국과의 협상을 용이하게 하는 일석삼조(一石三鳥)의 쾌거를 거두기도 했다. 이 결과 북한은 미국과 핵 동결에 합의(1994. 10. 21)하고, 경수로 건설과 이의 완공까지 매년 50만 톤의 중유 공급과 식량 지원을 약속받기도 했다. 또한 북한은 미사일 시험발사를 유보하겠다는 약속만으로 미국의 경제지원과 미국과 관계개선을 위한 기반을 다지려 했으며, 한국 대통령의 북한 방문과 화해선언(2000. 6. 15) 등을 이끌어 내기도 했다. 그러나 새로운 미국 부시 행정부의 등장과 9·11테러(2001. 9. 11)로 변화된 미국의 대외전략은 북한을 '악의 축'으로 내몰았으며, 미국은 북한과의 양자(兩者)협상이 아닌 다자(多者: 6개국)협상 방식으로 북한 핵문제를 해결하려 해 왔다.[7] 핵과 미사일을 활용하여 미국과의 관계를 개선하고 이로부터 지원을 확보함으로써 한국을 간접적으로 통제하려던 북한의 의도가 제대로 현실화되지 못하자, 요즈음 북한은 '민족의 공조'라는 개념을 앞세워 한국 내 '순진하고 감상적인' 민족주의 세력을 자극하여 미국과의 관계개선과 본기지를 강화할 대외지원을 확보하려는 정책과 전략을 취하고 있다.

요구와 상황의 변화에 맞추어 도전적인 군사도발과 더불어 화해적인 정책과 전략태세를 '거리낌 없이' 취하고 바꾸는 이러한 북한의 대외 및 대남 정책과 전략은 북한을 들여다보는 분석가들을 어리둥절하게 만들기에 충분한 실증자료가 되어 왔다. 실로, 북한은 정책적으로나 전략적으로 각양각색(各樣各色)의 내용과 모습을 드러내면서 오늘에 이르고 있다.

---

7 온창일, "핵과 미사일 문제를 앞세운 북한의 정책과 전략," Korea Institute for Maritime Strategy, *STRATEGY 21*, Vol. 3, No. 1 (Summer 2000), pp. 180-204; 온창일, "대량파괴무기의 정치적 효용," 국제관계연구회, 김태현·신욱희 편집, *동아시아 국제관계와 한국*, 제2권 (서울: 을유문화사, 2003), pp. 246-274.

그러나 북한이 취해 온 각양각색의 정책과 전략 행위 및 태세는 북한이 무엇을 이루려고 무엇을 하고 있는가에 초점을 맞추어 분석해 보면 뚜렷한 일관성을 찾아볼 수 있다. 북한은 한국 정부 및 체제의 명예나 대내외 신뢰를 해칠 수 있는 모든 행위, 태세, 정책, 전략을 거리낌 없이 취해 왔다. 북한은 국제적 태러행위를 통하여 한국의 대외 공신력을 하락시키고 국가적 위험도를 증가시키려 했고, 후방침투와 습격작전을 통하여 한국 정부의 대민 신뢰도에 손상을 입히면서 대외 협조와 교류를 차단하려 해 왔다. 또한 한국의 동맹국인 미국과의 직접교섭을 통하여 양국의 연대를 약화시키려 해 왔으며, 한국 내 반정부세력과 불만세력 그리고 감상적인 민족주의 옹호세력 등을 반체제세력으로 조직화시키려 해 왔고, 이들과 '통일전선'을 구축하려 해 왔다. 그러면서도 북한은 한국에 대해서 화해의 몸짓이나 공갈협박을 부담 없이 취하거나 가하여 필요한 물자지원을 받아들이기도 하고, 미국과의 교섭을 촉진시키기 위하여 한국과의 대화나 교섭도 제법 '진지하게' 진행시켜 결과(남북 교류·협력 기본합의서, 1992 등)를 나타내 보이기도 했다. 그러나 미국과의 대화가 제대로 진행될 동안에는 대화나 협상의 상대로서 한국을 도외시하는 것을 망설이지 않았으며, 미국과의 협상이 제대로 이루어지지 않을 경우에는 '민족의 공조' 등을 강조하면서 미국을 압박하는 데 한국의 동참을 강권하는 것도 삼가지 않았다. 북한은 북핵문제를 다루기 위하여 중국 북경에서 개최된 3차 6자 회담(2004. 6. 23-26)이 시작되던 2004년 6월 23일 동해상에 미사일을 발사하기도 하고, 회담 중에도 북한 대표(김계관)는 "북한은 더 이상 핵폭탄을 제조하지 않을 수도 있다"고 말하여 북한이 이미 핵탄두를 보유하고 있다는 점을 시사함으로써 은근한 위협을 가하기도 했다.[8] 이러한 북한의 위협은 미국이나 러시아와 중국은 물론 일본에게

8 "북, 6자회담 개막한 23일 동해로 미사일 발사" "3차 6자회담 북한평가" "3차 북핵회담 결산해보니: 한반도 비핵화 첫걸음," *인터넷중앙일보*, 2004. 6. 28.

도 그리 위협적으로 들리지는 않을 것이나, 다만 '자기보존'에 지나치게 집착하거나 북한의 입장에 '순진하게 동조하는' 한국 내 특정 집단에게 '압박과 동조'를 강요하는 효과는 거둘 수 있을지 모른다.[9] 모순투성이의 이와 같은 북한의 태세와 행동은 북한이 대남 전복전(顚覆戰)을 지속적으로 수행해 왔고, 북한은 현재 지나치게 약화된 본기지를 강화하기 위하여 모든 가능한 외부지원을 확보하려 한다는 입장에서 보면 '뚜렷한' 일관성을 지니고 있다.

한국에 대해서 화해의 몸짓을 취하면서도 위협과 공갈을 서슴지 않고, 구호 식량과 비료를 선적한 선박이 서해(西海)상에서 북쪽으로 향하고 있는 동안 동해안에는 잠수함을 내려 보낸 북한이 미국과의 관계개선을 추구하면서 미국에 대해서 압력을 가하는 방편으로 민족적 공조를 강조하여 한국도 동참시키려는 정책, 전략 및 태세를 취하고 있는 것은 '남조선 해방'을 목표로 한 대남 전복전을 수행하는 과정에서 상황의 변화가 북한으로 하여금 덜 폭력적인 수단의 운용을 강요하고 있다고 볼 수 있다. 물론 이러한 변화는 북한의 대남관(對南觀)이 바뀌어 대남정책과 전략이 변화되었다고 판단할 수 있는 징후가 될 수도 있으나, 과거 중국이 실시한 국공합작(國共合作)의 기본 의도나 현재 중국이 대만(臺灣)을 바라보는 시각이 크게 달라지지 않았다는 사실로 미루어 보아, 북한의 대남관이 기본적으로 달라졌다고 속단(速斷)할 수는 없는 노릇이다. 한마디로 표현하여, 북한은 한국에 대한 전복전 수행과정에서 다른 성격의 수단을 동원하고 있다고 보는 것이 타당하며, 전략적으로, 이렇게 판단하는 것이 위험부담이 적은 것으로 보인다.[10]

---

9 핵동결에 대한 상응 조치와 보상을 강요한 북한의 주장에 대하여 인도네시아 자카르타에서 개최된 아세안 지역회의(ARF: ASEAN Regional Forum)에 참석한 미국 국무장관은 북한의 실제 행동을 촉구하는 입장을 밝혔다. "Secretary Powell Says North Korea Must Acknowledge All Nuclear Programs: United States must see 'deeds' before proceeding negotiations," July 2, 2004, US Embassy in Korea.

이와 같이 이념대립에서 비롯된 전복전(顚覆戰)은 목표, 기간, 동원수단면에서 전통적인 개념의 전쟁과는 다른 '이상한' 전쟁이다. 이 전쟁은 군사적 승리나 정치적 협상으로 전쟁을 마무리하지 않고 상대의 체제나 정부를 전복시키는 것을 목표로 삼고 있으며, 따라서 그 기간이 상대의 체제가 전복될 때까지 지속되고, 동원수단도 상황변화에 따라 가장 평화적인 수단에서부터 가장 폭력적인 것까지 포괄하고 있으며, 그 동원 정도와 형태 역시 매우 다양하고, 상대의 반체제 세력들과의 통일전선 형성은 물론 경우에 따라서는 전복시키고자 하는 체제하의 정부와도 연합전선을 형성하여 제3의 적을 만드는 등의 방법도 아무 거리낌 없이 택하는 실로 '이상한' 전쟁이다. 한국은 치르는지도 모르면서 지금 이러한 전쟁을 치르고 있는 셈이다.

3) 대전복전(對顚覆戰)과 전략

전복전이 총체적인 대결로 특징지어진 형태의 전쟁이라고 본다면, 이에 대응할 전략 역시 총체적일 수밖에 없다.

지금까지 마감된 전복전은 이러한 형태의 총체적 대결에 대한 대응책을 상당부분 제시해 주고 있다. 평화적인 합의를 통하여 통일정부를 구성했다가 다시 분단되어 결국 군사적 대결의 결과로 통합된 예멘의 경우는 전복전이 정치적인 타협에 의해서 종결되기가 얼마나 어려운가를 보여 주었다. 소련 연방의 변질과 이에 따른 동·서 이념대립의 종결로 현실화된 동·서독 통합은 체제의 생동력(生動力)이 얼마나 중요하며, 통합 후에 서독이 부담해야 하는 경제적 부담이 얼마나 감당하기 힘든가를 말해 주었다. 미국과의 연합전선을 붕괴시키

10 온창일, *韓民族戰爭史* (서울: 集文堂, 2001), pp. 1035-1045.

고 월남에 대한 월맹군의 대규모 군사적 공격에 의해서 분단이 해소된 월남의 경우는 월남과 미국 간에 형성된 연합전선의 붕괴를 위한 정치전, 심리전, 그리고 전복전의 종결을 위해서 동원된 막강한 군사력이 얼마나 중요한가를 실증해 준 예이다. 전복전을 마감한 이러한 실례들은 중국의 양안(兩岸)대결이나 한반도의 남북대결이 어떻게 해소될 수 있을 것인가에 대한 정책 및 전략적 방책과 방안을 투영(投影)해 보는 데 실증적인 교훈을 남겨 놓았다.

전복전을 치르고 있는 전략주체들은 먼저 그들이 유지하고 있거나 계속 유지하려는 체제의 자생력(自生力)과 자정력(自淨力)을 높이는 총체적 노력을 기울여야만 한다. 과거 동서냉전이 해소된 것은 양측 체제의 자생력 차이에서 비롯되었다는 사실이 이미 상식화되었기 때문이다. 군사력을 대내외 정책수단으로 여기저기 자의적으로 운용해 온 소련이 내부체제의 자생력에 손상을 자초하였고, 자유보다는 평등, 생산보다는 분배, 효율성보다는 인위성이 강조된 체제 자체의 한계는 이를 더욱 악화시켰다. 그리하여 소련은 핵무기나 재래식 군사력의 규모가 작아서라기보다는 식료품가게 앞에 늘어선 사람들의 숫자가 너무 많아서 러시아로 변하는 국가적 운명을 감수해야만 했다. 동구권에서 비교적 풍요한 생활을 영위했다고 알려진 동독 역시, 비슷한 이유로, 서독의 자유・경쟁체제에 흡수되고 마는 결과를 빚어냈다. 효율성보다는 감독과 지시에 따라 운영되던 소련과 동독의 체제는 자정력마저 갖추지 못하여 소련은 '주저앉은 공룡'이 되었고, 동독은 '항해 중의 난파선'이 되었다. 이와 같이 전복전을 성공적으로 마무리하기 위해서는 전략주체가 유지하거나, 하려는 체제의 자생력과 자정력을 고양시키는 것이 가장 기본적인 책략(策略)이요 전략(戰略)인 셈이다.

다음으로 동맹국 간에 결성된 연합전선(聯合戰線)의 중요성과 상대의 반체제 세력, 그리고 이와 함께 형성된 통일전선(統一戰線)의 파괴성을 결코 간과해서는 안 된다. 월남전에서 월맹은 월남 내의 베트민 조직인 베트콩(Vietcong)이라 불리는 조직을 증대시키면서 이들이 통치하는 지역을 확대해 나가고 이들과의 통일전선을 강화해 나가는 한편, 월남과 미국과 맺어진 동맹관계와 양국 군 간에 형성된 연합전선을 약화시키는 노력을 끊임없이 기울였다. 베트콩 조직을 강화하면서 월남인과 정부를 이간시키고, 월남의 부정부패와 무능함을 지적하여 미국인들의 지원의지를 약화시키고, 북폭(北爆)이나 포로학대 등의 전쟁참상을 언론매체(Life 화보 등)들을 통하여 공개함으로써 월남전 반전 여론을 자극하고 미군들의 전투의지를 약화시키면서, 전장에서 월남군을 집중 공격하여 전선의 균형을 무너뜨려 미군들을 곤혹스러운 처지에 몰아넣어 월남과 미군 간의 연합전선을 무의미하게 만드는 군사작전을 전개했다. 특히 구정공세(1968년) 등과 같이 구정기간 동안 휴전하기로 약속해 놓고도 이를 무시하고 공격작전을 전개하여 전쟁터에서 최소한의 규칙마저도 지키지 않은 행태로 미군의 전투의지를 약화시키는 군사·심리전도 수행했다. 월남전을 수행한 월맹은 이와 같이 자국과 소련 및 중국과의 연대와 월남 내 베트콩과의 통일전선은 강화하고, 월남과 미국 그리고 양국 군간의 연합전선은 약화 혹은 와해시키는 모든 노력을 기울여 그들이 원하던 상황을 전개시켜 대규모 공세를 취했던 것이다. 동·서독 관계에서도, 서독이 NATO와의 공고한 연합전선을 유지하고 있었던 것과는 대조적으로, 동독은 동쪽 진영의 맹주(盟主)인 소련이 '주저앉은 공룡'으로 변하는 바람에 동쪽 진영의 패자(霸者)적 위치를 포기함으로써 연합전선 자체를 유지할 수 없게 되어 서독에 흡수되고 마는 운명을 감수하게 되었다. 이와 같이 전복전을 수행하고 있는 전략주체들은 자신들의 연합전선이나 통일전선은 강화하고, 상대의 것들은 약화시키는 노력을 기울이게 되며 이러한 노력의 결과는 전복전 결과에 결정적인 영향을 미치는 것이 사실로 드러났다.

세 번째로, 전복전 수행 전 과정에 걸쳐 효율적인 군사력 사용은 필수적인 요소가 된다. 군사력이 약할 때는 상대 군사력의 마모를 위하여 간헐적이지만 집중적으로 사용하고, 상대적으로 군사력이 강하게 되었을 때는 이를 단기간에 집중적으로 사용하여 전복전을 수행하는 것이 이 전쟁의 단계별 진행 또는 종결을 위하여 필수적인 요소가 되어 왔다. 중국에서 국공(國共)대립의 전 과정을 통하여 공산군은 그들이 상대적으로 약한 기간에 국부군의 전력을 약화시키면서 작전의 주도권을 장악하는 유격전략(遊擊戰略)을 구사하였고, 상대적 우세를 확보했다고 판단했을 경우에는 분할과 섬멸이라는 개념하에 적극적인 공세작전(攻勢作戰)을 전개하여 중국 대륙을 석권했다. 월남전에서 월맹도 미군을 비롯한 연합군과 월남군이 강한 기간에는 정글이라는 작전지형의 특성을 활용하여 '치고 빠지는 식'의 유격전을 주로 전개하였으나, 미군과 연합군이 철수한 후에는 대규모 집중공격으로 월남군을 격파하여 월남을 패망시키는 정규작전을 감행했다. 남북간의 정치적 합의에 의하여 대립을 해소했다가 다시 군사적 대결을 통하여 전복전을 종결시킨 예멘의 경우는 군사력의 사용이 절대적인 요소였음을 여실히 보여 주고 있다. 전복전 수행 전 과정을 통하여 상대적으로 군사력이 약하거나 강한 어느 경우든지, 상황에 맞는 군사력의 사용은 '이상한' 전쟁 수행의 필수적인 요소가 된다.

대전복전(對顚覆戰) 수행을 위하여 전략주체인 국가체제의 자생력과 자정력을 고양시켜 적극적 차원에서 반체제 세력의 등장이나 결집을 방지하고, 동맹국과의 연대는 강화하면서 상대의 현재 및 잠재 동맹국과의 관계는 정상화시키며, 강하고 예리한 군사력을 유지하여 전복전의 단계별 진전이나 전반적 확산을 저지하고, 필요시에 전복전을 마감하는 수단으로 운용해야 한다는 정책과 전략은 사실상 어떤 국가나 전략주체가 택해야 할 정책과 총체전략이 아닐 수 없다. 체제의 생동력을 높게 배양하고 기민한 외교력을 발휘하면서 강한 군사력을 보유한다는 것은 사실상 국가나 전략주체가 기본적으로 추구해야 할 정책 및 전략의 목표이자 전복전 수행에 필요한 필수요소임에 틀림없다. 달리 말하자면 내치(內治), 외치(外治), 그리고 군치(軍治)면에서 가장 정상적으로 국가나 체제를 운영해 나가는 것이 가장 효과적인 전복전 수행 전략이라는 말이다. 다만 치르는지도 모르면서 전복전을 치르고 있는 우리를 포함한 주체들에게 이 점이 더욱 절실하게 요구될 따름이다.

4) 테러리즘(terrorism)과 전략

테러행위는 인류의 역사와 그 기원을 같이 하고 있다. 개인간 원한이나 치정관계에서 비롯된 테러에서부터 개인이나 개별 집단간 주도권 다툼이나 권력쟁탈을 목적으로 한 테러와 부족이나 종족간에도 개별적 복수, 집단적 생활권 확보, 권력다툼 등의 원인에서 자행된 테러가 시간과 공간을 초월하여 기록되어 왔다. 또한 종교집단 간에도 교리나 주장의 차이를 고집하면서 자행되는 테러도 있어 왔고, 십자군 원정이라는 대규모 군사작전까지 불러일으키기도 했다. 관습 및 가치나 이념체계와 연관된 조직적 테러도 산발적으로 존재해 왔다. 제정러시아 말기에 무정부주의자들(anarchists)이나 사회혁명주의자들(Social Revolutionaries)이 자행한 '테러행위 자체가 테러의 목표'인 것 같은 테러, 러시아에서 비롯되어(pogrom), 히틀러(Adolf Hitler, 1889-1945)에 의해서 대규모로 감행된 유태인 집단학살(히틀러의 final solution) 같은 맹목적인 테러도 기록되었다. 제2차 세계대전 시 추축국(樞軸國: the Axis)으로서 독자적인 세력권을 형성하려 했던 독일, 이탈리아, 일본 등에서 1960-1970년대에 등장했던 집단들(German Baader-Meinhof Gang, Italian Brigatte Rosse, 日本의 赤軍派)은 사회혼란을 조성하는 것을 목적으로 테러행위를 자행했다. 의도적이건 맹목적이건 간에 이러한 테

러행위는 인류 역사에 부단하게 그 행적(行蹟)을 남겨 놓으면서 오늘에 이르고 있다.[11]

공산·사회주의를 표방하는 이념과 이를 실현시키기 위한 정치집단이 이른바 '인민'(人民)의 지지를 받는 테러를 주요한 목적달성 수단으로 활용함에 따라 정치·이념적으로 정당화된 테러행위도 나타났다. 특히 마르크스, 엥겔스, 레닌 등은 개인적인 차원의 테러는 반대하면서도 혁명을 달성하기 위하여 인민들의 지지를 받는 가운데 필요한 시간과 장소에서 행해지는 테러는 오히려 필요하다는 입장을 취하였으며, 이것이 러시아 혁명과정과 그 이후에 반대 세력들을 제거하는 데 광범위하게 활용되었다.[12] 러시아 볼셰비키들은, 과거 러시아 제정이 테러를 그들처럼 그렇게 활용했더라면 그들이 주도한 러시아 혁명 자체가 성공하기 어려웠을 것이라는 점을 인정할 정도로, 테러를 자의적으로 자행했다. 이러한 이념적 논리에 기반을 둔 '정당화된 테러'는 그 후에 전개된 이른바 전복전(顚覆戰)에서 널리 운용되었다. 월남에서 베트콩들은 월남 정부와 민간인을 이간시키기 위하여 바람직하지 않은 인사나 관료들을 제거하는 데 테러를 감행하였고, 회유가 불가능한 민간인들에게도 무자비한 테러를 가하여 협조를 망설이는 월남인들에게 협조를 하지 않을 경우에 감수해야 할 개인의 운명이 어떠한가를 보여주는 효과까지 거두었다. 북한은 한국의 대통령을 살해함으로써 사회 혼란을 가중시키고, 한국민들의 공포감은 증가시키고 정부에 대한 신뢰는 경감시키면서, 한국의 대외 신인도를 떨어뜨려 한국의 경제개발을 저해하려는 목적으로 1968년 1월 21일, 특수부대를 투입하여 청와대를 습격하는 테러행위를 자행했다. 이와 같이 이념적으로 정당화된

11 Walter Laqueur and Yonah Alexander, ed., *The Terrorism Reader: The Essential Source Book on Political Violence Both Past and Present, A Historical Anthology* (New York: A Meridian Book, 1987), pp. 7-198.

12 "Marxism and Terrorism," *Ibid.*, pp. 198-223.

테러도 기록되었다.

현재 세계 곳곳에서 자행되고 있는 테러는 복합적인 이유에서 비롯되어, 테러 대상과 행태면에서, 지금까지 있어 온 모든 테러행위의 특성과 면모를 모두 나타내고 있다. 종교적·사회적 이유 등을 앞세우긴 하나 개인적 영웅심이나 동기에서 일반 대중에게 무차별적으로 행하는 테러, 문명이나 가치관의 차이에서 비롯된 테러, 종교나 종족간 대립현상의 하나로 나타난 테러, 마약의 확보나 판매 등과 연관된 이권쟁탈전과 연관된 테러와 마약 제조·획득·판매 조직에 기생하고 있는 전문 테러집단이 자행하는 테러 등 실로 다양한 성격과 형태의 테러가 횡행(橫行)하고 있다. 특히 종족과 종교적 갈등에서 비롯되어 국가라는 정치권력집단과 관계를 맺고 있는 테러는 이와 직접 연관된 국가들은 물론 이를 지원하는 다른 국가들도 테러의 대상에 포함되어 있기 때문에 전 세계 모든 사람과 국가가 테러의 대상에서 제외될 수 없는 상황이 전개된 셈이다. 이스라엘과 아랍권 국가 사이에 벌어지고 있는 테러나 이라크와 연관된 테러 등 국지적인 테러행위가 전 세계적으로 확산되어 이스라엘을 지원하거나 이라크에 병력을 파견한 국가들이나 국민들이 테러의 대상이 되는 것도 이러한 이유에서 비롯되었다. 특히 주변 아랍국가들과 예방전쟁까지 수행하면서 국가를 유지해 온 이스라엘이 핵무장까지 갖추어 더 이상 싸울 수 있는 상대가 될 수 없다는 것을 인식한 아랍인들은 무장테러조직을 조직하여 '비정상적'인 방법으로 이스라엘과 싸우고 있기 때문에 이들 두 집단간의 테러행위는 끝날 수 있다는 기약이 없이 '보복과 응징'의 악순환을 반복해 오고 있다. 이러한 절망적인 국지적 상태는 여기에서 비롯된 테러행위를 전 세계로 확대시키는 촉발 요인으로 작용하였으며, 2001년 9월 11일 미국 심장부까지도 테러공격을 당하는 상황이 전개되었다. 더구나 아랍국가들 내부의 극악(極惡)한 정치·경제 상황은 이들 지역에서 거주하는 일반인들에게 '삶과 죽음'의 차이를 거의 무의미하게 만들고, 부러운 환경이나 이러한 환경 속에서 살아가는 사람들에 대한 '증오심'을 증대시키면서 '순교적인 자폭(自爆)테러' 후에 주어진다고 그려 낸 '달콤한 상황'의 유혹을 더욱 매력적으로 만들고 있다. 그리하여 자원(自願) 테러리스트들이 끊임없이 줄을 잇는지도 모를 일이다. 정치제도, 경제구조 등 객관적인 여건이 개선되기 어렵고, 따라서 개인적인 생활이 향상되기 어렵다는 '극도의 절망감' 속에서 살아가는 개개인을 테러리스트로 징발하는 것이 그렇게 어려운 일은 아니라고 보여진다. 실로 오늘날의 테러리즘은 매우 복합적인 성격(性格)과 양태(樣態)를 띠고 있다.

이렇게 복합적인 테러리즘을 대상으로 삼는 전략 역시 복합적일 수밖에 없다. 알기 쉽게 줄여서, 전략을 전략주체가 보유하고 있거나 동원할 수 있는 모든 분야의 역량(力量)을 평시에 준비하고 필요시에 이를 운용하는 과학과 기술이라고 정의한다면, 대(對)테러전략(counter-terrorism strategy)은 테러 핵심세력과 조직을 색출하여 제거하고, 이들에 대한 지원을 차단하면서 테러리스트들이 활동할 수 없는 여건을 조성하여 테러행위를 소멸시키는 실천대책과 이의 집행이라고 볼 수 있다. 이러한 대테러전략에는 아프가니스탄에서 전개한 것과 같은 군사작전이나 대규모 정규작전이 종료된 후에 전개된 일부 지역과 산악 동굴의 수색작전, 그리고 제한적인 차단 및 고립작전 등도 포함된다. 그리고 테러집단을 지원해 온 국가 등에 대한 각 분야에서의 모든 제재나 해상·공중 봉쇄 등도 배제할 수 없으며, 이들을 지원하는 국지적·세계적 차원의 사회단체에 대한 재정적 제재를 비롯한 해체조치도 강요할 수 있다. 그러면서도 테러집단과 선량한 일반 주민들과의 분리를 위하여 아프가니스탄에서와 같이 '폭탄과 식량'을 동시에 투하하는 '이상한' 군사작전도 수행할 수 있다. 특히 마약조직과 전문 테러집단의 연결이 이루어지지 않도록 하는 '은밀한 작전'과 이미 구체화된 연결고리도 차단하는 '대담한 작전'도 감행해야 하며, 테러리스트를 징집하거나 훈련시키는 조직과 장소를 제거하는 직·간접 침투 및 파괴작전 역시 대테러전략의 중요한 부분 요소가 된다. 사실상 테러를 자행하는 집단은 전략주체로서 뚜렷한 모습을 갖추고 있지 않기 때문에 대테러전략은 대규모 군사작전에서부터 은밀한 침투, 차단, 제거작전까지 거의 모든 유·무형의 작전을 수행하여 테러집단과 테러행위를 완전하게 근절시킬 때까지 지속적으로 수정·보완해 가면서 집행해야 하는 '제거전략'(eradicating strategy)으로서 복합전략의 성격을 띤다. 다른 말로 표현하여, 대테러전략은 중단이나 타협의 여지도 없고, 타협의 대상도 없는 '무조건적인 제거'(unconditional eradication)만을 목표로 삼을 수밖에 없는 특성을 가진 전략이라는 뜻이다.

테러리즘은 테러집단이나 조직의 제거만으로 소멸시킬 수 있는 성질의 폭력행위는 아니다. 종족이나 종교간 이념과 신념의 차이, 문명간 가치와 관습의 괴리(乖離), 빈부의 격차, 희망과 절망의 간격, 증오와 사랑의 차이를 메울 수 없는 한 이런 요인들에서 비롯되는 테러행위를 근절시키기란 매우 어렵기 때문이다. 그러나 테러행위를 근절시키기 위해서는 이렇게 어려운 차이, 격차, 간격 등을 좁히는 '전략외적'(extra-strategic) 노력을 기울이지 않을 수 없다. 중동의 팔레스타인 사람들이 독립국가를 갖지 못하고 있는 것이 그들이 벌이는 테러행위의 근원적 원인이라면 그들에게 독립국가를 갖도록 하는 정치적 노력과 더불어 테러집단과 행위에 대한 제재가 가해지는 것이 필요하며, 내부적인 인권 및 정치·경제 상황이 절망적인 데서 비롯되는 테러행위라면 이러한 상황을 개선시키는 정치·경제적 노력 역시 테러리즘 근절을 위한 전략적 노력과 더불어 기울여질 필요가 있다. 9·11테러 이후에 테러와의 전쟁을 선포하고 이를 수행하고 있는 미국 부시 행정부도 테러리스트와 테러조직을 와해시키고, 테러리스트에게 성역을 거부하며, 테러리스트들이 대량살상무기를 획득하지 못하도록 하는 전략적 노력과 더불어 광범위한 중동지역에서의 자유신장과 제도개혁을 촉진시켜 '현실적이고 희망찬 대안을 제공함으로써'(by offering a real and hopeful alternative) 테러리스트의 증원과 보충을 차단하겠다는 정책과 전략을 천명하기도 했다.[13] 복합적인 요인에서 비롯된 테러행위의 근절은 매우 복합적인 성격의 정책 및 전략적 노력을 요구한다고 보여진다.

실로 대테러전략은 복합적이며 총체적인 개념에서 수립되고 그러한 차원에서 집행되어야 할 성질의 전략이며, 이의 성공적 보장을 위해서 전략 외적 대책과 방책의 수립과 병행도 필수적임을 알 수 있다.

---

13 "President Bush Speech to U. S. Air Force Academy: President outlines four-step strategy for victory (in the global war on terror)," Colorado Springs, Colorado, June 2, 2004, provided by US Embassy, Seoul, Korea.

15. 전략과 평화: 현상유지와 전략

개별적으로나 집단적으로, 인류가 빚어낸 오늘의 상황과 현상은 그들이 기록해 온 과거의 모든 행적과 변화를 담고 있다. 그 행적과 변화가 바라던 것이건 아니건, 점진적이건 급진적이건, 우연한 것이건 필연적인 것이건, 이루어낸 것이건 주어진 것이건 간에 오늘은 어제의 모든 것을 담고 있다. 인류의 행적에 뚜렷한 흔적을 남긴 전쟁과 여기에서 승리하려고 짜낸 지략(智略)으로 정의될 수 있는 전략도 오늘의 현상을 지금 있는 그대로 빚어내게 한 주요한 요소가 되어 왔다.

생존만이 아닌 정치적 목적으로 인류가 형성하여 오늘까지 그 위치를 유지하고 있는 국가(國家)라는 행위주체도 전쟁과 전략의 역할에 따라 생사소멸(生死消滅), 이합집산(離合集散)의 과정을 거쳐 오늘에 이르면서 전략주체로서 자리를 잡고 있다. 때로는 그것이 크고 작은 부족국가(部族國家)의 형태로 존재하기도 했고, 제후국(諸侯國)이나 공국(公國)의 모습을 띠기도 했으며, 왕조(王朝)국가나 제국(帝國)의 형태로 존재하기도 했다. 국가라는 전략주체는 분화(分化)와 통합(統合)의 과정을 거치면서 결국 민족국가(民族國家), 연방국가(聯邦國家), 그리고 국가연합(國家聯合)이라는 개별적 모습을 지니면서 국가를 초월한 집합체인 동맹(同盟)이나 국제기구(國際機構)를 결성하면서 오늘에 이르고 있다. 국가가 오늘의 모습을 갖추어 온 전 과정을 통하여 이들 전략주체들은 자신의 역량에 따른 위상을 확보해 왔으며, 그 결과가 오늘의 현상으로 정착된 셈이다. 다른 말로 바꾸어, 오늘 존재하는 국가들의 절대적 위치와 상대적 위상 등은 지금까지 이들간 역량의 상호작용에 의한 상관관계에서 결정되어 오늘의 현상으로 자리를 잡았다는 뜻이다. 이러한 의미에서 전략주체 간에 정착된 오늘의 현상은 과거의 모든 혼란(混亂)이 잠들어 있는 결과적 평형(平衡)상태라고 보아 마땅하다.

잠정적이건 지속적이건 간에 국가간에 정착된 지금의 평형상태는 오늘에 주어진 평화라고 볼 수 있다. 오늘의 평화는 오늘에 이르기까지 전쟁에서의 승패를 포함하여 전략주체 간 힘에 근거한 상호작용의 결과를 반영하여 정착된 현상인 셈이다. 인류 역사에 사전적 의미의 평화나 "총칼을 벼리어 삽과 쟁기로 만들자"는 이상주의적 평화주의자들이 주장하는 평화가 존재할 수 없었다고 본다면, 오늘에 주어진 평화는 사실상 '하나의 평화를 파괴하여 또 다른 평화를 불러온 전략'이 빚어낸 산물이라고 보아진다. 같은 논리로, 오늘의 평화가 과거 전략의 누적적(累積的) 산물로 정착된 성격의 평화라면, 이를 유지하는 역할 역시 오늘의 전략이 담당할 수밖에 없다고 보는 것이 타당하다. 오늘의 평형상태를 크게 변동시킬 만큼의 변화가 없는 한 오늘의 현상을 유지하는 것이 평화를 유지하는 셈이 되며 전략이 이를 보장해 주는 것이 당연한 순리로 보인다. 여기에 과거 현상의 변화를 주도했던 전략이 오늘의 현상을 유지함으로써 내일의 평화를 보장하는 역할을 담당하게 된 이유를 찾을 수 있다.

과거 인류 역사를 통하여 전력주체 간 힘의 역학관계에서 정착된 결과가 오늘의 현상이고 이를 제대로 유지하는 임무를 전략이 담당해야 한다면, 이 역할 역시 과거 전쟁에서 승리를 확보해야 했던 것 못지않게 어렵고 주요한 것임을 간파할 수 있다. 현재 정착된 현상을 변화시키려는 개별적·집단적 욕구와 행동이 아직도 구체화되고 있으며, 국지적으로 아직도 평형상태를 창조하거나 조정해야 할 필요성이 남아 있기 때문이다. 새로운 현상파괴 행위로 자리를 잡은 테러리즘과 종족이나 종교간에 존재하는 증오와 혐오감을 쉽게 제거할 현실적인 정책이나 전략을 모색하기가 쉽지 않는 한 그렇다. 여기에 사실상 모든 국가나 국제기구 등 전략주체는 모든 영역을 망라하면서 이를 초월하는 지혜와 자원을 운용할 필요가 있으며, 국지적 차원이건 세계적 차원이건, 보다 안정적 평화를 유지하기 위해서 이러한 개별적·집단적 노력은 필요 불가결한 요소가 되었다.

과거 전쟁에서 승리의 확보를 목표로 삼았던 전략은 오늘의 평화를 평화답게 유지해 주는 근원(根源)이 된 것이다. 힘의 사용을 전제로 한 전략의 뒷받침을 받지 못한 평화가 현실적으로 별다른 의미가 없다는 사실을 뒤늦게나마 깨달은 결과인지도 모른다. 실천적으로 전쟁을 막는 것이 평화라면, 전쟁에서의 승리 가능성을 확실하게 내비쳐 주거나 아니면 상대가 승리할 가능성을 명백하게 제거해 줌으로써 전쟁을 막는 역할을 수행하는 전략(戰略)이 오늘과 내일의 평화(平和)를 보장할 수밖에 없는 현실이 전개된 것이다.

참고문헌(參考文獻: Selected Bibliography)

國防軍史硏究所. *國防條約集, 第二輯 (1981-1992)*. 1993.

________. *몽골軍의 戰略・戰術*. 1997.

________. *越南派兵과 國家發展*. 1996.

________. *中共軍의 戰略戰術 變遷史*. 1996.

軍史編纂硏究所. *戰史, 第6號*. 2004.

김용구. *세계관 충돌의 국제정치학: 동양 禮와 서양 公法*. 서울: 나남출판, 1997.

______. *世界外交史(上), (下)*. 서울大學校 出版部, 1989, 1991.

김용구・하영선 공편. *한국 외교사 연구: 기본사료・문헌해제*. 서울: 나남출판, 1996.

金幸福 外 共編. *20世紀 地球村戰爭*. 서울: 兵學社, 1996.

盧在鳳. "現代戰爭體系와 平和." 李昊宰 編. *韓半島 平和論*. 法文社, 1989.

毛澤東. *毛澤東 軍事文集*. 北京: 軍事科學出版社, 中央文獻出版社, 1993.

박상섭. *근대국가와 전쟁: 근대국가의 군사적 기초, 1500-1900*. 서울: 나남출판, 1996.

逢先知・李捷. *毛澤東 與 抗美援朝*. 北京: 中央文獻出版社, 2000.

司馬遷. *史記*. 김병총 평역. 서울: 集文堂, 2000.

______. *史記*. 李英茂 譯. 서울: 小說文學社, 1986.

孫武. *孫子*: 김광수 해석하고 씀. *손자병법*. 서울: 책세상, 1999.

孫臏. *孫臏兵法*. 이병호 옮김. *손빈병법*. 서울: 홍익출판사, 1987.

溫暢一. *韓民族戰爭史*. 서울: 集文堂, 2001.

______. "핵과 미사일 문제를 앞세운 북한의 정책과 전략." KIMS, *Strategy 21, Vol. 3, No. 1* (Summer 2000), pp. 180-204. "대량파괴무기의 정치적 효용," 국제관계 연구회. 김태현・신욱희 편집. *동아시아 국제관계와 한국, 제2권* 서울: 을유문화사, 2003, pp. 246-274.

陸軍本部 軍史硏究室. *東洋古代戰略思想*. 陸軍印刷工廠, 1987.

陸軍士官學校 戰史學科. *世界戰爭史*. 서울: 日新社, 1993.

________. *世界戰爭史*. 서운: 鳳鳴, 2001.

________. *개정판 세계전쟁사*. 서울: 황금알, 2004.

________. *세계전쟁사 부도*. 서울: 일신사, 1997.

李用熙. *一般國際政治學(上)*. 서울: 博英社, 1962.

李春根. *北韓 核의 問題 發端 協商過程 展望*. 세종연구소, 1995.

______. "최근 중동 지역의 게릴라전 실태와 전망." *戰史* (2004. 6), pp. 275-311.
諸葛亮. *諸葛武侯文集*. 박동석 옮김. *제갈량집 · 諸葛亮集*. 서울: 홍익출판사, 1998.
정토웅. *전쟁사 101장면: 트로이 전쟁에서 걸프 전쟁까지*. 서울: 가람기획, 1997.
______. *20세기 결전 30장면: 콜렌소 전투(1899)에서 사막의 폭풍작전(1991)까지*. 서울: 가람기획, 1997.
中國 國防大學. *中國 戰略論*. 박종원 · 김종운 역. 서울: 팔복원, 2001.
中國人民解放軍 軍事科學院 軍事歷史硏究所 編著. *中國人民志願軍 抗美援朝戰史*. 北京: 軍事科學出版社, 1988. 韓國戰略問題硏究所 譯. *中共軍의 韓國戰爭史*. 서울: 世經社, 1991.
中國人民革命軍事博物館 編著. *中國戰爭發展史, 上, 下*. 北京: 人民出版社, 2001.
慧豊學會. *武經七書*. 臺北: 新文豊出版公司, 中華民六十七年.
黃炳茂. *新中國軍事論*. 서울: 法文社, 1992.

Albrecht-Carrie, Rene. *A Diplomatic History of Europe Since the Congress of Vienna*. New York: Harper & Row, Publishers, 1973.
Allison, Graham T. *Essence of Decision: Explaining the Cuban Missile Crisis*. Boston: Little, Brown and Company, 1971.
Allon, Yigal. *The Making of Israel's Army*. New York: Bantam Books, 1970.
Aron, Raymond. *Peace and War: A Theory of International Relations. An Abridged Version*. Garden City, NY: Anchor Books, 1973.
______. *On War*. trans., by Terence Kilmartin. New York: W. W. Norton & Company, Inc., 1968.
Bailey, Thomas A. *A Diplomatic History of the American People*. Englewood Cliffs, NJ: Prentice-Hall, Inc., 1980.
Bajanov, Evegeniy; Bajanova, Natalia. *The Korean Conflict, 1950-1953: The Most Mysterious War of the 20th Century —Based on Soviet Secret Archives (unpublished)*. 김광린 역. *소련의 자료로 본 한국전쟁의 전말*. 서울: 열림, 1998.
Ball, Desmond. *Adelphi Papers, No. 185: Targeting for Strategic Deterrence*. London: IISS, 1983.
Baylis, John; Garnett John. ed. *Makers of Nuclear Strategy*. New York: St. Martin's Press, 1991.
Baylis, John; Booth, Ken; Garnett, John; Williams, Phil. ed. *Contemporary Strategy: Theories and Policies*. New York: Holmes & Meier Publishers, Inc., 1975.
Beaufre, André. *An Introduction to Strategy*. trans., by R. H. Barry. New York: Frederick A. Praeger, 1965.
______. *Deterrence and Strategy*. trans., by R. H. Barry. London: Faber and Faber,

1965.
______. *Strategy of Action*. trans., by R. H. Barry. London: Faber and Faber, 1966.
______. *Strategy for Tomorrow*. New York: Crane, Russak & Company, Inc., 1972.
Bell, J. Bowyer. *Transnational Terror*. AEI-Hoover Policy Study 17, 1975.
Bertram, Christoph. "Strategic Defense and the Western Alliance." *DAEDULLUS, Vol. 114, No. 3, Weapons in Space, Vol. II: Implications for Security* (Summer 1985), pp. 279-296.
______. "Foreign Perspectives on the SDI." *Ibid.*, pp. 297-313.
Boniface, Pascal. "French Nuclear Strategy and European Deterrence: 'Les Rendez-vous Mangués'." *Contemporary Security Policy, Vol. 17, No. 2* (August 1996), pp. 227-232.
Brodie, Bernard. *Strategy in the Missile Age*. Princeton, NJ: Princeton University Press, 1965.
Brodie, Bernard; Brodie, Fawn M. *From Crossbow to H-Bomb*. Bloomington, London: Indiana University Press, 1973.
Brown, Harold. *Department of Defense Annual Report Fiscal Year 1980*. 1979.
Chambers, Mortimer, et. al. *The Western Experience, 3rd Edition*. New York: Alfred A. Knopf, 1983.
Chan, Steve; Mintz, Alex. ed. *Defense, Welfare, and Growth*. London and New York: Routledge, 1992.
Charlton, Michael. *From Deterrence to Defense: The Inside Story of Strategic Policy*. Cambridge, Mass.: Harvard University Press, 1987.
Clausewitz, Carl von. *On War*. edited and trans., by Michael Howard and Peter Paret. Princeton, NJ: Princeton University Press, 1976.
Corvisier, André. *A Dictionary of Military History and the Art of War*. trans., by Chris Turner, revised, expanded and edited by John Childs. Oxford, UK; Cambridge, Mass.: Blackwell Publishers, 1994.
Davidson, Philip B. *Vietnam at War: The History 1946-1975*. London: Oxford University Press, 1988.
Doughty, Robert A.; Gruber, Ira D; et. al. *Warfare in the Western World, Vol. I: Military Operations from 1600 to 1871*. Lexington, Mass.: D. C. Heath and Company, 1996.
________. *Vol. II: Military Operations Since 1871*. Lexington, Mass.: D. C. Heath and Company, 1996.
Dupuy, R. E.; Dupuy, T. N. *The Encyclopaedia of Military History, from 3500 B. C. to the Present*. New York: Harper & Row, Publishers, 1977.
Dupuy, T. N. *Understanding War: History and Theory of Combat*. New York: Paragon

House Publishers, 1987.

Earle, Edward Mead. ed. *Makers of Modern Strategy: Military Thought from Machiavelli to Hitler*. Princeton, NJ: Princeton University Press, 1943, 1971.

Ferrell, Robert H. *American Diplomacy: A History*. New York: W. W. Norton & Co., 1959.

Fitton, Robert A. ed. *Leadership: Quotations from the Military Tradition*. Boulder, San Francisco, Oxford: Westview Press, 1990.

Freedman, Lawrence. *The Evolution of Nuclear Strategy*. New York: St. Martin's Press, 1983.

Gaddis, John Lewis. *Strategies of Containment: A Critical Appraisal of Postwar American National Security Policy*. New York: Oxford University Press, 1982.

Griffith, Jr., Samuel B. *The Chinese People's Army*. New York: McGraw Hill Book Company, 1967.

Halperin, Morton H. *Contemporary Military Strategy*. Boston: Little, Brown & Company, 1967.

Harkabi, Y. *Nuclear War And Nuclear Peace*. Jerusalem: Israel Program for Scientific Translation, 1966.

Head, Richard G.; Short, Frisco W.; McFarlane, Robert C. *Crisis Resolution: Presidential Decision Making in the Mayaguez and Korean Confrontation*. Boulder, Colorado: Westview Press, 1978.

Hermann, Kinder; Hilgemann, Werner. *The Anchor Atlas of World History, Vol. I: From the Stone Age to the Eve of the French Revolution*. trans., by Ernest A. Menze. Garden City, NY: Anchor Books, 1974.

________. *Vol. II: From the French Revolution to the American Bicentennial*. trans., by Ernest A. Menze. Garden City, NY: Anchor Books, 1978.

Hollins, Harry B.; Powers, Averill L.; Sommer, Mark. *The Conquest of War*. Boulder, San Francisco, London: Westview Press, 1989.

Holloway, David. "The Strategic Defense Initiative and the Soviet Union." *DAEDULLUS, Vol. 114, No. 3, Weapons in Space, Vol. II: Implications for Security* (Summer 1985), pp. 257-278.

Holt, George; Milliken, Walter R. *Strategy: A Reader*. Washington, D. C.: National Defense University, 1980.

IISS. *The Military Balance 2002 · 2003*.

Jomini, Antoine Henri. *The Art of War*. trans., by G. H. Mendell and W. P.Craighill. Greenwood Press, 1862.

______. *The Art of War. A Condensed Version*. edited by J. D. Hittle. Harrisburg, PA.: Stackpole Books, 1947, 1952, and 1958.

Kahn, Herman. *On Thermonuclear War*. Princeton, NJ: Princeton University Press, 1960.

______. *Thinking About the Unthinkable*. New York: Horizon Press, 1962.

______. *Thinking About the Unthinkable in the 1980s*. New York: Simon & Schuster, Inc., 1984.

Karnow, Stanley. *Vietnam: A History*. New York: Penguin Books, 1984.

Kaufman, Daniel J.; McKitrick, Jeffrey S.; Leney, Thomas J. ed. *U.S. National Security: A Framework of Analysis*. Lexington, Mass.: Lexington Books, 1985.

Kaufman, William. ed. *Military Policy and National Security*. Princeton, NJ: Princeton University Press, 1956.

Kennedy, Paul. *The Rise and Fall of the Great Powers: Economic Change and Military Conflict from 1500 to 2000*. New York: Random House, 1987.

Kissinger, Henry A. *Nuclear Weapons and Foreign Policy*. New York: Harper and Row, Publishers, 1957.

______. *The Necessity for Choice*. New York: Harper and Row, Publishers, 1961.

Knorr, Klaus. "Constraints on the Defense of A Small Country." Center for Strategic Studies, Tel Aviv University, *The Defense of Small and Medium-Sized Countries, Paper No. 17* (August 1982), pp. 1-12.

Laqueur, Walter; Alexander, Yonah. ed. *The Terrorism Reader: The Essential Source Book on Political Violence Both Past and Present, A Historical Anthology*. New York: A Meridian Book, 1987.

Lawford, James. *The Cavalry*: *Technics and Triumphs of the Military Horseman — The Stories of the Great Cavalry Regiments, Their Commanders and Celebrated Actions*. Indianapolis, New York: The Bobbs-Merrill Company, 1976.

Lee, Chae-Jin. *China and Korea: Dynamic Relations*. Hoover Press, 1996.

Lee, Chae-Jin; Hideo Sato. *US Policy Toward Japan and Korea: A Changing Influence Relationship*. New York: Praeger, 1982.

Lewy, Guenter. *America in Vietnam*. New York, London: Oxford University Press, 1978.

Liddell Hart, B. H. *Strategy*. New York: Frederick A. Praeger, 1967.

Lider, Julian. *Military Theory: Concept, Structure, Problems*. New York: St. Martin's Press, 1983.

Luttwak, Edward N. *Strategy: The Logic of War and Peace*. Cambridge, Mass. and London: The Belknap Press of Harvard University Press, 1987.

Lykke, Jr., Arthur F. ed. *Military Strategy: Theory and Application*. Carlisle, PA: United States Army War College, 1982.

Medlicott, W. N. *Bismarck and Modern Germany*. New York: Harper & Row, Publishers, 1965.

Midlarsky, Manus I. ed. *Handbook of War Studies*. Boston: Unwin Hyman, Inc., 1989.

Morgenthau, Hans J. *Politics Among Nations: The Struggle for Power and Peace, 5th Edition*. New York: Alfred A. Knopf, Inc., 1978.

______. revised by Kenneth W. Thompson. *Politics Among Nations: The Struggle for Power and Peace, 6th Edition*. 1985.

Murray, Williamson; Knox, MacGregor; Bernstein, Alvin. ed. *The making of strategy: Rulers, states, and war*. Cambridge University Press, 1994.

Murray, Williamson; Scales, Jr., Robert H. *The Iraq War: A Military History*. Cambridge, Mass.: Harvard University Press, 2003.

Nixon, Richard M. *No More Vietnams*. New York: Avon Books, 1985.

Oman, C. W. C. *The Art of War in the Middle Ages, A.D. 378-1515*. revised and edited by John H. Beeler. Ithaca and London: Cornell University Press, 1953.

Osgood, Robert E. *Limited War: The Challenge to American Strategy*. Chicago: Chicago University Press, 1957.

Palmer, R. R.; Colton, Joel. *A History of Modern World*. New York: Alfred A. Knopf, 1978.

Paret, Peter. ed. *Makers of Modern Strategy from Machiavelli to the Nuclear Age*. Princeton, NJ: Princeton University Press, 1986.

Patterson, Thomas G. et. al. *American Foreign Policy: A History*. Lexington, Mass.: D. C. Heath and Company, 1977.

Paxton, Robert. *Europe in the Twentieth Century*. New York: Harcourt Brace Jovanovich, Inc., 1975.

Payne, James E.; Sahu, Anandi P. ed. *Defense Spending and Economic Growth*. Boulder, San Francisco, London: Westview Press, 1993.

Rathjens, George; Ruina, Jack. "BMD and Strategic Instability." *DAEDALLUS, Vol. 114, No. 2: Weapons in Space, Vol. II: Implications for Security* (Summer 1985), pp. 239-255.

Rich, Norman. *The Age of Nationalism and Reform, 1850-1890*. New York: W. W. Norton & Co., 1977.

Rosenbaum, Arthur L.; Lee, Chae-Jin. ed. *The Cold War-Reassessment*. Claremont, California: The Keck Center for International And Strategic Studies, 2000.

Schelling, Thomas C. *The Strategy of Conflict*. Cambridge, Mass.: Harvard University Press, 1960.

Schwarz, Urs; Hadik, Laszlo. *Strategic Terminology*. New York: Praeger; London: Pall Mall Press, 1966.

Scott, Harriot Fast. ed. *Soviet Military Strategy*. New York: Crane, Russak & Company, Inc., 1980.

Segal, Gerald; Tow, William T. ed. *Chinese Defense Policy*. London: Macmillan Press Ltd., 1984.

Shafritz, Jay M.; Shafritz, Todd J. A.; Robertson, David B. *The Facts On File Dictionary of Military Science*. New York: Facts On File, 1989.

Sheehan, Michael. *Arms Control: Theory and Practice*. Oxford, New York: Basil Blackwell Ltd., 1988.

Sidorenko, A. A. *The Offensive*. Moscow, 1970.

Sokolovsky, V. D. ed. *Military Strategy: Soviet Military Doctrine and Concepts*. New York: Frederick A. Praeger, Publishers, 1963.

Spanier, John W.; Nogee, J. L. *The Politics of Disarmament*. New York: Frederick A. Praeger, 1962.

Stoessinger, John G. *Why Nations Go to War*. New York: St. Martin's Press, 1974.

Strayer, Joseph R.; Munro, Dana C. *The Middle Ages, 395-1500, 5th Edition*. Santa Monica, CA.: Goodyear Publishing Co., Inc., 1970.

Summers, Jr., Harry G. *On Strategy: Critical Analysis of the Vietnam War*. New York: A Dell Book, 1982.

Svechin, Aleksandr A. *Strategy*. ed., by Kent D. Lee. Minneapolis, Min.: East View Publications, 1992.

Tabunov, Nikolai. "Sources and Causes of Wars." *Soviet Military Review* (May 1986), pp. 11-12.

U. S. Department of Defense. *Final Report to Congress: Conduct of the Persian Gulf War*. Washington, D. C.: US Government Printing Office, 1992.

U. S. Department of State. *Patterns of Global Terrorism: 2002*. Pub. No. 234565. April 2003.

________. *Department of State Bulletin, LXVI, LXVII*. 1972.

U. S. Joint Chiefs of Staff and Department of Defense. *Dictionary of Military and Associated Terms*. 1984.

U. S. Military Academy, Department of Military Art and Engineering. *Summaries of Selected Military Campaigns*. 1953.

U. S. White House. *The National Security Strategy of the United States*. September 17, 2002.

Woodward, Bob. *Bush at War*. New York: Simon and Schuster, 2002.

Wright, Quincy. *A Study of War*. Chicago and London: The University of Chicago Press, 1942.

______. *A Study of War*. Abridged by Louise Leonard Wright. Chicago and London: The University of Chicago Press, 1964.

York, Herbert F. "Nuclear Deterrence and the Military Use of Space." *DAEDALLUS,*

Vol. 114, No. 2: Weapons in Space, Vol. I: Concepts and Technologies (Spring 1985), pp. 17-32.

Yost, David D. *Adelphi Papers, No. 194: France's Deterrent Posture and Security in Europe, Part I: Capabilities and Doctrine*. London: IISS, 1984/5.

Encyclopaedia Britannica
International Encyclopaedia of the Social Sciences
Webster's Third New International Dictionary
동아일보, 인터넷 동아일보
조선일보, 인터넷 조선일보
중앙일보, 인터넷 중앙일보
한국경제신문
한국일보

The Korea Herald
The Korea Times

International Herald Tribune
Le Monde
The Financial Times
The New York Times
Wall Street Journal

ABC, CBS, CNN, MSNBC, NBC, AFN News

Newsweek
Time

찾아보기

‖ ㅂ ‖

‖ ㅈ ‖

‖ ㅊ ‖

온창일(溫暢一: Ohn, Chang-Il)

1942년 전북 김제군 금산면 성계리 출생
1955년 원평초등학교 졸업
1961년 전주사범학교 졸업
1967년 육군사관학교 졸업
1971년 서울대학교 외교학과 졸업
1975년 육군 보병1사단 포병중대장
1977년 미국 육군 지휘·참모대학 졸업
1978년 미국 캔자스대학원 졸업(석사: 외교사)
1983년 미국 캔자스대학원 졸업(박사: 외교사, 국제정치)
1984년 미국 포틀랜드대학교 교환교수
1988년 미국 컬럼비아대학교 객원교수
1989년 한국 국제정치학회 연구이사
1993년 육군사관학교 전사학(戰史學) 교수
2003년 육군사관학교 전사학(戰史學) 명예교수
2004년 한국전쟁학회 회장
2007년 한국 군사사학회 회장
2012년~현재 상지대학교 평화안보·상담심리 대학원 초빙교수

저 서 세계전쟁사(공저), 한국전쟁사(공저), 전쟁론(집문당), 한민족전쟁사(지문당), 안보외교론 I (지문당)
Historical Dictionary of the Korean War(기여) 등

논 문 核과 韓半島統一(1989), Gulf전과 미래전(1992), New Security Environment and A Viable Strategy for Korea(1996)
The Wars in Asia and American Policy and Strategy(1997), 전쟁사 연구의 의의 및 중요성(1999)
Conducting the Korean War and It's Lessons(2000), 핵과 미사일문제를 앞세운 북한의 정책과 전략(2002)
국제적 냉전과 한반도의 열전(2004), 한국전쟁이 남긴 명제와 과제(2007)
The Causes of the Korean War, 1950~1953(2010) 등

전략론 값 18,000원

2013년 7월 30일 1판 1쇄

저 자 온 창 일
발 행 인 임 삼 규
발 행 처 **지 문 당**
주 소 413-756 경기도 파주시 광인사길 85(본사)
110-360 서울시 종로구 돈화문로 82(서울사무소)
등 록 1997. 12. 30. 제406-2003-000038호
영 업 부 (02)743-3192~3 팩스(02)742-4657
전자우편 sale@jimoon.co.kr
편 집 부 (02)743-3096 팩스(02)743-0227
전자우편 edit@jimoon.co.kr
홈페이지 www.jimoon.co.kr

ISBN 978-89-6297-157-6

이 도서의 국립중앙도서관 출판시도서목록(CIP)은 서지정보유통지원시스템 홈페이지(http://seoji.nl.go.kr)와 국가자료공동목록시스템(http://www.nl.go.kr/kolisnet)에서 이용하실 수 있습니다.(CIP제어번호: CIP2013012502)